系统决策与建模

史宪铭　赵　美　程中华　王亚彬　石　全　编著

西北工業大學出版社
西　安

【内容简介】 本书全面、系统地介绍了系统决策与建模的基本概念、理论、方法和模型，主要包括系统、体系工程、系统决策、系统描述方法与模型、系统预测方法与模型、系统评价方法与模型、系统优化算法与模型、系统决策方法与模型以及系统计划方法与模型等内容，每章末配有思考题。

本书既可作为普通高等学校理工科各相关专业和管理专业高年级本科生与研究生的教材，也可作为广大科技工作者和管理人员的培训教材及自学参考书。

图书在版编目(CIP)数据

系统决策与建模 / 史宪铭等编著. —西安：西北工业大学出版社，2024.4

ISBN 978-7-5612-9261-7

Ⅰ.①系… Ⅱ.①史… Ⅲ.①系统决策 ②系统建模 Ⅳ.①N945.25 ②N945.12

中国国家版本馆CIP数据核字(2024)第070160号

XITONG JUECE YU JIANMO

系 统 决 策 与 建 模

史宪铭　赵美　程中华　王亚彬　石全　编著

责任编辑：李阿盟　刘　敏　　**策划编辑**：张　炜

责任校对：杨　兰　　**装帧设计**：李　飞

出版发行：西北工业大学出版社

通信地址：西安市友谊西路127号　　**邮编**：710072

电　　话：(029)88493844,88491757

网　　址：www.nwpup.com

印 刷 者：西安五星印刷有限公司

开　　本：787 mm×1 092 mm　1/16

印　　张：19.625

字　　数：490千字

版　　次：2024年4月第1版　2024年4月第1次印刷

书　　号：ISBN 978-7-5612-9261-7

定　　价：88.00元

《系统决策与建模》

编 写 组

编著者 史宪铭 赵 美 程中华 王亚彬 石 全

校 对 刘鹏华 王亚龙

前　言

决策贯穿于人类活动的全过程，著名的诺贝尔经济学获奖者赫伯特·亚历山大·西蒙(H. A. Simon)有一句名言："管理就是决策。"随着社会发展和科技进步，知识和信息的数量与种类激增，人们面临的问题和处理的系统越来越复杂，单凭决策者个人的经验和智慧已经难以做出科学决策。当决策者连同决策问题被看成是某个决策系统的组成部分，并采用系统思想、系统方法和系统模型进行决策时，系统决策与建模就成为解决复杂系统决策问题的重要工具。

要对复杂系统做出有效的科学决策，就必须建立系统的模型。在建模的基础上，对系统进行定性的、定量的或者定性与定量相结合的分析，找出研究对象的特征和发展规律，最终得到科学、合理的结果。因此，系统决策离不开系统建模，科学决策程序的各个逻辑步骤都需要系统建模。系统决策和系统建模是相辅相成的。从20世纪80年代至今，随着计算机科学、系统科学、决策科学、人工智能和信息技术的发展，系统决策与建模的理论和方法得到了飞速发展，新理论和新方法不断涌现，在复杂系统的管理实践中发挥了巨大的作用。

目前，全面、系统地介绍系统决策与建模相关理论、方法和技术的著作较少，如何遵循系统性、实用性和前瞻性的原则，介绍系统决策与建模的相关知识与方法，正是本书要解决的核心问题。本书系统总结了目前系统决策与建模领域的主要研究成果，注重基本概念、基础理论、基本方法和实际应用。

本书共九章。第一章系统，包括系统概述、系统方法论和系统分析。第二章体系工程，包括体系概述、体系工程概述和武器装备体系工程。第三章系统决策，介绍了决策与决策系统、系统决策的概念与过程、系统决策与系统建模、系统决策的模型体系。第四章系统描述方法与模型，介绍了IDEF描述模型体系以及典型IDEF模型(IDEF0、IDEF1x、IDEF3、IDEF5)。第五章系统预测方法与模型，介绍了系统预测的概念与步骤、典型定性预测方法和模型(专家会议法和德尔菲法)、典型定量预测方法和模型(时间序列分析法、回归分析法、灰色预测方法、马尔可夫预测方法、系统动力学方法)。第六章系统评价方法与模型,介绍了系统评价的原则和步骤、系统评价指标体系、常用的评价方法和模型(层次分析法、模糊层次分析法、网络分析法、模糊综合评判法、粗糙集)。第七章系统优化算法与模型,介绍了最优化算法及其分类、传统优化算法和模型(线性规划模型)、智能优化算法和模型(人工神经网络、遗传算法、粒子群算法、蚁群算法)。第八章系统决策方法与模型,介绍了单目标决策(确定型决策、风险型决策和基于效用的决策问题)、多目标决策(传统多目标决策方法、逼近理想解方法、数据包络分析法)和群决策(多属性群决策、模糊群决策)。第九章系统计划方法与模型,介绍了 Petri 网、CPM 和 PERT、GERT,以及上述模型的衍生改进模型。

本书是笔者根据多年从事系统决策与建模理论、实践、教学经验编写而成的,在基本理论、应用基础和实际应用三个层次上展开论述,经过集体讨论、统一思想,专人执笔,发挥各自专长而完成。本书既可作为普通高等学校理工科各相关专业和管理专业高年级本科生与研究生教材使用,也可作为广大科技人员和管理人员的培训教材及自学参考书,还可作为具有一定数理知识读者的系统决策与建模普及教科书,读者可结合个人专业和工作实际,选择感兴趣的方向深入钻研,定能从中获得收益。

本书由史宪铭、赵美、程中华、王亚彬、石全编著。史宪铭负责撰写第一、二、四、九章,赵美负责撰写第五、七章,石全负责撰写第三章,程中华负责撰写第六章,王亚彬负责撰写第八章,全书由史宪铭统稿,刘鹏华、王亚龙负责校对工作。

在撰写本书的过程中,笔者借鉴了许多国内外专家学者的研究成果,在此表示诚挚的谢意。

由于系统决策与建模是一个正在发展的新兴领域,还有许多不成熟的地方,同时也由于笔者水平有限,书中疏漏之处在所难免,敬请广大读者批评指正。

编著者

2024 年 1 月

目　　录

第一章 系 统

“系统”(System)是人们非常熟悉的一个词语，从自然界到人类社会存在着诸多的系统，如生态系统、工业系统、武器系统、军事系统和管理信息系统等。世界上最广泛而普遍存在的事物和概念之一就是系统。系统有大有小、形形色色、千差万别，各种系统的组成与功能都不尽相同。系统决策与建模的基本研究对象就是“系统”，正确认识和深刻理解系统，深入掌握系统方法论，熟练运用系统分析方法，是系统决策和建模的前提和基础。

第一节 系统概述

一、系统的概念

“系统”一词最早出现于古希腊德谟克利特所写的《宇宙大系统》一书中，“synhistanai”一词原意是指事物中共性部分和每一事物应占据的位置，也就是部分组成整体。

一般系统论的创始人，奥地利生物学家冯·贝塔朗菲(von Bertalanffy)，针对当时机械论的观点与方法，指出“不能只是孤立地研究部分和过程，还必须研究各部分的相互作用，应把生物作为一个整体或系统来考虑”。他把“系统”称为“相互作用的多要素的复合体”。如果一个对象集合中存在两个或两个以上的不同要素，所有要素按照其特定方式相互联系在一起，就称该集合为一个系统。其中的要素是指组成系统的不同的最小的(即不需要再细分的)组成部分。

日本的工业标准(Japanese Industrial Standards，JIS)认为，“系统”是许多组成要素保持有机的秩序，向同一目标移动的东西。

《现代汉语词典》中对“系统”的定义如下。①有条理；有顺序：系统知识/系统研究。②同类事物按一定的秩序和内部联系组合而成的整体。③由要素组成的有机整体，与要素相互依存、相互转化，一个整体是系统还是要素是相对而言的，一个系统相对较高一级系统时是一个要素(或子系统)，而该要素通常又是较低一级的系统。系统最基本的特性是整体性，其功能是各组成要素在孤立状态时所没有的。它具有结构和功能在涨落作用下的稳定性，具有随环境变化而改变其结构和功能的适应性以及历时性。④多细胞生物体内由几种器官按一定顺序完成一种或几种生理功能的联合体，如高等动物的呼吸系统，包括鼻、咽、喉、气管、支气管和肺，能进行气体交换。

本书推荐由钱学森给出的“系统”定义，即指由相互作用和相互依赖的若干组成部分结合成的具有特定功能的有机整体。这个定义与类似的许多定义一样，指出了系统的三个基本特征：①系统是由若干元素组成的；②这些元素相互作用、互相依赖；③元素间的相互作用，使系统作为一个整体具有特定的功能。

二、系统的分类

系统可以从不同的角度进行分类。

1. 自然系统和人工系统

按照形成的原因，由自然过程形成的是自然系统(Natural System)，如山川、河流、动植物体；由人为产生出来的或为某种需要经人工改造过的系统是人工系统(Artificial System)，如制造的各种机械、飞机、航空母舰等，学校、医院、军队等各种社会系统，人为建立的标准体系、技术体系等，都是人工系统。

随着科学技术的发展，人类改造客观世界的能量越来越大，使得许多原来无法干预的自然系统变成了干预对象，例如气象系统(现在可以人工降雨或对某些灾害性天气进行干扰)、外层空间；同时，许多人类无意改变的对人类生存至关重要的自然环境也受到了影响，如环境污染、生态系统被破坏。此外，一些大规模的工程项目，如三峡工程、南水北调工程，这些系统内部包含的山、川、湖、河等自然系统为其子系统。这样就出现了人工自然复合系统。这些系统的发展，彰显着人类对自然的征服，但有时得到的却是自然界加倍的报复。这种严峻的事实使人们认识到必须放弃对自然的掠夺式征服，而应该与大自然和谐共处。

2. 实体系统和概念系统

按照存在的形式，由实体(具有物理属性的存在物)组成的系统是实体系统(Material System)，如树木、建筑物、火炮等；由不具有物理属性的存在物组成的系统是概念系统(Conceptual System)，如概念、原理、制度、程序、规范、条令等。

大多数人工系统是实体系统和概念系统相结合的产物，如航空母舰，它的产生是有关概念系统(设计方案、施工或组建计划等)的实现，其运行离不开概念系统的指导，甚至需要用概念系统(模型)来模拟。

3. 封闭系统和开放系统

按照与环境的联系，与环境不发生相互作用的是封闭系统(Closed System)，与环境有紧密联系的是开放系统(Open System)。实际的系统，特别是生物系统和社会系统，都是开放系统，与环境存在大量的物质、能量和信息交换，其能否继续生存，能否发展，如何发展，与环境、与系统的开放特性息息相关。

严格地说，与外界不发生任何联系的封闭系统是不存在的。但在特定情况下，如果仅考虑系统的某一或某些性态，对这些性态及其变化的外界影响比较微弱时，该系统可看作是封闭系统。例如，密闭容器里的化学反应(如酒的陈放)，通用设备短期储存等。

4.静态系统与动态系统

按照与时间的关联，有结构而无活动，性态不随时间变化而变化的系统是静态系统(Static System)，如桥梁、封存的零部件；性态随时间变化而变化的系统是动态系统(Dynamic System)，社会系统都是动态系统，而且变化的速度越来越快。

严格来说，没有不变化的系统，即一切系统都是动态系统。但如果系统性态变化比较缓慢，而研究期限又比较短，此间对象不会发生显著变化，那么该系统可近似看作是静态系统。

5.事理系统、物理系统和生物系统

按照主体的信息加工处理能力，有人作为主体且人通过主观能动性的发挥可以影响其运行与变化，表现出很强的信息加工处理能力，特别是可以加工并输出主观信息的系统是事理系统(Affair System)；没有人作为主体的实体系统，自身不具有主动获取并加工处理信息的能力，因此不能对外界做出主动反应的是物理系统(Physical System)；介乎物理系统与事理系统之间，一般不能进行主观信息的加工处理，但能够对环境的刺激(客观信息)做出主动反应，并表现出一定的信息获取与加工处理能力的是生物系统(Biological System)。

人是事理系统中的主体，事理系统较社会系统含义更广泛，社会系统必须含有两个及以上的人，而事理系统可以只包括一个人。任何一个人与其工作、学习、生活的对象都可以组成事理系统，如工人和机器、战士和枪炮等。由于人具有主观能动作用，所以事理系统是能够主动地确定目标，具有自学习、自组织功能的高层次的目的系统与控制系统。

事理系统的基本活动是从人体感官获取外界信息开始的，经过一定加工处理后存储在大脑里，即记忆；大脑对存储信息进行分析、归纳等加工处理活动，形成外界存在形态和运动规律的正确反映，即认识；在掌握某一外界事物运动规律的基础上，根据过去及现时的情况，便能够对它将来可能的演变过程及未来某一时刻的状态做出估计，即预测；根据对外界未来变化的预测，结合自身需求，确定自己希望并应努力达到的目标，进而筹划实现目标应采取的行动，即决策；然后付诸行动，即实践。比较实践结果与预想效果，找出成功的经验或失败的教训，更新、充实大脑中存储的知识，并用以完善认识和改进工作方法、步骤，即自学习；如果用来调整系统自身的结构或组成，即自组织。

6.简单系统和巨系统

按照复杂系统的观点，钱学森提出了一个关于系统的分类，即把系统分为简单系统和巨系统。简单系统又分为小系统和大系统，巨系统又分为简单巨系统和复杂巨系统，复杂巨系统又分为一般复杂巨系统和开放复杂巨系统(Open Complex Giant System)。小系统大体上是由几个或几十个元素组成的系统；大系统是由几百个或上千个元素组成的系统；巨系统的元素数量巨大，有成千上万个甚至上亿或上万亿个。

除了上述分类方法，还有许多其他的系统分类方法，这里不再一一列举。

三、系统的要素

系统包括功能、组元或组成、结构、运行与环境等五个基本要素。

1. 系统五要素

1)功能

功能(Function),是指将一定的输入(外界对系统的作用)转换为一定的输出(系统对外界的作用)的能力,且这种输出不等于输入。例如:一个机械厂,输入的是原材料、能源、人力和资金,输出的是机器;一个电动机,输入的是电能,输出的是机械能;一所大学,招进高中生,培养出来的是大学生;等等。一个系统,人们之所以能够认识到它的存在,就是由于它具有功能。人们认识某个系统,也往往是首先认识其功能。例如:谈到一个学校,首先想到它是培养人才的地方;提到奶牛,首先想到它吃进去的是草,挤出来的是奶。事实上,许多系统,特别是人工系统和社会系统,是由其功能命名的。认识一个系统,首先认识的是它与外部相互作用时表现出来的功能而不是其内部情况,这便是人们认识客观事物朴素的整体观。人工系统和社会系统的产生与存在,也正是以它具有满足人们需要的某种功能为先决条件的。当然,系统总是具有多种输入与输出,因此也就具有多种功能。

2)组元或组成

组元(Component),是指组成系统的成分;组成,是指系统组元的集合。通常,人们将组元理解为相对独立、具有特定功能的部件或要素(Element),如工厂里的厂房、机器、人员、材料、产品等。系统的组元依据运动特性一般可以分为三类:固定组元(Fixed Components 或 Structural Components)、运转组元(Operating Components)和流动组元(Flowing Components)。工厂中的厂房、供电、供水、供气等许多设施、设备为固定组元,厂长、车间主任、技术骨干等为运转组元,原材料、半成品、电力、生产计划、各类统计报表等为流动组元。人员从其在具体车间或科室任职来讲,可视为固定组元;工厂的一切运转都靠人来操纵、支配,因此人又是运转组元,且是能够有目的、有计划地运动的组元(能动运转组元);从其可以被激励、被培养从而改变思想观念、工作态度和能力角度看,人还可以视为流动组元。可见,人是系统中最活跃的组元。

固定组元对运转组元和流动组元起着支持及运动约束的作用,运转组元的运行起着对流动组元加工变换和输送的作用,流动组元则是系统从外界输入,在内部进行加工变换,最后输送出去,从而使系统呈现特定功能的组元。在一切系统中,其组元最终总可以分解为物质(Material)、能量(Energy)和信息(Information)三种基本组元,系统的功能也正是对这三种基本组元进行变换或输送的能力。

3)结构

系统的组元之间总以某种方式相互联系和作用。某些组元之间往往存在着较为紧密而稳固的联系,在与其他组元相互作用时呈现出一定的整体特性——系统性。系统内部存在的联系较为紧密而稳固的组元团体为子系统(Subsystem)。结构(Structure)是指系统内子系统的划分及子系统功能的分配,自然包含子系统间的联系。系统的整体功能,是其子系统功能的综合。

子系统具有下述两个性质:每个子系统的功能都影响系统的整体功能,即系统的整体功能是所有子系统共同作用的结果;每个子系统功能的发挥都依赖于其他(至少一个)子系统的功能。

系统、子系统之间,乃至世界上一切事物之间的联系,本质上都是物质、能量、信息在它们之间的流通。这种流通是有方向的，相互联系的事物之间的流通是不等价的。例如：电动机同外界进行能量流通，虽然输入、输出都是能量，但为不同的能量；教员与学员之间进行信息交流，显然两者输入、输出的内容不同；学校与社会交流的主要是人才，但进入的是知识较少(低信息)、能力较低的学生，而出去的为知识较多、能力提高了的人才。系统的功能是通过与外界进行(关于物质、能量和信息)不等价交换体现的。固定组元、运转组元的空间分布和连接，各种流动组元流动方向的规定，形成了子系统在空间上的有序性，这就是系统结构。

4)运行

无生命的物理系统，包含各种人造机器与设备在内，其结构完全决定了子系统间的联系以及流动组元的流动，从而在组成固定情况下完全决定了系统的功能。但是，生物系统以及有人作为组元的事理系统，由于具有能动性的组元存在，结构并不能将流动组元的实际流通唯一确定。在系统结构，即对流动组元流通的质及其方向规定的情况下，系统能动部分还可以对流通的具体内容、数量及其在时间上的分布进行控制。例如工厂中的生产科，结构(职能)赋予它向车间下达生产作业计划的功能，但是计划的具体内容及其是否符合车间的实际、何时下达并不确定。再如工人与机器固然是操作与被操作的关系(这是结构赋予的)，但工人可以有不同的操作方式，或者高产优质低耗，或者出工不干活，出次品、废品，还可能故意把机器弄坏。这种在结构的基础上决定运转组元的实际运动，从而决定流动组元的实际变换与流通的机制称为运行(Operation)。显然，基于一定结构上的运行，最终决定了系统的实际功能。

5)环境

由系统功能的定义可以看出，系统必然存在与之相互作用(有输入、输出关系)的外界，这个客观存在的与系统有着较密切联系的外界就是系统的环境(Environment)。对一个工业企业来说，原材料市场、技术与劳务市场是环境，产品销售市场、协作单位、竞争单位亦是环境，政府有关业务管理机关是环境，所处自然地理位置和周围商业、治安等社会条件也是环境。对一个家庭来说，孩子读书的学校，家长的工作单位，邻居、亲戚、朋友，附近的商店、农贸市场、医院、影院、图书馆、邮政局等都是环境。没有环境的系统是不存在的。许多系统，特别是生物系统和社会系统，离开环境则无法生存，更不用说发展了。

2. *系统五要素的关系*

组元之间的有序联系形成事物的结构和事物变化的实际运行过程，事物与外界的有序联系形成事物的环境和功能，组元、结构、运行、环境与功能是系统的五个要素，这五个要素的统一，就是科学的系统概念。

系统五要素之间的关系见表 1-1。组元、结构、运行与环境这四个要素各自对功能的影响以及它们之间相互联系、相互作用的规律，称为系统功能原理。系统功能原理揭示了系统功能的决定因素和系统概念五要素之间的关系，为人们改进系统提供了基本思路。同时，系统功能原理也向人们展示了系统功能的不确定性，即组元、结构、运行、环境中某一要素不同，系统就可能有不同的功能；反过来也说明，两个系统即使某一要素不同，也有可能通过其他要素的恰当设计，使它们具有相同的功能。系统功能的不确定性，决定系统功能因素的复杂性，为人发挥主观能动性留下了广阔的空间。

表1-1 系统五要素之间的关系

<table>
<tr><th></th><th>功 能</th><th>组 元</th><th>结 构</th><th>运 行</th><th>环 境</th></tr>
<tr><td>组元</td><td>(1)组元不同，通常系统的功能不同；
(2)功能使系统可以改造其组元或增加新的组元</td><td>能动组元有自我改造能力</td><td>组元的功能基本上决定了其在结构中的地位</td><td>人员个体素质影响其在结构制约条件下的自主行为</td><td rowspan="3">(1)组元、结构、运行通过系统功能影响环境；
(2)系统可通过与环境的交流来改变系统组元的数量、质量或引进新的组元；
(3)环境对结构的影响是直接的，并在一定程度上决定了系统的结构；
(4)环境对事理系统运行的影响是直接的</td></tr>
<tr><td>结构</td><td>(1)组元相同，结构不同，则系统的功能不同；
(2)对于事理系统，结构还要通过运行来决定系统的功能；
(3)系统功能对结构有巨大的反作用</td><td>促使组元向胜任其在结构中作用方向转变</td><td>事理系统，人们为了保持或改善系统的功能，会促进系统自身结构的不断优化(自组织)</td><td>结构为运行提供约束，运行一般在结构基础上发挥作用。系统结构上的弊端不可能从运行中得到根本的、持久的、完全的补偿</td></tr>
<tr><td>运行</td><td>(1)组元相同，结构相同，而运行不同，则系统的功能不同；
(2)系统功能对其运行有着很大的反作用</td><td>运行可以改造能动组元</td><td>运行优化可以在一定程度上弥补结构上的缺陷</td><td>事理系统必然含有改善自身的运行的功能(自学习)</td></tr>
<tr><td>环境</td><td>(1)环境影响系统的现时功能；
(2)环境影响系统功能发展</td><td>(1)决定系统可能的输入输出(流动组元)；
(2)影响系统固定组元与运转组元的补充、更新、改造</td><td>(1)系统结构要适应环境；
(2)环境提供系统结构改进的目标模型(原型)</td><td>(1)环境信息是主体决策的必要基础；
(2)环境提供系统运行改进的目标模型(原型)</td><td>系统，特别是事理系统，不仅要适应环境，还要改造环境</td></tr>
<tr><td>功能</td><td colspan="5">富有生命力的系统，都有通过优化组元、结构(自组织)、运行(自学习)并主动改造环境，使自身功能不断完善与发展的功能</td></tr>
</table>

第二节 系统方法论

无论是发展理论还是解决复杂系统决策问题，都面临着不同层次(经验的、科学的、哲学的)、不同领域、不同学科(自然科学、社会科学、数学科学等)、不同类型(定性的、定量的)的知识，如何把这些知识、智慧综合集成起来，开发出新知识和智慧，也就是如何综合运用人类知识体系以及宝贵的知识资源，提高人类认识世界的水平和增强改造世界的能力，这就有个方法和方法论的问题。方法(Method)是指关于解决思想、语言、行动等问题的门路、程序等。方法论(Methodology)是指关于认识世界、改造世界的根本方法的学说,具体地讲,是指人们研究、分析和处理问题的思想、程序和基本原则。

一、霍尔三维结构方法论

1969年,美国贝尔电话公司的工程师霍尔(A. D. Hall)总结开展系统工程的经验,出版了《系统工程方法论》一书,提出了著名的三维结构方法体系。该方法来源于“硬”的工程系统,适用于良性结构系统。这种思维过程,针对大多数硬的或偏硬的工程项目是卓有成效的,受到了各国学者的普遍重视。

霍尔提出的三维结构方法论,对系统工程的一般过程做了比较清楚的说明,它将系统的整个管理过程分为前后紧密相连的时间维的七个工作阶段和逻辑维的七个步骤,并同时考虑到为完成这些阶段和步骤的工作所需的各种专业知识及管理知识。三维结构由时间维、逻辑维和知识维组成,如图1-1所示。

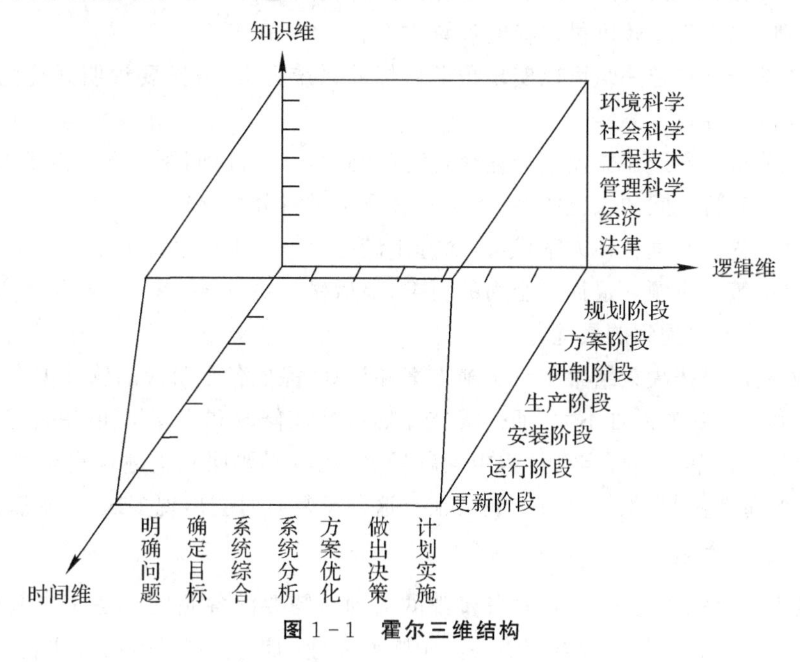

图1-1　霍尔三维结构

1. 时间维

时间维反映了系统实现的过程。一个具体的系统工程活动,从规划阶段到更新阶段按时间顺序排列,可分为以下七个工作阶段。

(1)规划阶段。制订系统工程活动的规划和战略对策。

(2)方案阶段。提出具体的计划方案。

(3)研制阶段。实现系统的研制方案,制订生产计划。

(4)生产阶段。制造出各种零部件,提出系统安装计划。

(5)安装阶段。将系统安装起来,进行调试,并制订系统的运行计划。

(6)运行阶段。管理此系统以使其按预期目标运行以实现其功能。

(7)更新阶段。改进原系统或用新系统代替原系统,使其更有效地工作。

对于某些需要灵活变动的时间阶段,可根据具体情况予以改动,而不应仅仅拘泥于已有的七个时间阶段,应用时绝对不能僵化。例如,可以将装备保障演习的时间维划分为演习准备、演习实施、演习结束与总结。霍尔三维结构是一套不断发展完善的系统方法体系,应当结合实际加以运用。

2.逻辑维

逻辑维反映用系统方法论分析问题和解决问题的逻辑思维过程。霍尔认为逻辑维应由下述七个程序(步骤)组成。

(1)明确问题。通过全面地搜集有关资料和数据,说明类似问题的历史、现状和未来发展趋势,明确现在面临问题的实质,从而为解决问题提供可靠的依据。

(2)确定目标(系统指标设计)。明确并提出解决问题所要达到的目标,并制定出衡量是否达标的准则,以用于比较可供选择的系统方案。

(3)系统综合。拟定一组可以实现预期目标的系统方案,方案要说明系统的结构、相应的参数、所需的条件。

(4)系统分析。通过建立模型等途径,按照达到目标、解决问题和满足需求的情况,说明方案与系统性能、特点间的相互关系,对各备选方案进行分析比较。

(5)方案优化。判别各种方案优劣,筛选出满足目标要求的最优方案。

(6)做出决策。由领导根据更全面的要求,最后做出决策,选择一个或几个方案来试用,有时不一定就是上面提到的最优方案。

(7)计划实施。按决策结果制订实施方案和计划,完成各个阶段的管理工作。如果实施过程比较顺利或遇到的困难不大,那么实施计划可略加修改和完善即可,并把它确定下来,整个步骤即告一段落。如果实施过程中问题较多,就有必要回到上述逻辑步骤中从认为需要的一步开始重新做起,然后再决策或实施。这种反复有时会出现多次,直到满意为止。

3.知识维或专业维

知识维表示为完成上述各阶段、各步骤的活动所需要的各领域广泛的知识和各种专业技术。至于每一步骤和每个阶段都需要其中哪些专业知识,应视问题的性质、特点而定。

4.霍尔管理矩阵

将七个时间阶段和七个逻辑步骤结合起来,便形成了霍尔管理矩阵(又称系统工程活动矩阵),见表1-2。矩阵中时间维的每一阶段与逻辑维的每一步骤所对应的点即矩阵中的各个元素,代表着一项具体的管理活动。矩阵中各项活动是相互影响且紧密相关的,要从整体上达到最优效果,必须使各阶段、各步骤的活动反复进行。反复性是霍尔矩阵的一个重要特点,它反映了从规划到更新的过程需要控制、调节和决策。因此,系统工程过程充分体现了计划、组织和控制的职能。

表 1-2 霍尔管理矩阵

时间维	逻辑维						
	明确问题	确定目标	系统综合	系统分析	方案优化	做出决策	计划实施（制订计划）
规划阶段	a_{11}	a_{12}	a_{13}	a_{14}	a_{15}	a_{16}	a_{17}
方案阶段	a_{21}	a_{22}	a_{23}	a_{24}	a_{25}	a_{26}	a_{27}
研制阶段	a_{31}	a_{32}	a_{33}	a_{34}	a_{35}	a_{36}	a_{37}
生产阶段	a_{41}	a_{42}	a_{43}	a_{44}	a_{45}	a_{46}	a_{47}
安装阶段	a_{51}	a_{52}	a_{53}	a_{54}	a_{55}	a_{56}	a_{57}
运行阶段	a_{61}	a_{62}	a_{63}	a_{64}	a_{65}	a_{66}	a_{67}
更新阶段	a_{71}	a_{72}	a_{73}	a_{74}	a_{75}	a_{76}	a_{77}

二、切克兰德调查学习方法论

软系统工程方法论是由英国学者切克兰德(Checkland)在 20 世纪 80 年代创立的，该方法论是在以霍尔三维结构为代表的硬系统方法论基础上提出来的。

以大型工程技术问题的组织管理为基础产生的硬系统方法论，扩展其应用领域后，在处理存在利益、价值观等方面差异的社会问题时，遇到了难以克服的障碍：人们对问题解决的目标和决策标准（决策选择的指标）等重要问题，甚至对要解决的问题本身是什么都有不同的理解，即问题是非结构化的。对于这类问题，更确切地应当称为议题（issue），人们首先需要做的是通过相互交流，对问题本身达成共识。与硬系统方法论的核心是优化过程（解决问题方案的优化）相比较，切克兰德认为软系统方法论的核心是一个学习过程。

切克兰德认为，完全按照解决工程问题的思路来解决社会问题和软科学问题，将遇到很多困难，至于什么是“最优”，由于人们的立场、利益各异，判断价值观不同，所以很难简单地取得一致看法。因此，“可行”“满意”“非劣”的概念逐渐代替了“最优”的概念。还有一些问题，人们只有通过概念模型或意识模型的讨论和分析后，才能对问题的实质有进一步的认识，并经过不断磋商和反馈，逐步弄清楚问题，得出满意的可行解。切克兰德根据以上思路提出的方法论，称为“软系统方法论”。该方法论的核心不是寻求“最优化”，而是“调查、比较”或者说是“学习”，从模型和现状比较中，学习改善现存系统的途径。因此，该方法论的步骤如图 1-2 所示。

1. 系统现状说明

系统现状说明，即通过调查分析，对结构系统的现实情况进行说明，又称为“调查学习法”。该步骤的目的是改善现状，明确问题本身的基本定义。

2. 给出根底定义（明确关联因素）

对于同一个问题情景，不同人给出不同的定义，要给出系统的根底定义，明确关联因素，初步了解与系统现状有关的各种因素及其相互关系。

3. 建立概念模型

运用系统思想和方法描述系统活动的现状，在不能建立数学模型的情况下，用结构模型或语言模型来描述系统的现状。

4. 改进概念模型

随着分析的不断深入和"学习"的加深，进一步用更合适的模型或方法改进概念模型。

5. 比较

将概念模型与现状进行比较，找出符合决策者意图的可行方案。

6. 实施

实施提出的可行方案。

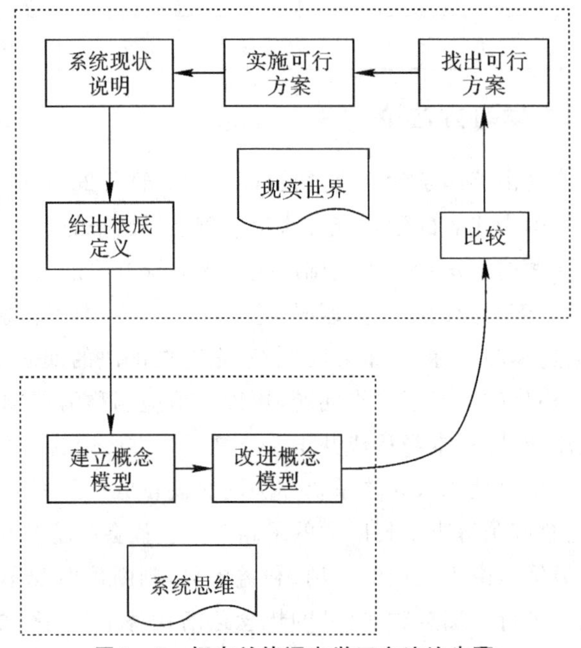

图 1-2 切克兰德调查学习方法论步骤

三、综合集成方法论

钱学森在对开放的复杂巨系统长期研究的基础上，于 1989 年提出了从定性到定量的综合集成法，简称综合集成(Meta-synthesis)。1992 年，钱学森又提出这一科学方法的应用形式——"从定性到定量综合集成研讨厅体系"(Hall for Work Shop of Meta-synthetic Engineering, HWSME)。这套方法论是从整体上研究和解决问题的方法，采取人机结合、以人为主的思维方法和研究方式，对不同层次、不同领域的信息和知识进行综合集成，达到对整体的定量认识。综合集成方法的实质是将专家经验、统计数据和信息资料、计算机技术三者有机结合，构成一个以人为主的高度智能的人机结合系统，发挥这个系统的整体优势，去解决复杂的决策问题。综合集成方法论的基础如图 1-3 所示。

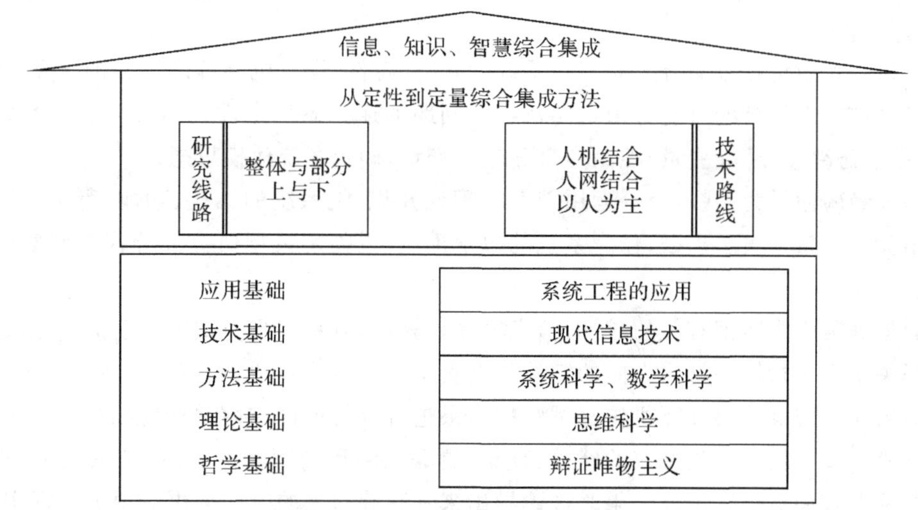

图 1-3 综合集成方法论的基础

对开放复杂巨系统的综合集成要以人类积累的全部知识为基础，在整个现代科学知识体系中作大跨度的跳跃，集大成，出智慧，产生新思想、新知识、新方法，钱学森称其为“大成智慧”。在哲学上，就是要把经验与理论、定性与定量、人与机、微观与宏观、还原论与整体论辩证地统一起来。综合集成方法论的概念如图 1-4 所示。

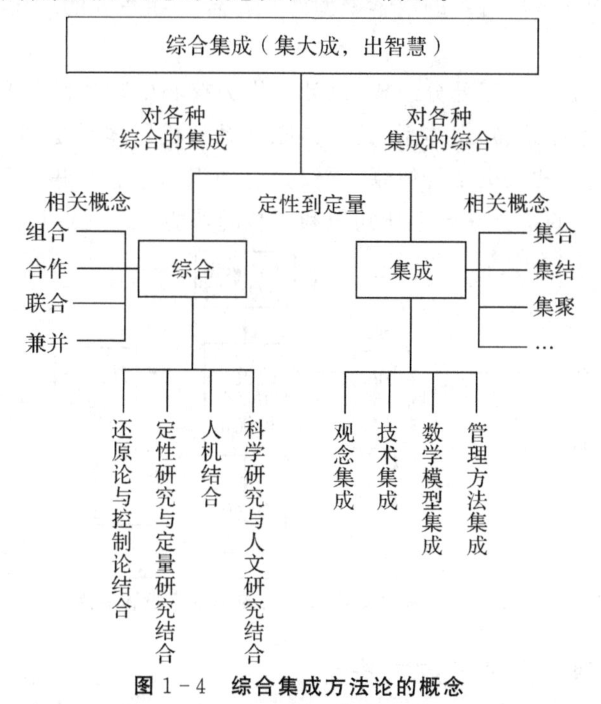

图 1-4 综合集成方法论的概念

运用综合集成方法论解决开放复杂巨系统问题的基本步骤和要点如图 1-5 所示。

(1)一个实际问题提出来后，研究者(或研究小组)首先要充分收集有关的信息资料，调用有关方面的统计数据，为开展研究工作做好准备。这些数据资料中包含系统的定性和定量特性信息，没有它们就不可能实现从对系统的局部定性认识经过综合集成达到对系统的整体定量认识。

(2)研究者邀请各方面有关专家对系统的状态、特性、运行机制等进行分析研究，明确问题的症结所在，对系统的可能行为走向及解决问题的途径做出定性判断，形成经验型假设，明确系统状态变量、环境变量、控制变量和输出变量，确定系统建模思想。

(3)以经验假设为前提，充分运用现有的理论知识，把系统的结构、功能、行为、特性、输入/输出关系定量地表示出来，作为系统的数学模型，以便用模型研究部分代替对实际系统的研究。

(4)依据数学模型把有关的数据、信息输入计算机，对系统行为做仿真模拟试验，通过试验，获得关于系统特性和行为走向的定量数据资料。

(5)组织专家群体对计算机仿真试验的结果进行分析评价，对系统模型的有效性进行检验，以便进一步挖掘和收集专家的经验、直觉、更深入细致的判断。所谓“见景生情”式的见解，常常是专家面对仿真试验结果时被诱导出来和明确起来的。如果再应用虚拟现实技术，可能会有意想不到的效果。

(6)依据专家们的新见解、新判断，对系统模型做出修改，调整有关参数，然后再做仿真试验，将新的试验结果再交给专家群体分析评价。根据新一轮专家意见和判断再次修改模型，再做仿真试验，再请专家群体分析评价。如此反复循环，直到计算机仿真试验结果与专家意见基本吻合为止。最后得到的数学模型就是符合实际系统的理论描述，从这种模型中得出的结论将是可信的。

研讨厅体系可以看作由三部分组成：以计算机为核心的现代高新技术的集成与融合所构成的机器体系、专家体系、知识体系，其中专家体系和机器体系是知识体系的载体。这三个体系构成高度智能化的人机结合体系，不仅具有知识与信息采集、存储、传递、调用、分析与综合的功能，更重要的是具有产生新知识和智慧的功能。

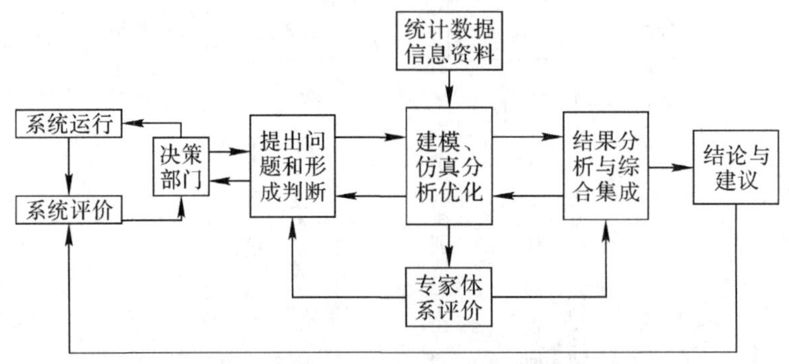

图 1-5　综合集成方法论的基本步骤和要点

四、物理—事理—人理系统方法论

WSR是物理—事理—人理方法论拼音首字母的简称，是中国著名系统科学专家顾基发教授和朱志昌博士于1994年提出的。它既是一种方法论，又是一种解决复杂问题的工具。在观察和分析问题时，尤其是在观察分析复杂特性的系统时，WSR体现出其独特性，并具有中国传统的哲学思辨，属于定性与定量分析综合集成的东方系统思想，是多种方法的综合统一。根据具体情况,WSR将方法组群条理化、层次化,起到化繁为简的作用。物理—事理—人理系统方法论内容见表1-3。

表1-3　物理—事理—人理系统方法论内容

WSR	物　理	事　理	人　理
对象与内容	客观物质世界、法规、规划	组织、系统管理和做事的道理	人、群体、为人处世的道理
焦　点	是什么? 功能分析	怎么做? 逻辑分析	最好怎么做?可能是? 人文分析
原　则	诚实,追求真理	协调,追求效率	讲人性,和谐,追求成效
所需知识	自然科学	管理科学,系统科学	人文知识,行为科学

1. WSR系统方法论的工作过程

WSR系统方法论的工作过程如图1-6所示。

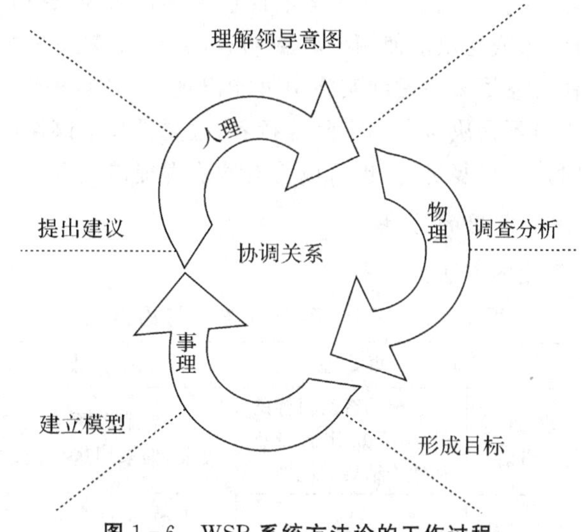

图1-6　WSR系统方法论的工作过程

(1)理解领导意图。从这开始是考虑东方特色,东方国家集体主义比西方强。在西方往往强调个性、民主,因此他们喜欢从个人出发,不受任何领导意图左右而自由发表自己的看法,美国兰德公司的一个重要工作原则就是强调独立性。但是,在东方做任何项目,如果一来就摆开一副对着干的架势,那么就无从获取项目资金以至有关数据和信息。当然,应该提倡物理、事理和人理一体考虑,所以后面还有调查物理情况,用科学方法分析、预测可能的利弊,一个明智的领导或上级会改变原来不切实际的看法,同时只有对事物仔细分析后下的结论才会令人信服。这里领导也是广义的,可以是管理人员和技术决策人员,也可以是一般用户。其实,在西方也是把顾客看成上帝,提出种种方法去了解顾客的意图。特别是现在新的信息系统方法论已经把用户参与、用户满意作为设计信息系统的重要原则。

(2)调查分析。这是个物理分析过程。任何结论只能在经过仔细的情况调查之后才能做出。深入实际和邀请有实践经验的专家提出意见和看法是至关重要的,这主要需要“物理”。

(3)形成目标。对于一个复杂问题,往往一开始问题拟解决到什么程度,领导和系统分析工作者都不是很清楚。开始是领导的笼统意图,经过调查后,问题到底能解决到什么程度，应有一个初步共识，这就是形成目标的过程。这些目标与当初领导的意图会有不一致的地方。同时在以后大量分析和进一步考虑后，可能会有所改变。

(4)建立模型。这里的模型是比较广义的，数学模型是其中的一种，还可以是概念模型，甚至是一套可以运作的步骤(如程序、行动顺序)，但它们是经过人们抽象、理智、合乎情理的思考后形成的，这个过程主要是运用“事理”。

(5)协调关系。在处理问题时，由于不同人所拥有的知识不同、立场不同、利益不同，对同一个问题、同一个目标、同一个方案往往会有不同的看法和感受，因此往往需要协调，这里“人理”是主要的。有时一个方案只是由于告诉人的次序、时间和地点有所不同，就会造成不同的后果。

(6)提出建议。在对物理、事理和人理综合分析后，应提出解决问题的建议。建议一要可行，二要尽可能使各方面满意(有时需要妥协和折中)，最后还要让领导从更高一个层次去综合和权衡，决定是否采用。系统工程工作者有时会错误地认为，成功的分析就是建议被全部采用。其实，若分析结果或建议能使领导改变初衷，或者改变原来要解决的问题，也是一种成功。系统工程工作者应尽量考虑到实施中可能出现的问题，提出的建议既要合理又要合情，但是，系统工程人员不是决策者和实际执行者，主要是起参谋作用。

以上这些步骤有时需要反复进行，也可以将有些步骤提前进行。

2. WSR 系统方法论常用的方法

WSR 系统方法论常用的方法见表 1－4。

表 1－4　WSR 系统方法论常用方法

WSR	物　理	事　理	人　理	方　法
理解意图	了解顾客最初需求，通过谈话和收集有关领导讲话	了解顾客对目标的偏好，喜欢什么模型和评价结果的标准	了解哪些顾客参与决策，谁来用这个结果	头脑风暴法、讨论会、认知图
调查分析	通过现场调查和文件检索，调查现在已有资源和制约条件	了解用户的经验和知识背景	了解谁是真正决策者，哪些知识是必需的，弄清用户上下各种关系，哪些是必要的	德尔菲(Delphi)法、各种调查表、文献调查、历史对比
形成目标	将所有可行的和实用的目标准则，以及约束条件都列举出来	要在目标中了解它们的优先次序和权重	最好了解各种目标涉及的人物	风暴法、目标树、统一计划规划
建立模型	将各种有关目标和约束条件数据化或规格化	要选择合适的模型程序和知识	尽量把领导的意图放入模型中	各种建模方法和工具
协调关系	要对所有模型、软件、硬件、算法和数据之间加以协调或称技术协调	要对模型和知识的合理性加以协调或称知识协调	工作过程中，各方面不同的利益、观点、关系都可能引起冲突，需要进行利益协调	和谐理论、亚对策、超对策
提出建议	要对各种物理设备和程序加以安装、调试、验证，创造好的汇报、演示条件	要将各种专业术语改成用户能懂的和喜欢的语言	要尽量让各方面易于接受、易于执行，并考虑到今后能否合法运用该建议	各种统计图表、统筹图

五、5W1H 方法

5W1H 方法是运用逻辑思维推理的方法对问题进行分析,在分析时往往要通过一系列的问题得到圆满的解答。这一系列问题可以归纳为 5W1H,即英文 What、Why、When、Where、Who、How 的缩写。

(1)任务的对象是什么?即要干什么(What)?

(2)这个任务何以需要?即为什么这样干(Why)?

(3)它在什么时候和什么样的情况下使用?即何时干(When)?

(4)使用的场所在哪里?即在何处干(Where)?

(5)是以谁为责任人的系统?即谁来干(Who)?

(6)怎样才能解决问题?即如何干(How)?

以某省建立核电厂为例,这些问题的答案如下。

(1)要干什么(What)?在某省选址建设一个核电厂,选择合适的反应堆类型和技术,并进行环境评估和安全分析。

(2)为什么在该省建立核电厂(Why)?因为该省自产能源很少,历来靠从外地调进原油和煤炭发电,调进能源受经济、交通运输等影响很大,自己无法掌握主动权,同时也为了减少环境污染和在经济上求得更廉价的电力。

(3)何时建立为宜(When)?电力是工业的先行官,要发展经济首先要发展电力工业。当前世界屡发能源危机,因此,为保证该省经济的稳定与发展,建设核电厂是刻不容缓的事情。

(4)在何处建厂为宜(Where)?从避开地震、断裂、海啸、流沙区而又有足够冷却水,远离人口密集的中心城市而又比较接近用电地区等方面来看,选址该省南部沿海为宜。

(5)由何单位承建(Who)?由国家核能建设部门和该省电力公司负责建设,并请工程顾问公司提供各种技术方面的咨询服务。

(6)工程如何进行(How)?工程进度安排应服从未来 10 年电力和核能发展规划,具体技术细节还须由工程顾问公司做进一步研究后再提出。

第三节 系统分析

系统分析把研究对象视为一个系统,对系统进行外部的环境分析和内部的功能分析、结构分析和运行分析。环境与功能分析主要是分析外部环境与系统的相互影响,找出环境对系统输入的变化规律和系统的响应规律,同时分析系统功能与环境的相互影响的适应性。结构分析是要找出组成系统的要素之间的关系、分布的层次等主要内容,揭示系统组成的性质和规律。运行分析就是分析现实社会系统的运行,发现运行中的问题,从而使运行得以优化,还可以发现结构中存在的问题并促进结构的改善。这几方面分析都要围绕系统的目标,因此,系统分析首先要明确系统所要达到的目标,即目标分析。要确定系统的目标,必须在收集、分析、处理所获得的信息资料的基础上,对系统的目的、功能、环境等问题进行科学分析。本节重点介绍系统目标分析、系统环境分析、系统功能分析、系统结构分析和系统运行分析。

一、系统目标分析

系统目标是指系统发展所要达到的结果。系统目标对系统发展起着决定性作用,系统目标一旦确定,系统将朝着所规定的方向发展。有了明确的目标,才能针对目标提出可行方案,进而选择合理方案。

1. 目的、目标及其属性

目的和目标并非两个对等的概念。目的是指通过努力,系统预期达到的水平。目标是指系统在实现目的的过程中的努力方向,是系统目的的具体化。例如,对某一项工程,建设过程中要求它“投资省”“建设速度快”“建成后的经济效益好”“对环境破坏小”等,这些都属于系统目标。目标的属性是指对目标的度量。例如:衡量投资、成本、利润用“万元”,衡量寿命、返本期、建设周期用“年”或“月”,衡量征用土地量用“平方千米”,衡量对水环境的影响用“生化耗氧量”,衡量大气环境用“可吸入颗粒物比例”或直接用“污染物排放量”等。值得指出的是,有些目标的属性难以定量度量,如舒适度、心理承受力、社会舆论及影响等。在系统分析时,要对这些目标的实现程度做出量化的估计,通常采取两种方法:①经过调查研究给出比较客观的评分标准;②应用模糊集理论中隶属度的概念,对难以量化的因素做出评判。

2. 系统目标的确定

1)系统总体目标的确定

系统的总体目标是对系统的总体要求,是确定系统整体功能和任务的依据。

制定系统的总体目标,要用全局、发展、战略的眼光,考虑社会、经济、科学技术发展提出的新要求,注意目标的合理性、现实性、可能性和经济性,根据系统自身的状况、能力以及环境条件。同时,还应制定出系统的近期目标和远期目标。要充分估计总体目标在正反两方面的作用,要充分考虑系统的内部条件和外部环境的允许程度。当受到内部条件、外部环境的限制和约束,使最佳或最理想的目标还无法考虑时,可以选择暂时用可以实现的次好目标代替;当时间、空间、环境条件等发生变化时,对目标再做相应的调整和修正。

2)建立系统的目标集

建立相对稳定的目标集是逐级逐项落实总目标的结果。总目标通常概括性强,不宜直接操作,要把总目标分解为各级分目标,直到具体、易于操作为止。分解过程中要注意,分解后的各级分目标一定要与总目标保持一致,分目标所指方向要保证总目标的实现。分目标之间有时会不一致,但在整体上要达到协调。

对于目标集合,往往是从总目标开始将目标逐级分解的,按子集关系分层次组成树状的层次结构,称为目标树或目标集。总目标分解的主要原则如下。

(1)按目标的性质将目标子集进行分类,把同类目标划分在同一目标子集内。

(2)目标的分解要考虑系统管理的必要性和管理能力。

(3)要考虑目标的可度量性。

建立目标树的过程就是把目标分解、细化、展开的过程,如图1-7所示。从目标树可以了解系统目标的体系结构,掌握目标的全貌,便于进一步明确问题和分析问题,有利于在总体目标下统一组织、规划和协调各分目标,使系统整体功能得到优化。

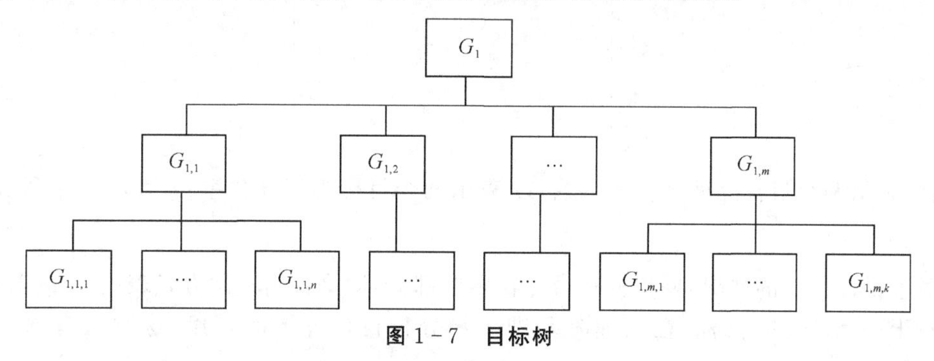

图1-7　目标树

例如,国家教育系统规划中分析系统的目标树如图1-8所示。总目标是提高我国全民文化素质,为达到此目标就要加强基础教育、发展职业教育、发展高等教育、发展成人教育等,加强基础教育就要发展学前教育、普及九年义务教育、注重特殊教育等。

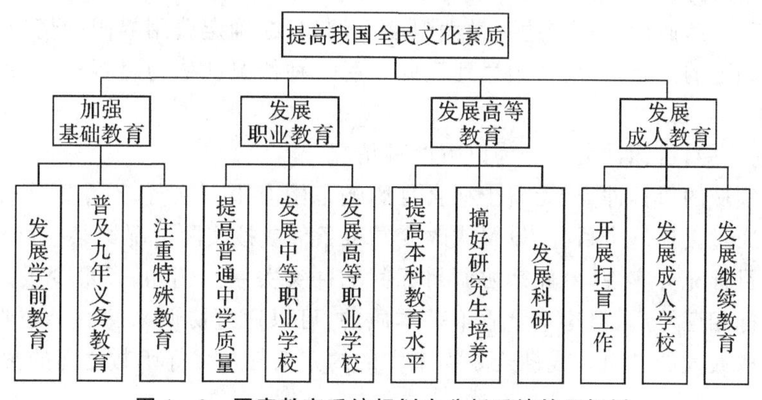

图1-8　国家教育系统规划中分析系统的目标树

3. 目标冲突与协调

对于存在多个目标的情况,目标间的关系一般可分为以下三类。

(1)两个目标之间无任何关系,即相互独立。

(2)一个目标的实现有利于另一个目标的实现,称为目标互补关系。

(3)一个目标的实现制约或阻碍另一个目标的实现,称为目标冲突关系。例如,在寻求合理解决运输工具的目标集中,尽可能低的运输投资和尽可能高的运输效率这两个分目标是相互冲突的,不可能同时实现。通常情况下,往往高档汽车才能满足更安全、更便利和高速度的需求。

为充分分析目标之间的关系,可采用目标关系矩阵。设有子目标$G_1,G_2,\cdots,G_i,\cdots,G_n$。将每个子目标与其他子目标比较,估计目标间的相互影响,构造如下所示的目标关系矩阵。

$$
\begin{array}{c}
 \\
G_1 \\
G_2 \\
\vdots \\
G_i \\
\vdots \\
G_n
\end{array}
\begin{array}{c}
\begin{array}{cccccc}
G_1 & G_2 & \cdots & G_i & \cdots & G_n
\end{array} \\
\left[\begin{array}{cccccc}
- & U & \cdots & H & \cdots & \cdots \\
 & - & \cdots & U & \cdots & \cdots \\
 & & - & Z & \cdots & U \\
 & & & - & \cdots & Z \\
 & & & & - & H \\
 & & & & & -
\end{array}\right]
\end{array}
$$

其中:U 表示两个目标之间无任何关系;H 表示两个目标为互补关系;Z 表示两个目标为冲突关系。

对于目标互补的情况,要检查是否存在多余部分,即是否用不同方式表达了相同内容。

对于相互冲突的目标,在处理时要进一步分析目标冲突的程度,这时又有以下两种情况。

(1)目标冲突但有相容或并存的可能性。

(2)目标绝对相斥。

前一种情况称为目标的弱冲突,这时原则上可以保留两个目标。在实践中,通常是限制弱冲突中的某一方,而让另一方达到最大限度。例如,在确定费用界限的情况下,获取最大的效率;或在确定的效率下,使费用达到最低。后一种情况就称为目标的强冲突,这时必须改变或放弃某个分目标。

按涉及的范围,目标冲突可分为以下两种情况。

(1)技术领域的目标冲突,无碍于社会且影响范围有限。这时,对于两个相互冲突的目标,往往可以通过去掉一个目标、设置或改变约束条件或按实际情况给某一目标加以限制的方式,使另一目标充分实现,由此来协调目标间的冲突关系。例如,以最少投入获得最大产出,这两个目标相互矛盾,但这个矛盾不是本质的,可以通过协调来解决。通常可对投入设定上限,而争取最大的产出。线性规划模型中的约束条件与目标函数之间的关系,即属于这类情况。

(2)社会性质的目标冲突,由于涉及了一些集团的利益,通常称为利益冲突。这类目标冲突不像前一类型那样容易协调,应慎重处理。例如,有以下两个分目标:目标 1 采用生产自动化降低产品成本;目标 2 保证工作岗位不减员。显然这两个目标是有利害冲突的,后者涉及工人的利益,在处理利害冲突时要慎重。一般有三种可能的处理方法:一是目标代表方之一放弃自己的利益;二是保持原目标,用其他方式补偿或部分补偿受损方的利益,如另行安排工作、给一定的经济补偿等;三是通过协商,调整目标系统,使之达到目标相容。

在实际的管理和决策中,产生目标冲突的原因往往是多个主体对系统的期望和利益要求不同。不同的主体,如组织管理系统中的各部门及其主管等,有各自的利益要求,通常称为利益集团。而目标冲突往往反映出不同主体在利益上的不同要求,因此目标协调的根本任务在于,把有关各方由于价值观、道德观、知识层次、经验和所依据的信息等方面存在差别而造成的矛盾和冲突,加以有效地疏通和化解。经过调解得到的目标是有关各方均可接受的满意结果,并非某种意义上的最优。

二、系统环境分析

环境是系统存在与发展的基础，功能是系统与环境相互作用所表现出的特性。系统问题，最主要的表现为系统功能对环境的现时适应性和未来适应性。因此，发现问题并探索、解决问题时，首先应该进行环境分析。

1. 环境的概念

环境是指与系统有着紧密联系的客观存在的外界。系统概念部分已经指出，联系是指物质、能量与信息的流通。联系的紧密性只能是相对而言的，以联系的直接性（中间环节的多少）和相互影响的大小判断。

1）环境的分类

下面从两种不同的角度进行环境分类，并对系统与环境的边界做一剖析，以便将环境概念进一步深化。

（1）依据流通成分的环境分类。

环境与系统之间流通成分的不同反映了环境固有属性的差异。依流通成分不同，环境可以大致分为自然环境、政治经济环境、科学技术环境与社会文化环境。

自然环境。其包括的因素有地理位置、地形地貌，矿产及水资源条件，气象生态系统等。

政治经济环境。其包括的因素有工商企业，农林业，交通运输条件，经济管理组织，财政金融机构，政府机构及有关条例、法律、政策等。

科学技术环境。其包括科学研究或技术开发机构，科技情报资料及刊物，科技市场，科技成果物化的设备、设施等。

社会文化环境。其包括人口，社会治安、社会秩序、社会道德风尚与价值观，文化教育事业，大众传播媒介等。

上述几类环境对任何一个社会系统都有着直接的影响。某些系统还可能有另外的一些重要环境，如军事环境，不仅对军事单位自身来说是第一位要考虑的，也是许多工业部门和科研部门首先要考虑的环境。

（2）依据对系统影响认识的环境分类。

依据对系统影响认识的不同，环境可分为一般环境与主观现实环境。

由于客观事物之间联系的普遍性，所以外界之中许多部分都会对系统有明显的或直接或间接的影响，不论系统的主体是否认识到及认识的程度如何。将客观存在着的对系统有着明显影响的外界称为一般环境，简称环境；而将其中为系统主体清楚地认识到它们的存在与对系统的影响的部分，称为主观现实环境。

对环境做上述划分是十分有益的，这可以从后面的分析中看出。当然，两种环境之间的边界并不是非常清楚的，不仅随着系统主体的认识而改变，随着客观形势而变化，而且也与主体的决策有关，因为主观现实环境中总有一部分是可选择的。

2）系统与环境的边界

实体系统与环境的边界容易分清，概念系统的边界往往比较模糊，如不同学科、不同技术领域之间，可能有交叉部分，也可能存在断带。实体系统与其环境的分界一般来说较好划清，但亦有许多情况有交叉或不易分辨，如两个有协作或联营关系的企业之间。一个人往往同时在不同的社会系统中担任角色（为系统组元），也就使得作为系统的基本组元的人的归属不能唯一确定，从而使社会系统与其环境的边界具有不确定性。但是，要进行系统管理，其边界的严格划分往往又是很重要的，包括系统内部子系统间边界的规定。

社会系统的边界，一般以系统主体控制直接可及，即可控状态范围为限。在这里，需要区别可控状态与可影响状态。可控状态是指主体在一定的时间内可实现在一定范围内任意改变的状态。可影响状态仅仅是在主体控制作用下，有依系统主体意愿变化的可能；除主体之外，还可能存在更强有力的影响者甚至控制者。例如，产品市场、技术市场之于某个特定的企业，该企业的经营决策只能影响这些市场而不能控制（主宰）它们。像这类非可控、只是可以影响的部分，一般划入系统环境之中。

3）系统的边界组元

系统的边界组元是与系统边界相关联的概念。边界组元担负着为系统选择输入与输出的功能，决定着系统的主观现实环境。任何系统，特别是社会系统，为了实现特定的功能，不可能对一切可以获取的东西全部输入，而是仅选择实现特定功能所必需的输入；其输出也是一样，只能输出满足环境系统特定需要的产品或劳务。例如，工业企业，供应科采购原材料的品种、规格、质量、数量、时间都受到严格限制，以保证满足生产的需要而又尽量少占用资金；销售科出售的产品的质量甚至买家也受到严格限制，以维持企业的信誉并对社会负责。在环境不断波动的情况下，边界组元选择系统输入与输出的作用使系统免受外界环境变化的干扰，在内部形成比较稳定的小环境。当然，有的边界组元以感知、分析环境的变化为己任，如企业的市场分析部门、技术与新产品开发部门。边界组元与环境打交道，其活动反映系统的开放情况，对系统功能及其发展特性有着直接、密切的关系，在环境与功能分析中需要特别注意。

2. 系统环境分析的内容

对系统现时功能及其组元、结构、运行状态的了解，是进行环境分析、系统功能对环境的适应性分析的前提。在认识系统现状的情况下，环境分析主要应包括下述内容。

1）分析并描述系统的一般环境和主观现实环境

分析并描述系统的一般环境和主观现实环境包括自然地理、政治经济、科学技术、社会文化等部分。分析可以遵循一般环境、主观现实环境的顺序逐渐缩小，亦可以沿相反的方向逐渐扩大。

通过上述分析，会获得广泛的环境状态信息，建立起清晰的系统环境的图像。通过调查和分析，一般会认识到或发现新的对系统有重大影响的因素，从而扩大主观现实环境的范围，甚至由于认识到某些环境因素与系统的相互关系十分密切，需要将之划入要控制的对象之中。人们用农药防治农作物或森林中虫害却导致虫害加剧的教训，使人们认识到生物链的存在与重要性，从而由原来把害虫视为孤立系统的做法改变为将之视为开放系统，甚至将整个生物链作为对象系统来考虑。与科学技术、社会经济、文化等环境是否发生直接联系，有时完全是系统主体选择（环境控制）的结果，如企业的协作单位、供销合同单位等。新的市场、协作单位、合作单位、竞争对象的发现，都可能导致主观现实环境的改变。

2）分析现时系统对环境的适应性

分析现实系统对环境的适应性包括满足社会大系统需求的情况，与其他环境系统的协调性及对环境发展的贡献。

系统输出的产品——工农业产品、社会服务、人才、科技成果等，是否满足社会的需要，有的可以直接从用户反馈的信息得到，特别是物质性产品。但某些产品，特别是人才，由于人才素质的多重性，同一学校的毕业生可能在社会上担负多种不同的工作，再加上人才使用期限很长，人才在工作中用到的许多知识和技能是在参加工作后通过实践或自学获得的，这就使得对学校培养的学生满足社会需求的程度很难明确判断。对这种复杂的社会需求的分析必须做大量的社会调查，对各种不同的反映和见解进行归纳整理，而问题的发现和解决有时需要站在一种新的角度或更高的高度。对社会环境的广泛调查和分析，将会发现现时社会供给与需求之间存在许多不协调之处，既有供过于求的地方，也有许多供给的短缺或断带。这里的供给不仅指物质产品，也包括人才的培养、技术的开发和科学研究领域。满足社会需求的薄弱环节或断带，正是人们可以大有作为的地方。

3)分析环境的发展特性

分析环境的发展特性就是预测大系统及环境未来需求，分析现时系统功能能否适应、如何适应环境的发展。

现代社会以科技发展为龙头，带动社会生产力及整个社会飞速发展，因此不断提出新的需求。顺应这种发展，主动适应并促进这种发展，不仅可以为环境作出贡献，而且将促进系统自身的发展，给自己带来巨大的收益。

未来环境预测，是根据所掌握的信息和数据对环境因素的发展变化、系统寿命周期内未来环境的可能状态以及系统可能产生的后果进行估计。

在对环境的未来发展变化趋势进行预测时，应根据各种环境因素的特征作具体分析。可以采用定性分析方法，如对利率、汇率走势的判断，对未来经济增长情况、物价状况的估计等，也可以采用调查预测法、德尔菲法。许多定量分析方法可以用作预测，如时间序列分析、回归分析、投入产出法、灰色预测等。对随机性很强、动荡不定的环境因素，通常只能采用定性分析方法，如情景分析法。

情景分析法是未来环境预测常用的一种方法，又称情景描述法、脚本法。该方法最初主要应用于政治和军事方面的系统分析，后来逐步应用于经济和科技预测。情景分析法基于逻辑推理，通过构想未来行动方案实现时所处的几种环境状态及其特征，预测和估计行动方案的社会、技术和经济后果，是一种常用的分析、预测方法。

在情景分析法中，主要通过情景设定和描述来考察和分析系统，描述可能出现的状况和获得成功所必需的条件等。简单地说，情景设定和描述就是对每种可行方案设定未来环境的几种状态——正常的、乐观的和悲观的环境状况，并给出相应的特征和条件。既要考虑出现概率大的、一般的环境状况，也要考虑出现概率小的、极端或特殊的环境状况，如百年不遇的自然灾害、战争等。维持环境现状往往也作为一种情景，因其具有现实可能性，也便于分析和比较。通过对环境现状的分析，依据事件的逻辑连贯性，通过一系列的因果关系，基于逻辑推理、思维判断和构想，并结合定量分析方法，了解从现状到未来情景的转移过程，进而判断可能出现的情况及其特征。情景描述既要发挥想象力和逻辑思维能力，又要重视人们的经验、知识、技术以及综合判断能力。

应用情景分析法的大致步骤如下。

(1)明确情景描述的目的、基本设想和范围(如预测时间、关联因素、环境范围等)，以及所持观点(如乐观、悲观和现实的观点等)。

(2)对预测对象的历史状况和现时状况进行分析,在此基础上对其发展趋势和未来状态进行分析和预测。

(3)结合有关的数据资料,采用定量方法进行预测,有利于描绘未来的发展前景。

(4)拟定实现未来战略目标的可行方案及主要问题和课题,估计和预测可行方案在多种设定情景下的军事、社会、经济和技术后果,以制定适应性强的战略规划。

情景分析法在实际应用中需注意下面几个问题。

(1)注意因果关系上的合理性。在情景描述时,要了解从现状到未来情景的转移变化历程,要具有合理性和连续性。

(2)对于未来的前景,由于人们存在不同的看法,应充分表达可能出现的分歧点,以及研究者的看法和根据。

(3)处理好各种矛盾。在情景描述时,既要考虑量变,又要考虑质变。

(4)注意定性与定量分析相结合,增强分析的科学性。

4)分析社会环境中其他系统,确定自己的特色与竞争策略

分析社会环境中其他系统的功能状态、内部结构与运行机制,明确与本系统现时及未来可能发生的关系,从而选择学习的对象,找出可以加以利用的资源与条件,并通过对竞争形势的分析确定自己的特色与竞争策略。

在这里需要特别指出的是,应该重视科技信息环境的充分利用,而目前在这方面我国仍然极为薄弱,不仅物质生产部门如此,就是一些科研技术开发单位亦然。例如,我国的科研与技术开发项目有许多是重复的,有些领域重复超过半数。一方面项目重复,浪费大量的人力、财力和时间。另一方面,已有的成果无人或很少有人问津,发挥不了实际效益。这些都是由不能充分利用科技环境中的信息资源所导致的。

3. SWOT 分析法

SWOT 分析法又称为态势分析法,主要用于战略环境分析。SWOT 中的四个字母分别代表优势(Strengths,S)、劣势(Weaknesses,W)、机会(Opportunities,O)、威胁(Threats,T),其中,前两个是研究对象的内在条件因素,后两个是外部环境因素。SWOT 分析法的思路是通过调查问卷等,将研究对象的优势、劣势、机会和威胁列举出来,然后用机会、威胁等外部力量对优势、劣势等内在条件因素进行综合评估、分析,根据研究结论制定或者调整发展战略、规划。

1)分析内在条件及外部环境

运用调查、文献分析等方法对研究对象的内在条件、外部环境的历史、现状及未来趋势进行全面的分析。内在条件主要是研究对象的优势和劣势等,包括组织管理、人员技术等,是影响研究对象发展的内在因素;外部环境主要是研究对象所面临的机会及威胁,包括国家政策、社会环境等,是影响研究对象发展的外在因素。

2)构建 SWOT 矩阵

按照对研究对象的影响程度,将第一步分析调查所得的各个因素排序,构造 SWOT 矩阵。

3)SWOT 分析

运用系统分析方法将优势、劣势、机会和威胁四种影响因素两两匹配,按照发挥优势、克

服劣势、抓住机会、避免威胁的基本原则，形成优势机会策略（SO）、劣势机会策略（WO）、优势威胁策略（ST）及劣势威胁策略（WT）等一系列可选择的发展策略，将其填入 SWOT 分析矩阵中。SWOT 分析法的分析矩阵见表 1－5。由此，可以得到系统发展的若干战略，为系统决策提供指导。

表 1－5　SWOT 分析法的分析矩阵

<table>
<tr><td colspan="2" rowspan="3">外部环境因素</td><td colspan="2">内在条件因素</td></tr>
<tr><td>优　势</td><td>劣　势</td></tr>
<tr><td>优势内容条目</td><td>劣势内容条目</td></tr>
<tr><td rowspan="2">机会</td><td rowspan="2">机会内容条目</td><td>SO</td><td>WO</td></tr>
<tr><td>利用部分</td><td>改进部分</td></tr>
<tr><td rowspan="2">威胁</td><td rowspan="2">威胁内容条目</td><td>ST</td><td>WT</td></tr>
<tr><td>监控部分</td><td>消除部分</td></tr>
</table>

三、系统功能分析

目标分析和环境分析是功能分析的前提。在系统的目标分析和环境分析阶段，可以确定系统的总体功能要求，而这种总体功能是针对系统作为一个整体应起的总体作用而言的。但是，一个完整的系统是由硬件、软件、设施、数据、信息和人员等各种要素以一定的方式结合而成的，每个系统要素或若干系统要素的结合都在系统中起着各自特有的作用（或称子功能）。这些子功能在总体内有序地综合起来，就构成系统所具有的总体功能。系统功能分析，就是根据系统构成要素的逻辑分类、时序、数据流程、控制流程或其他一些准则，对系统的总体功能要求进行分解，直至明确系统的各功能单元及其之间的相互关系。

通过对系统的功能进行分析，可以获得系统各项功能的描述，以及各项功能之间的逻辑关系、层次关系、功能结构。这些分析结果将作为后续的系统结构分析等的信息输入，并起到重要的指导作用。

1. 系统的功能描述

1）功能的分类与结合形式

功能体现了系统最高层次的性能特点和（或）必须计及的各种动作。因此，按照功能所对应的系统动作形式，可将功能分为独立功能和从属功能两类。独立功能就是系统在完成该项功能时所遂行的动作是独立的，不需要其他的动作来配合。独立功能往往是系统必须完成的主要功能。从属功能则是在系统完成独立功能的过程中附带完成的一些辅助功能，且完成这些功能的动作构成了完成独立功能动作的某一部分。

功能之间的结合形式可以表现为串联、并联或混联，如图 1－9 所示。

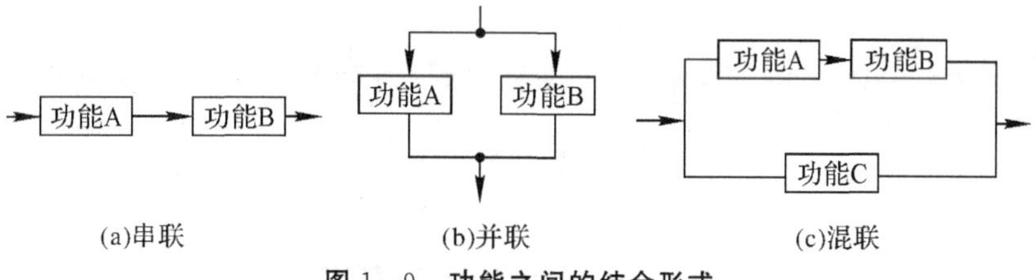

图 1－9　功能之间的结合形式

(a)串联；(b)并联；(c)混联

系统的各项功能按完成时间的先后及以上三种结合形式的组合，构成了系统在某一层次上的功能流程。

2)功能流程与功能层次

把系统的运行和使用方案转变为具体的、定性与定量的设计要求，需要从确定该系统要完成的各项重要功能开始，进而制定系统功能的流程。

系统的功能流程由功能流程图(Function Flow Diagram，FFD)来表示，这是以图形的方式描述系统设计要求的一种手段。它描述了系统的各项功能按时间及串联、并联和混联的关系，系统各部分功能的层次关系、功能之间的接口等。

系统的功能按其重要程度及其相互之间的从属关系，又可分为几个功能层次。每个层次的功能之间的相互关系都可由功能流程图来描述。因此，功能流程图可以标明为最高层次、第一层次、第二层次，依次类推。最高层次表示的是系统总的工作功能。第一层次和第二层次依次表示前一层次功能的进一步展开。功能流程图一直要向下展开到确定该系统的各项需求(硬件、软件、设施、人员、资料数据)所必需的层次。每个图上所标明的功能应予以编号，编号的方式要能保持功能的连续性，并能贯穿整个系统追溯到功能的开始点。按层次的功能逐级编号，如图 1-10 所示。

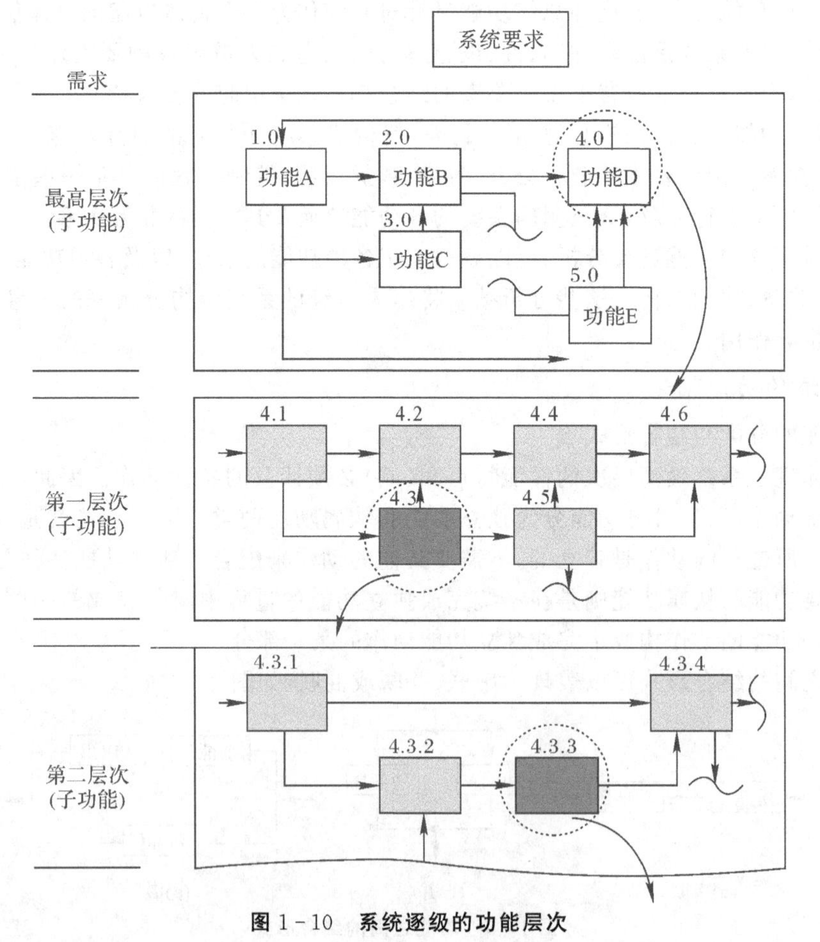

图 1-10　系统逐级的功能层次

2. 系统总体功能的分解

进行功能分解,首先要确定系统应当具有的各项总体功能,并把它们在尽可能详细的层次上再分解为各个子功能。一般情况下,可采用自上而下的功能分解方式,即逐级地将系统的总体功能分解为若干子功能,各子功能之间需存在一定的接口关系。然后,对每个子功能再往下一层次分解下去,子功能的数目会不断增加,而且每个子功能也都有自己的接口。依此继续分解,一直分解到最低的功能层次,在这一层次上,可以根据各个功能的特点来确定能具体执行的单一的系统构成要素。这种自上而下的功能分解法如图 1－11 所示。

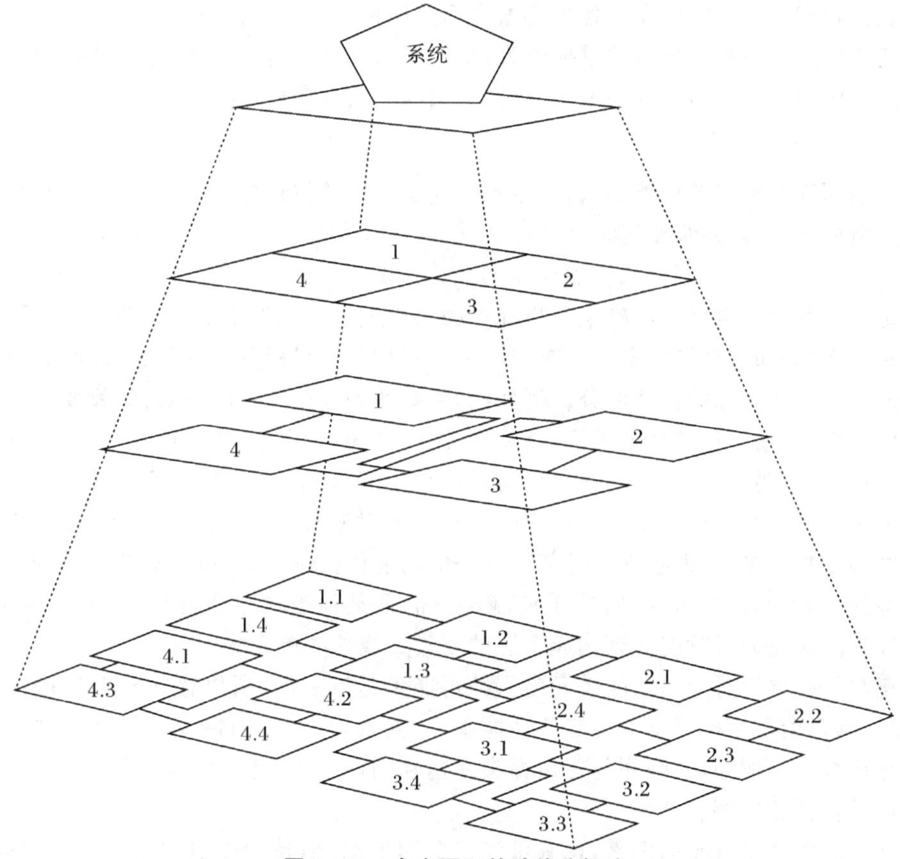

图 1－11　自上而下的功能分解法

图 1－11 表示,通过功能分解,可将某一系统的总体功能分解成若干个功能区或功能段。每个功能区满足系统基本功能所分配的一个区段,这些区段集中起来就形成各个级别的完整的系统描述。当这些功能段彼此分开时(因为它们实际不可能各有其物理意义),就提出了必要的接口连接问题。功能向下一层次分解一次,功能数量就要大大增加一次。每项功能又自有其接口。这个过程持续下去,直至达到最底层,并能够按规定完成具体任务为止。

值得注意的是,一个系统的功能层次结构可能与其物理层次(对工程系统而言)并不完全相同。一个物理单元可以同时具有多个功能,而一项功能又可能由几个物理单元共同执行。相比之下,系统的物理分解工作比系统的功能分解工作容易得多,因为一个系统的各个物理单元间的分界面较为明显。此外,确立各项功能单元与各个物理单元之间的对应关系也不那么一目了然。

四、系统结构分析

任何系统都是以一定的结构形式存在的。系统分析人员需要根据系统功能和性能要求,从深入分析系统的组成要素及其相互关系入手,了解系统的性质和特点。为实现系统功能和性能的特定需要做出系统组成和系统结构的选择。例如,在构思一个坦克系统的论证分析时,一般要对其组成要素——底盘、发动机、炮塔和火炮等进行描述,也可能需要描述得更加详尽一些,如组成底盘的部件和零件。仅有这些描述还不够,还要对组成要素之间物理、功能上的相互关系,即坦克的各个要素之间的结构关系进行描述。

系统结构分析是系统分析的重要内容,也是系统分析和系统设计的理论基础。系统结构分析的主要内容应包括系统要素集分析、要素间相关性分析、层次性分析等。

1. 系统要素集分析

为了达到系统给定的功能要求,即达到对应于系统总体目标具有的系统作用,系统必须有相应的组成部分,即系统要素集,记为

$$S=\{e_i \mid i=1,2,\cdots,n\}$$

系统要素集的确定可在已确定的目标树的基础上进行。当系统目标分析取得了不同的分目标和目标单元时,系统要素也将对应产生。对应于总目标分解后的分目标和目标单元,要搜索出能达成此目标的实体部分。例如,如果要达到运载飞行的分目标,就要有火箭或飞机的实体系统;如果要达到运载飞行,就要有能源、推力、力的传递等分目标。相应地,若从系统要素集看,则要有液体或固体燃料的存储、输送和控制部分,发动机部分,传送机构等。这些要素集与系统的目标集是一一对应的。在这种对应分析中,和分目标或目标单元对应的实体结构是功能单元,即独立执行某一任务的功能体。例如,对应于动能杀伤的功能单元应是各种弹头,而不只是火药;对应于控制部分的是某种逻辑电路,而不是某种电子元件。通过目标集的对应分析就能找到构成系统的要素集或功能单元集。

由于与目标单元对应的功能单元(要素)可能不是唯一的,所以存在着选择最优对应的问题,即在满足给定目标要求下确定的功能单元(要素)应使其构造成本最低。这主要借助于价值分析技术。例如,核弹头与普通弹头在达到同样杀伤目标的条件下,分析哪种弹头综合计算后价格比较低廉。

还必须注意技术进步的因素,这有可能使费用增加,但是功能费用比也可能更高,因此要考虑价值分析的结果。这就要求在系统要素集的确定过程中,充分运用各种科技知识和丰富的实践经验综合出来的创造力。

2. 要素间相关性分析

系统的属性不仅取决于它的组成要素的质量和合理性,还取决于要素之间应保持的关系。同样的砖、瓦、砂、石、木、水泥可以盖出高质量的楼盘,也可能盖出“豆腐渣”工程。

由于系统的属性千差万别,其组成要素的属性复杂多样,所以要素间的关系是极其多样的。这些关系可能表现在系统要素之间能保持的空间结构、排列顺序、相互位置、松紧程度、时间序列、数量比例、力学或热力学的特性、信息传递方式以及组织形式、操作程序、管理方法等许多方面。这些关系组成了一个系统的相关关系集,即

$$R=\{r_{ij} \mid i,j=1,2,\cdots,n\}$$

由于相关关系只能发生在具体的要素之间，因此任何复杂的相关关系，在要素不发生规定性变化的条件下，都可变换成要素两两之间的相互关系。二元关系是相关关系的基础，而其他更加复杂的关系则是在二元关系的基础上发展的。表 1－6 是系统要素二元关系分析表。在二元关系分析中，首先要根据目标的要求和功能的需要明确系统要素之间必须存在和不应存在的两类关系，同时必须消除模棱两可的二元关系。当 $r_{ij}=1$ 时，要素间存在二元关系；当 $r_{ij}=0$ 时，要素间不存在二元关系。

表 1－6 系统要素二元关系分析表

要 素	要 素					
	e_1	e_2	…	e_j	…	e_n
e_1	r_{11}	r_{12}	…	r_{1j}	…	r_{1n}
e_2	r_{21}	r_{22}	…	r_{2j}	…	r_{2n}
⋮	⋮	⋮		⋮		⋮
e_i	r_{i1}	r_{i2}	…	r_{ij}	…	r_{in}
⋮	⋮	⋮		⋮		⋮
e_n	r_{n1}	r_{n2}	…	r_{nj}	…	r_{nn}

通过系统要素二元关系分析表：可以明确存在的二元关系的必要性和这些二元关系的内容；可以明确系统内要素的重要程度及输出和输入的关系。同时又可看出所有行的二元关系都是该要素的输出关系，而列的二元关系都是输入关系，这样可以掌握系统任何一个要素在系统运行中的输出二元关系的总和及输入二元关系的总和，这对系统状态的掌握、管理和控制是非常有用及有效的；可以明确系统要素间二元关系的性质及其变化对分目标和总目标的影响。例如，二元关系可能是技术的、经济的、组织的、操作的、心理的等。通过对这些二元关系的性质及其变化进行分析，可以得出保持最优二元关系的尺度和范围，这为优化研究提出了更为具体和更为实际的问题。

3. *层次性分析*

大多数系统都是以多层结构形式存在的。哪些要素归属于哪一层，层次之间保持何种关系，以及层数和层次内要素的数量等都很重要。对这些问题的研究，将从系统的本质上加深对系统结构的认识，从而揭示事物合理存在的客观规律，这是提出系统层次性分析的理论依据。

为了实现给定的目标，系统或分系统必须具备某种相应的功能，这些功能是通过系统要素的一定组合来实现的。由于系统目标具有多样性和复杂性，所以单一的或比较简单的功能往往都不能达到目的，需要组成功能团或功能团的联合。这样，功能团需要形成某种层次结构的形式。例如，一枚飞航式反舰导弹通常是由发动机、自动驾驶仪、弹上雷达、引信、战斗部、弹体等部分组合而成的，这是导弹组成的第一个层次；发动机则由液体火箭发动机、助推器、电爆管、点火药盒等部分组成，这是系统结构中的第二个层次；等等。当然，还会有第三个层次，这样，就可看出各层次上功能团的层次关系和功能团之间的相互作用。没有这种层次上的安排，各个功能团就不能相互协调运行，最后实现系统整体的目标。其他的系统也大体类似。例如，工厂的分厂、车间、工段、小组，社会上的各级行政机构、社团组织等，也都是这种功能团的结合，最终实现工厂和社会组织的目标。

系统的层次性分析主要解决系统分层和各层组成及规模合理性问题。这种合理性主要从以下两个方面考虑。

(1)传递物质、信息与能量的效率、质量和费用。对于技术系统，主要看能量和信息传递链的组成及传递路线的长短。因系统层次多少不同，这种链的环节数将有所不同。环节越多，摩擦副作用越多，传递路线越长，传递效率越低，失真程度越大，周期时间越长，费用也越高。组织管理系统层次多、人员多、头绪多，因而费用高、效率低，进而导致管理困难、控制失效，以及产生多种漏洞和弊端。因此，系统层次不宜过多。另外，任何系统的层次幅度又不能太宽，否则不利于集中。若零部件分散幅度太宽，不仅对实现功能不利，而且也较难控制。另外，还有管理幅度问题。例如，一个工长最多照看 30 人左右，如人数再多，将无法控制。因此，层次划分应考虑这两个矛盾的统一，做到层次合理，效率很高，便于控制，费用较低。

(2)功能团(或功能单元)的合理结合和归属问题。有些功能团放在一起能起到相互补益的作用，有些则相反。例如，我国建国初期陆军中三个步兵连加一个机枪连，三个步兵团加一个重炮团，就对战斗的配合起补益作用。目前，海军陆战队兵种的独立也是现代战争中海陆空三个兵种协调的需要。管理机构系统不同层次内放哪些机构合适，这是很重要的问题。例如，行政机构中的人事处和党的机构中的干部处在层次上如何安排，是一个值得研究的问题，因为它们的功能团作用有交叉。功能团归属问题影响也很大。实践表明，监察功能一般不应放在同一层次内管理。同样，在技术系统中，控制功能必须放在执行功能之上，否则也起不到控制作用。

4. 解释结构模型

解释结构模型(Interpretive Structural Modeling，ISM)是系统结构建模技术的一种，以规范方法为基础，简便、实用，有助于实现对多要素问题认识与分析的层次化、条理化和系统化。它是将复杂的系统分解为若干子系统要素，利用人们的实践经验和知识以及计算机的帮助，将复杂系统分解为多级递阶结构的形式，将多个元素之间的复杂关系理清，从而找到关键影响因素。ISM 法通过分析各因素之间的影响关系，建立邻接矩阵和可达矩阵，得到影响因素的递阶结构模型，找到关键影响因素。

建立解释结构模型的步骤如下。

第 1 步：组织一个实施的工作小组，一般以 10 人左右为宜。小组成员应是有关方面的专家，对问题持关心态度，并且最好有能够及时做出决策的决策人参加。

第 2 步：设定问题。对所研究的问题进行设定，取得一致意见并用文字形式予以规定。

第 3 步：选择构成系统的要素。凭借专家的经验，在若干轮讨论后，最终求得一个较为合理的系统要素方案。然后，制定要素明细表。

第 4 步：根据要素明细表构思，通过各要素间相互影响关系的研究，建立邻接矩阵。

第 5 步：计算可达矩阵，对可达矩阵进行分解，建立结构模型。所谓矩阵分解，包括系统要素的区域划分、级别划分、强连接要素划分、级上等价关系划分和强连接子集划分等(具体需做哪些工作视情况而定)。

第 6 步：建立解释结构模型。

下面对建立解释结构模型过程中的基本数学原理进行详细介绍。

1)构建邻接矩阵

设系统因素集 $S=\{s_1,s_2,\cdots,s_n\}$,针对因素集中的每两个因素,判断两两之间的影响关系,建立邻接矩阵 $\boldsymbol{A}=(a_{ij})_{n\times n}$。$\boldsymbol{A}$ 的元素 a_{ij} 定义为

$$a_{ij}=\begin{cases}1, s_i \text{ 影响 } s_j\\0, s_i \text{ 不影响 } s_j\end{cases} \tag{1-1}$$

2)计算可达矩阵

根据推移律特性计算可达矩阵 $\boldsymbol{M}$,计算公式为

$$(\boldsymbol{A}+\boldsymbol{I})\neq(\boldsymbol{A}+\boldsymbol{I})^2\neq\cdots\neq(\boldsymbol{A}+\boldsymbol{I})^r=(\boldsymbol{A}+\boldsymbol{I})^{r+1}, r\leqslant N-1 \tag{1-2}$$

则

$$\boldsymbol{M}=(\boldsymbol{A}+\boldsymbol{I})^r \tag{1-3}$$

式(1-2)和式(1-3)中:矩阵乘法满足布尔代数运算法则;$\boldsymbol{I}$ 为单位矩阵。

3)形成缩减矩阵

考虑要素间可能存在的强连接(相互影响完全相同)关系,仅保留其中的代表要素,删除其余要素及其在 $\boldsymbol{M}$ 中的行和列,即形成可达矩阵的缩减矩阵 $\boldsymbol{M}'$。

4)建立递阶结构模型

根据缩减矩阵 $\boldsymbol{M}'$,按照如下步骤对缩减矩阵进行层次化处理并构建递阶结构模型。

(1)按照“1”元素从少到多,将各行从上到下调整顺序,同步对各列进行调整。

(2)从矩阵的左上到右下,逐一划分出阶数最大的单位主子式,每个主子式代表一个级别,得到调整后的可达矩阵。

(3)确定矩阵中“1”元素所对应的节点对,按照由下级到上级的顺序,在节点对之间画出有向弧,表明它们之间有可达关系。

(4)同级补入被缩减掉的强连接要素,并标明关系。

(5)对于出现跨级别的有向弧,其画法同步骤(3),得到递阶结构模型。

还可以采用区域划分、级位划分的办法来绘制 ISM。

5)关键影响因素分析

解决问题可以用顺藤摸瓜的思路:为达到目的 a,寻找手段 b 来完成;若 b 还不能实现,就将其视作目的 c,再寻找实现 c 的手段 d;若 d 仍不能实现,则把它看作目的 e,寻找实现 e 的手段 f;如果 f 可以实现目的 e,那么 f-e-d-c-b-a 就构成了一个“手段-目的”链,手段 f 可以实现目的 a。采用“手段-目的分析”网络方法,计算网络节点路径数,设计出求解关键影响因素的步骤如下。

(1)以任一要素为起点,以系统决策目的为终点,沿着箭线,寻求路径到达。

(2)使用穷举法,得出每个要素作为起点到终点的路径数。

(3)选取关键影响因素。对各要素的路径数按降序排列,并计算平均值,高于平均值20%的就是关键影响因素。

五、系统运行分析

社会系统的功能直接决定于实际运行。社会系统的结构由主观信息生成和维系,虽然可以用文字或语言描述,但结构本身非物理实在,是看不见、摸不着的,只能在系统的运行中

表现或从中推断出来。由运行在结构基础上发挥作用这一事实可以推断，对现实社会系统进行运行分析，不仅可以发现运行中的问题从而使运行得以优化，而且可以发现结构中存在的问题并促进结构的改善。

下面首先介绍社会系统的三种元运行方式，然后介绍系统运行分析的内容，最后给出一些系统运行优化的思路。

1. 社会系统三种元运行方式

社会系统有三种元运行方式：集中决策（控制）行为、自主控制行为和规范化行为。集中决策（控制）行为，是基于金字塔式结构的运行方式，由金字塔结构的上层领导者做出决策，全系统依照该决策指令行事。由于整个系统在统一的目标和计划下行动，所以系统运动的整体性很强。自主控制行为是由网络型结构决定的基本运行方式，是系统的各子系统自己决定的行为。由于没有集中决策那种自上而下的强制性指令，所以各子系统运动的目标和计划存在着明显的差别。当然，由于子系统间的相干与协同，系统运动亦可能表现出客观有序性，如社会风尚与主导舆论的形成、市场价格的波动，但这些并非由统一的指令驱使，而是基于子系统在对环境认识判断的基础上采取的自主行动。规范化行为针对经常重复出现的常规性活动，是在对既往运行经验总结的基础上形成的。规范化行为规定了在各种具体条件下子系统应该自觉遵循的活动内容、方式与方法，如使用机器的操作规程，管理工作规范，在法律制度指导下的法制行为等。社会系统中还有契约化行动，如风俗、习惯，以及在一定的伦理道德观念下形成的共同行为。这些虽然与规范化行为有差异，但亦有规范个体行为的社会效果，因此亦可以将它们归入规范化行为之内。

集中决策（控制）行为是社会系统的高级运动形态，没有这种运行方式，社会系统就难以形成协调运动的有机整体，实现系统整体的优化。自主控制使社会系统的各部分能够根据具体情况做出灵活反应从而呈现出活力，如果各子系统没有自主控制，一切行动听从最高决策者的指令，那么最高决策者如同操纵一批机器人，无法形成社会系统。因此，自主控制是形成社会有机体的基础。规范化行为为系统各部分提供了在某些经常重复出现的活动中应该遵循的原则、程序和方法，这些规范如同无声的指令，起着协调系统各部分运行的功能。若没有这些规范，则一切涉及子系统间协调的事情都由最高领导决策，便会由于事事需决策、时时需决策使最高领导层无暇顾及，并因此使子系统无所遵循，整个系统运行处于混乱状态。规范化行为使最高领导得以从常规性事务中解脱出来，集中精力与时间处理不常出现的或影响系统整体发展的重大决策问题。规范化行为是社会系统呈现有序状态、高速高效运转的必不可少的条件。

任何一个社会系统中都必然存在上述三种元运行方式。三种元运行方式相互作用、巧妙组合，使社会系统形成高度有序的统一整体，并在复杂的环境中表现出高度的适应性、主动性，具有自组织与学习功能。

2. 社会系统运行分析内容

对社会系统进行运行分析，主要内容包括以下几点。

(1)分析该系统要完成的主要任务。

(2)分析完成每一项任务的全过程包含的工序环节及工序流程。工序，是指完成一项任务之中在工作内容、方式方法、工作条件等方面相对独立的活动。工序流程反映一项任务包含哪些工序，这些工序在时间上或逻辑上的衔接、相依、平行等关系。

(3)分析每个工序环节的要素。

①功能——该工序在整个任务中的作用、地位、实现的基本转换。

②输入——进入该工序环节的基本组元，包括物质、能量、信息等。

③输出——从该工序环节输出的内容。

④岗位——该工序环节活动的承担者。

⑤条件——开展该环节活动所需人力、物力、资金等，岗位任职者的知识、技能等业务素质要求。

⑥依据或约束——该环节活动开展所依据的或必须遵守的决策指令、制度、法规、技术或管理标准等。

⑦程序——该工序环节活动展开的动作序列或步骤。

⑧时间——完成该工序的时间期限。

(4)对上述三部分内容所存在的问题及其原因分析，并对潜在问题进行分析预估。例如，第一方面的任务，要从该系统的功能目标出发，分析是否有应该完成而实际上未开展的任务。利用系统工程方法论稍作分析便可以发现，现时大部分管理系统都有许多重要的工作未开展或未充分开展。例如，原始信息的记录与收集、整理；应该利用专家进行咨询的重大决策问题仍靠少数人或领导者个人“拍脑袋”；任务完成之后只有一般的且多为形式化的总结，而缺少对原来决策目标和方案的系统、全面的分析研究；许多常规性决策工作未规范化，仍被当作非常规性问题处理。现时许多工作，特别是决策研究工作开展的深度远远不够，这是造成工作失误的根本原因。

对工序流程进行研究便会发现，许多任务或工作如何完成，完全由当事人摸索并根据个人经验决定，对前人的、他人的经验不能充分吸取，工作的随意性很大；不同机构、岗位间的分工不明确，完成一项业务活动没有明确的程序和要求。这样，不同机构、岗位间在工作中相互推诿扯皮也便成为必然。就是在一个机关内部，需要几个人共同完成的任务，甚至一个岗位完成的较为复杂的工作，也大多没有明确的工作程序。这次这么办，下次那么办，由于先办什么后办什么不明确，所以工作反反复复也是常有的事。在对管理任务完成的全过程进行调查研究时还发现这样一个相当普遍的严重问题：许多管理者对决策环节一语带过，甚至只字不提，而是着重谈决策方案实施的组织、指挥等物理过程，似乎决策是不需花费多少时间与精力的轻而易举的事情，这说明他们的决策观念是多么淡薄。决策是管理职能的核心，抓不住重点工序环节，必然导致工作中缺乏计划性、存在盲目性，效果差、效率低。

上述四个方面主要是对系统既定的任务进行分析，在上述分析基础上还应进一步思考、分析与结构相关的下述两项内容。

(5)现时系统任务分工——集中控制与子系统自主控制的有效性、合理性。

(6)对系统运行规章制度的完备性进行检查；每项工作的开展是否都有法可依，并有相应的执法监督机构与岗位？常规性任务是否都建立了科学、合理、有效的工作规范？

3. 系统运行改进思路

(1)对于集中控制，改进的主要方向是决策的民主化与科学化。

决策的民主化有双重含义:首先是决策的目的性,保证决策符合社会大系统及系统全体成员的利益;其次作为手段,应该充分利用系统成员的聪明才智,促进决策优化。

决策的科学化要求决策经过科学论证,有充分的依据。保证决策科学化的主要措施:采用科学的决策体制,遵循科学的决策程序,运用科学的决策方法。集中控制决策的产生,即金字塔型结构顶层决策的产生,通常有三种形式:民主议定、集体决定和个人决断。民主议定是指社会系统的全体(包括操作层)成员或其直接选举出来的代表对决策方案做最终抉择(决断),集体决定是领导层成员共同决断,个人决断则是最高决策者决断。一个社会系统需要集中控制的每个具体问题,究竟应该民主议定、集体决定还是个人决断,判别分析的基本思路:涉及全体成员利益分配的制度、政策,涉及系统发展战略或变革的大政方针,均应民主议定;管理层集体决定的事情,主要是在民主议定大政方针基础上确定执行的战略与策略;而个人决断的则是更为具体的执行决策。上面只是一般原则,具体到一个系统,还应视系统业务活动的性质,以及组织的历史、现状及其具体决策问题而定。

我国创造的"从群众中来,到群众中去"的工作方法,是保证决策民主化的好形式。以往的问题主要是没有形成一套明确的制度,没有规范化的程序和可以操作的具体方法,致使在实际中的决策往往流于形式,遵循与否由领导者随心所欲。

为克服由于权威或群体压力造成的不同意见不能充分发表的弊端,采取下面一些措施是有益的:①领导者鼓励每个决策成员做一个批判性的评论者;②领导者(或主要决策成员)在审议初期不持偏见或不发表意见;③将决策问题交由群众讨论,请大家出谋划策,或将初步决策意见交给下级管理者或基层群众评议;④请系统之外的专家进行评议、质疑;⑤每次会议上,指定某一个或几个人"唱反调";⑥ 明确地把自己设想为竞争对手来预测行动的结果。

(2)对自主控制的行动,改进的主要考虑是克服子系统(或个体)行为的盲目性,防止采取危害其他子系统或系统整体利益的行动。为此可采取下述措施:① 制定共同遵循或者提倡遵守的行为准则或规范;② 为各子系统及时提供尽量完整、全面、准确的系统状态及环境信息;③ 从系统整体发展角度为各子系统的决策者提供指导性意见,或利用政策进行引导。美国管理学者德鲁克(P. F. Drucker)提出的目标管理(Management by Objective, MBO),通过系统总体目标的层层分解,各层管理者与基层操作人员都参与自己的目标制定工作,并且强调实现目标过程的自我控制,从而将集中控制与自主控制有机地结合起来。这一管理方法已在世界各地获得广泛运用。对于复杂的金字塔型多层次管理系统,如何协调上层的集中控制与下面层次的自主行为,大系统分解协调技术提供了问题解决的明确思路和具有广泛适用性的最优化方法。

(3)将常规性决策工作及其实施过程规范化。例如:经常重复的操作,通过动作时间研究,简化、优化动作程序,制定出操作规程;对常规性决策工作,决策的程序、方式方法、基本目标、评价指标、约束条件、决策基本内容等以管理工作规范的形式确定下来;对决策方案实施中的监控,将监控方式方法、信息反馈的时间或时机、信道、反馈内容、由谁反馈、反馈到谁等进行明确规定;等等。这样,用工作规范代替原来的随机性决策与行动,可以大大提高系统的实际运行效率。

(4)对系统的非常规、非程序化决策工作,应针对具体问题制定明确的步骤体系,对每一步骤中问题的解决都尽量明确遵循的原则和应采用的规范化科学方法。这样也可以大大提高非常规决策问题解决的运行效率。

思考题一

1. 什么是系统？举例说明系统的基本要素。
2. 试运用系统功能原理分析身边的实际系统。
3. 试述霍尔三维结构方法论的基本内容。
4. 试述切克兰德方法论解决问题的步骤。
5. 如何理解硬系统方法论和软系统方法论的联系与区别？
6. 试述系统分析的基本内容及其相互关系。
7. 以某系统为例，开展系统目标分析、环境分析、功能分析、结构分析和运行分析。
8. 使用 SWOT 分析法分析某系统的发展战略。
9. 使用解释结构模型明确某具体问题的结构。

第二章　体系工程

信息时代，在解决复杂问题时需全面综合考虑诸多因素，其所处的外部环境不确定性极强，仅仅考虑某一个系统或几个系统的解决方案，已经无法完全解决这些复杂问题，传统的系统决策方法在处理此类规模庞大、环境不确定的问题时缺乏有效手段和方法。

随着对由多个系统或复杂系统组合而成的大系统研究的不断深入，研究人员逐渐认可并广泛使用了“SoS(System of Systems)”这一名词，译为“系统的系统”，即“体系”。因此，体系是由系统的系统构成的，即由多个系统构成。体系的模式有多重：可能是紧密耦合的多个相关系统组合；可能是层次明确的多级“系统-子系统”模式；可能是一类松散联邦制，根据具体环境（威胁、目标等）快速聚合的系统集合。应用体系的理念及其相关的思路，在面临复杂问题时往往具有强适应性，当某个构成体系的系统出现问题或损坏时，敏捷调整体系的局部构造，新“体系”仍能胜任原有任务；具有宽扩展性，随着时间和环境的变化，保持体系总体结构不变，只需要调整（更新）若干个系统，增加或者改进这些部分，用最小的代价有效提升体系的能力。上述特点的存在，使得体系成为经济、交通、军事、社会等领域的研究热点。

第一节　体系概述

一、体系的由来

从 20 世纪 90 年代初开始，“体系”一词出现并广泛应用在信息系统、系统工程和智能决策等研究领域。“体系”一词最早出现在 1964 年，《城市系统中的城市系统》一书中提到 Systems within Systems。而随着研究范围的不断扩大和内涵的差异，在外文文献中 Super-Systems、Federated Systems、Family of Systems (FoS)、System mixture、Ultra-Scale Systems、Enterprise-wide System 等词也在不同领域和背景下表达了与体系相近的含义。进入 21 世纪以后，越来越多的大规模、超大规模的相互关联的实体或组合的出现，特别是在信息领域，超大规模系统（UEtra-Scale Systems）正成为体系领域研究的另一个热点。

二、体系的概念

在体系这一新兴领域研究的发展初期，关于体系及体系工程的各种概念和观点存在着大量的争议。

1.体系的定义

在综合多个定义的基础上，本书对体系的定义：在不确定性环境下，为了完成某个特定使命或任务，由大量功能上相互独立、操作上具有较强交互性的系统，在一定约束条件下，按照某种模式或方式组成的全新的系统。体系是在当今世界一大批高新技术发展的推动下形成和发展起来的一类按人为机制和人为规则所构成的“非物理性”系统。例如，航天装备体系是由各种侦察、预警、通信、气象、导航卫星及其地面应用、运行控制和发射系统组成的。目前，经常提及和应用最为广泛的一个体系方面的代表就是武器装备体系。现代战争条件下，军事对抗的胜负不仅取决于某一种或者某几种参战武器装备，而且还取决于所有参战武器装备所形成的整体作战能力及其在对抗中是否得到恰当运用，甚至是各类未直接参战的武器装备(如保障装备、后勤装备等)的综合实力的比拼。在联合作战背景下，战争不再是单一的武器对武器、平台对平台的对抗，武器系统之间实现互联、互通和互操作，各种资源包括信息被充分共享，是由指挥控制系统、侦察监视系统、联合火力打击系统等各种系统组成的作战体系的对抗。

美军更是在装备采办阶段即提出了面向体系、基于能力规划的采办，即未来装备的发展全部要纳入各类体系的建设规划中，否则不予以支持。美军各类典型装备体系如下。

(1)陆军作战指挥系统(Army Battle Command System)。

(2)空军作战中心系统(Air Operations Center Weapon System)。

(3)弹道导弹防御系统(Ballistic Missile Defense System)。

(4)美国海岸警卫队指挥和控制系统(United States Coast Guard Command and Control Systems)。

(5)国防部情报信息系统(Department of Defense Intelligence Information System)。

(6)未来作战系统(Future Combat Systems)。

(7)军事卫星通信系统(Military Satellite Communications)。

(8)海军综合火力控制和防空体系(Naval Integrated Fire Control-Counter Air)。

体系建设不仅要考虑体系层面的条件、约束和目标，而且还要考虑组成体系的系统层面的条件、约束和目标。体系建设具有规模大、周期长、耗资大等特点。组成体系的各个系统在功能上的独立性导致了构建的体系可能存在着冗余或差距，对体系需求的分析和体系结构优化已经成为当前体系建设所面临的一个重要问题。在目前的体系研究中，如何明确一套被体系各利益相关者所共同接受、理解并能准确表达各方需求的规范，是体系工程研究需要首先解决的问题。

2009年，国际系统工程期刊通讯(*System Engineering Insight*)发表了著名系统工程学者Joseph E. Kasser对于系统和体系评价的一篇短文，他认为对于体系的概念及其存在性产生了分歧：一些人认为体系是一个全新的问题，需要提出新的方法、技术，设计新的工具来进行研究，代表人物是Conk和Bar-Yam；另一个阵营的人则认为体系问题属于复杂性研究的领域，可以采用处理复杂性手段来解决问题，只是认为在处理某些细节和特殊背景的特殊问题时，需要运用新的技术和手段予以解决，代表人物包括Maier、Hitchins和Rechtin。

Kasser则认为体系与系统的研究不存在本质的不同，只是不同角色的人员在研究和解决问题的过程中，采用不同的视角看待同一个事务所产生的差别，如图2-1所示。

首先，从传统的系统工程观点来看，图 2-1 自上而下是一个“集成系统-系统-子系统”(Metasystem-System-Subsystem)模型，主要是采用了一个纵向的视角对相关问题领域的观察和描述，多出现在开展总体论证、系统分析时；而持有全新概念 SoS 的人则更多的是从横向的视角出发，将这些系统纳入整体进行考虑，多出现于具体提出解决方案时。

其次，当对系统 B 从上向下观察时，看到它由三个子系统构成；当看到集成系统时，会发现它也是由三个子系统构成的。但是，从横向的视角去观察系统 B，它与同级的系统 A、系统 C 通常被称为一个“体系”。因此，在解决体系问题时，应将其视为“系统工程发展的新领域”，其中有许多需要重新研究的问题，但是总归从目前的研究来看仍属于系统工程领域。

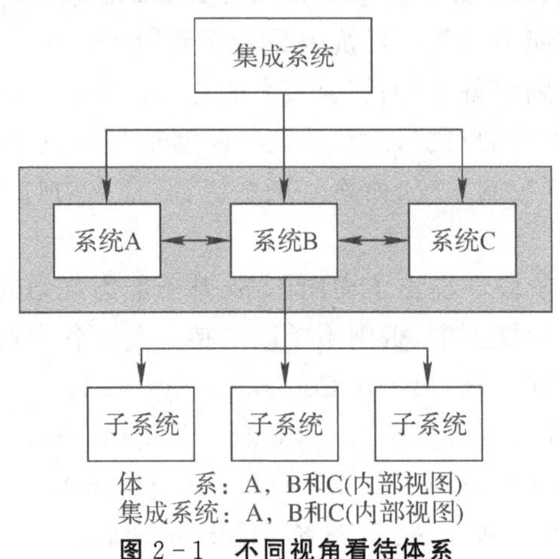

图 2-1　不同视角看待体系

2. 体系的特征

针对体系，Maier 给出了以下五条准则来区分体系与一般系统。

(1)体系的组成部分在运行上是独立的。

(2)体系的组成部分在管理上是自主的。

(3)体系的组成部分在地域上是分散的。

(4)体系具有涌现性。

(5)体系具有演化性。

Kaplan 对体系进行了全面、深入地研究，归纳了体系的五条特点如下。

(1)体系组成部分管理的独立性、重叠性和复杂性。

(2)体系组成部分规模大，具有主动权且逻辑边界模糊。

(3)体系构成部分之间信息共享的不确定性。

(4)体系超长的生命周期。

(5)体系所面向任务的不确定性、复杂性和评估的复杂性。

三、体系与系统

体系与系统最大的不同：构成系统的功能部分相互之间的关系紧密，是紧耦合关系；体系的构成要素往往具有较强的独立目标，且独立工作能力相对较强，这些要素之间是松耦合关系，且根据不同的任务需求可以快速地重组或者分解。体系工程研究的主要是如何根据目标的指引，建立最优(满意)的体系结构来完成任务。

表 2-1 给出了系统与体系在各个方面的比较，可以较为清晰地表现出体系区别于系统的典型特征如下。

(1)体系能够产生新的功能，具有涌现性特征，这种功能往往是构成体系的元素个体所不具备的，或者单个个体完成效果显著低于体系。

(2)体系的构成要素是动态变化的：一方面完成任务过程中调整体系构成或者结构以满足目标的要求；另一方面由于不可测因素带来的部分环节和要素功能的缺失，需要其他替代要素补充或者体系内部结构调整以弥补。

(3)体系更多的是体现组合关系，构成体系的元素之间的相互作用和相互配比与组合方式的不同，能够胜任和解决不同的任务。

(4)体系的组成部分间松耦合，组成元素具有自治性、边界的演化性、元素互操作与管理的独立性、涌现性行为、目标多样性等。

表 2-1　系统与体系的比较

特　性	系　统	体　系
复杂性	一般系统的复杂性不明显	复杂性是体系的一项重要特征，表现在体系结构、行为与演化上
整体性和涌现性	系统表现出“整体大于部分之和”的特征，从整体中必定可以发现部分中看不到的系统属性和特征	体系也具有“整体大于部分之和”的特征，但是表现出强烈的涌现特性。体系具有大量组件完全没有的特征或属性
独立性	系统的各要素一般不具有独立性	体系各组件是独立存在的
目标性	通常系统都具有某种目的，为达到既定目的，系统都具有一定功能，而这正是系统之间相互区别的标志	体系拥有超过一个目标，但是在特定条件下有一个核心目标主导体系运行
层次性	一个系统可以分解为一系列的子系统，并存在一定的层次结构	体系可能存在层次结构，也可能不存在层次结构，如 Internet 上的节点可以是网状结构

第二节　体系工程概述

一、体系工程的概念

面对当前的体系问题，传统的系统工程方法已经不能完全胜任，在这种大背景下，体系工程应运而生，它是对系统工程的补充。为了应对体系在实践中遇到的规划、分析、组织、集成等复杂问题，研究人员发展系统工程(Systems Engineering，SE)理论与方法，提出了体系工程(System of Systems Engineering，SoSE)的新方法以应对传统系统工程方法面临的挑战。

1. 体系工程的定义

体系工程是近年来国际上一个新兴的热点研究领域。与传统的系统工程理论相比，体系工程在分析和解决不同种类的、独立的、大型的复杂系统之间的相互协调与相互操作问题时更具有针对性。目前,体系工程也并未形成一个权威定义,较多出现的定义如下。

定义 2-1 体系工程解决体系中的系统集成,最终为社会基础设施的发展作出贡献。

定义 2-2 美国国防采办手册中专门对体系工程进行定义:体系工程是对一个由现有或新开发系统组成的混合系统的能力进行计划、分析、组织和集成的过程,这个过程比简单地对成员系统进行能力叠加复杂得多,它强调通过发展和实现某种标准来推动成员系统间的互操作。

定义 2-3 体系工程高级研究中心(System of Systems Engineering Center of Excellence,SOSECE)指出体系工程是通过设计、开发、部署、操作和更新体系的系统工程科学。它所关心的问题:确保单个系统在体系中能够作为一个独立的成员运作并为体系贡献适当的能力;体系能够适应不确定的环境和条件;体系的组分系统能够根据条件变化来重组形成新的体系;体系工程整合了多种技术与非技术因素来满足体系能力的需求。

定义 2-4 体系工程是通过设计、开发、执行和转变组分系统,以形成集成的复杂系统来完成特定任务并获得期望效果的,是实现能力、使命或期望结果的方法。

通过对系统工程的理解并结合体系的特征,本书给出体系工程的定义:体系工程是面向体系的能力发展需求,在体系的整个生命周期中,在体系的设计、规划、开发、组织及运行过程中应用的理论、技术和方法,并对系统所进行的系统管理过程的总称。

2. 体系工程解决的问题

体系工程要解决的问题和要达到的目标如下。

(1)实现体系的集成,满足在各种想定环境下的能力需求。

(2)对体系全寿命周期提供技术与管理支持。

(3)达到体系中组分系统间的费用、性能、进度和风险的平衡。

(4)对体系问题求解并给出严格的分析及决策支持。

(5)确定组分系统的选择与配比。

(6)组分系统的交互、协调与协同工作,实现互操作性。

(7)管理体系的涌现行为,以及动态的演化与更新。

3. 体系工程的管理过程和技术过程

体系工程主要包括管理过程和技术过程。

体系工程的管理过程包括以下八个方面。

决策分析:实现体系费用、效能、进度、风险以及可靠性的平衡。

技术规划:在体系的整个生命周期里恰当运用必要的技术和系统工程计划。

技术评估:度量技术过程和技术成熟度。

需求管理:获取和管理需求及其属性和关系。

风险管理:识别整个生命周期里潜在的风险。

配置管理:建立和维持需求、当前属性和配置信息之间的一致性。

数据管理:获取数据来源,数据的访问、共享、集成及使用。

接口管理:建立恰当的接口定义及文档说明。

体系工程的技术过程包括以下八个方面。

需求开发:获取各利益相关者的需求。

逻辑分析:理解需求而开发可行的解决方案。

设计求解:开发可执行方案以确认需求和功能结构。

执行:通过制造、获取或重用来进行集成、确认与验证。

集成:集成底层系统元素到高层系统元素的过程。

确认:确认是否生成了符合要求的体系。

验证:在运作环境中验证体系。

变迁:组分系统元素的转换。

很多专家特别是装备管理领域的研究人员将体系工程视为一个采办管理问题,而不是一个单纯的技术问题,技术问题可以有针对性地进行解决,而采办管理问题则因为如下因素的存在而难以全面解决。

(1)对于一个体系而言没有一个明确的管理者,或者说体系不是归属于单一所有者。

(2)装备系统的采办是基于“烟囱式”(单独开发)的,而不是成体系建设的。

(3)通常系统都是在装备部队以后才被要求与其他系统进行集成的。

(4)在体系工程过程中,不同的装备供应商之间往往很难相互合作,因为各自不认为通过合作会获得共同的利益。

(5)同样的原因,采办执行人员之间也很难相互合作。

(6)体系研究和建设的花费在前期会显得较多,甚至使人感觉不值得,但是对于体系的整个寿命周期而言则可能大大节约装备体系建设费用。

体系工程就是通过计划、分析、组织和集成等手段,将现有的以及将来开发的系统集成到一个体系中,使原有体系的能力得到增强,并且使新体系的能力远远强于这个体系组分系统线性之和。这是一个技术管理过程,它是一个广泛的、协作的、多学科的、重复的以及并发的过程。这个过程包括辨别体系需求发展的能力,再将能力分配到一系列独立的系统中,在体系的全寿命周期中调整和优化面向体系的开发、生产、维持以及其他活动。

二、体系工程与系统工程

体系工程提供了对于体系问题的分析与支持,体系工程与系统工程区别较大,不十分关注组分系统的具体技术和配置参数,更关注这些系统的组合能够获得的新的能力,而不是单个系统的设计与开发。与系统工程相比,两者的特性和区别见表 2-2。

表 2-2　体系工程与系统工程的对比

项　目	系统工程	体系工程
关注对象	单复杂系统	集成多个复杂系统
目标	最优化	满意
途径	过程	方法学
期望	解决方案	初始响应
解决的问题	规定的	涌现的
分析方法	技术主导	背景影响主导
目的	单元的	多元的
边界	固定的	不固定的

体系工程是对系统工程的延伸和增强，它更加关注于将能力需求转化为体系解决方案，最终转化为现实系统。一般地，系统工程关注在系统开发前，明确并建立一个严格的系统边界，针对这个边界来规范一系列的子需求，并根据这些需求来完成一个系统的设计和开发。体系工程则主要通过平衡和优化多个系统之间的相互关系，来实现可互操作的灵活性和应变能力，并最终构造一个可以满足用户需求的体系。体系工程在分析和解决问题的步骤上与系统工程也有以下区别。

(1)体系工程的过程：可见(Visibility)→目标联合(Unity of Purpose)→协调个体的动机(Coordinated Individual Initiatives)(松耦合)。

(2)系统工程分析问题的步骤：定义(需求分析)→确定边界(功能分析)→优化(综合集成)。

系统工程的研究思路大多是“自底向上”的，注重解决具体问题的详细的工具和系统边界；体系工程则沿着“自顶向下”的研究方式，关注于整体、全面地解决整体问题，具体实现方式可以采用多种不同手段和方案，具有较强的灵活性。

体系工程较之系统工程的优势如下。

(1)体系工程弥补了系统工程在考虑某些情况时的不足，如适应动态变化的环境和不断增强的需求，确定保持已经定义的全部特征的能力。

(2)体系工程支持不同部门甚至是相互竞争部门之间的协同，从概念到能力的开发。

(3)体系工程充分考虑政治、金融、法律、技术、社会、运行以及组织因素，包括不同利益群体的观点和关系，都是体系开发、管理和操作需要考虑的内容。

(4)体系工程中，一个体系可以适应概念上、功能上、物理上以及时间边界等因素的改变，并且不会对体系总体的管理和运作产生负面影响。

(5)体系工程中，体系整体的行为以及它与环境的动态交互，保证其能够适应环境，从而使得体系可以达到甚至超过初始需求的能力。

三、体系工程的研究框架

在进行体系开发前，必须确定体系的结构框架，这是体系开发的基础与依据。如果将体系研究关注在体系开发过程上，那么体系研究将包含体系需求、体系设计、体系集成、体系管理、体系优化、体系评估等过程。体系开发一般没有一个明确的结束时间点，往往在体系建立以后还要关注体系动态变化情况，即体系的演化过程。

体系需求是在体系工程实践中待开发体系需要达到目标、满足功能和所需结构的描述。体系设计是对体系开发所采用的方法、体系结构、管理方式进行顶层规划，是体系开发跨领域、跨层次、跨时段的整体谋划。体系集成是进行体系构成组分系统的集成原理与方法的研究，以实现体系开发的目标。体系管理包括体系开发与运行的管理方法和理论的探讨，是保证体系开发谋划取得实实在在效益的关键。体系优化是探究如何对体系进行结构与功能优化，使其行为最接近体系需求的目标。体系评估是对体系行为进行综合评估，以判断体系开发的最终效果。以上的体系开发过程均要在体系结构框架的指导下进行：体系演化表征了系统的动态行为，对体系演化机制与规律的研究，将使人们更加清晰地认识到体系的行为发展和结构演化，对体系开发具有重要的意义。

体系研究需要的关键技术包括体系需求技术、体系设计技术、体系建模技术、体系管理技术、体系集成技术、体系优化技术、体系试验技术、体系评估技术等。关键领域包括体系理论、系统科学、复杂性研究、体系工程实践、计算机仿真、管理科学和运筹学等。体系研究过程与体系研究支撑技术和领域共同构成了体系研究的基本框架，如图2-2所示。

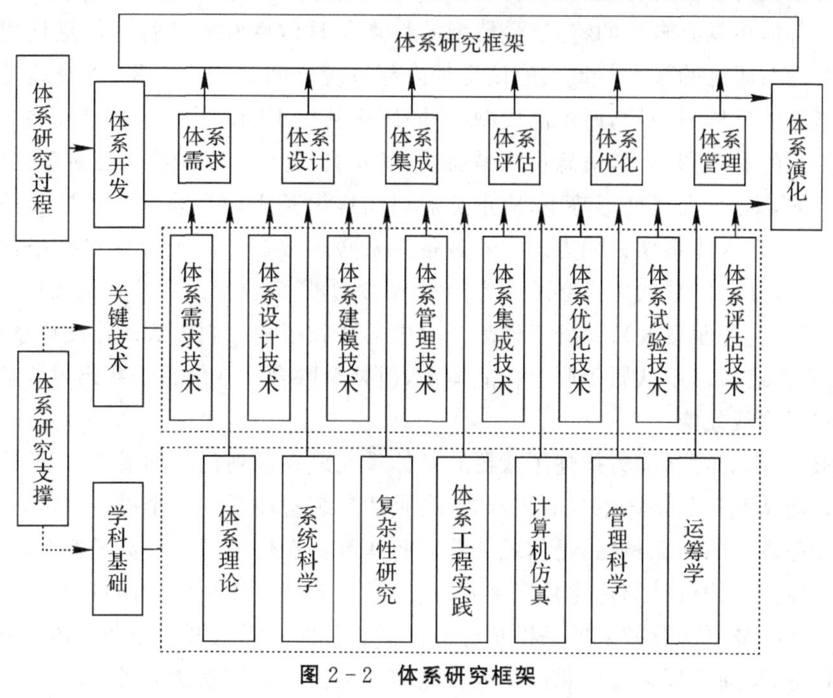

图2-2 体系研究框架

第三节 武器装备体系工程

武器装备体系工程是以武器装备成体系发展为目标，在装备体系的需求开发、体系结构设计、体系与评估以及运行过程中使用的理论、技术和方法，并对武器装备体系所进行的系统管理过程的总称。

武器装备体系工程研究具有重大的意义，通过科学地获取装备体系发展的需求，建立适当的装备体系发展需求方案，设计并优化装备体系结构，提升武器装备体系整体能力和作战效能，为武器装备体系的全面、协调和可持续发展提供科学论证手段，为我军武器装备体系建设和管理提供决策支持。

一、武器装备体系

武器装备体系是在国家安全和军事战略指导下，按照建设信息化军队、打赢信息化战争的总体要求，适应一体化联合作战的特点和规律，为发挥最佳的整体作战效能，而由功能上相互联系、性能上相互补充的各种武器装备系统按一定结构综合集成的更高层次的武器装备系统。这一概念给出了武器装备体系的高层使命，并说明了结构对武器装备体系的重要性。

国内相关研究对武器装备体系的概念进行了探讨，比较有代表性的定义：武器装备体系是在一定的战略指导、作战指挥和保障条件下，为完成一定的作战任务，而由功能上互相联系、相互作用的各种武器装备系统组成的更高层次系统。这个定义还是依赖于系统的定义，将其称为高层次的系统，但其已经具备了现在所研究的体系的典型特征。

武器装备体系具有自己的特点，最典型的特点是整体性和对抗性。信息化战争条件下的武器装备体系研究的核心与重点应该是其内部系统之间的相互关系，以及通过这些相互关系产生出来的整体涌现性，而不同类型、不同用途甚至不同时代的武器装备主要是通过信息建立起相互的联系和作用，信息往往是通过各种类型的信息系统实现在装备之间的流转、分配和运行的，因此，在目前形势下，应重点规划和建设基于信息系统的武器装备体系作战模式，从而最终建立体系作战能力。武器装备体系必须放在作战环境中对抗条件下才能得到正确评估，因此对体系的建模必须考虑两种情况：①紧耦合的武器装备系统组成的装备体系（如一艘现代化的驱逐舰）；②处于作战环境中部队和指挥控制组成的作战体系（如联合火力打击）。武器装备体系从属于联合作战体系，但整个联合作战体系需要通过武器装备体系能力才能实现作战效能。

从需求工程的角度，能力描述了武器装备体系完成一系列任务的潜在本领，也可以称为能力需求。而从武器装备体系自身来看，能力是武器装备体系的一个静态属性，是对体系完成一系列任务本领的抽象概括，是体现武器装备体系存在价值的一种高级概念，可以称为能力属性。从体系结构设计与优化角度来看，能力是武器装备体系设计的目标和关键约束，也是评估武器装备体系优化效果的关键指标。武器装备体系需求开发是获得体系能力属性的关键约束指标，构建武器装备体系的过程就是实现武器装备体系能力需求的过程，武器装备体系结构设计与优化是使构建的体系能力属性最大化满足能力需求约束的过程。

针对未来军事斗争不确定性的不断增加，为弥补传统的以应对“威胁”为目标的需求生成系统在联合作战中的巨大不足，以美军为代表的国外军事组织首先将“基于威胁规划”(Threat-Based Planning，TBP)的体系需求开发方法发展到“基于能力规划”(Capability-Based Planning，CBP)方法，并十分关注武器装备体系的构建，强调部队实现真正的联合、具有系统集成的能力，依据网络中心战的原则进行作战。在CBP指导下，能力是需求开发人员依据使命任务及高级作战概念描述，通过背景分析、能力领域分析而获得的，是描述待建武器装备体系完成使命任务潜在本领的抽象概括。CBP方法在解决武器装备体系需求问题中具有先天的优势，因此，CBP成为当前研究体系需求的主要方法之一，能力也成为武器装备体系需求描述中的核心要素。“能力需求牵引武器装备体系发展建设”也逐渐成为当前国内外武器装备体系构建的共识。我军也在积极开展符合我军实际的武器装备体系相关研究工作。

二、武器装备体系工程与一般装备系统工程

以一般装备系统和武器装备体系为对象，从使命目标、外部环境、整体状态等几个方面，对它们进行比较，一般装备系统与武器装备体系的区别与联系见表2-3。

表 2-3　一般装备系统与武器装备体系的区别与联系

考察方面	一般装备系统	武器装备体系
使命目标	具体的底层使命；目标多用量化指标度量	抽象的高层使命；存在较多定性指标
外部环境	简单对抗环境；与系统较少交互；边界明确	复杂对抗环境；与体系存在较强的交互；边界不明确
整体状态	容易根据组分的状态预测	难以根据组分的状态预测
组成部分	数量较少的物理部件；可以是已定制好的商用部件	数量较多的独立系统，包括人员、组织、装备等；可以是现有的、开发中或待开发的系统
功能	比较单一	多样化
活动	任务数量少，活动过程比较明确	任务数量多，过程多变，存在较大的不确定性
结构	组分之间相互依赖，存在紧密且固定的控制关系；结构相对稳定	组分具有一定独立性，但相互之间存在灵活的协作关系；具有自适应和开放的结构
演化	较少进行结构改进；注重系统自身功能的提高	体系处在不断变化之中；强调相关联系统之间的互操作能力
开发方式	瀑布式、迭代式、快速原型法等；强调开发过程的可控性	增量式、演化式、螺旋式；强调灵活的开发过程，注重风险管理
评价准则	侧重点依次为基数、使用、经济和政治因素	侧重点依次为政治、经济、使用和技术因素

武器装备体系的建设发展过程与单一型号武器装备的研制过程不同：①武器装备体系的建设具有整体性，要在规定的时间和有限的经费条件下尽可能实现体系的总体建设目标；②武器装备体系中各型装备的研制过程存在相关性，不同型号的装备单元在发展过程中可能会交互相关；③武器装备体系建设是渐进过程，对当前装备发展技术基础存在依赖性。因此，需要选择并建立新的面向武器装备体系的技术来开展研究。

武器装备体系技术是指导武器装备体系发展和运用的各类专门技术，主要包括武器装备体系的需求技术、设计技术、评估技术、试验技术、运筹技术等方面。目前重点的研究方向包括体系需求工程、体系结构设计与优化、体系评估、体系发展与演化等方面。

武器装备体系工程及相关技术的应用范围如下：武器装备关键技术发展战略研究；武器装备体系发展、规划、设计与论证；武器装备重大专项的论证与评估；典型武器装备采办的论证与评估；国防科技发展论证与评估；其他重大决策和相关管理活动。

武器装备体系必须重视整体设计，并放到联合作战的环境中加以检验，这样才能真正实现装备体系能力。转变过去重武器、轻系统，重局部、轻整体，重性能、轻效能的状况，把体系能力放到武器装备建设的第一位，把体系综合集成放到武器装备设计的第一位。特别是面向一体化联合作战体系条件研究武器装备体系，“联合”的对象是“能力”，特征是“平等”，关键是“融合”，目标是“一体”，而如何“组织”体系完成系统的聚合只是其外在表现形式，只有从作战能力需求的角度出发来确定武器装备体系能力需求，才能真正将武器装备体系与一体化联合作战体系结合起来，实现最大的作战效能。

三、武器装备体系工程的研究框架

1.基于能力的思想

能力(Capability)在不同语境下具有不同的含义。在武器装备体系研究中，能力是关键要素，处于一个非常重要的地位。作为整合不同利益所有者的需求，满足不同任务的度量方式，以及描述多个系统集成和组合后具备的综合度量描述，能力是体系工程中的核心要素。

在武器装备体系中，一般将能力定义为特定对象(包括个人、系统或组织)在规定条件下，使用相关资源要素执行一组任务并达到预定标准，实现使命目标的本领。其中：条件表示影响任务执行的环境因素；资源要素指对象所具备的资源，不仅包括装备、设施等"硬"资源，还包括编制体制、训练、人员等"软"资源，资源要素也称为能力构造或实现要素、兵力要素等；标准表示任务执行的性能水平，由一组度量指标、刻度单位和水平值共同表示；使命目标是关于使命执行过程、效果的总体描述。

在武器装备论证领域，功能、效能、能力几个关键词具有突出的代表意义。一般的"功能"更多地侧重标识系统某方面的度量指标；"效能"用作衡量整个作战单元或作战群体在对抗条件下表现出来的效用；"能力"则体现的是一组装备在一定的配置和使用方式下能够发挥出来的作用，更多的是一种可变的效果，因为不同的组合和运用方式会产生不同的效果。因此，用能力作为刻画武器装备体系的主要度量指标十分贴切。

从能力的各类不同用法和应用背景中，总结得到能力的基本特点如下。

(1)针对性：能力是针对某个特定对象而言的，可以是特定的个人、系统或组织，也可以是某一类型的人、系统或组织。

(2)内隐性：能力反映的是对象内在的本领或特征。

(3)外显性：能力通过活动得以表现，离开了具体活动，能力就无法形成和观测。

(4)目标性：能力对达成活动的客观或主观目标有直接作用。

(5)代表性：能力是顺利完成某项活动有效的、必备的特征或本领，而不是所有本领。

(6)变化性：能力在不断发生变化，并通过活动表现出来。

(7)可评价性：根据能力的外显性和价值性，依据能力产生的客观效果和满足的主观目标来度量其大小。

(8)可综合性：相关能力能够进行综合集成，成为更高层次的能力。该特点反过来也表明了能力具有可分解的特性。

由图2-3可以看出，战略使命→能力需求→体系结构设计→体系结构是一个单向过程，如果没有体系能力建模过程，体系的构建就缺乏从能力属性到能力需求的反馈，就不能形成战略使命→能力需求→体系结构设计→体系结构→能力属性→能力需求的反馈回路，也使得体系结构优化缺乏依据。也就是说，如果不能明确体系能力属性的实现途径，不能清楚认识武器装备体系具备的能力状态，就不能有效地利用体系需求开发结果实现体系结构的设计与优化，体系构建过程也不能形成迭代回路。因此，认识武器装备体系能力本质，探索体系能力建模过程，是武器装备体系研究中的一个基础而又关键的问题。

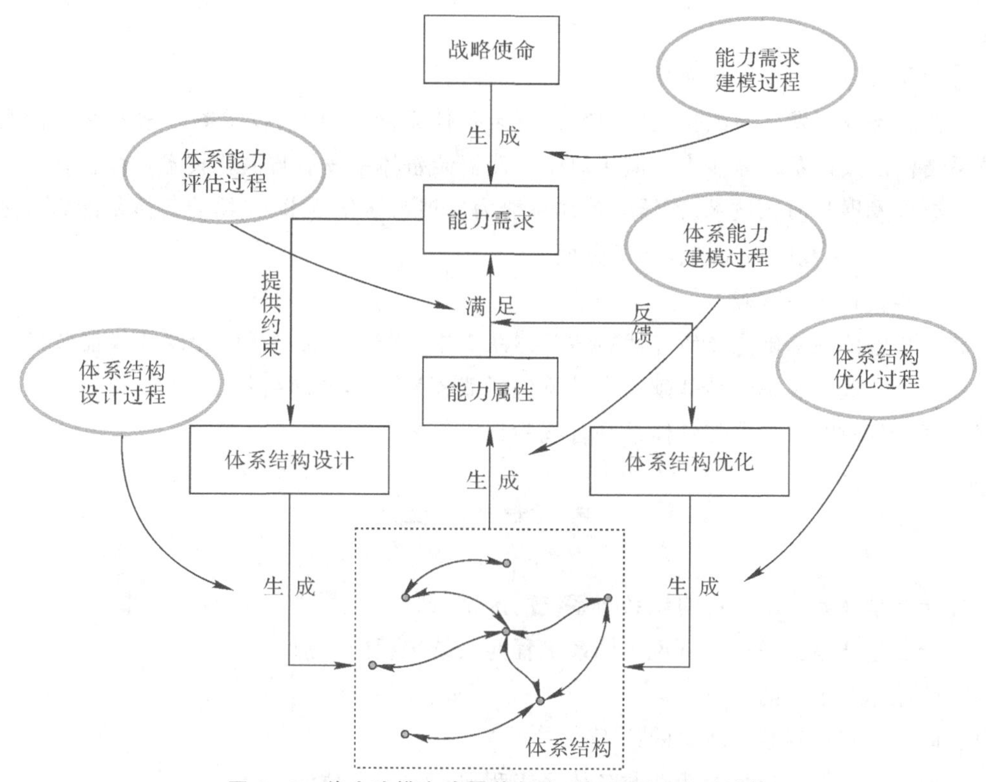

图 2－3　能力建模在武器装备体系工程研究中的地位

2. 武器装备体系工程的主要研究方向

1)武器装备体系需求分析

武器装备体系需求分析是基于国家军事战略或特定联合作战任务，对武器装备体系需求进行获取、表示、评价、验证、管理的过程。武器装备体系需求分析技术具体包括武器装备体系需求获取技术、武器装备体系需求表示技术、武器装备体系需求评价技术、武器装备体系需求验证技术、武器装备体系需求管理技术和武器装备体系能力规范技术等方面。

2)武器装备体系设计优化

武器装备体系设计优化是在武器装备体系结构描述的基础上，对武器装备体系的组成要素、要素间的关系等进行调整和优化，从而得到武器装备体系整体效能最大的武器装备体系方案。武器装备体系设计优化技术具体包括武器装备体系建模技术、武器装备体系结构方案生成技术、武器装备体系结构方案分析与优化技术等方面。对武器装备体系进行优化设计的研究方法有多方案优选方法、数学规划方法、仿真优化方法、探索性分析优化方法和多学科设计优化方法等。

3)武器装备体系评估

武器装备体系评估是在武器装备体系结构描述的基础上，对武器装备体系的能力、费用、风险等方面进行评价。武器装备体系评估技术具体包括武器装备体系能力评估技术、武器装备体系技术评估技术、武器装备体系费用评估技术、武器装备体系风险评估技术等方面。

4)武器装备体系发展与演化

武器装备体系发展与演化主要研究武器装备体系随着时间、技术等因素的变化而发生的体系结构以及体系整体能力的演化规律。武器装备体系发展与演化技术具体包括武器装备体系结构发展与演化技术、武器装备体系能力发展与演化技术、武器装备体系能力规划技术、武器装备体系发展的涌现技术等方面。

5)武器装备体系基础

武器装备体系基础主要研究武器装备体系需求、武器装备体系设计以及武器装备体系评估等方面。武器装备体系基础技术具体包括武器装备体系网络技术,武器装备体系基础数据、基础模型技术,武器装备体系联合试验技术等方面。

思考题二

1.什么是体系?举例说明体系与系统的区别。

2.什么是体系工程?举例说明体系工程与系统工程的区别。

3.试述体系工程的研究框架。

4.谈一谈对武器装备体系的认识。

5.如何理解能力建模在武器装备体系工程研究中的地位?

第三章　系统决策

决策贯穿于人类活动的全过程，没有决策就没有合乎理性的行为，决策是管理的核心。狭义的决策，认为决策是选择方案的活动，是领导最后做出决定的行动；广义的决策，认为决策是提出问题、研究问题、拟订方案、选择方案并实施方案的全过程。随着社会发展和科技进步，知识和信息的数量与种类激增，面临的问题和处理的系统越来越复杂，单凭决策者个人的经验和智慧已经难以做出科学决策。当决策者连同决策问题被看成是某个决策系统的组成部分，并采用系统思想、系统方法和系统模型进行决策时，系统决策与建模就成为解决复杂系统决策问题的重要工具。本章从决策概念出发，明确决策系统和系统决策的概念，阐述系统决策理论的发展过程，分析系统决策与系统建模的关系，给出系统决策的模型体系。

第一节　决策与决策系统

一、决策的概念

决策，是指为了特定的目的而确定未来行动的目标，拟定实现目标的多个行动方案，在对这些方案分析、评估、比较、优化的基础上进而做出抉择的全过程。一切决策活动的实质在于实现主观和客观的一致，在于选择符合客观实际的最适当的行动方案，以达到系统的基本目标。在实际工作中，由于问题相对简单，或影响范围较小，或结构化程度较高，“决策”一词常常被狭义地理解为在不确定条件下的方案选择，或者决策者最后的拍板决定。广义的决策是指提出问题、研究问题、拟订方案、选择方案并实施方案的全过程。

决策会受诸如环境、时间、历史条件、决策者对风险的态度等各种因素的影响。其中，决策对象的不确定性是影响决策行为的一个重要维度。许多关于不确定性决策的研究都指出，决策者在高度不确定情景中往往会采取各种方法和策略来减少决策的不确定性。

决策需要理性分析，但也不可忽视直觉判断。理性分析可以提高决策的质量，直觉判断有利于把握决策时机。重大决策问题常常关乎全局、错综复杂且不容失误，为了弥补个人知识和能力的不足，必须有决策群体和专家智囊的共同参与。

一般来说，决策正确与否要通过实践来检验。但是有些决策，尤其是一些重大的决策，往往没有条件等待未来的实践去检验，因为那样会造成非常严重的后果。无论是对个人决策还是对组织决策，都是如此。

决策涉及人类生活的各个领域，例如，军事上的指挥、医疗上的诊断、创作中的构思、农业生产中的安排、科研上的发明、政策的制定等。尽管这些领域在具体内容上差异极大，但就本质来说，都是从思维活动到做出决定的过程。

作为人类社会特有的一项富有创造性的思维活动，决策是对未来事物做出的决定；广博的知识、丰富的经验和善于分析判断问题的聪明才智是决策者能够做出正确决策所必不可少的条件；正确的决策需要经过分析、推理、判断等一系列逻辑思维。

作为人类社会的一项实践活动，决策存在着无法加以控制的各种状态，例如，天气状况这类决策者无法控制的自然状态；决策必须有两个或两个以上的行动方案，不能出现毫无选择余地的情况；决策必须具有明确的既定目标；决策可能产生的价值和后果是可以预测的。

二、决策系统的概念

作为人类普遍存在的一种活动，决策是基于特定的对象系统（决策系统）而言的。这个决策系统一般包括决策者、决策对象、环境信息、决策理论和方法、决策结果等基本要素。它是现代科学决策体制的核心。

在古代，由于生产力水平低，发展速度慢，社会生活相对来说比较简单，信息量也小，一些有远见和才能的统治者独自或依靠少数谋士就能做出适应当时社会的决策。可是在现代，随着生产和科学技术的高速发展，社会已越来越复杂。很多决策问题不仅涉及的因素极多，而且变化也快，往往需要掌握和处理大量的信息，单凭个人主观臆断，已很难做出完善而正确的决策。因此，20 世纪以来，传统的家长式决策和专家个人决策体制逐步被淘汰，一个由决策者系统、执行系统、反馈系统、信息系统和智囊系统所构成的现代科学决策体制已经形成。

在现代决策体制中，决策者是整个决策体制的核心，是权力机构，是决策问题的确定者和决策方案的最后抉择者。执行系统的职能是将决策者发出的决策指令具体化并负责贯彻实施，负责计划实施中正常的监控和管理机关中常规性决策问题的处理。反馈系统主要是提供决策方案执行的情况和系统内部各种状态的信息，以供执行系统和决策者使用。信息系统则主要是提供广泛的外部信息，包含社会、经济、科技、军事、自然等方面的数据、情报、资料等。智囊系统又称为“智囊团”或“思想库”，是整个决策系统的外脑和参谋机构，主要职能是辅助决策者进行决策研究论证，为决策者的决断提供科学依据。

从决策系统的基本构成要素来看，决策者、决策对象，以及存在于它们之间的信息是决策系统赖以存在的基础，其中，决策者是这个决策系统的核心。而决策者与决策对象之间的信息加工处理需要以决策理论和方法为指导，并作为系统的输出通过决策结果反映出来，如图 3－1 所示。

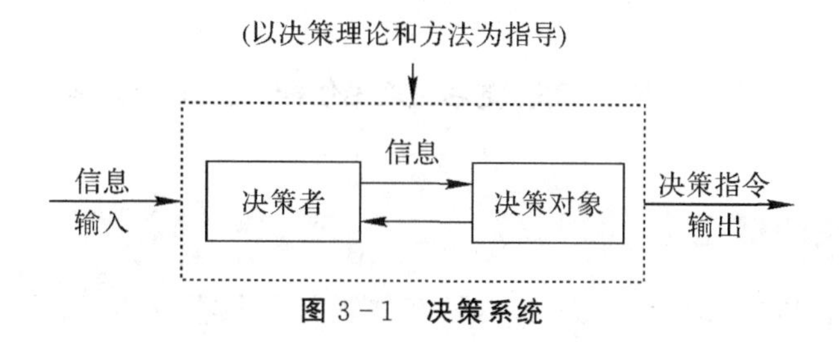

图 3-1 决策系统

三、决策系统的基本要素

1)决策者

对决策问题起决定作用的人称为决策者。谁是决策者取决于所要解决问题的性质。如果所要解决的问题涉及较大的范围,那么决策者通常不是某个个人,而是对这个范围的问题能够做出决定的某个集体。例如,要解决如何制定我国宪法的问题,决策者便是全国人民代表大会。

2)决策对象

决策总是因为发现了某些矛盾,有某些问题需要解决才提到议事日程上来的。这些待解决的问题就是决策对象。决策对象的结构化程度往往决定问题本身的难易程度。

3)决策信息

信息是决策的基础,决策脱离了信息就成了无源之水,决策的过程实际上就是信息处理和信息反馈的过程。一切决策都离不开信息的收集、加工与传输,只是这个过程会因问题规模和难易程度的不同而不同,有时是有意识、有组织的,有时又可能是无意识或下意识的。

决策信息主要包括以下几点。

(1)决策目标。决策目标就是决策要达到的目标,也就是为什么要决策。决策目标有多种情况,有的可明确地以数量形式表现,如作战演习中装备完好率;有的只能以抽象的形式表达,如实现某年度装备保障水平达到良好等。决策目标,有的可以公开,有的深藏在某些决策者的心中。另外,有时决策目标有多个,即多目标决策。

(2)决策变量。决策者用来达成目标的手段。决策变量是可控因素,也是决策者在决策中进行选择和做出决定的因素。决策变量既可以是连续的数值量,也可以是离散的备选方案。

(3)环境变量。环境变量又称为状态变量。环境变量是决策者无法控制但又对决策后果起重大作用和影响的因素,可以是连续的数量,如新装备可能的推广量,也可以是特定的几种可能状态,如天气情况等。

4)决策理论和方法

正确的决策离不开可靠的信息。但是,有了可靠的信息不等于有了正确的结论。在决策活动(加工与传输信息)中,决策者要获得正确的结论,就必须应用科学的决策理论和方法对相关信息进行分析、综合、推理。

5)决策结果

一切决策活动的目的,都是为了得到决策的结果。不为得到决策结果的决策活动是毫无意义或根本不存在的。

第二节　系统决策的概念与过程

一、系统决策的概念

自古以来，人们以“运筹帷幄，决胜千里”来称颂善于洞察事物、精于分析判断问题的决策者。诚然，决策的成败固然与决策者个人的经验、智慧和才能有关，但在科学技术不断进步、社会经济日益发展的今天，面对极其复杂的决策问题，仅靠决策者个人的能力孤立地分析问题是不够的。

1.系统决策的定义

当决策者连同决策问题被看成是某个决策系统的组成部分，并采用系统思想和系统方法进行决策时，称为系统决策。由于决策者总是处于一定的社会组织和环境之中，所以，任何决策都可视为基于特定系统并为实现其系统目标的决策。

系统决策的问题通常有两类：一类是用现有理论和方法可以明确认识与表达出来的决策问题；另一类是经过创造性概念开发才能得到的决策问题。

进行系统决策，还需要注意把握以下几点：① 用联系的观点取代孤立静止的观点，将决策者、决策问题及其周围环境视为一个系统来研究；② 以整体目标为导向，在局部利益服从整体利益的前提下，求得系统满意解；③ 界定系统边界，防止漫无边际、失去重点。

决策系统的边界不明，就难以对所需信息的质量和数量做出准确判断，致使决策陷入僵局。此时，应提出这样一些问题：“我现在掌握的信息真的不能支持我做出决策吗?”“今天不做决定会有什么样的后果?”通常情况下，不做任何决定比采取某些行动的后果更严重。因此，不要总是等到信息都非常齐备的时候再做决策，而应当在判断信息已经搜集到了“边界条件”时，便当机立断，进行决策。

由决定→决策→系统决策的演变可以看出，人类认识世界经历了一个从单纯强调个人决断到重视过程分析、再到统筹兼顾和系统优化的发展过程，这是一个逐步深入和完善的渐进过程。

2.系统决策的分类

系统决策可以从不同的角度进行分类。

1)按决策问题的重要性，可分为战略决策、管理决策和业务决策

战略决策是指与组织的发展和生存有关的全局性、战略性问题的决策。管理决策是指为完成战略决策所规定的目的而进行的有关的战术性决策。业务决策是指根据管理决策的要求，依据管理过程中出现的具体的问题而进行的决策。

2)按决策问题的重复程度，可分为程序化决策和非程序化决策

程序化决策是指针对经常出现的问题，可以按照现有的经验、方法和步骤进行的决策。非程序化决策是指针对临时或偶尔出现的问题，必须采取新的方法和步骤进行的决策。

3)按决策方法的不同，可分为定量决策和定性决策

定量决策是指决策方案、决策目标和变量既可以用数学方式表示，也可以采用数学模型进行分析的决策。定性决策是指决策方案、决策目标和变量难以用数学方式表示，主要依靠

决策者的定性分析判断进行的决策，如雾霾的治理等。

4）按决策时掌握信息量的不同，可分为确定型决策、不确定型决策和风险型决策

确定型决策，是指决策者完全掌握了将出现的客观情况，从而在该情况下，从多个备选行动方案中，选择一个最有利的方案。在完全不掌握客观情况的概率规律性条件下做出的决策，称为不确定型决策。如果不完全掌握客观情况出现的规律，但掌握了它们的概率分布，这时的决策称为风险型决策。

5）按决策时考虑目标的数量，可分为单目标决策和多目标决策

决策所要实现的目标只有一个，即为单目标决策；若同时要实现几个目标，则为多目标决策。多目标决策中，要求实现的目标越多，衡量标准就越多，特别是如果目标之间还有矛盾，就会给决策带来一定的困难，例如，火炮的威力和机动性往往是相互矛盾的，威力越大，机动性就越差。

6）按决策的连续性，可分为单项决策和序列决策

单项决策是指整个决策过程只做一次决策就得到结果，序列决策是指整个决策过程由一系列决策组成。

3. *系统决策的特点*

系统决策具有下列主要特点。

1）目标性

系统决策必须有明确的目标，这是系统在未来特定时限内完成任务程度的标志。

2）满意性

系统决策常常是多目标的。问题本身的复杂性、以环境的不确定性以及决策目标的多重性交叉在一起，致使寻求最优决策方案的愿望总是难以实现。因此，做决策时需要依据已知的全部条件，加上人们的主观判断和理性分析，做出相对满意的选择。

3）众议性

系统决策一定要建立众议制度，尤其是事关系统发展方向或生死存亡的战略性决策，以增加方案的可接受性或创造出更好的方案，提高决策的合法性。当然，众议过程务必克服议而不决、屈从压力的现象。

4）动态性

系统决策不仅是一个过程，而且是一个不断循环的过程。由于外部环境是不断发生变化的，决策系统为了适应这种变化的需要，达到与环境的动态平衡，就必须不断地调适自己，因此，前一个决策的终点往往又成为下一个决策的起点。

系统决策起源于系统出现的偏差或问题。有的人在问题面前细细思量、犹豫不决，也有的人不假思索、仓促行事。

从解决问题来说，许多时候能否把握决策良机才是成功与否的关键。时机未成熟就贸然动手，就会劳而无功，甚至使情况更糟，过于焦虑；若迟迟不决断，则可能使事态扩大，难以收拾。

二、系统决策的过程

系统决策是一个提出问题、分析问题和解决问题的系统分析过程。面向过程的决策包括许多阶段的工作：明确问题、搜集信息、拟订方案、方案选优、决策实施等。本书按照一般

工作程序把系统决策过程简单分为决策准备、决策论证、决策执行和决策监控四个阶段。

1)决策准备阶段

决策准备阶段的工作就是界定决策问题、组建决策系统。

当人们经过思考,决心采取行动去达到某种目标时,便产生了决策概念。决策是同所期望达到的目标紧紧联系在一起的。没有目标当然也就谈不到决策。

界定决策问题主要回答:问题是否可解、是否有意义;解决此问题需要考虑哪些相关因素;希望达到什么目标;如何达到目标;需要具备什么条件;等等。

组建决策系统目的在于营造一个科学的决策体制,这就要求根据问题需要划分和筹建相应的决策者系统、执行系统、反馈系统、信息系统及智囊系统。当然,因为问题重要性和规模大小不同,这些子系统不一定都实际存在,有的可能是无形的或概念性的。

2)决策论证阶段

决策论证是决策活动的最基本和最重要的程序之一,是决策活动的中心环节。

这一阶段的主要任务包括进一步分析并明确目标,拟定若干可行的决策方案,进行方案比较和择优等活动。

明确目标是决策成功的关键,需要决策者系统、信息系统及智囊系统的密切协同;拟订方案是实施决策的前提,在信息系统的支持和智囊系统的指导下,提出两个以上可供选择的方案是决策者系统的基本职责;方案择优是科学决策的要求,也是决策者系统的核心工作。

3)决策执行阶段

决策执行就是要将决策付诸实践,这是科学决策体制赋予执行系统的主要功能。

一般来说,决策方案只是解决了决策的手段问题,要实施决策还需要制订详细的决策执行计划。这个计划通常包括各种资源的准备就位、人员分工和工作进度安排、潜在问题分析及应对措施等。

在这一阶段,决策领导者不断通过规划、计划向执行系统发出指令,使执行系统开展有效的实际工作。执行系统也包括在决策过程之内,因为决策不是一次完成的,而是一个不断调整的动态过程。

4)决策监控阶段

任何决策都不可能是完美无缺的,人们对客观世界的认识较之事物本身总有一定差距,再好的决策也会在实践中碰到一些原来预想不到的新问题。

决策执行阶段的信息由反馈系统进行收集并反馈至决策者系统,决策者依据这些信息和决策执行计划,向执行系统发出控制指令,调整已做出的决策或做出新的决策。这正是决策监控的主要目的。

以系统决策过程为依据、以系统分析为基础,系统决策应当遵循系统的整体分析、任务分析、功能分析、指标安排、提出方案、分析模拟、优选方案、综合设计等一般程序。系统决策的一般程序如下。

(1)整体分析。整体分析一般是确定决策系统的总目标,以及必要的限制条件,作为进一步具体分析的依据。

(2)任务分析。分析为了实现总目标所要完成的各项任务。例如,城市交通发展计划要考虑控制车辆,合理调节车流,充分发挥各条道路的通过能力等。

(3)功能分析。按照任务要求,对整个决策系统及其子系统的功能,以及其相互关系进行研究分析。例如,要完成控制车辆、合理调节车流的任务,就要确定分系统,像信息中心、通信中心、指挥中心等,要明确各分系统的功能及其彼此间的关系。

(4)指标安排。通过功能分析后,合理安排各个分系统的指标。例如,各条道路的通过能力和车辆控制范围,通信、指挥系统要具有什么样的性能等。

(5)提出方案。为了完成各项任务,就要研究并制定出各种可能实现的方案。例如,为控制道路通过能力可提出改为单行道、限制通过车型等方案。

(6)分析模拟。系统内的许多因素都存在繁杂的制约关系,就需要通过模拟来掌握这些关系,了解某一因素变化对其他因素的影响及影响程度。

(7)优选方案。在对方案进行模拟分析之后,就要逐个对其技术上的先进性、经济上的合理性和实践上的可行性进行综合评判,以便选出最优或满意的方案来。

(8)综合设计。对最后确定的方案还要从全系统角度统筹安排、精心设计,以便制订出组织实施的具体计划。

三、系统决策理论的发展

决策科学是一门相对年轻的学科,它是在运筹学、管理科学、行为科学和系统科学等多个学科领域基础上形成的一个交叉学科。尽管人们对决策科学的范畴、结构、内容等尚无统一的认识,但作为一门全新的跨学科的综合性学科,决策的基本理论和方法无疑是决策科学的重要组成部分。

决策理论用于研究尚未发生的行为准则,必须回答两个问题:抉择的标准是什么?未来环境将会出现何种状态?决策理论就是围绕标准和不确定状态这两个主题发展起来的。

关于标准问题,早在1738年,著名数学家伯努利(D. Bernuli)就提出了“精神期望价值”(即效用值)的概念,并以期望效用值作为度量优先次序的指标。这一概念为规范性决策理论的研究奠定了基础。1881年,新古典学派经济学家埃奇沃思(F. Y. Edgeworth)吸收了伯努利的效用思想,引入了商品效用概念,采用等值曲线(曲面)来反映商品的优先次序,即序数效用(Ordinal Utility)的概念,这种效用理论后来成为新古典学派商品价格理论的基础。1944年,冯·诺依曼(Von Neumann)和摩根斯坦(Morgenstern)在《对策理论与经济行为》中发展了此效用理论,建立了现代效用理论,适用于分析比较不确定情况下的各种事件,这恰恰符合决策问题的特点。现代决策理论以冯·诺依曼和摩根斯坦的效用理论为开端,它也为理性决策奠定了理论基础。

1954年,萨维奇(L. J. Savage)在冯·诺依曼和摩根斯坦理论的基础上,提出了主观概率的概念,从决策角度来研究统计分析方法,建立了贝叶斯(统计)决策理论。1961年,拉法(H. Raiffa)发表了名为《应用统计决策理论》的著作。随后,1966年,霍华德(R. A. Howard)在第四届国际运筹学会议上发表《决策分析:应用决策理论》一文,首次提出了“决策分析”一词,系统地总结了贝叶斯决策理论的实践步骤。20世纪60年代,许多学者在决策分析这一学科领域的各方面,如序贯决策、多目标决策、多人多目标决策等方面进行了大量工作。

理性决策研究在不断发展的过程中,受到了来自心理学界的挑战。一些学者从心理学角度考察了现代效用理论,对理性决策理论在实际行为中的真实性提出了质疑:冯·诺依曼和摩根斯坦提出的理论是否和人们的实际决策行为相一致？这引发了20世纪70年代开始的行为决策理论的研究。

美国心理学家爱德华兹(A. Edwards)在研究人们在评估概率、效用值和决策过程中的信息加工问题时发现，人们存在认知错觉(Cognitive Illusion)，在没有智能性或实物性的辅助工具引导下所进行的直感判断往往会有偏差。经济学家阿莱斯(M. Allais)不赞成萨维奇(L. J. Savage)关于主观概率的概念，不同意效用值和概率的期望组合规则，但他们的观点都属于规范性决策理论的范畴。然而，特沃斯基(Tversky)和卡纳曼(D. Kahneman)则在行为决策领域做了大量研究，而且是不可替代的独立研究领域。目前，行为决策的研究还处在发展的初期阶段，大部分研究成果还处于实验室阶段，未形成完整的理论框架。

可见，决策理论的发展从规范化的理性决策研究开始，随着决策概念的发展，又从全面理性决策的研究走向有限理性决策的研究，进一步出现行为决策的研究。显然，这些研究是彼此促进、相辅相成的，它们共同构成决策科学的完整的格局，将决策科学推向更高的发展阶段。从管理决策的角度出发，群决策的研究方法主要将行为学派的行为决策理论和数理学派的决策理论相结合。群决策是指多人共同参与的决策活动，其本质是群决策应保证决策参与者所提的建议、议案在决策活动中真正发挥作用，使所有参与者均能为达成组织目标作出贡献，并分担决策责任。

第三节　系统决策与系统建模

要对研究对象做出有效的科学决策，掌握其发展规律，并得到有说服力的结果，就必须建立系统的模型。只有在建模的基础上，对系统进行定性的、定量的或者定性与定量相结合的分析，找出研究对象的特征和发展规律，最终才能得到需要的结果。因此，系统决策离不开系统建模，系统决策的各个阶段、各个步骤都需要系统建模，系统建模是系统决策必不可少的工具。

一、系统决策与系统建模的关系

系统决策的科学程序包括明确问题、确定目标、制定方案、方案评估和选择、方案实施及控制。要做出正确的决策，在系统决策的每一道程序中，都是离不开系统建模的。

人类认识和改造客观世界的研究方法有实验法、抽象法和模型法三种。实验法通过对客观事物本身直接进行科学实验来开展研究，因此局限性较大。抽象法把现实系统抽象为一般的理论概念，然后进行推理和判断，因此缺乏实体感，过于概念化。模型法是在对现实系统进行抽象的基础上，把它们再现为某种实物的、图形的或数学的模型，然后通过模型来对系统进行分析、对比和研究，最终导出结论。由此可见，模型法既避免了实验法的局限性，又避免了抽象法的过于概念化，因而成为系统决策中一种最常用的研究方法。

系统决策中广泛使用系统模型主要基于以下几个方面的考虑。

(1)系统开发的需要。开发新系统时，由于系统尚未建立，无法直接进行，只能通过建造系统模型来对系统进行研究，以实现对系统的分析、优化和评价。

(2)经济上的考虑。对大型复杂系统直接进行实验，其成本十分高昂，而使用系统模型就经济得多。

(3)安全上的考虑。对某些系统(如载人航天飞行器、核电站、武器装备等)直接进行分析,往往是很危险的,有时甚至是根本不允许的。

(4)时间上的考虑。社会、经济、生态等系统,由于其惯性大、反应期很长,所以对其直接进行实验要等若干年后才能看到结果,这是系统决策所不允许的。而使用系统模型进行分析,很快就可以得到分析结果。

(5)系统模型容易操作,分析结果易于理解。有时对现实系统进行直接实验虽然是允许的,也不过分费时、费钱,但此时采用系统模型仍具有优越性。因为现实系统中包含的因素太多且过于复杂,得到的结果往往难以直接与其中某一因素挂钩。因此,直接的结果不易理解,且过程中要改变系统参数也相当困难。但是,如果使用系统模型情况就不一样了,由于系统模型突出了研究目的所要关注的主要特征,所以容易得到一个更加清晰的结果,且在系统模型(尤其是数学模型)上进行参数修正也相对容易。

二、系统模型概述

1. 系统模型的概念

系统模型是为了某种特定目的,将系统的某一部分信息进行抽象而构成的系统替代物。模型的概念由来已久,可以追溯到古代仿鸟飞行和按比例样板造船。如今,模型已是科技工作者最常谈论的重要科学术语之一,它是相对现实世界或实际系统而言的。在此基础上,在计算机出现之后才产生了系统仿真科学与技术。在系统仿真中,被研究的实际系统或未来的想定系统称为原型,而原型的等效替身则称为模型。

2. 系统模型的分类

系统种类千千万万,作为系统的描述,系统模型种类也很多,因此,必须对模型进行合理分类,以便于研究。

1)根据模型抽象的程度分类

根据模型抽象的程度可分为实体模型和抽象模型。

(1)实体模型。实体模型是对现实系统的放大和缩小,能说明系统的主要特性和各个组成部分之间的关系,如舰艇模型、导弹模型等。它通常有实物模型和模拟模型。模拟模型是基于不同的物理领域(力、电、热、液、气)内物理意义完全不同的变量之间服从类似规律这个前提,进行比拟类推的一类模型。

(2)抽象模型。它采用与真实系统差别较大的表达方式,可以分为数学模型、图示模型和仿真模型等。

2)根据模型表征信息的程度分类

根据模型表征信息的程度可分为物理模型、数学模型和概念模型。

(1)物理模型。所谓物理的,是广义的,具有物质的、具体的、形象的含义。物理模型又可分为以下几种。

①实物模型,即系统本身。当系统的尺寸刚好适合在桌面上(是广义的,当然包括落地式)研究而又没有危险性时,就可以把系统本身作为模型。实物模型包括抽样模型,如标准件的生产检验、胶卷和药品的检验,是从总体中抽取一定容量的样本来进行的,样本就是实

物模型。

②比例模型，即将系统放大或缩小，使之适合在桌面上研究。例如，海洋工程中的船舶实验室，航空工程中的风洞实验室，都是将设计研究中的船只和飞机按比例缩小，在同样比例缩小后的船池和风洞里进行实验的。

③相似模型，即根据相似系统原理，利用一种系统去替代另一种系统。这里说的相似系统，是指物理形式不同而有相同的数学表达式，特别是相同的微分方程系统。在工程技术中，常用电学系统代替机械系统、热学系统进行研究。

(2)数学模型。依据所用的数学语言不同，数学模型可分为以下几类。

①解析模型，即用解析式表示的模型。这类模型在现实生活中占多数，如牛顿力学公式等。

②逻辑模型，即表示逻辑关系的模型，如方框图、计算机程序等。

③网络模型，即用网络图形来描述系统的组成要素及要素之间的相互关系(包括逻辑关系与数学关系)，如网络计划图等。

④图像与表格，这里说的图像是坐标系中的曲线、曲面和点等几何图形，以及甘特图、直方图和饼图等，它们通常伴有数据表格。

⑤信息网络与数字化模型，这是一类新的模型，如仿真模型。其中，仿真模型通常以算法、程序和仿真装置的形式出现。根据所使用的仿真计算机类型(模拟机、数字机和混合机)不同，所建立的仿真模型也不相同。

物理模型形象生动，但是不易改变参数。数学模型容易改变参数，便于运算、求最优解，但是很抽象，有时不易说明其物理意义。

(3)概念模型。概念模型指如下形式的模型：任务书、明细表、说明书、技术报告、咨询报告等，以及表达概念的示意图。不同于数学模型或物理模型，这种模型在工程技术中很难直接使用。但是在系统工程的工作之初，问题尚不明晰，物理模型和数学模型都很难建立，则不得不采用这种模型。

3)根据模型描述的系统状态与时间的依赖关系分类

根据模型描述的系统状态与时间的依赖关系可分为静态模型和动态模型。

4)根据模型是否描述系统内部特性分类

根据模型是否描述系统内部特性可分为黑箱模型和白箱模型。

5)根据模型的用途分类

根据模型的用途可分为经济模型、军事模型、政策模型、社会模型、城市模型、工厂模型、环境模型等。

6)根据模型构建的目的分类

根据模型构建的目的可分为描述性模型和指示性模型。

此外，模型还可分为连续性模型和离散性模型、统计模型和分析模型、线性模型和非线性模型、实时模型与非实时模型等。

系统研究中多数采用数学模型，其原因主要有以下几点。

(1)数学模型是定量化的基础。在自然科学及各种工程技术领域中，数量上的不准确必然导致质量上的低劣。在社会科学中，没有定量的依据也会造成人为的主观片面，将会引起不必要的混乱。

(2)数学模型是科学试验的补充手段。在实践中，有些活动很难或不可能做出试验来显示其成果，这时，只有通过建立数学模型进行推演或模拟。例如，“阿波罗”飞船返回地面时，在大气层上端的速度约为 11 km/s，然后逐渐减速，约 30 min 后到达地面。为研究此过程，如果用风洞试验，那么规模是很大的，费用也相当可观，而采用数学模型的方法，既经济又方便。

(3)数学模型是预测的工具。利用已有数据建立数学模型，由模型反映的规律预测系统的未来状态。

(4)数学模型是现代科学管理的重要工具。从企业管理的角度看，要想提高一个车间、一个厂矿，乃至一个公司的工作效率，就技术方面来说有两条途径：一条是进行革新、挖潜、技术改造，如改进工艺、增添设备等；另一条是现有一切生产条件都不变，只需要构造一个模型计算一下，依计算结果改变生产的组织和管理就可提高生产率。

3. 有效模型的基本性质

为了对系统进行研究产生了模型，一个有效模型必须具有普遍性(或等效性)、相对精确性、通过性、可信性、异构性等基本性质。

1)普遍性(或等效性)

普遍性是指一个模型可能与多个系统具有相似性，即一个模型通常可以描述多个相似系统。

2)相对精确性

相对精确性是指模型的近似度和精度都不可超出应有限度和许可条件。模型应具有考虑诸多条件折中下的精确性。

3)通过性

通过性是指模型可视为“黑箱”，通常能够利用输入/输出数据辨识出它的结构和参数。

4)可信性

可信性包括三个方面：① 校核(Verification)：系统模型是否正确地描述了实际系统的外部特征和内在特性；② 验证(Validation)：系统模型是否有效地反映了系统的动态规律、运行特征；③ 确认(Accreditation)：系统模型结果是否实现了应用目标与用户需求。

5)异构性

异构性是指对于同一个系统，模型具有不同的形式和结构，即模型不是唯一的。

三、系统模型化

1. 系统建模的原则

在模型建立过程中，一般要遵循以下基本原则。

1)简单性

从实用的观点看，由于在建模过程中忽略了一些次要因素和某些非可测变量的影响，所以实际的模型已是一个简化了的近似模型。一般而言，在实用的前提下，模型越简单越好。

2)清晰性

一个复杂的系统是由许多子系统组成的，因此对应的系统模型也是由许多子系统组成的。在子模型之间，除研究目的所必需的信息联系以外，相互耦合要尽可能少，结构要尽可能清晰。

3)相关性

模型中应该只包括系统中与研究目的有关的那些信息。例如,对一个空中调度系统的研究,也只需要考虑飞行的方位航向,而无须涉及飞机的飞行姿态。虽然与研究目的无关的信息包括在系统模型中可能不会有很大危害,但是,因为它会增加模型的复杂性,从而在求解模型时增加额外的工作,所以应该把与研究目的无关的信息排除在外。

4)准确性

建立系统模型时,应该考虑所收集的用以建立模型的信息的准确性,包括确认所对应的原理和理论的正确性与应用范围,以及检验建模过程中针对系统所做的假设的正确性。例如,在建立导弹飞行动力学模型时,应将导弹视为一个刚体而不是一个质点,同时要注意导弹在高超声速运动中的特殊性。如果仅考虑导弹的射程问题,导弹在大气中的运动可以作相应的简化;如果是考虑导弹的命中精度问题,就不能作这样的简化。

5)可辨识性

模型结构必须具有可辨识性的形式。可辨识性是指系统的模型必须有确定的描述或表示方式,而在这种描述方式下,与系统性质有关的参数是唯一确定的解。若一个模型结构中有无法估计的参数,则此模型无实用价值。

6)集合性

建立模型还需要进一步考虑的一个因素是能够把单个的模型组成更大模型的程度,即模型的集合性。例如,对防空导弹系统的研究,除能够研究每枚导弹的发射细节和飞行规律之外,还可以综合计算多枚导弹发射时的作战效能。

2.系统建模的过程

不论是哪一类系统模型,其系统建模的过程大致都是一致的,如图 3-2 所示。

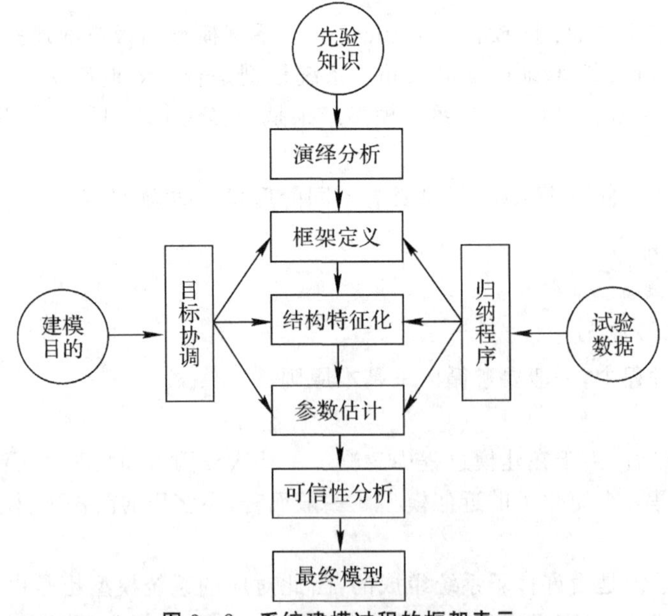

图 3-2 系统建模过程的框架表示

1)信息源的数据收集

建模目的、先验知识和试验数据均为系统输入，表示最原始的信息。

为了很好地了解建立模型的途径，考虑建模活动信息源是很有用处的。可以认为，建模活动本身是一个持续的、永无止境的活动集合。然而，由于实际存在的一些限制，如有限的经费与时间、研究的目的及对实际系统认识的程度等，所以，一个具体的建模过程将以达到有限目的为止。

建模过程涉及许多信息源，其中主要的是以下三类，它们的关系如图 3-3 所示。

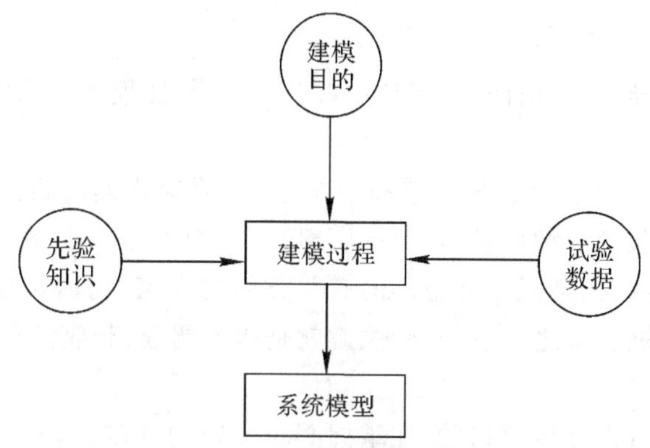

图 3-3　系统建模的信息源

(1)建模目的。建立一个系统模型实际上是对一个真实过程给出一个非常有限的映像。同一个实际系统可以有很多个研究目的，不同的研究目的将规定建模过程不同的方向。

(2)先验知识。在建模工作初始阶段，所研究的系统常常是前人已经研究过的。通常，随着时间的进展，关于“一类现象”的知识已经被集合起来，或统一成一个科学分支，在这个分支中包含许多定理、原理及模型。牛顿说过：“假如我看得远，那是因为我站在巨人的肩膀上。”这个观点同样可以应用于建模过程，它也是从以往的知识源出发进行开发的。一个人的研究结果可以成为另一些人为解决这个问题而进行研究的起点。除科学试验以外，相同的或相关的系统已经被建模者为了类似的目的而进行过分析。建模者可能已从对类似的实际系统的试验中获得了某些似乎合理的概念。所有这些都可以用先验知识这样一个信息源来表示。

(3)试验数据。在进行建模时，关于系统的信息也能通过对系统的试验与测量获得。合适的定量观测是解决建模的另一个途径。

在三个信息源的支持下，建立的模型必须经过实际应用(模型应用)的检验，最终要看“目的是否达到”。如果没有达到，那么还必须再进行一次建模。

2)对收集数据的预处理

(1)目的被转化为多项指标(目标)。

(2)演绎、分析、整理先验知识。

(3)对试验数据进行归纳总结，从数据中得到尽可能多的有效信息。

3)逐步确立系统模型

(1)框架定义给出模型顶端的信息，建立用于粗略描述模型的总体纲要。

(2)结构化特征描述,确定模型的结构。

(3)参数估计,确定模型定义中给出的参数。

4)验证、确认、分析模型,给出最终模型

(1)对建立的系统模型在静态特征、动态运行、是否满足用户需求等方面进行可信度分析,即模型的验证、确认与分析等。

(2)最终模型作为输出,完成整个建立模型的工作。建模的一般过程就是收集信息源,对信息源数据进行预处理,最后按照由简到繁的过程确定最终的模型。

3. 系统建模的具体步骤

建模方法因人而异,因对象而异,但从一般意义上说,建模的步骤大致如下。

1)模型准备

模型准备包括了解问题的实际背景和系统边界,明确建模的目的,把握对象的主要特征,搜集、掌握研究对象的各种信息(如数据资料)等。为了做好准备,有时要求建模者做一番深入细致的调查研究,遇到问题要虚心向有关方面的专家请教,按模型的需要有目的地、合理地获取所需的数据。总之,这一步的关键就是深入调查、获取信息、细致分析。

2)模型假设

根据实际对象的特性和建模目的,在掌握必要资料的基础上,对问题进行必要的简化,并且用精确的语言做出假设,这是建立模型的第二步,也是关键的一步。例如,在万有引力定律中,若没有第谷 20 年积累起来的资料,就不可能有开普勒的假设,人们对现实世界的感性认识就不可能上升到理性的阶段。不同的简化和假设会得到不同的模型:假设做得不合理或过于简单,会导致模型的失败或部分失败,这就需要修改和补充假设;假设做得过于详细,考虑的因素过多,会使模型太复杂而无法进行下一步工作。因此,重要的是善于辨别问题的主次,果断地抓住主要因素,尽量将问题均匀化、线性化。

3)模型建立

根据所做的假设,选择合适的模型和建模方法刻画系统各变量之间的关系,建立相应的模型结构(公式、表格、图形等)。在建模时究竟采用什么模型和工具,要根据问题的特征、建模的目的和要求及建模者的特长而定。数学的任一分支在建立各种模型时都可能用到,而同一实际问题也可采用不同的数学方法建立起不同的模型。但是,应遵循这样的一个原则:尽量采用简单的工具,使得到的模型被更多的人了解和使用。

4)模型求解

根据所采用的建模方法,选择适当的计算工具,对模型进行求解,包括解方程、图解、逻辑推理、定理证明等。这一步要求建模者掌握相应的数学知识,尤其是计算机技术和计算机操作使用技巧。

5)模型分析

对模型求解的结果做进一步分析,尤其是进行数学上的分析。有时是根据问题的性质,分析系统各变量之间的依赖关系或稳定性态;有时是根据所得结果给出数学上的预测;有时是给出数学上的决策或控制策略。毫无疑问,这种分析将有助于认识和把握系统的整体性能,减少模型应用过程中的意外事件。

6)模型检验

将模型分析的结果“翻译”回到实际对象系统中,用实际现象、数据等检验模型的合理性和适用性,即检验模型的正确性。通常,一个较成功的模型不仅应当能解释已知现象,还应当能预言一些未知的现象,并能被实践所证明。例如,牛顿创立的万有引力定律就经受了对哈雷彗星的研究、海王星的发现等大量事实的考验,才被证明是完全正确的。应该说,模型检验与否对模型的成败至关重要,只要验证实践可行,此环节必不可少。当然,有的模型(如核战争模型)就不可能要求接受实际的检验了。

如果检验结果与实际不符或部分不符,并且肯定建模和求解过程无误,一般来说,问题出在模型假设上,应该修改或补充假设,重新建模。如果检验结果正确,满足问题所要求的精度,那么认为模型可用,便可进行最后一步,即“模型应用”。

图 3-4 给出了上述各步骤之间的逻辑关系。需要强调的是,并不是所有的建模都必须经历这些步骤;有时候,步骤与步骤之间也可能没有很清晰的界限。

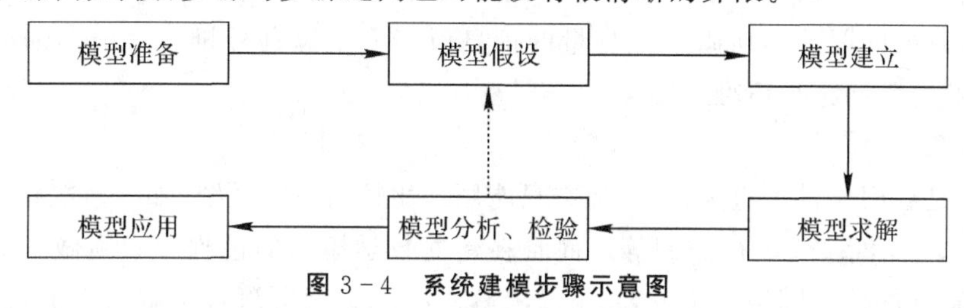

图 3-4　系统建模步骤示意图

建模是一种十分复杂的创造性劳动。现实世界中的事物形形色色,五花八门,不可能用一些条条框框规定出各种模型如何建立。这里所说的步骤仅是一种大体上的规范,实践中应当具体问题具体分析,灵活运用。

4. 系统建模的常用方法

由于客观事物的复杂性,构造模型的方法也千变万化,它不仅是一种创造性的劳动,而且是一种艺术,所以不能简单对待。下面介绍的几种方法只能提供参考,关键的还是靠构造模型者在实践中不断创新。

一般来说,建立系统模型的方法有分析法、测试法和综合法三类。

1)分析法/演绎法/理论建模/机理建模

分析法是根据系统的工作原理,运用一些已知的定理、定律和原理(如能量守恒定理、动量守恒定理、热力学定理、牛顿定理、各种电路定理等)推导出描述系统的模型,这就是理论建模方法。阿斯顿(Astron)将其称为白箱问题,如图 3-5 所示。

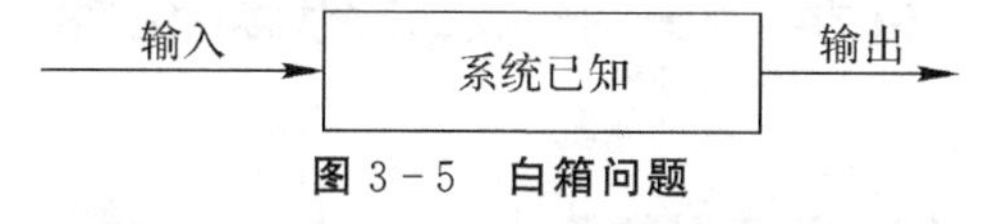

图 3-5　白箱问题

分析法属于演绎法,是从一般到特殊的过程,并且将模型看作在一组前提下经过演绎而得到的结果。此时,试验数据只用来进一步证实或否定原始的定理。

演绎法有它的存在性问题。例如,一组完整的公理将导致一个唯一的模型,前提的选择也会成为有争议的问题。演绎法面临的一个基本问题是实质不同的一组公理可能导致一组非常类似的模型。

2)测试法/归纳法/建模/系统辨识

系统的动态特性必然表现在变化的输入输出数据中。通过测取系统在人为输入作用下的输出响应,或正常进行时系统的输入/输出记录,加以必要的数据处理和数学计算,估计出系统的数学模型,也称为系统辨识。阿斯顿称之为黑箱问题,如图 3-6 所示。

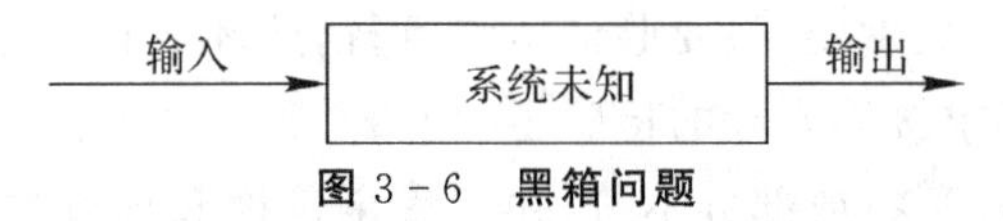

图 3-6 黑箱问题

测试法属于归纳法,是从特殊到一般的过程。归纳法是从系统描述分类中最低一级水平开始的,并试图去推断较高水平的信息。一般来讲,这样的选择不是唯一的。这个问题可以用另外一个观点来表述,有效的数据集合经常是有限的,而且常常是不充分的。事实上,当模型所给出的数据在模型结构方面并不是有效的时,任何一种表示都是一种对数据的外推。人们争议的问题是如何附加最少量的信息就能完成这种外推。这个准则虽然是有效的,但是一些特殊问题却很难运用。

3)综合法

分析法是各门学科大量采用的,但它只能用于比较简单的系统(如一些电路、测试系统、过程监测、动量学系统、飞行控制等),而且在建立数学模型的过程中必须做一些假设与简化,否则所建立的数学模型过于复杂,不易求解。测试法无须深入了解系统的机理,但必须设计一个合理的试验,以获得系统的最大信息量。这点往往是非常困难的。因此,两种方法在不同的应用领域各有千秋。实际应用时,两种方法应该互相补充,而不能互相取代。在有些情况下,可以将两种方法结合起来,即运用分析法列出系统的理论数学模型,运用系统辨识法来确定模型中的参数。例如,有些控制系统的运动方程式可以用动力学分析法求出,方程式中的参数可以用系统辨识法通过动态校准试验求得。两种方法结合起来往往可以得到较好的效果。阿斯顿称之为灰箱问题,如图 3-7 所示。

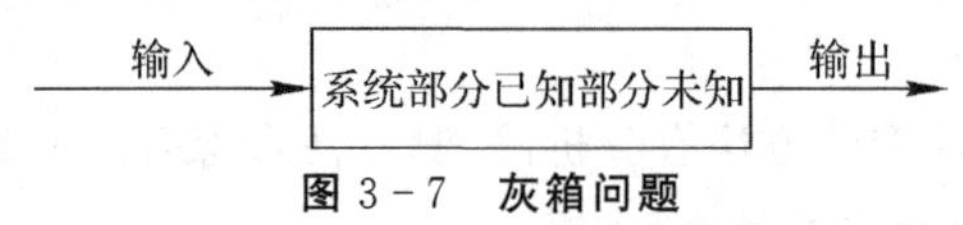

图 3-7 灰箱问题

要获得一个满意的模型是十分不易的,特别是在建模阶段,它会受到客观因素和建模者主观意志的影响,因此必须对所建立的模型进行反复校验,以确保其可信性。

第四节 系统决策的模型体系

一、基于系统决策过程的模型体系

系统决策过程的典型行动一般包括六个行动环节:①阐明问题;②谋划备选方案;③预测未来环境;④建模和估计后果;⑤评比备选方案;⑥做出决策。它的整个过程可归纳成初步分析、规范分析、综合分析和决策分析四个阶段。

在系统决策的每个过程中，都会用到一定的模型方法。这里共列出三十多种在系统决策过程中常常会用到的方法，如图 3－8 所示。

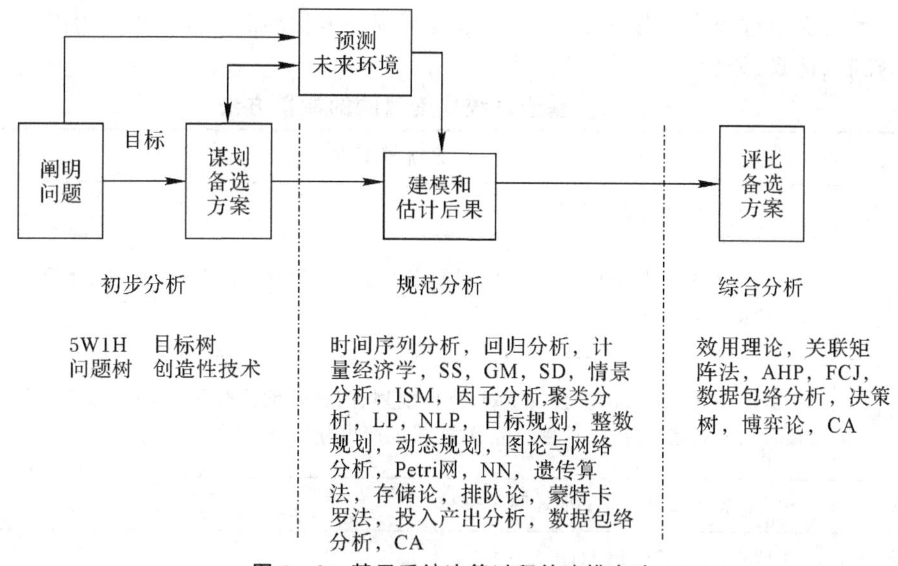

图 3－8　基于系统决策过程的建模方法

初步分析阶段包括阐明问题和谋划备选方案。阐明问题的工作结果是提出目标、确定评价指标和约束条件。在阐明问题阶段用到的方法主要是 5W1H 方法和问题树、目标树分析法等。5W1H 的含义：①What：研究的问题是什么？对象系统由哪些要素组成？②Why：为什么要研究该问题？目的是什么？③When：分析的是什么时候的情况？④Where：系统的边界和环境如何？⑤Who：问题与谁直接有关？⑥How：如何现实系统的目的？问题树、目标树均属于关联树方法，它们通过广义树图或要素间的层次结构图来描述复杂问题(问题及其成因；目的及其多个、多层目标)间的相互关系，具有思路简单明了、形象直观和较为实用等特点。对同级目标间此消彼长的有效处理，是目标分析的难点。提出方案要依靠各种创造性技术和方法，如提问法、头脑风暴法和思维导图等。

规范分析阶段主要是预测未来环境、建模和预计后果。在规范分析阶段用到的模型方法比较多，如时间序列分析、回归分析、计量经济学、状态空间(State Space，SS)模型、灰色系统模型(Grey Model，GM)、系统动力学(System Dynamics，SD)、情景分析、解释结构模型化(Interpretive Structural Model，ISM)、因子分析、聚类分析、线性规划(Linear Programming，LP)、非线性规划(Nonlinear Programnaing，NLP)、目标规划、整数规划、动态规划、图论与网络分析、Petri 网、神经网络(Neural Network，NN)、遗传算法(Genetic Algorithm，GA)、存储论、排队论、蒙特卡罗法、投入产出分析、冲突分析(Conflict Analysis，CA)等模型方法。

综合分析阶段主要是评比备选方案。在该阶段常常用到各种评价方法，如关联矩阵法、层次分析(Analytic Hierarchy Process，AHP)、模糊综合评判(Fuzzy Comprehensive Judgement，FCJ)、数据包络分析(Data Envelopment Analysis，DEA)等。

决策分析阶段主要是在各种备选方案中选取最佳方案，并加以实施的分析判断。常用到决策树、博弈论、冲突分析和效用理论等。

二、基于系统决策目的的模型体系

对于系统决策过程中的各种模型方法，根据系统决策目的的不同可以分为因素分析、预测、优化控制、仿真、评价等，具体见表 3-1。

表 3-1　基于系统决策目的的建模方法

功　能	系统模型方法
因素分析	ISM、因子分析、聚类分析等
预测	SS、SD、CA、情景分析、GM、NN、时间序列预测、回归分析、蒙特卡罗法、计量经济模型、投入产出分析……
优化控制	SS、Petri 网、LP、NLP、整数规划、目标规划、网论及网络分析、排队论、存储论、动态规划、GM、NN、遗传算法、计量经济模型、投入产出分析……
仿真	SD、蒙特卡罗法、CA、Petri 网……
评价	关联矩阵、AHP、FCJ、DEA……
决策	决策树、AHP、博弈论及 CA、效用理论、动态规划……

几种典型系统模型方法的比较见表 3-2。

表 3-2　几种典型系统模型方法的比较

模型方法	主要功能	适用范围及条件	特　色	局限性或难点
解释结构模型化方法	要素层次结构分析	单向，可传递关系	面宽、实用、简单	定性（主观）；静态
状态空间模型	预测分析；优化控制	状态转移；可测可控	定量；高阶⇨低阶	解析化及其求解
系统动力学	趋势预测；政策分析	存在复杂因果关系的社会系统	定性与定量有机结合	结构化；参数辨析
投入产出分析	分析经济结构模拟政策效应；预测经济发展	经济系统结构及输入/输出关系清晰	线性关系；数据说话；追求平衡	假定条件；第Ⅳ象限无法编制；确定型模拟
Petri 网	动态结构分析；系统优化控制	离散、异步、并发复杂系统	图形化及丰富的表达能力；行为特性；便于分析	模型复杂；分析和求解较难；模型重复性差，学习能力弱
蒙特卡罗法	离散系统仿真	随机模拟问题	模拟结果与试验结果容易相近；可以得到解析结果	采样次数多，计算量大

续表

模型方法	主要功能	适用范围及条件	特 色	局限性或难点
冲突分析	局势分析（事前/事后）	对抗型决策	逻辑分析、直观	基本静态；优先顺序较难定
层次分析法	系统评价；多目标决策分析	递阶、可传递结构	结构化、准量化	规范操作；工作量
模糊综合评判法	系统评价	多主体	面宽、实用	投票机制；评价主体

思考题三

1. 什么是决策系统？举例说明决策系统的基本要素。
2. 什么是系统决策？举例说明系统决策的过程。
3. 为什么要建立系统模型？
4. 如何理解系统决策和系统建模的关系？
5. 针对某具体问题，举例说明系统建模的过程。
6. 举例说明系统建模的常用方法。
7. 如何理解系统决策的模型体系？

第四章 系统描述方法与模型

第一节 IDEF描述模型体系

IDEF相关方法是美国空军在1981年所发布的集成化计算机辅助制造(Integrated Computer Aided Manufacturing,ICAM)这一工程中的概念方法,它的全名是集成化计算机辅助制造的定义方法(ICAM Definition Method)。IDEF方法是一种基于结构化的设计与分析技术(Structure Analysis and Design Technology)以及活动模型的相关方法。

从IDEF0到IDEF14(包括IDEF1x在内)总共有16套方法,每套方法都通过建模程序来获得某个特定类型的信息。IDEF方法是用来创建各种各样的系统的分析系统模块、创建系统的最佳版本、图像表达。根据用途,可以把IDEF族方法分成以下两类:

第一类IDEF方法的作用是沟通系统集成人员之间的信息交流,主要有IDEF0、IDEF1、IDEF3、IDEF5。IDEF0通过对功能的分解、功能之间关系的分类(如按照输入、输出、控制和机制分类)来描述系统功能。IDEF1用来描述企业运作过程中的重要信息。IDEF3支持系统用户视图的结构化描述。IDEF5用来采集事实和获取知识。

第二类IDEF方法的重点是系统开发过程中的设计部分。目前有两种IDEF设计方法:IDEF1x和IDEF4。IDEF1x可以辅助语义数据模型的设计。IDEF4可以产生面向对象实现方法所需的高质量的设计产品。表4-1中列出了所有已开发和正在开发的IDEF方法,最常使用的是IDEF0～IDEF4。

表4-1 IDEF方法

模型代号	用途(中文表述)	用途(英文表述)
IDEF0	功能建模	Function Modeling
IDEF1	信息建模	Information Modeling
IDEF1x	数据建模	Data Modeling
IDEF2	仿真建模设计	Simulation Model Design
IDEF3	过程描述获取	Process Description Capture
IDEF4	面向对象设计	Object-Oriented Design
IDEF5	本体论描述获取	Ontology Description Capture

续表

模型代号	用途(中文表述)	用途(英文表述)
IDEF6	设计原理获取	Design Rationale Capture
IDEF7	信息系统审定	Information System Auditing
IDEF8	用户界面建模	User Interface Modeling
IDEF9	场景驱动信息系统设计	Scenario-Driven IS Design
IDEF10	实施体系结构建模	Implementation Architecture Modeling
IDEF11	信息制品建模	Information Artifact Modeling
IDEF12	组织建模	Organization Modeling
IDEF13	三模式映射设计	Three Schema Mapping Design
IDEF14	网络规划	Network Design

第二节　IDEF0 方法

IDEF0 方法是 IDEF 中的一个内容，在 ICAM 中用来建立加工制造业的体系结构模型，其基本内容是系统分析与设计技术(System Analysis and Design Technology，SADT)的活动模型方法。它是由 Softech 公司发展起来的。Kusiak，Larson 和 Wang(1994)指出，IDEF0 可说是以结构化的方法，阶层式表现系统功能(Function)、信息(Information)及对象(Object)三者彼此相关性的方法。

IDEF0 的基本思想是结构化分析方法，它借助图形化及结构化的方式，清楚严谨地将一个系统的功能，以及功能之间的限制、关系、相关信息与对象表达出来。通过如此的表达方式，让使用者得以借由图形清楚知道系统的运作方式以及功能所需的各项资源，并且提供建构者与使用者在进行相互沟通与讨论时的一种标准化与一致性的语言。

一、IDEF0 的特色

IDEF0 具有以下基本特色，这些特色形成一种思维规则，适用于从计划阶段到设计阶段的各种工作。

1. 全面地描述系统，通过建立模型来理解一个系统

一般地说，一个系统可以被认为是由对象物体(用数据表示)和活动(由人、机器和软件来执行)以及它们之间的联系组成的，那至多只反映了一个侧面，这样的技术很难说明系统的全貌。IDEF0 能同时表达系统的活动(用盒子表示)和数据流(用箭头表示)以及它们之间的联系，因此 IDEF0 模型能使人们全面描述系统。

对于新的系统来说，IDEF0 能描述新系统的功能及需求，进而表达一个能符合需求及能完成功能的实现。对已有系统来说，IDEF0 能分析应用系统的工作目的，完成的功能及记录实现的机制。无论是新系统的功能描述还是已有系统的功能分析，都可以通过建立一种 IDEF0 模型来体现的。所谓模型就是系统的一种书面描述。它不一定必须用某种数学公式表示，可以是图形，甚至可以是文字叙述。因此，可以说：“不管何种形式，只要 M 能回

答有关实际对象A所要研究的问题,就可以说M是A的模型”。对于有关复杂的企业对象或其他系统,由于用自然语言无法精确又无二义性地表示分析及设计结果,所以这里采用一种图形语言来表示IDEF模型。这种图形语言能做到以下几点。

- 有控制地逐步展开细节。
- 精确性及准确性。
- 注意模型的接口。
- 提供一套强有力的分析和设计词汇。

一个模型由图形、文字说明、词汇表及相互的交叉引用表组成。其中图形是主要成分。IDEF0图形中同时考虑活动、信息及接口条件。它把盒子作为活动,用箭头表示数据及接口。因此,在表示一种当前的操作,表示功能说明或设计时,总是由一个活动模型、一个信息模型及一个用户接口模型组成。

工程界对系统开发过程一般可安排几个阶段:分析(确定系统将做什么)、设计(定义子系统及其接口)、实现(独立地创建子系统)、集成(把子系统连接成一个整体)、测试(证明系统能工作)、安装(使系统能运行)和运行(使用系统)。一般来说,在分析或设计阶段造成的错误,在后续阶段可能要花2倍时间去找到错误、花5倍时间去纠正错误。或者如人们所说的,分析阶段的一个错误未被纠正,在设计阶段要花2倍时间,测试阶段要花10倍时间,运行或维修阶段要花100倍的时间才能纠正。

2. 具有明确的目的与观点(Purpose and Viewpoint)

由于模型是一个书面说明,像一切技术文件一样,每一个模型都有一个目的与一个观点。目的是指建模的意义,为什么要建立模型。观点是指从哪个角度去反映问题或者站在什么人的立场上来分析问题。功能模型是为了进一步做好需求分析,要实现预定的技术要求(不论是对已有系统的改造还是新建系统),所以要明确是对功能活动进行分析(逐步分解),而不是对组织机构的分解。一个活动可能由某个职能部门来完成,但活动功能不等于组织,因此必须避免构成组织模型的分解过程。模型描述的内容反映各种用户的要求,从单一角度描述问题是困难的,也是不可能的。例如:物资管理人员——仓库管理员关心收、发、存;计划人员关心什么时候物料从库存点到采购点;厂长关心哪一个工程项目节约用料,加快进度。因此,要求所有的用户有同样的需求是不可能的,不切实际的。IDEF0要求在画出整个系统的功能模型时,具有明确的目的与观点。譬如对一个企业的计算机集成制造(Computer Integrated Manufacturing,CIM)系统,必须有明确地站在厂长(或经理)的位置上建模的观点,所有不同层次的作者都要以全局的观点来进行建模工作,或者说就是为厂长而建模。这样才能保证是从全企业的高度来揭示各部分之间的相互联系和相互制约的关系。否则有的人强调设计处的利益,有的人突出供销处的要求,甚至有的可以只为某个岗位的操作人员的要求来建立各功能模块之间的联系,那就整个乱套了。

3. 区别“什么”(What)和“如何”(How)

“什么”是指一个系统必须完成的是“什么”功能,“如何”是指系统为完成指定功能而应“如何”建立。就是说,在一个模型中应能明确地区别出功能与实现间的差别。

IDEF0首先建立功能模型。把表示“这个问题是什么”的分析阶段,与“这个问题是如何处理与实现”的设计阶段仔细地区别开来。这样,在决定解法的细节之前,保证能完整而清晰地理解问题。这是系统成功开发的关键所在。

在设计阶段，要逐渐识别各种能用来实现所需功能的机制，识别选择适当机制的依据是设计经验及对性能约束的知识。根据不同模型，机制可以是很抽象的，也可以是很具体的。重要的是，机制指出了“什么”是“如何”地实现的。

IDEF0 提供了一种记号，表示在功能模型中如何提供一个机制来实现一个功能，以及单个机制如何能在功能模型的几个不同地方完成有关功能。

有时机制相当复杂，以致机制本身需要进行功能分解。

4. 自顶向下分解

用严格的自顶向下逐层分解的方式来构造模型，使其主要功能在顶层说明，然后分解得到逐层有明确范围的细节表示，每个模型在内部是完全一致的。

IDEF0 在建模一开始，先定义系统的内外关系，来龙去脉。用一个盒子及其接口箭头来表示，确定了系统范围，如图 4-1 所示。由于在顶层的单个盒子代表了整个系统，所以写在盒子中的说明性短语是比较一般的，抽象的。同样，接口箭头代表了整个系统对外界的全部接口，因此写在箭头旁边的标记也是一般的，抽象的。然后，把这个将系统当作单一模块的盒子分解成另一张图形。这张图形上有几个盒子，盒子间用箭头连接。这就是单个父模块所相对的各个子模块。这些分解得到的子模块，也是由盒子表示的，其边界由接口箭头来确定。每一个子模块可以同样地细分得到更详细的细节，如图 4-2 所示。

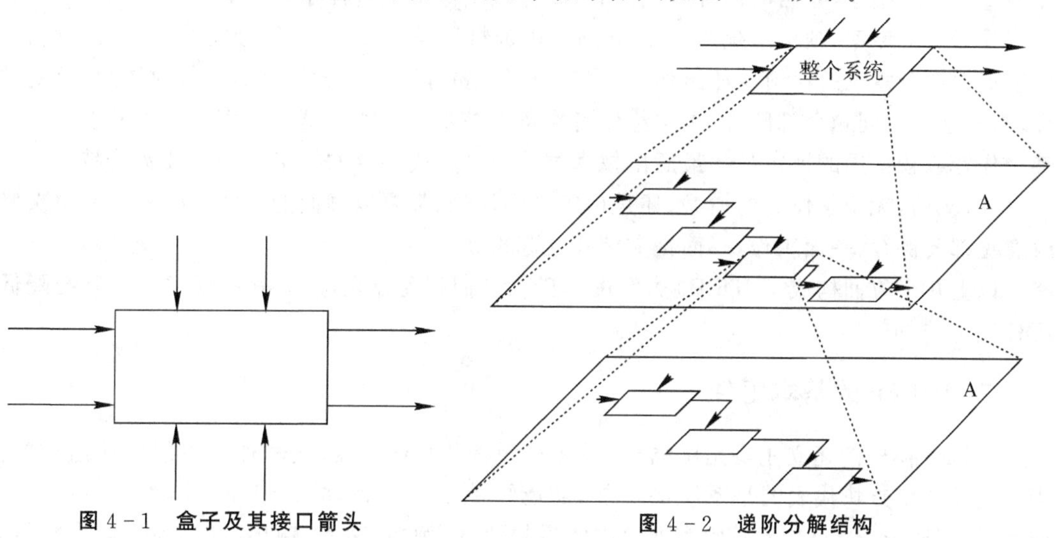

图 4-1　盒子及其接口箭头　　**图 4-2　递阶分解结构**

IDEF0 提供的规则，保证了如何通过分解得到人们所需要的具体信息。一个模块在向下分解时，分解成不少于 3 个、不多于 7 个的子模块。上界为 7，保证了采用递阶层次来描述复杂事物时，同一层次中的模块数不会太多，以致不适宜于人的认识规律。下界为 3，保证了分解是有意义的。

模型中一个图形与其他图形间的精确关系，用互相连接的箭头来表示。当一个模块被分解成几个子模块时，用箭头表示各子模块之间的接口。每个子模块的名字加上带标签的接口，确定了一个范围，规定了子模块细节的内容。

在所有情况下，子模块忠实地代表了父模块，以既不增加也不减少的方式反映着各自父模块所包含的信息。

5. 严格的人员关系、评审手续及文档管理办法

(1)人员:IDEF0 适合于研究分析一个大而复杂的系统,因此要求有一个技术上熟练,而且能相互协调的集体来一起工作。这个集体应由各方面的人员组成。通常,将人员分成以下几类。

①作者(authors):研究需求及限制条件,分析系统功能,建立 IDEF0 模型。

②评审员(commentors):也可以是其他图的作者,主要是进行复审,并写出对其他人所做工作的书面意见,是广义的读者。

③读者(reader):读 IDEF0 图,口头上提出意见,没有提书面意见的义务,读图的目的主要是为了互相了解,互相协调。

④专家(experts):作者对专家进行访问,了解需求、限制条件等专门信息。

⑤技术委员会(technicalcommittee):对每个主要分解阶段进行复查,并对项目管理做技术决策,仲裁作者和读者间不能协商一致的分歧。

⑥项目资料员(projectlibrarian):维护文件,复制分配材料及记录。

⑦项目负责人(projectmanager):负有分析及设计系统的技术责任,也是技术委员会的主席。

(2)评审手续:建模活动每前进一步,IDEF 方法都要求这个集体成员交换见解,用以互相检查工作的结果,有名的作者/读者循环就体现了这个工作程序。

作者访问专家,画出系统的 IDEF0 图。由资料员编成文件存档,分发给评审员及读者。评审员把加上意见的材料退还给作者,同时由资料员存档。作者根据意见修改图形,反复循环,直至这一层问题全部解决,再送给作者准备下一步的分解。第一个作者可以是下一层的某个作者或较低层的评审员。最后由技术委员会来解决必要的技术问题及技术分歧。

(3)文档:无论是作者的模型,还是评审员的评论,都要以书面的形式反映出来。每次修改意见都要保存,一面工作,一面把文档建立起来。

以上几个方面构成了 IDEF0 方法的基础。它们相互补充,失去其中任何一个都会降低 IDEF0 方法的效用。

二、IDEF0 的基本组件

IDEF0 模式的建立主要是由盒子(Boxes)及箭头(Arrows)这两种基本组件所组成的。当中的每一个方块代表的是系统的功能,功能可能是一种行动(Action)、作业(Operation)或是过程(Processes)。箭号代表方块中所需的信息,例如,输入、输出、控制、机制以及呼叫等。IDEF0 图形中将各项作业分为输入(Input)、输出(Output)、控制(Control)及机制(Mechanism),并将功能之间彼此相关联性加以分解,因此可以正确地获取及传达流程与描述系统的功能。而往后本书当中也将利用 IDEF0 的图形来定义出产品开发知识管理系统的功能。IDEF0 的基本组件图如图 4-3 所示。

图 4-3 中,IDEF0 的基本组件图当中的长方形图称之为功能(Function),其为对某些特定对象进行某特定目的之活动(Activity),而这些活动有可能是一种行动(Actions)、作业(Operations)或是程序(Process),而有这些功能的目的在于产生不同于前的结果。

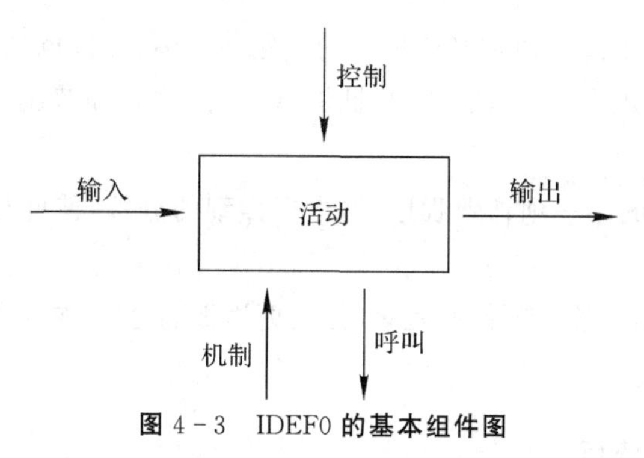

图 4-3　IDEF0 的基本组件图

至于活动必须由输入(Input)、输出(Output)、控制(Control)、机制(Mechanism)及呼叫(Call)等五项来构成,输入(Input)、控制(Control)、输出(Output)、机制(Mechanism)四者的缩写就是 IDEF0 语法当中的 ICOM,称为 IDEF0 中的四种资源。至于 IDEF0 中这些功能(Function)的命名主要以动词或动词词组为主。而呼叫(Call)则是比较特殊的一种接口,它可以由功能再呼叫下一个更为详细的模式来解释目前的功能,因此,其主要用在庞大的系统分工时,作为将来系统整合的接口。

三、IDEF0 的系统功能展开

图 4-4 所示为一个 IDEF0 的系统功能展开的模式范例,借由该图说明此系统的作用和范围,图中以阶层式地往下展开各作业程序。而其中盒子代表系统中的功能或是活动,箭头则是代表方格中的活动与外界联系的四种接口。其中左端为输入的资料、信息对象等,右端为输出的信息、对象或是资料,上方为控制方格运作的条件,下方为支持作业方格的机制,以上四种接口来表达系统架构中功能执行时的所有变化以及所需的环境,而活动与活动间的箭号流向可为物料流及信息流的展现。

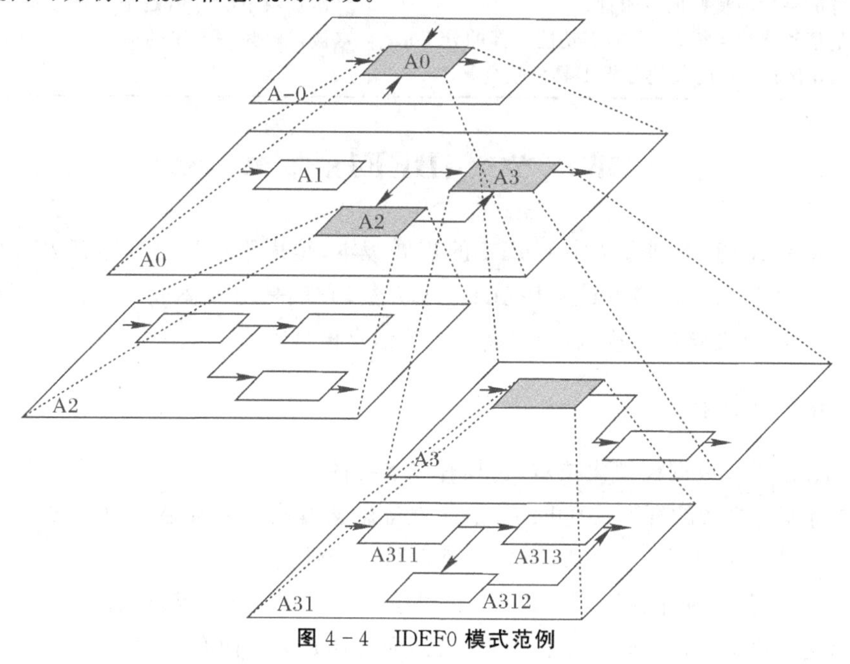

图 4-4　IDEF0 模式范例

A－0：于此阶层当中清楚地定义该模型的主题和范围，并且也是该模型的最高层级。

A0：将A－0层级更进一步地展开，并且将A－0的主题和范围明显地描述出建构者所要表达的观点。

A3：对A0所展开的某一项作业程序，做出更详细的分解，使此模型的目标被更充分地描述。

A31：对A3所展开的某一项作业程序，做出更详细的分解，使此模型的目标被更充分地描述。

四、IDEF0的优缺点

IDEF0主要的功能是在于以结构化的方式来表达系统功能环境以及各个功能之间的关系。系统分析人员借由IDEF0来作为分析工具时，可以很清楚地表达出系统架构，而程序设计师也可借由IDEF0的模型图明白地了解系统的需求，也因此降低了系统分析师与程序设计师的认知差距。同时IDEF0又可以与IDEF家族当中的其他成员相结合，也因此增添了许多的便利性。虽说IDEF0是如此好用，但目前仍有些情形是无法做到的。IDEF0的优缺点见表4－2。

表4－2　IDEF0的优缺点

优　点	缺　点
共同语法规定与批注功能的关联性； 提供组织的细部功能分工模式，协助决策者制定决策； 活动透过层级的分解可将问题清楚地表达，有助于组织内部及外部的沟通； 具有良好的弹性与良好的逻辑性； 以自然的语法表达各活动，有助于功能细部的分工； 可以与IDEF族当中的其他分析工具相整合	缺乏功能范围及问题的定义； 可能分工过细，导致一般人无法实际参与整个模式的运作； 模式当中没有清楚地列出活动顺序，因此常被误解为一连串的活动

第三节　IDEF1x方法

IDEF1x是IDEF系列方法中IDEF1的扩展版本，是用于描述系统信息及其联系的概念建模语言标准。概念模型设计常用IDEF1x方法，它就是把实体联系方法应用到语义数据模型中的一种语义模型化技术，用于建立系统信息模型。

一、IDEF1x的特色

IDEF1x是语义数据模型化技术，它具有以下特性。

（1）支持概念模式的开发。IDEF1x语法支持概念模式开发所必需的语义结构，完善的IDEF1x模型具有所期望的一致性、可扩展性和可变换性。

（2）IDEF1x是一种相关语言。IDEF1x对于不同的语义概念都具有简明的一致结构。IDEF1x语法和语义不但比较易于为用户掌握，而且还是强健而有效的。

(3)IDEF1x是便于讲授的。语义数据模型对许多IDEF1x用户都是一个新概念,因此语言的易教性是一个重要的考虑因素。设计IDEF1x语言是为了教给事务专业人员和系统分析人员使用,同样也是教给数据管理员和数据库设计者使用的。因此,它能用作不同学科研究小组的有效交流。

(4)IDEF1x已在应用中得到很好的检验和证明。IDEF1x是基于前人多年的经验发展而来的,它在美国空军的一些工程和私营工业中充分地得到了检验和证明。

(5)IDEF1x是可自动化的。IDEF1x图能由一组图形软件包来生成。商品化的软件还能支持IDEF1x模型的更改、分析和结构管理。

二、IDEF1x的基本组件

IDEF1x模型的基本结构和ER模型基本类似,主要有以下元素。

1. 实体(Entity,E)

实体,如人、地点、概念、事件等,用矩形方框表示。在IDEF1x标准中,实体根据相互间依赖情况,可分为独立实体和从属实体两类;根据关联情况,可分为父实体和子实体两种。

1)独立实体

不依赖于其他实体和联系就可以独立存在的实体称为独立实体。该实体的主键属性组中没有来自其他实体的主键,用方角矩形表示,也常被称为强实体或拥有者实体,如图4-5(a)所示。

2)从属实体

依赖于其他实体和联系才能够存在的实体称为从属实体。该实体的主键属性组中包含来自其他实体的主键,用圆角矩形表示,也常被称为弱实体或依赖实体,如图4-5(b)所示。

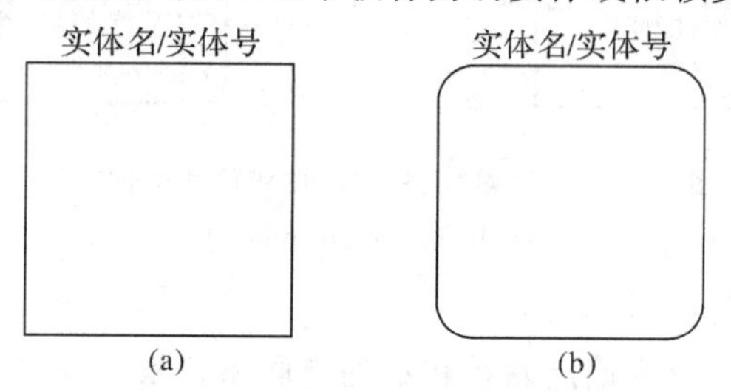

图4-5　独立实体和从属实体的表示

(a)独立实体;(b)从属实体

3)父实体(Parent Entity)

父实体的实例可以被关联到其他实体(子实体)0个、1个或多个实例上,如图4-6(a)所示。

4)子实体(Child Entity)

子实体的实例可以被确定地关联到其他实体(父实体)的1个实例上,特殊情况下可以是0个实例。该子实体中的主键含有父实体的主键属性,为父实体的从属实体,如图4-6(b)所示。

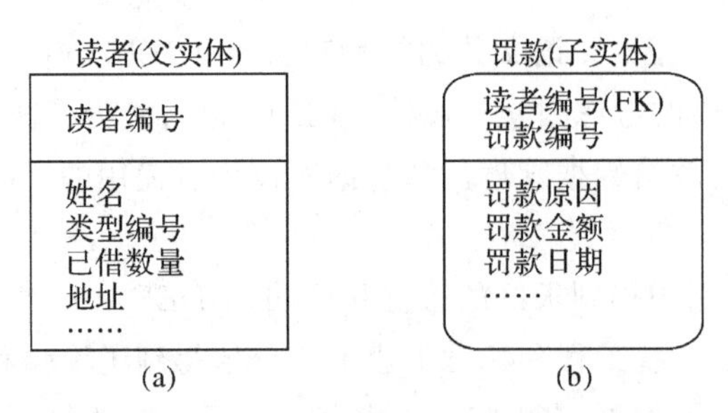

图 4-6　实体“读者”和实体“罚款”的表示

(a)独立实体;(b)从属实体

【例 4-1】 在图书管理系统中,对于实体“读者”,主键“读者编号”可以唯一识别每一个读者,不依赖于任何实体的主键,是一个独立实体,如图 4-6(a)所示。

对于实体“罚款”,考虑一位读者可能有几次因为延期还书、丢失图书、损坏图书的罚款,那么“罚款”的主键可以设为“读者编号+罚款编号”,因为实体“罚款”的主键中包含了实体“读者”的主键“读者编号”,所以实体“罚款”是从属实体,如图 4-6(b)所示。

由于对于实体“读者”与实体“罚款”存在一对零或多的联系,所以实体“读者”为父实体,实体“罚款”为子实体,如图 4-6 所示。

2. 属性(Attribute,A)

实体的属性用方框中的属性名称来表示,其中作为主键的属性放在横穿实体矩形中的一条直线之上,作为外键的属性可在其后加“FK”进行指明,如图 4-7 所示。

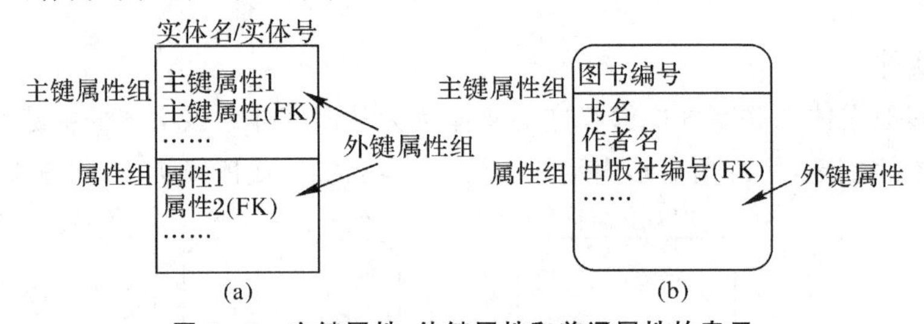

图 4-7　主键属性、外键属性和普通属性的表示

(a)独立实体;(b)从属实体

3. 联系(Relationship,R)

实体之间的联系可以分为确定联系和不确定联系。根据联系的类型不同,实体之间的联系用连接方框之间不同的连线或矩形框(多对多的联系)来表示。

1)确定联系(Specific Connection Relationship)

确定联系,又分为连接联系和分类联系,是一种 $1/0:n(n\geqslant 0)$的联系类型。

(1)连接联系。它是父(Parent)实体和子(Child)实体之间的联系,也称父子联系(Parent-Child Relationship),联系用一条连线表示,连线的子实体端带有一个实心圆。连接联系又分为标识联系、非标识联系(强制/非强制)等。

①标识联系:父实体与子实体之间的联系为“一对零或多”,即子实体的每个实例必须与一个父实体的实例关联。将父实体的主键迁移到子实体中作为主键属性共同标识子实体的实例,并成为子实体的外键(FK),联系用实线表示,子实体为从属实体(圆角矩形),如图 4-8所示。

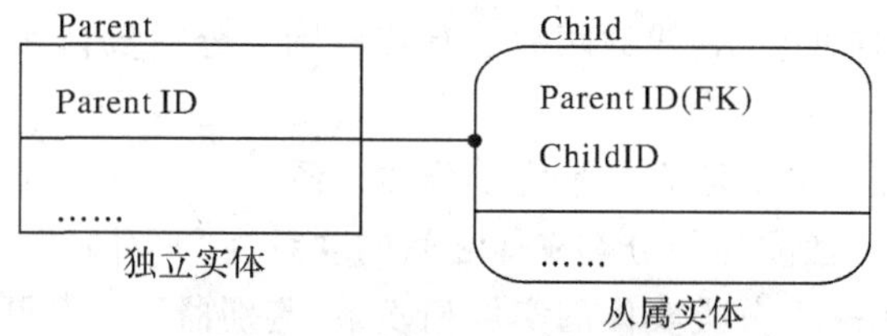

图 4-8　连接联系-标识联系

从图中可以看出，在标识联系中的子实体即前面所述的从属实体，用圆角矩形表示，而相对应的父实体即前面所述的独立实体，用方角矩形表示。

前述例 4-1 中，父实体“读者”和子实体“罚款”之间的联系为“一对零或多”的标识联系。将父实体“读者”的主键“读者编号”迁移到子实体“罚款”中作为其外键(FK)，并与子实体的“罚款编号”联合构成子实体的主键，共同标识子实体的每个实例，联系用实线表示，如图4-6所示。

②非标识联系(强制)：父实体与子实体之间的联系同上也是“一对零或多”，但是父实体的主键不迁移到子实体的主键上，而是迁移到子实体作为非主属性，并成为子实体的外键(FK)，联系用虚线表示，子实体为独立实体(方角矩形)，如图 4-9 所示。

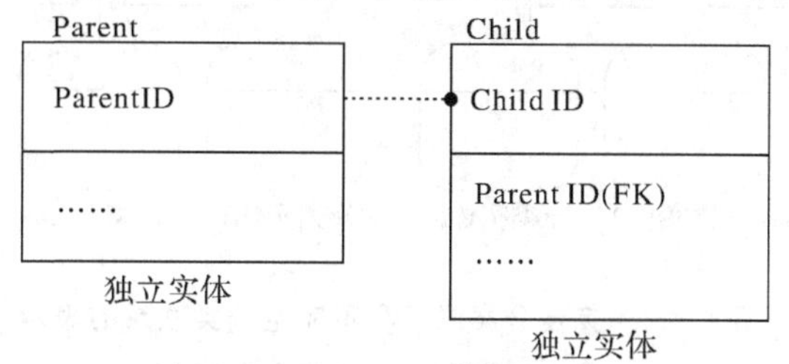

图 4-9　连接联系-非标识联系(强制)

【例 4-2】　在图书管理系统中，父实体“读者类型”和子实体“读者”之间存在“一对零或多”的非标识联系(强制)，即子实体“读者”中的每个实例的“类型编号”的值必须与父实体“读者类型”中的一个且只与一个“类型编号”值相关联。

将父实体“读者类型”的主键“类型编号”迁移到子实体“读者”中作为普通属性，并成为其外键(FK)，联系用虚线表示，如图 4-10 所示。

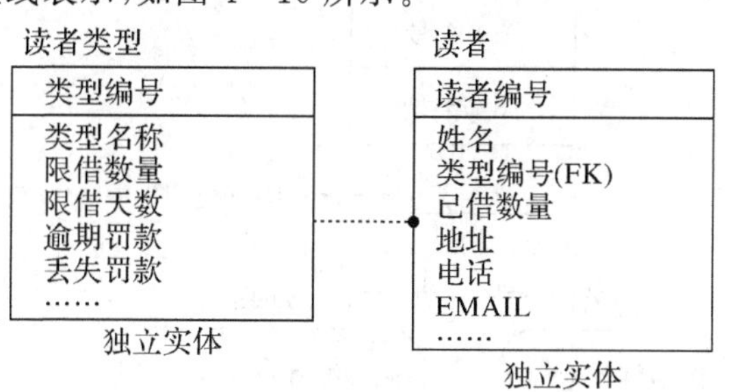

图 4-10　出版社与图书的非标识联系(非强制)

此外，连接类型还有“一对一”“一对零或一”、递归等联系类型，可以将其看作1/0∶n($n\geqslant 0$)联系的特例，不再赘述。

(2)分类联系。IDEF1x 建模方法引入了分类联系，表示实体间的一种分层结构。一个实体(一般实体)表示这些事物的全集，其他几个实体(分类实体)则为其子集，是一种“一对一或零”的联系类型。一般实体经过鉴别器对一个属性值进行判断(类似于多路开关)与相应子实体关联，之间用连线表示，线的两端没有实心圆。分类实体用圆角矩形表示，从属于一般实体，如图 4-11 所示。

分类联系又分为完全分类联系和不完全分类联系。

①完全分类联系：一般实体与分类实体之间的联系为“一对一”，即在一般实体中的每个实例恰好与一个且仅为一个分类实体的实例相联系，鉴别器用一个圆圈下面两条线表示，如图 4-11(a)所示。

②不完全分类联系：一般实体与分类实体之间的联系为“一对零或一”，即在一般实体中可以存在某个实例与哪个分类实体的实例都不相联系，鉴别器用一个圆圈下面一条线表示，如图 4-11(b)所示。

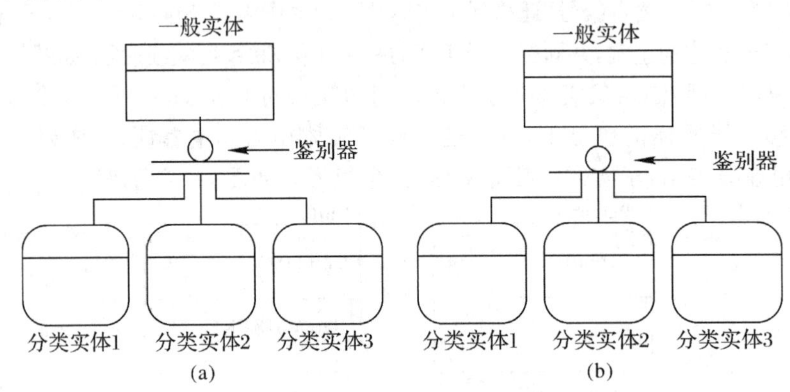

图 4-11　完全分类联系和不完全分类联系的表示

(a)完全分类联系；(b)不完全分类联系

【例 4-3】 在图书管理系统中，假设图书有中文和外文两大类，在一般实体“图书”中设置一个鉴别器属性“图书类型”。当“图书类型”属性值为“中文”时，这个实例被放入分类实体“中文图书”中；当“图书类型”属性值为“外文”时，这个实例被放入分类实体“外文图书”中，如图 4-12 所示。

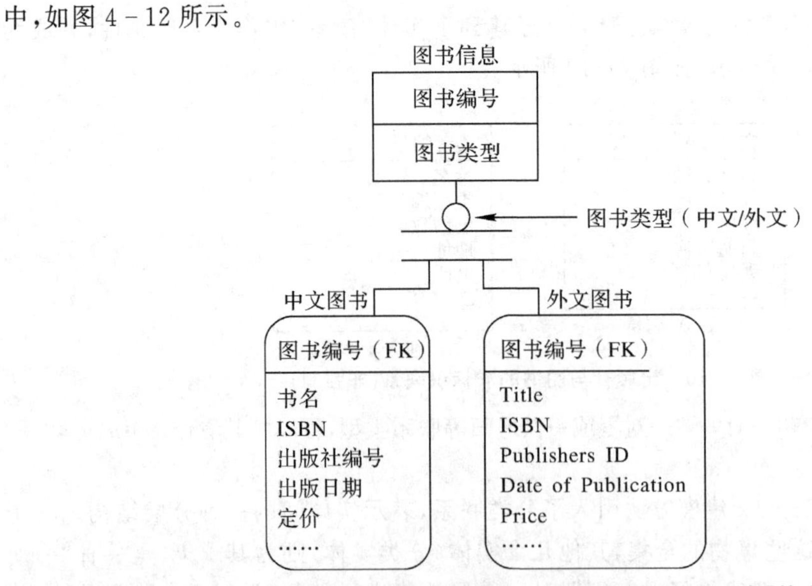

图 4-12　一般实体“图书”与分类实体“中文图书”及“外文图书”的完全分类联系

2)不确定联系(Non-Specific Connection Relationship)

不确定联系是一种 $m:n(m\geqslant 0,n\geqslant 0)$ 的联系类型,两个实体之间相互存在着一对多的联系,联系用一条连线表示,连线的两端带有一个实心圆,如图 4-13 所示。

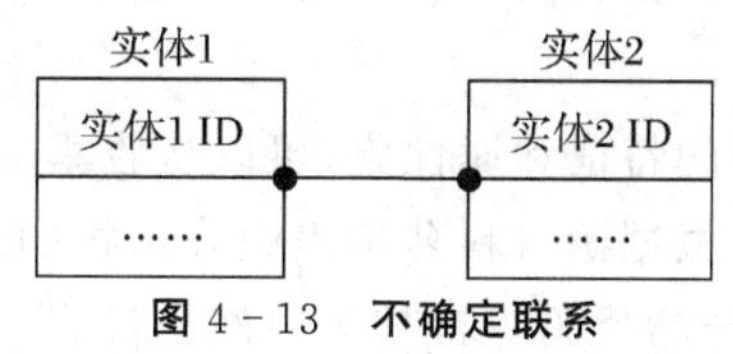

图 4-13　不确定联系

建立不确定联系的模型存在一个严重问题,实体与实体多对多的联系本身还有一些信息无法表示。因此,该不确定联系常被建模如图 4-14 所示,这里中间的实体被称为关联实体或解决实体。

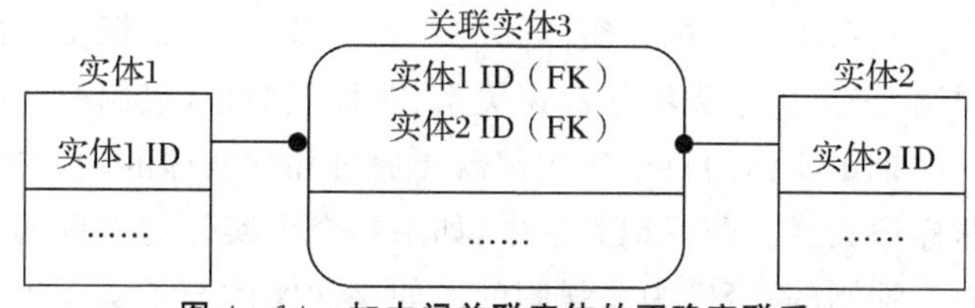

图 4-14　加中间关联实体的不确定联系

【例 4-4】　在图书管理系统中,实体“读者”与实体“图书”存在着“多对多”的联系,一位读者可以借阅多本书,一本书也可以被多位读者借阅(不同的时期),在读者借阅图书的关联中派生了属性“借期”和“还期”等信息。

在实体“读者”和实体“图书”中间增加一个关联实体“借阅”,将父实体“读者”的主键“读者编号”和另一个父实体“图书”的主键“图书编号”迁移过来,与借书时间“借期”联合构成“关联实体”的主键,并分别成为关联实体的外键(FK),如图 4-15 所示。

图 4-15　实体“读者”与实体“图书”的不确定联系

以上简单介绍了 IDEF1x 建立概念模型的方法,有很多的数据库建模工具都支持 IDEF1x 方法,如 CA 公司的 ERWin、Sybase 公司的 PowerDesigner 以及微软公司的 Office Visio 等。这些工具都能建立完整的 IDEF1x 概念模型并支持将其转换为物理数据库的结构。下面仅介绍如何使用微软公司的 Visio 建立数据库概念模型。

三、IDEF1x 的建模步骤

使用 IDEF1x 方法创建概念模型的步骤如下。

1)初始化工程

这个阶段的任务是从目的描述和范围描述开始，确定建模目标，开发建模计划，组织建模队伍，收集源材料，制定约束和规范。收集源材料是这个阶段的重点。通过调查和观察结果、业务流程、原有系统的输入输出、各种报表，收集原始数据，形成了基本数据资料表。

2)定义实体

实体集成员都有一个共同的特征和属性集，可以从收集的源材料-基本数据资料表中直接或间接标识出大部分实体。根据源材料名字表中表示物的术语以及具有"代码"结尾的术语，如客户代码、代理商代码、产品代码等将其名词部分代表的实体标识出来，从而初步找出潜在的实体，形成初步实体表。

3)定义联系

IDEF1x 模型中只允许二元联系，n 元联系必须定义为 n 个二元联系。根据实际的业务需求和规则，使用实体联系矩阵来标识实体间的二元关系，然后根据实际情况确定出连接关系的势、关系名和说明，确定关系类型是标识关系、非标识关系(强制的或可选的)，还是非确定关系、分类关系。如果子实体的每个实例都需要通过和父实体的关系来标识，那么它们为标识关系，否则为非标识关系。非标识关系中，如果每个子实体的实例都与而且只与一个父实体关联，那么它们为强制的，否则为非强制的。如果父实体与子实体代表的是同一现实对象，那么它们为分类关系。

4)定义码

通过引入交叉实体除去上一阶段产生的非确定关系，然后从非交叉实体和独立实体开始标识候选码属性，以便唯一识别每个实体的实例，再从候选码中确定主码。为了确定主码和关系的有效性，通过非空规则和非多值规则来保证，即一个实体实例的一个属性不能是空值，也不能在同一个时刻有一个以上的值。找出误认的确定关系，将实体进一步分解，最后构造出 IDEF1x 模型的键基视图(KB 图)。

5)定义属性

从源数据表中抽取说明性的名词开发出属性表，确定属性的所有者。定义非主码属性，检查属性的非空及非多值规则。此外，还要检查完全依赖函数规则和非传递依赖规则，保证一个非主码属性必须依赖于主码、整个主码、仅仅是主码。以此得到了至少符合关系理论第三范式的改进的 IDEF1x 模型的全属性视图。

6)定义其他对象和规则

定义属性的数据类型、长度、精度、非空、缺省值、约束规则等。定义触发器、存储过程、视图、角色、同义词、序列等对象信息。

建模工具可以根据这些规则自动生成物理数据库中更新、插入和删除的触发器。

四、使用 Visio 建立 IDEF1x 概念模型

很多的数据库建模工具都支持 IDEF1x 方法，如 CA 公司的 ERWin、Sybase 公司的 PowerDesigner 以及微软公司的 Visio 等。这些工具都能建立完整的 IDEF1x 概念模型并支持直接将模型转换为物理数据库的结构。

Microsoft Visio"数据库模型图"设计工具下的"实体关系"形状可以用来建立 IDEF1x

概念模型。通过图书管理系统这个实例来说明采用 Visio 进行 IDEF1x 建模的方法和步骤。说明:在 Visio 中所说的“关系”与本章所说的“联系”意思相同。

(1)启动 Microsoft Visio,选择“数据库模型图”模板或者选择主菜单“文件”→“新建”→“软件和数据库”→“数据库模型图”,如图 4 - 16 所示。

图 4 - 16　新建“数据库模型图”文件图

(2)选择主菜单“数据库”→“选项”→“文档”→“数据库模型图”,在弹出的【数据库文档选项】对话框中选择 IDEF1x 符号集,如图 4 - 17 所示。

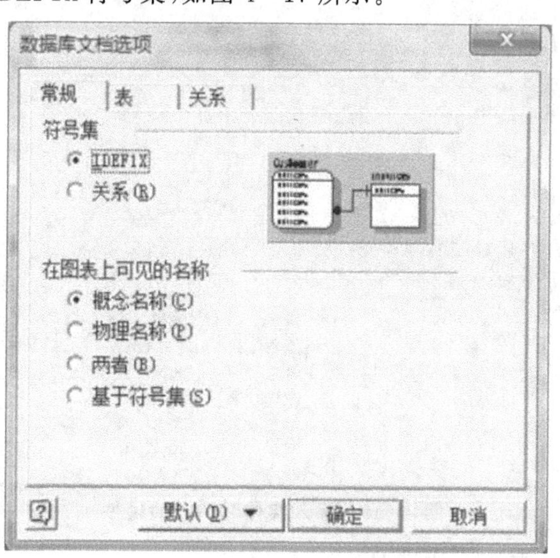

图 4 - 17　选择 IDEF1x 概念模型符号集

(3)建立实体“读者”等模型。将“实体关系”形状窗口上的“实体”拖动到绘图页上,在绘图页下方的数据库属性窗格中选择“类别”→“定义”,输入实体的名称“读者”,如图 4 - 18 所示；选择“类别”→“列”，输入实体的属性和设置 PK(主键)，如图 4－18 所示。图 4－19 显示的就是采用 Visio 建立的“读者”的数据库概念模型。用实例来说明 IDEF1x 建模方法的步骤。

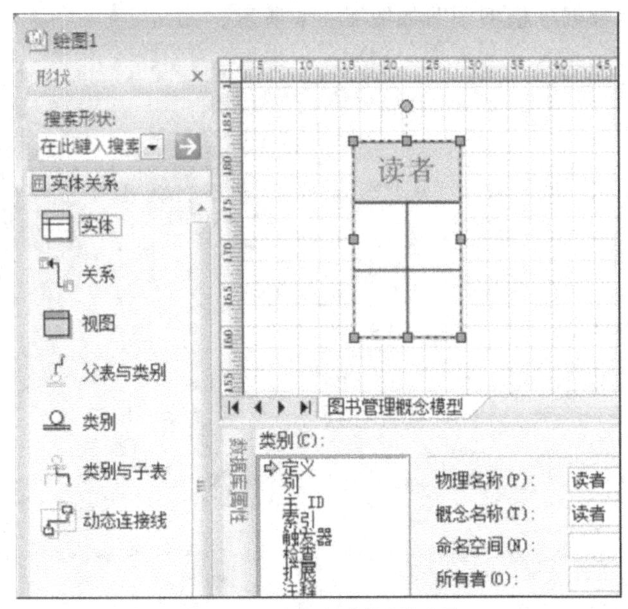

图 4－18　建立实体“读者”

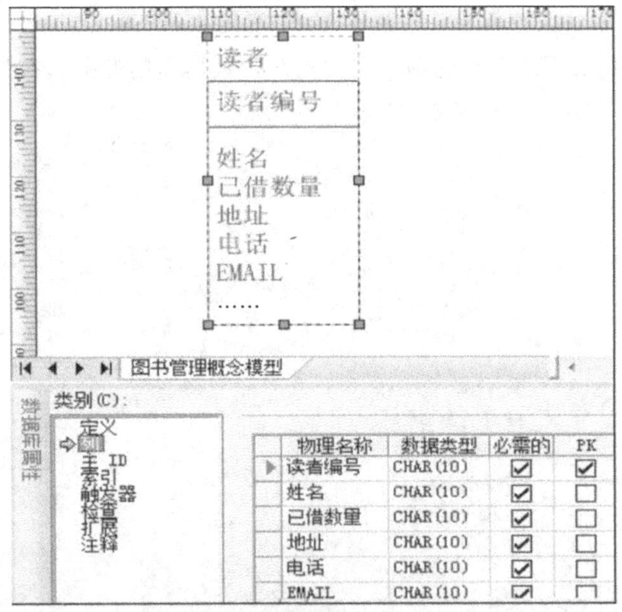

图 4－19　输入实体“读者”的属性

用同样的方法建立其他实体模型。

(4)为父实体“图书”和子实体“图书修复”建立“1 到 0 或多”的标识联系。将【形状】窗口下“实体关系”中的“关系”拖动到绘图页上，拖动“关系”的两端使之连接的实体边框变红，单击“关系”形状，在绘图页下方的数据库属性窗格中选择“类别”→“杂项”，选择关系类型“标识”建立标识联系(本例)，选择“不标识”建立非标识联系，选择关系基数“1 到 0 或多”(本例)，1 到 1 或多，1 到 0 或 1，1 到 1，1 到最小值至最大值，如图 4 - 20 所示。

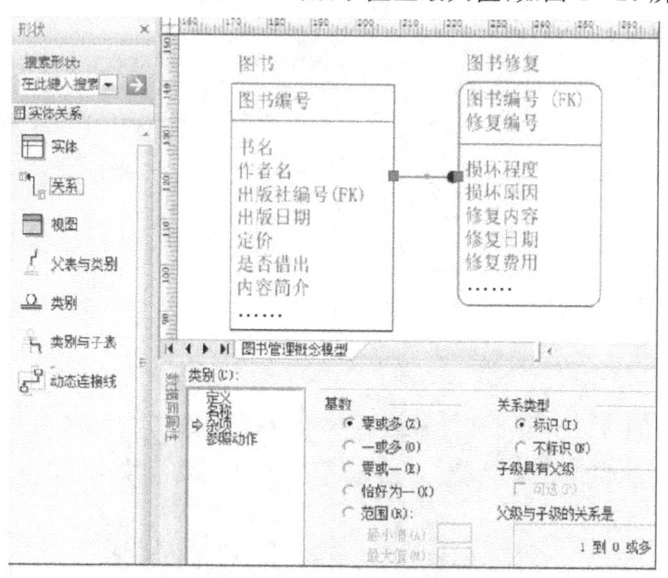

图 4 - 20　“图书”与“图书修复”的标识联系

注意：IDEF1x 模型能自动实现键的迁移，关键字“图书编号”从父实体“图书”到子实体“图书修复”的迁移是自动的。

(5)用类似的方法为父实体“读者类型”和子实体“读者”建立“1 到 0 或多”的非标识联系(强制)，如图 4 - 21 所示。

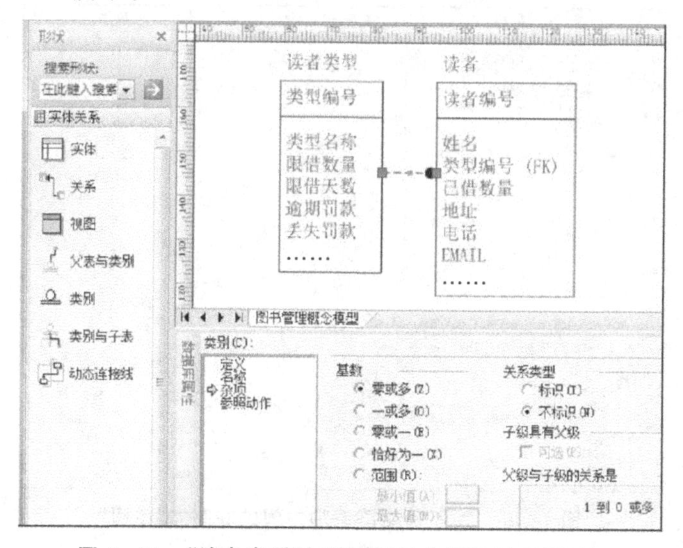

图 4 - 21　“读者类型”与“读者”的非标识联系(强制)

(6)用类似的方法为父实体“出版社”和子实体“图书”建立“0 或 1 到 0 或多”的非标识联系(非强制)，将实体“图书”中的出版社编号设置为非必需的(允许空 0)，如图 4 - 22 所示。

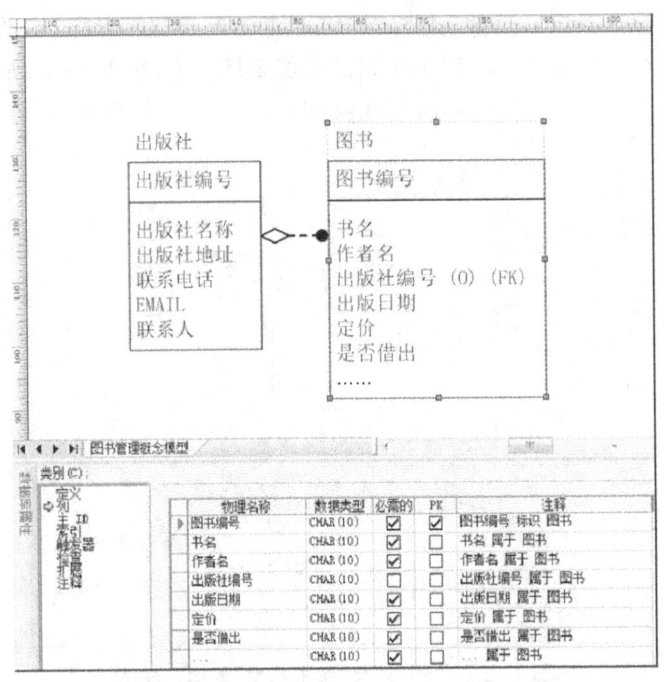

图 4-22　出版社与图书的非标识联系(非强制)

(7)为实体“读者”和实体“图书”建立多对多的不确定联系。首先建立一个关联实体“借阅”,为此实体设置属性,如图 4-23 所示。

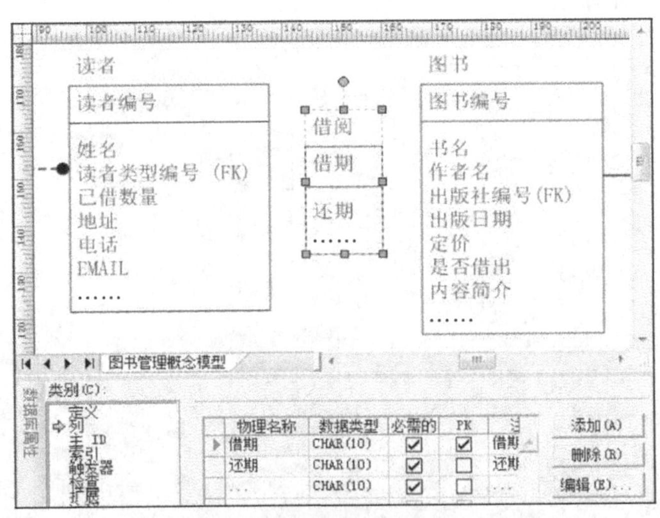

图 4-23　为不确定联系加中间关联实体“借阅”

其次建立父实体“读者”和关联实体“借阅”的“1 到 0 或多”的标识联系,最后建立父实体“图书”和关联实体“借阅”之间的“1 到 0 或多”的标识联系,如图 4-24 所示。

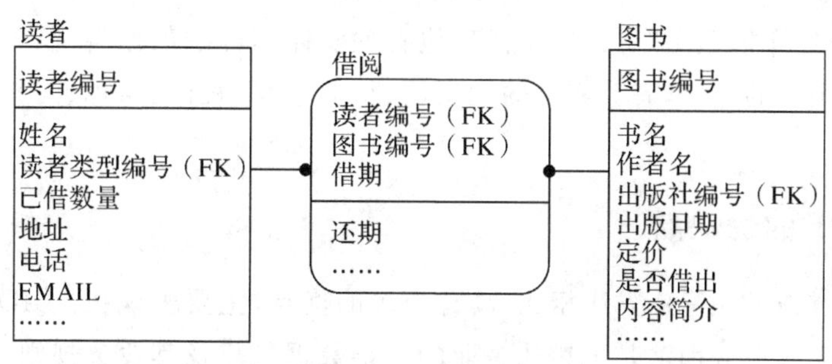

图 4-24　实体"读者"与实体"图书"的不确定联系

除此之外，使用 Visio 建立 IDEF1x 概念模型还可以定义实体各属性的数据类型、非空(必需的)、索引、触发器和检查等信息，定义联系的参照动作。应用主菜单"工具"→"加载项"→"其他 Visio 方案"→"导出到数据库"，即可将 Visio 绘图页上形状中的数据导出到与 ODBC 兼容的数据库表中，实现数据库的物理设计。相反也可以通过主菜单"数据库"→"反向工程"，从现有数据库中提取数据库架构，建立数据模型。

【例 4-5】　图书管理数据库概念设计。

根据图书管理系统的需求分析，得到以下实体以及它们之间的联系类型。

(1)实体：读者、读者类型、罚款、图书、图书修复、出版社以及它们的属性(略)。

(2)确定联系-标识联系：读者与罚款(1 到 0 或多)、图书与图书修复(1 到 0 或多)。

(3)确定联系-非标识联系(强制)：读者类型与读者(1 到 0 或多)。

(4)确定联系-非标识联系(非强制)：出版社与图书(0 或 1 到 0 或多)。

(5)不确定联系：读者与图书(多对多)。

以上实体及实体之间联系的 IDEF1x 表示方法和 Visio 建模工具在前面分别进行了介绍，此处不再赘述。图书管理系统数据库的 IDEF1x 概念模型如图 4-25 所示。

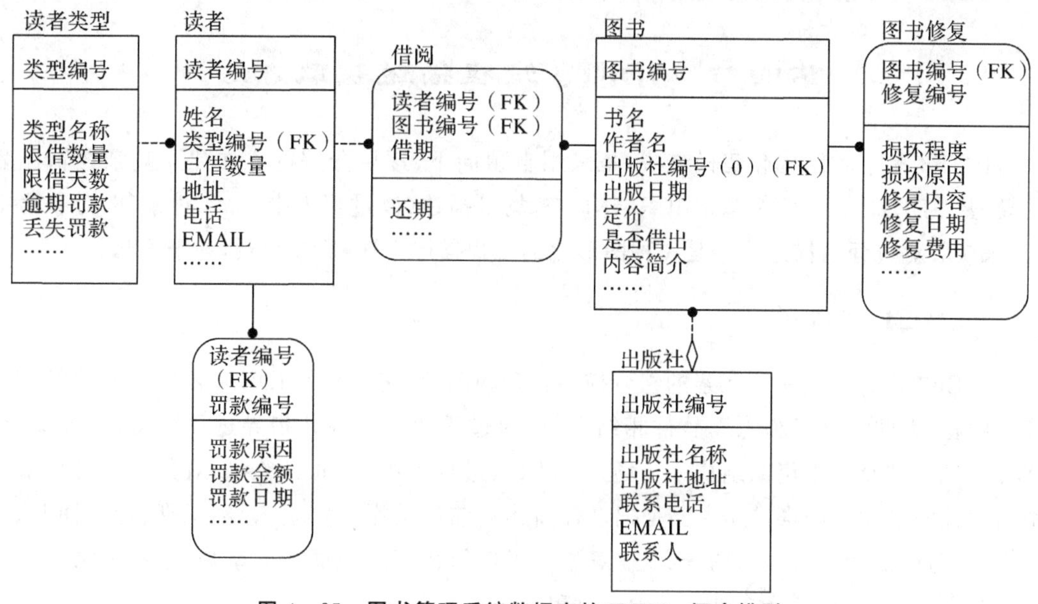

图 4-25　图书管理系统数据库的 IDEF1x 概念模型

Visio的“数据库模型图”工具还支持其他有关实体属性的数据类型、长度、精度、非空、缺省值、约束规则等的定义，有关实体的触发器、存储过程、视图、角色、同义词等的建立，读者可自行探索。

五、IDEF1x的优缺点

IDEF1x和传统的E-R方法相比，具有很多的优点，主要表现在：①IDEF1x模型语义更为丰富和精细，可充分而清楚地表达企业的复杂数据信息及其业务规则；②IDEF1x模型具有更强的一致性和更高的规范化程度；③IDEF1x定义的逻辑模型更利于向物理模型转换。IDEF1x定义的符合第三范式的逻辑模型已表达出了企业的数据信息和业务规则，可直接向物理模型转换。

IDEF1x方法中建模的概念和E-R方法的概念基本类似，但拥有更丰富的语义和规则、更加完善的语法、增强的图形表达能力、规范的开发过程、规范的文件格式以及大量软件建模工具的支持。另外，IDEF1x模型能自动实现键的迁移，从父实体到子实体的关键字迁移是强制的。IDEF1x方法中的1∶1和1∶N联系有明确的HAS_A语义，分类联系有IS_A语义，和面向对象中聚合和继承的概念相对应，所以将来可以方便地将面向对象的概念引入IDEF1x建模方法。IDEF1x方法中的非确定联系必须引入交叉实体，转化为两个1∶N联系，可以直接向物理模型转换。IDEF1x中的域的概念也在大多数物理数据库中得到了实现。所有这些，在传统E-R方法中都是难以实现的。

使用IDEF1x语义建模方法对信息系统进行数据建模，并用建模工具对其进行需求、逻辑和物理设计，充分地保证了数据的一致性和完整性，并且能够实现将数据库的分析、概念模型设计和物理数据库结构设计有机结合起来，大大地提高了系统的开发效率。

第四节　IDEF3过程描述获取方法

IDEF3是一种结构化建模方法，是采用自顶向下、逐层分解的方法建立复杂逻辑流程的模型。IDEF3利用两个基本组织结构——场景描述(以过程为中心)和对象(以对象为中心)来获取对过程的描述。它是一种图形化的流程描述方法，比较直观，易于理解。

一、IDEF3的特色

IDEF3通过一些基本元素的组合描述复杂的问题，它弥补了IDEF0不能反映时间和时序的问题，因此它可以和仿真软件相结合，检验过程的合理性并指导过程重构，实现优化。IDEF3利用两个基本组织结构——场景描述(以过程为中心)和对象(以对象为中心)，来获取对过程的描述。场景描述主要是把过程描述的前后关系确定下来，经识别、特征抽取，以动词、动名词或动词短语为场景命名；对象是指任何物理的或概念的事物，这些事物是领域中参与者认识的，是发生在该领域中的过程描述的一部分。

(1)以过程为中心的视图——过程流图。通过使用过程流网(Process Flow Network，

PFN)作为获取、管理和显示以过程为中心的知识的主要工具,通过过程流图来显示过程中的场景,反映了专家和分析员,对事件与活动、参与这些事件的对象以及驾驭事件行为的约束关系等的认识。其中 PFN 是 IDEF3 建模方法的核心,其基本建模元素包括行为单元(Unit of Behavior,UOB)、交汇点、连接。

(2)以对象为中心的视图——对象状态转移网络图。通过使用对象状态转移网络图(Object State Transition Network,OSTN)作为获取、管理和显示以对象为中心的知识的基本工具,通过 OSTN 图来表示一个对象在多种状态间的演进过程。

二、IDEF3 的分析过程

基于 IDEF3 的开发过程是一种开发人员通过知识获取来有效反映过程信息的过程。对于一个比较复杂的过程流图,其开发过程具有反复迭代性,大体上主要包括以下步骤。

(1)明确过程流发生的背景。开发人员要尽早确定描述维修任务的目的和内容,包括维修任务总的目标、所要满足的需求、需要解决的问题等。

(2)建立最高层的过程流图。根据维修任务之间的约束,确定行为单元和各行为单元间的逻辑关系,建立初始的粒度最粗的过程流图。

(3)对维修任务分层细化。如果行为单元代表的维修任务高度抽象,就需要对它在更低抽象层次上进行分解细化,分解细化结果的表现形式又是一个过程流图。不同的人所处的视角不同,分解细化的结果也不唯一。

(4)过程检验。检查模型是否符合 IDEF3 的语法和规则,验证模型是否存在结构上的问题,并邀请领域专家对其进行修改、评审。

三、IDEF3 的基本语法和语义

为满足维修任务描述需求及对模型的检验,本节对过程流图中各个原有元素进行一些扩展和修改;为编程方便,添加了开始节点、结束节点两个图元。下面对各元素进行一一说明。

IDEF3 过程流描述语言的基本语法元素有行为单元、交汇点、连接以及开始节点和结束节点。

1)行为单元

行为单元用以描述一个组织或一个复杂系统中"事情进行得怎样"。行为单元用具有唯一标签的框图来表示,左下角是节点编号,右下角是用于映射 IDEF0 中元素的 IDEF 参考编号,如图 4-27 所示。

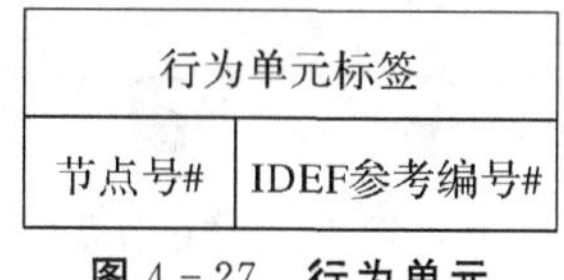

图 4-27　行为单元

细化说明主要包括文档标识(包含其所要描述的行为单元的名称、编号,具有唯一性)和描述。同时针对维修任务的特点和任务仿真运行的需要，对行为单元的细化说明文档进行一定的扩展，主要内容是维修任务形式化模型中的各种属性，包括行为单元的关键度、后置节点集合、时间分布(持续时间分布类型和参数的设置)、维修任务需求，如图 4－28 所示。

名称:________________ 编号:____________

描述:________________________________

后置节点集合:________________________________

时间分布:________________________________

维修任务需求:________________________________

图 4－28 行为单元说明文档

2)交汇点

交汇点表达行为单元之间的逻辑关系，用框图表示，主要分为“与”交汇点、“或”交汇点、“异或”交汇点、“同步或”交汇点和“同步与”交汇点。由于“或”关系可以用“与”和“异或”的组合来替代，本节从简化模型元素角度考虑，不使用“或”交汇点。“同步与”的情况比较罕见，本节也不作考虑。此外，本节对交汇点进行了扩展，添加了在整套 IDFF3 模型中唯一的编号 JID，如图4－29所示。

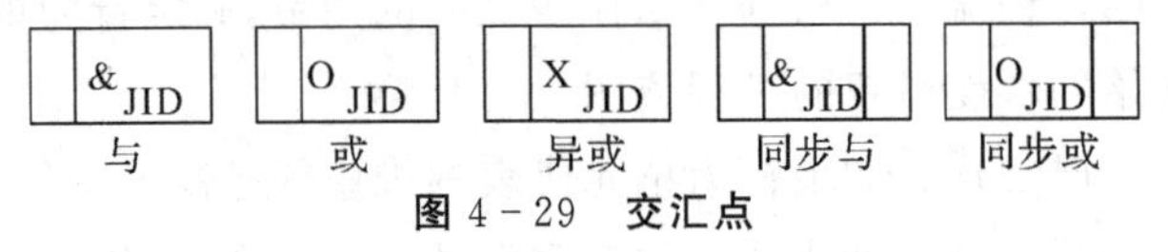

图 4－29 交汇点

3)连接

连接是把 IDEF3 的一些框图(包括行为单元、交汇点)组合在一起的“桥梁”，它可以进一步阐明一些约束条件和各成分之间的关系。连接关系的类型可以有时间的、逻辑的、因果的、自然的和传统的等。连接的种类如图 4－30 所示，其中以先后顺序连接最为常用，表示行为单元之间在时间上的顺序关系。关系连接用虚线表示，它没有预先定义的语义，表示两个或多个行为单元之间存在着某种密切的关联，在这里出现的连接均为先后顺序。

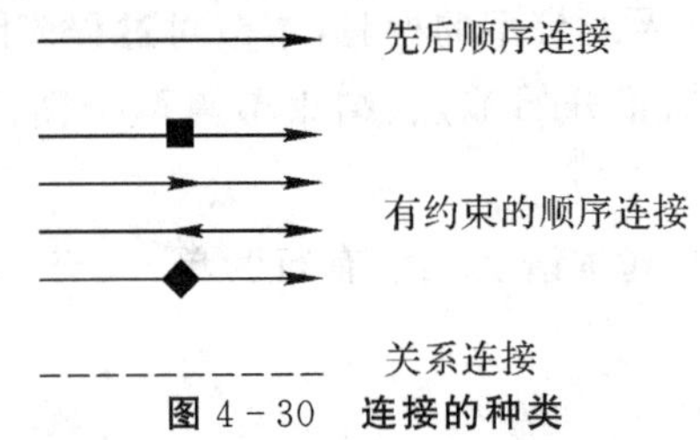

图 4－30 连接的种类

4)开始节点和结束节点

为了便于对过程流图的检查，添加了开始节点和结束节点。它们通过表示先后顺序的连接分别直接与行为单元相连，但它们不代表具体的行动，只起到表示逻辑上的开始和结束的作用，如图 4－31 所示。

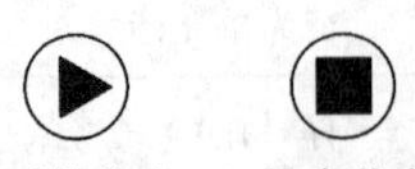

图 4－31 开始节点和结束节点

四、IDEF3 的优缺点

IDEF3 具有以下优点。

(1)图元简单易于掌握和理解,使用简单、方便,建立的模型也易于理解、交流和维护。

(2)具有较强的描述能力,能够描述过程的时序、逻辑关系以及与工程相关的其他信息。

(3)具有严格、清晰、明确的句法,较严格的语法定义,对模型的描述不存在歧义。

IDEF3 也存在以下不足。

(1)缺少对过程的定量化描述。IDEF3 方法的一个突出不足是它不能定量描述各个活动的相关信息,如时间、成本和资源等。

(2)对于复杂仿真过程的建模存在局限。功能欠缺,所提供的行为单元有限;建模过程烦琐,需要为每一个简单的过程都提供流程。

第五节　IDEF5 本体论获取方法

"本体论"(ontology)本来是一个哲学名词。在工程研究中,从知识共享的角度来说,本体论这个名词是作为一种概念化的说明,是对客观存在的概念和关系的描述。它是通用意义上的"概念定义集",是关于"种类"(kind)和"关系"的词汇表。这种词汇表,是在各种事务代理人之间交换意见时所用到的共同语言。

获取本体论的动机是"可再用性"(reusability)。在信息系统、接口和面向对象设计和编程等方面,本体论都是一个很好的工具。因此,IDEF 族就开发了一个本体论获取方法 IDEF5。

一、IDEF5 与其他 IDEF 之间的关系

IDEF5 与 IDEF1/IDEF1x 的关系,有点类似于 IDEF3 与 IDEF0 关系。IDEF5 的"种类"(kind)与 IDEF1/IDEF1x 的"实体"(entity)很相似,然而 IDEF1/IDEF1x 只能表示比较肤浅的逻辑关系的信息,本体论则获得了深层次的事物特性。

本体论模型的开发带来的好处有下列两个方面。

(1)本体论分析的过程,是一个揭示对象内在关系、加深对领域理解的过程,因此本体论分析可用于:①识别问题(诊断);②识别问题原因(因果分析);③识别其他方案(设计);④统一意见和团队建立;⑤知识共享和再用。

(2)本体论开发得到的结果可用于以下三个方面:①信息系统开发。本体论为开发更加智能化的和集成的信息系统提供了一张蓝图。②系统开发。本体论可用作规划、协调和控制复杂产品和过程开发活动的参考模型。③经营过程重构。本体论提供了识别组织重构的焦点的线索,并建议了进行重构可能最有潜力的转换途径。

总之,在信息系统、接口和面向对象设计和编程等方面,本体论都是一个很好的工具。

二、IDEF5的中心概念

1. 种类

“种类”(kind)是指对那些具有共同性质的物体给出的一种范畴的划分,或者说所有这个种类中的成员都具有(也只有这个种类中的成员才能具有)这一组性质。更确切地说,对每一个种类K,就会有一组性质N,其中每一条性质都是必需的,而所有这些性质组合起来,就成了可以成为K的成员的充分条件;即“x是K的成员,当且仅当x具有N中的每一条性质”。IDEF5是用以获取本体论的,要抓事物的本质,当然就要以种类的划分及其基本性质作为研究的出发点。

事物的性质,首先可以区分为本质的(Essential)和附属的(Accidental)两种。然而,IDEF5要用来获取企业本体论,问题会复杂得多,因此要把“种类”的定义做些灵活性的修正。把那一组用以确定种类K中成员的性质,称之为“限定性的性质”(Defining Properties)。

“种类”(Kind)和其他数据模型中提到的“类型”(Type)和“类”(Class),都是对个体集合的分类,都是可以有多个示例的。但是,种类(Kind)和类型(Type)的实例是可以随时间改变的,但种类本身则不变。例如,“雇员”种类,并不因为一个企业雇员数目的增减、具体人员的变动而改变这个种类本身。而类(Class)则有时依赖于一些可记录的个体的集合,略有差别。

2. 性质和属性

本体论中要明确区分性质(Property)和属性(Attribute)。属性最好被看作一种函数,它一定要被赋予一个值。例如,属性“……的颜色”(简称“颜色”),就把每一个对象映射到它的颜色;属性“……的年龄”(简称“年龄”),就要把每个雇员映射到他/她的年龄。而性质则是直观的,事物的特征,所有个体所共同具有的一般抽象的特征。

事物总要求显示某种属性值。事物的“颜色”(属性)是红的(属性值),则其性质“是红色的”。雇员的“年龄”(属性)是40(属性值),他就有一条性质“年龄是40岁”。

在建立本体论的实践中有时分不清性质和属性,因此IDEF5中有时用一个中性名词“特征”(Characteristic),包容了这两个词。

3. 关系

除了各个个体的性质和属性,本体论中当然要考虑个体之间的连接或关联,称之为“关系”(Relation)。例如,“工作在……”关系,就是一个雇员与其所工作的部门之间的关系。“关系”是可以多重示例的,并且是强制性的。在本体论中,一般说“关系”是存在于二者之间的,但并不排斥存在于三个以上个体之间的关系。

4. 二阶性质和关系

上面说到了性质和个体。显然,这是不同逻辑类型的东西。性质是不同个体间共有的抽象的通用的特征。同样,关系也是不同的成对的(或三个以上)个体之间共有的通用的关联。因此,性质和关系是从个体的特征中抽象出来的,就被认为是一种更高的(更抽象的)逻辑类型。

如果把个体看作是一阶对象(First-Order Objects),一阶对象的性质和关系就叫作一阶性质和关系(First-Order Properties and Relations)。然而,存在于个体之间的性质和关系,本身也是一种可识别的(虽然是抽象的)对象,因为它们比普通一阶对象在抽象程度上高了一级,被看作是更高的逻辑类型,就称之为二阶对象(Second-Order Objects)。而一阶性质和关系作为一种对象,它们也有自己的性质(就不是用于个体的),例如,性质"具有至少一个实例"。这种性质因是用于二阶对象的,故称为二阶性质(Second-Order Properties)。另外,二阶对象相互之间存在着关系,例如,在两个种类之间存在的"具有比……更多的实例"关系。又如:存在于一个给定种类和包含着它的一个更通用的种类之间的"子种类"(Subkind)关系;人类是哺乳类的子种类,数控机床是机器的子种类。有些二阶关系把个体作为其变元,如"是……的实例"关系,就存在于一个个体 a 与一个种类 K 之间(当 a 是 K 的一个实例时)。这种不同逻辑类型对象之间存在的混合类型关系,也称为二阶的。因此,二阶关系(Second-Order Relation)就是至少包含一个一阶性质或关系作为其变元的一种关系。

5. 部分、整体和复杂种类

实际上 IDEF5 中有很多种类的个体,其本身就是由各种"种类"的其他对象所组成的复杂种类。一般来说,这些个体所以被看作是简单的,只是因为在那个研究场合下,不必要考虑其合成特性。而同一个事物,在另一些场合下,某个对象种类的合成特性要突出地考虑时,这个对象种类,就要把其他种类的对象看作其"部分"(或零件)(Parts)。因此,在 IDEF5 中有一个基本的"是……的部分"关系,存在于一个个体与将此个体作为其一部分的那个更复杂的个体之间。譬如,火花塞与引擎就存在这种关系,读作"火花塞是引擎的一部分"。而这种具有其他"种类"作为其"部分"的种类,被称为"复杂种类"(Complex Kind)。

IDEF5 中的"是……的部分"关系,也完全具有两个(高阶的)性质:

反身性(reflexivity)——每个对象都是其本身的部分;

传递性(transitivity)——对象 a 的部分的部分,也是 a 的部分。

譬如火花塞是引擎的部分(零件),引擎是汽车的部分,故火花塞也是汽车的部分。

6. 过程、状态和过程种类

分析研究对象的种类,离不开实例所涉及的"过程"(Processes)。过程涉及两类变化:"种类"的改变和"状态"的改变。例如,一个燃烧过程,一定数量的木头变换成了灰和煤气,木头本身被完全毁掉了,对象发生了"种类"的改变。另一种情况,如冰融化为水,汽车喷上了另一种颜色的漆。对象本身性质没有变,只是"状态"(States)改变了。正像对象可以有"种类",过程也有其通用的"种类",不同的个别事件(Events)就是其实例。然而,过程是指"发生的事物",因此不仅要包含其他事物作为其"部分"(如前述"复杂种类"的实例),还要指出"发生"在一个时间段上,并表明事物在这个时间段内,至少某一部分时间内是"真"(True)的。由此特点,过程之间也是可以关联的,也可以存在"子种类"关系。

三、本体论的层次

本体论一般来说可分成三个层次，如图 4－32 所示。通用性最高的层次为领域本体论(Domain Ontologies)，表征该领域中最通用的信息。例如：最上层为半导体生产的一个领域本体论，就要包括产品、制造技术与工具等为整个半导体生产领域所需的通用信息。下一层为实践本体论(Practice Ontologies)，它是领域本体论的推广，包含了领域中相似工场(sites)的共同特点。例如，为开发一条类似的生产线所涉及的几个半导体公司，可能要开发一个表征这条生产线特征的本体论。最底层则是专门工场本体论(Site-Specific Ontologies)，它包含了一个专门工场中，所有有关的对象种类、性质和关系等的信息。

本体论模型在今后复杂系统的系统集成中，可能会起到很重要的作用。但是到目前为止，不论是国内计算机集成制造系统(Computer Integrated Manufacturing System，CIMS)实践所提出的需求，还是这一建模方法本身的成熟程度，都与实际应用 IDEF5 模型有相当距离。

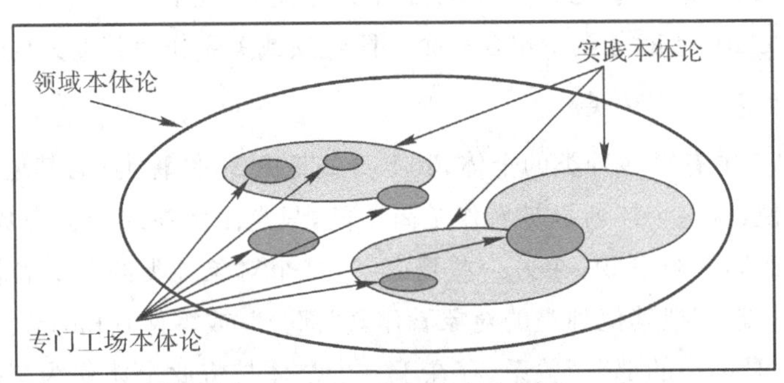

图 4－32　本体论的三个层次

四、本体论图表语言

基本上讲，本体论是对专门应用领域中的各相关种类、个体、它们的性质，以及它们之间的关系网络加以标识与组织。IDEF5 图表语言提供各类图形化构造块，以帮助本体论的构造。

IDEF5 图表语言中的基本符号，如图 4－33 所示。

IDEF5 图表语言基本的专用词汇包括以下内容。

(1)种类符号：一个种类以一个中间带有标签的圆圈表示。

(2)个体符号：一个带有标签的圆圈，其中还包括一个小实心圆点(见图 4－33)，以此标识本体论中已经标识过的特定个体。标签在本体论中应是唯一的。

(3)参照物：IDEF5 参照物是用以参考任何 IDEF 方法中的某一概念的人工工具。参照物矩形框包括以下信息项：

①参照物的概念标签：这是指被参照的(某个 IDEF 模型)概念标签，例如，一个活动种类，可能参考 IDEF0 模型中一个活动标签；

②ID：参照物的标识标签；

③方法名称:用以参照的 IDEF 方法名称。

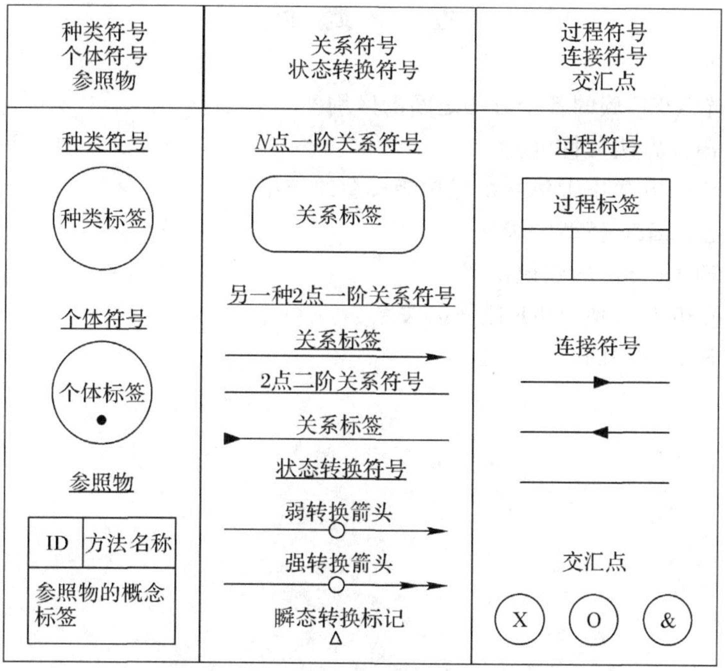

种类符号 个体符号 参照物	关系符号 状态转换符号	过程符号 连接符号 交汇点
种类符号 种类标签 个体符号 个体标签 参照物 ID　方法名称 参照物的概念标签	N点一阶关系符号 关系标签 另一种2点一阶关系符号 关系标签 2点二阶关系符号 关系标签 状态转换符号 弱转换箭头 强转换箭头 瞬态转换标记 △	过程符号 过程标签 连接符号 交汇点 X　O　&

图 4－33　IDEF5 **图表语言的基本符号**

(4)关系符号:用一个带有圆角的矩形框标明一阶 N 点关系(即存在于一阶个体之间的关系)。在 2 点关系的情况下,带有标签的箭头符号可以代替矩形框。箭头在后的箭头符号,表示二阶关系(即存在于种类之间及种类与个体之间而非个体之间的关系)。在 IDEF5 图表语言中,并没有符号来表示 N 点高阶关系,因为经验表明它们在本体中很少见。然而,如果有必要的话,这种关系可以通过 IDEF5 细化说明语言加入本体中。由于本体论中一阶"是……的部分"关系的重要性,IDEF5 图表语言中还包括突出的"是……的部分"的标签。

各关系符号包含一个标志其所表述关系的标签。与种类符号一样,标签应或者是相关关系说明表中的关系名称,或者是其缩写。类似"是……的部分"的突出标签,还有"是……的实例"(Instance of)和"是……的子种类"(Subkind of),它们用来标识二阶关系"实例"和"子种类"。

(5)状态转换符号:IDEF5 图表语言提供以下两类状态转换连接符。

①单箭头中间带有空心圆圈的符号表示弱转换;

②双箭头中间带有空心圆圈的符号表示强转换。

IDEF5 图表语言提供瞬态转换符号标记"△",以表示一类转换时间小于建模时规定的最小时间单位的状态转换。

(6)过程符号:用下部带有一横线的方角矩形框来表示过程符号。

(7)连接符号:连接符号是一种箭头状符号,用来连接一阶关系的种类。

(8)交汇点:交汇点符号是一类表示布尔操作符的简单符号。

思考题四

1. 如何理解 IDEF 族的各个方法之间的区别?
2. 简述 IDEF0 方法的特色。
3. 简述 IDEF0 方法用于建立系统功能模型的作用。
4. 简述建立 IDEF0 模型的步骤。
5. 简述 IDEF1x 方法的建模步骤。
6. 简述 IDEF5 与其他 IDEF 之间的关系。
7. 简述 IDEF3 方法的分析过程。

第五章　系统预测方法与模型

任何一个系统,无论是军事系统,还是社会经济系统或者其他系统,不论是已经实现了的历史演变,还是没有实现的未来发展,都有其特定的状态变化或状态转移的规律。“凡事预则立,不预则废。”系统预测的实质,就是要根据系统状态转移的规律,揭示其在预测期限内转移的方向,并估计可能实现的状态。也就是说,分析系统发展变化的规律,根据系统的过去和现在估计未来,根据已知预测未来,从而减少对系统未来认识的不确定性,以指导人们的决策行为,降低决策的盲目性。系统未来的状态不仅取决于系统的结构及其变化,还取决于对系统引导、控制的方式及其水平,以及系统环境对系统发展的制约。因此,预测的水平(即预测的精度)不仅取决于对系统结构揭示的深度,还取决于对制约系统发展的各种外部因素(包括各种可控因素和不可控因素)的不确定性、随机性的认识深度(即不确定性、随机性的减少程度)。本章介绍比较典型的系统预测方法,主要分为定性预测方法和定量预测方法。

第一节　系统预测概述

一、系统预测的概念

预测,是指根据客观事物的发展趋势和变化规律对特定的对象未来发展的趋势或状态做出科学的推测与判断。即根据对事物的已有认识,做出对未知事物的估计。预测是一种行为,表现为一个过程。其实质就是充分分析、理解系统发展变化的规律,根据系统的过去和现在估计未来,根据已知预测未知,从而减少对系统未来认识的不确定性,以指导决策行动,减少决策的盲目性。

人类行为的基本特征是目的性和计划性,目的性表现为确定希望未来达到的目标,计划性则是为实现目标对未来行动的筹划。目的性、计划性均以对事物未来状态的预测为前提。因此,人类一切有意识的活动都离不开预测。事实上,人类社会的早期就存在预测。远古时期以巫术和占卜预测未来的吉凶,人类最早的文字中,如我国的甲骨文,其内容就是用龟甲兽骨占卜吉凶时刻写下来的卜辞和有关的记事文字。我国两千多年前的《礼记·中庸》中明确提出“凡事预则立,不预则废”的论断,说明人类自古就充分认识到预测的重要性。当然,在古代,由于对客观事物之间的联系、对事物变化规律认识的局限性,人们难免以幻想的联系代替尚未发现的现实联系,用臆想的无所不能的上帝和神仙解释推动自然界变化的力量,再加上宗教的宣传,古代的预测难免含有浓厚的神话、宗教与主观色彩。预测的科学性是随着科学的发展而增长的,因为科学理论的一个重要功能就是预测。在人类社会生活各个领域中进行科学预测,则是20世纪中期以后的事情,其基本标志是自身构成体系,特别是含有许多定量化方法的预测技术的出现。

进行科学预测,下述七个基本要素是不可缺少的。

(1)预测者与预测对象,两者组成预测系统。预测对象不仅要规定预期活动涉及的客体(系统),而且要指明预测的具体内容,即要对它的哪些状态或特性进行预测,因为预测对象往往是十分复杂的,一般情况下不是对它的所有状态和特性都进行预测。

(2)预测信息。预测是一种信息加工处理活动。预测信息,是开展预测活动所需输入的信息。预测活动实质上是对所依据的信息进行加工处理得出预测结果的信息。

(3)预测模型。预测模型是对预测依据信息进行加工处理并得出所需要的预测结果信息的知识框架(模型)。

(4)预测策略。预测策略是预测者开展预测活动的行动方案,包括预测程序和收集信息、操作预测模型的策略、计划等。

(5)预测约束。预测约束主要是预测者开展预测活动可以支配的资源及时间限制。

(6)预测理论与知识。这是预测者知识的一部分,它们提供预测的指导思想、准则,包括各类预测方法在内,这些用来指导拟定预测策略。强调预测者知识中要包括许多种预测方法(即要有一个预测方法集),是因为问题导向是科学预测必须遵循的原则,需要根据特定的预测内容选择适用的预测方法。

(7)预测活动。这是预测策略的实施,以得出满意的预测结果为目的的实践活动。

二、系统预测的步骤

系统预测作为一个过程,一般包括以下步骤,如图5-1所示。

(1)明确预测对象和预测目的。明确预测对象,主要是明确所要预测的对象系统状态或属性的范围,以及要预测未来哪一时刻的系统状态。通常,系统预测不是系统研究的最终目的,它应当是为系统决策任务服务的。因此,在预测工作中,首先要在整个系统研究的总目标指导下,确定预测对象及具体的要求,包括预测指标、预测期限、可能选用的预测方法,以及要求的基本资料和数据。这样才能使预测工作有正确的科学理论和方法指导,有的放矢。

(2)制订预测计划。预测计划包括确定预测时间,何时拿出预测结果;规定预测的组织,由哪个单位或个人来组织、领导预测工作;开展工作的基本条件,所要完成的主要活动及日程安排。

(3)收集并分析有关信息。这些信息往往是多方面的,可能包括下述几个方面:

① 预测对象有关状态的历史及现时信息;

② 影响对象系统状态演变的有关外在因素的情况及它们之间联系的信息;

③ 有关的预测理论、模型、方法及实践资料；

④有关预测机构或专家的情况等。

前面两种信息的作用显而易见，后面两项对预测模型、方法或有关专家的选择具有意义。对收集到的信息进行分析，分析其完整性、可靠性、准确性，以便决定如何运用，是否进一步收集。

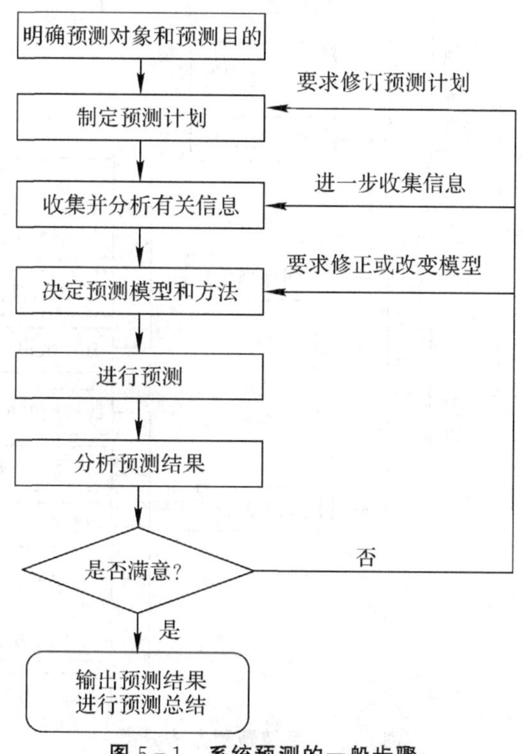

图 5－1　系统预测的一般步骤

(4)决定预测模型和方法。预测的方法有两类：逻辑判断与数学模型。逻辑判断主要是根据收集到的各方面的情报与意见，利用理论或经验知识进行逻辑分析与判断，其中也常常含有直觉洞察。利用逻辑判断方法，一般要选择一定数量的专家，并确定利用专家开展预测活动的形式与程序。

运用数学模型方法，首先要通过对统计数据的分析发现规律性的东西；然后选取一种或几种规范化的预测数学模型，或是建立新的数学模型；利用掌握的历史数据检验数学模型的可用性，并对模型进行修改，或对几种数学模型的适用性进行分析、比较；最后选择能够满足精度要求的模型。

有些预测工作可能同时采用定性的逻辑判断方法和数学模型，以提高预测的可信程度。

(5)分析预测结果。利用预测模型所得的预测结果并不一定与实际情况相符合。因为在建立模型时，往往有些因素考虑不周或资料缺乏以及在处理系统问题时的片面性等，使预测结果与实际情况偏离较大，所以需从两个方面进行分析：用多种预测方法预测同一事物，将预测结果进行对比分析、综合研究之后加以修正和改进；应用反馈原理及时用实际数据修正模型，使预测模型更完善。

三、系统预测方法分类

系统预测方法种类繁多，据统计有150多种，其中广泛采用的就有15～20种。根据方法性质本身的特点，通常可将预测方法分为定性预测和定量预测两类，如图5-2所示。

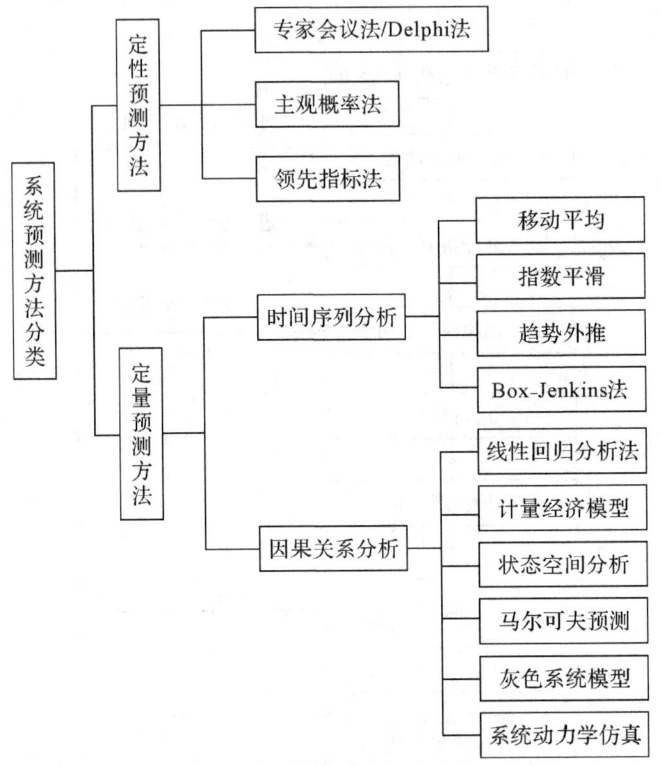

图5-2 系统预测方法分类

(1)定性预测方法。定性预测方法主要是依据人们对定性预测方法系统过去和现在的经验、判断和直觉，如市场调查、专家打分、主观评价等做出预测。定性预测方法主要有专家会议法、德尔菲法、主观概率法、模拟推理法、领先指标法和相关因素分析法等。这些定性预测方法通常强调使用专家的经验和分析判断能力对事物发展的性质进行描述性的预测，特别是在预测对象历史数据较少而预测对象因素复杂繁多的情况下。此外，定性预测法还强调对事物发展的趋势、方向和重大转折点进行预测，比如国家产业政策的变化、军队装备保障转型和武器装备军民融合的总体形势等。

(2)定量预测方法。定量预测方法包括时间序列分析和因果关系分析等预测方法。这些定量预测方法通常强调使用预测对象的历史统计数据与资料，建立相应的数学模型，对事物发展进行数量上的预测。

①时间序列分析(time series analysis)预测方法。由于事物在其发展变化过程中，总有维持或延续原状态的趋向，事物的某些基本特征和性质将随时间的延续而维持下去，因此可以根据系统对象随时间变化的历史资料(如统计数据、数据和变化趋势等)，只考虑系统变量随时间的发展变化规律，对其未来做出预测。它主要包括移动平均法、指数平滑法、趋势外推及博克斯-詹金斯(Box-Jenkins)方法等。

②因果关系(causal)预测方法。事物发展变化具有内在因果关系，如事物的存在、发展和变化都受有关因素的影响和制约，事物的存在和变化都有一定的模式；特性相近的事物，在其变化发展过程中，常有相似之处，因此可由先发事物的变化进程与状况，推测后发现类似事物的发展变化。由于系统变量之间存在着某种前因后果关系，找出影响某种结果的一个或几个因素，建立它们之间的数学模型，然后可以根据自变量的变化预测结果变量的变化。因果关系模型中的因变量和自变量在时间上是同步的，即因变量的预测值要由并进的自变量的值来旁推。因果关系预测方法主要有线性回归分析(linear regression analysis)法、马尔可夫法、状态空间预测法、计量经济预测法，以及系统动力学仿真方法等。

由于可用于预测的方法很多，选择合适的预测方法，对于提高预测精度、保证预测质量，有着十分重要的意义。对以上预测方法，可针对以下具体情况进行选择。

(1)预测年限。如果是做近期和短期的预测，可选择移动平均法、指数平滑法；如果是1年以上中短期预测，可选择趋势外推法、回归分析法、计量模型预测法；如果是5年以上长期预测，可选择系统动力学、趋势分析法等。

(2)预测精度。如果对预测精度要求不高，可选用灰色预测法、移动平均法、趋势外推法；如果对预测精度要求较高，可选用回归分析法、系统动力学、计量模型预测法。

(3)预测费用。用于预测的费用包括调研费用、数据处理费用、程序编制费用、专家咨询费用等。预算费用较低时，可选择时间序列分析、经验判断预测、回归分析等较简单的模型预测法；预算费用较高时，可选择系统动力学、计量模型预测等较大型的模型预测法。

(4)模型难易程度。在预测方法中，因果关系分析法一般都需要建立模型，要求预测者有较强的预测基础理论、方法应用技巧，以及数学基础，如系统动力学、灰色预测、马尔可夫预测、回归分析等。

第二节　定性预测方法和模型

当对于预测对象尚未掌握足够的数据资料，或者社会与环境因素的影响是主要的，而难以进行定量预测时，就采用定性预测的方法。本节介绍定性预测中两种常用的方法，即专家会议法和德尔菲法。

一、专家会议法

专家会议法是指根据规定的原则选择一定数量的专家，按照一定的方式组织专家会议，发挥专家集体的智能结构效应，对预测对象未来的发展趋势及状况，做出判断的方法。“头脑风暴法”是专家会议预测法的具体运用。

专家会议有助于专家们交换意见，通过互相启发，弥补个人意见的不足。通过内外信息的交流与反馈，产生“思维共振”，进而将产生的创造性思维活动集中于预测对象，在较短时间内得到富有成效的创造性成果，为决策提供依据。但是，专家会议也有不足之处：如有时心理因素影响较大，易屈服于权威或大多数人的意见，易受劝说性意见的影响，不愿意轻易改变自己已经发表过的意见等。

因此，专家会议的人选可以按照以下三个原则选取。

(1)如果参加者相互认识，要从同一职位的人员中选取，领导人员不应参加，避免对参加者造成某种压力。

(2)如果参加者互不认识,可从不同职位的人员中选取。这时,不论成员的职称或级别高低,都应同等对待。

(3)参加者的专业应力求与所论及预测对象的问题一致。

运用专家会议法,必须确定专家会议的最佳人数和会议时间。一般来说,专家小组规模以5～15人为宜,会议时间以20～60 min效果最佳。

二、德尔菲法

德尔菲这一名称起源于古希腊有关太阳神阿波罗的神话。1946年,兰德公司首次将这种方法用来进行预测,后来该方法被迅速广泛采用。据统计,在预测工作中使用该方法的约占1/4。德尔菲法是依靠若干专家背靠背地发表意见,各抒己见的,同时,对专家们的意见进行统计处理和信息反馈。经过几轮循环,分散的意见逐渐收敛,最后达到较高的准确性。

1.德尔菲法的特点

德尔菲法是在专家个人判断与召开专家会议两种形式的基础上产生的。

专家个人判断,可以最大限度地发挥专家个人的作用,不受外界影响,但明显的缺点是受专家个人知识面、掌握信息情况及看问题的习惯角度等方面的限制,难免产生片面性。

专家会议的优点是有利于专家之间互通信息、交流意见、互相启发与补充;其缺点则是大家在一起心理影响大,易于屈从权威者或多数人的意见,使部分人的意见不能充分发表或发表后受忽视。

德尔菲法融合了上述两种方法的优点,其主要特点如下。

(1)匿名性。参加征询的专家谁发表了什么意见互相不知道,这样可以免于受权威的影响,各种不同的意见可以充分发表;而且改变自己的意见也不公开,无损自己的威望。

(2)对专家意见进行一定的统计处理。

(3)将统计处理的结果反馈给专家,让他们了解专家"集体"的倾向性意见、意见集中与分散程度、个别持不同意见者的理由,以起到专家间相互交流的作用。

德尔菲法的优缺点见表5-1。

表5-1 德尔菲法的优缺点

<table>
<tr><td rowspan="2">优 点</td><td>能充分发挥各位专家的作用,集思广益,准确性高</td></tr>
<tr><td>能把各位专家意见的分歧点表达出来,取各家之长,避各家之短</td></tr>
<tr><td rowspan="4">缺 点</td><td>权威人士的意见影响他人的意见</td></tr>
<tr><td>由于缺乏调查主题的背景材料,或背景材料不充分,有的专家难以给出明确的答案</td></tr>
<tr><td>由于被调查专家之间是"背靠背"的,缺乏直接的交流,有的专家在获得调查组织者所汇总的反馈资料后,不了解别的专家所提供预测资料的根据</td></tr>
<tr><td>过程比较复杂,花费时间较长</td></tr>
</table>

2.德尔菲法的基本程序

德尔菲法预测一般需对专家进行3～4轮的征询,基本过程如图5-3所示。

1)确定目标

调查的组织者要明确调查的目标,设计调查问卷或调查提纲,并收集整理有关调查问题的背景材料，做好调查前的准备工作。目标选择应是本系统或本专业中对发展规划有重大影响而意见较为有分歧的课题，预测期限以中远期为宜(如预测到2030年或2050年)。

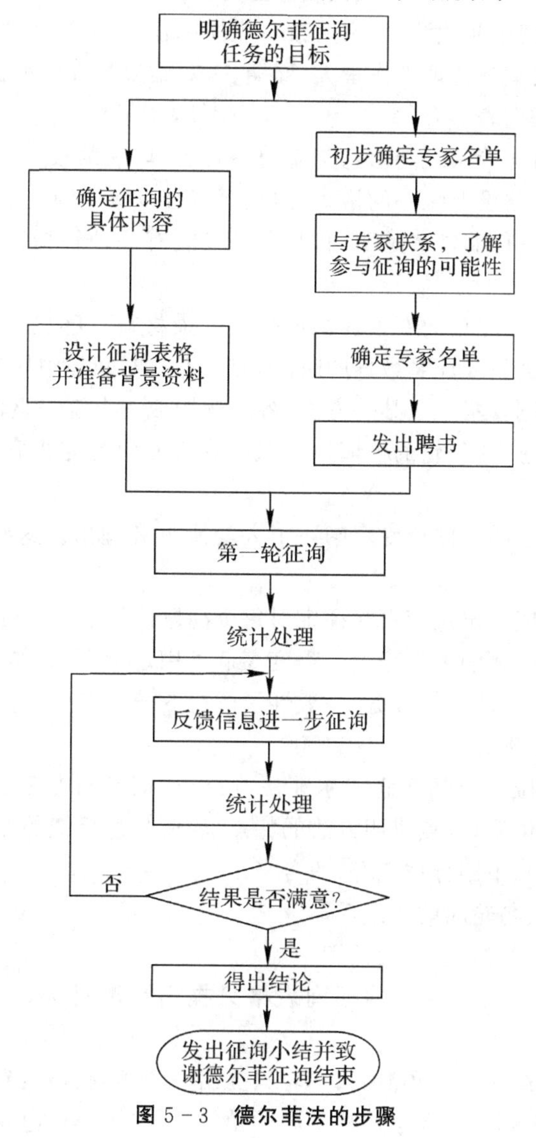

图5-3　德尔菲法的步骤

2)专家选择

德尔菲法的主要工作之一就是通过专家对未来时间的发生与否做出概率估计，因此，专家选择是预测的关键。专家选择的要求如下。

(1)权威性。参与征询的专家应该是对有关问题有广泛了解、有一定造诣和专长的人。

(2)代表性。应包括与征询问题有较密切关联的各方面的专家，专家代表面要广泛。通常应包括技术专家、管理专家、情报专家和高层决策人员。

(3)专家要乐于参加、有时间参加。经验表明，一个身居要职的专家匆匆忙忙填写的征询表，其参考价值有时还不如一般专业人员认真填写的调查表。

为了了解专家有无时间参与征询，并了解其对征询内容熟悉的程度，在初步确定专家名单之后要先和他们联系，说明征询的内容、意义、要求、方法和期限，并随信附上一张简短的履历表。履历表内容定要简单，主要反映其专业特长，切忌搞成"政审式"表格。

(4)人数要适当。德尔菲预测，专家人数一般控制在 10～50 人之间，大型预测可达 100 人以上。人太多数据收集与处理工作量大，周期长，对结果的准确度提高并不显著。

3)设计评估意见征询表

征询表是预测小组与专家之间信息交流的主要工具，表的设计质量对征询效果影响很大。德尔菲法的征询表格没有统一的格式，但是要符合以下原则。

(1)征询问题必须提得非常清楚明确，其含义只能有一种解释，不得用含糊的或容易产生不同理解的语言和词汇。

(2)在可能的情况下，尽量向专家提供足够的背景材料，以便让专家了解问题的来龙去脉，减少专家查找有关资料或计算数据的时间，使他们把时间集中用在征询问题的思考上。

(3)表中提出的问题要集中于某一方面，各问题构成一个统一整体，不要过于分散。

(4)问题数量不要过多，每轮的征询以专家能在 2 h 内答完为宜，切忌让专家大做专题文章。

(5)表内要留出足够的空白让专家阐述个人的意见和理由。这些内容应该作为反馈信息的一部分。

(6)表中应让专家以一定尺度自我评定对每个问题回答的权威性，以反映自己在某一领域里的专长程度，对某问题的熟悉程度。程度高低可用定量表示，如认为自己对某问题最有权威可打 10 分，相当有权威可打 8 分，一般性了解打 5 分，不熟悉打 2 分。预测小组可据此对征询结果进行加权处理。

(7)由于并不是每位专家都熟悉德尔菲法，所以征询者与专家初次联系或第一轮征询时，要对德尔菲法做出说明，重点讲明方法的特点，轮间信息反馈的作用，信息反馈中有关术语(如方差，均值，上、中、下四分位点等)的含义。

4)专家征询的轮次与轮间的信息反馈

经典德尔菲法一般包括 3～4 论征询。

第一轮：事件征询。发给专家的征询表格只提出预测目标，而由专家提出应预测的事件。

例如，美国国防部组织一次预测，第一轮只提出一个预测目标：到 2000 年时将有哪些关键技术对战争产生重大影响？专家们从不同的角度，提出了集成电路、计算机、激光、空间技术等 100 多项事件。组织者经过筛选、分类、归纳和整理，用准确的技术语言制定出事件一览表，作为第二轮征询表发给专家。

第二轮：事件评估。专家对第二轮表格中的各个事件做出评估。评估的主要内容：①产量评估或新技术突破的年份预测；②事件的正确性、迫切性和可能性评估；③方案择优(择优选一或择优排队)；④投资比例的最佳分配。

专家的评估结果应以最简单的方式表示，不要求专家阐述其评估理由，即使是回答型事件，也只要求其阐述基本论点而不要求提供详细论据。第二轮征询表收回后，立即进行统计处理，求出专家总体意见的概率分布，并制定第三轮征询表。

第三轮：轮间信息反馈与再征询。将前一轮的评估结果进行统计处理，得出专家总体评估结果的分布，求出其均值与方差，将这些信息反馈给各位专家，并对他们进行再征询。专家在重新评估时，可以根据总体意见的倾向（由均值反映）及其分散程度（由方差反映）来修改自己在前一轮的评估意见，而无须说明修改的理由。

第四轮：轮间信息反馈与再征询。类似于第三轮。这样就能得到一致程度较高的结果，从而写出预测结果报告。至此，预测工作即告结束。

3. 评估结果的处理

德尔菲法的一项重要工作是每轮征询之后的结果分析与处理。在处理之前，要将定性评估结果进行量化。常用的量化方法是将各种评估意见分为程度不同的等级，或者将不同的方案用不同的数字表示，然后求出各种评估意见的概率分布。

下面主要介绍对事件实现时间预测的统计处理和对事件或方案、项目相对重要性评估的统计处理（即第二轮介绍的前两项评估内容）。

(1)对事件实现时间预测结果的统计处理。一般用四分位图表示处理结果，现举例说明。1997 年曾对“数控机床和小型计算机控制机床的产值到哪一年将达到机床总产值的 50%”这一事件预测。将 13 位专家的预期年份按时间顺序进行排列，中间年份称为中分位点，对应的数称为中位数；中位数以前和以后的年份数列的中点分别称为下四分位点和上四分位点（见图 5－4）。

图 5－4　预测时间的顺序排列

上四分位点表示有 75%的专家预测的年份早于它，下四分位点表示有 75%的专家估计迟于它，因此，上、下四分位点构成的区间（上例中 2004—2010 年）反映了专家意见的分散程度，如图 5－5 所示。中分位点（为中位数）反映了专家意见集中的位置：有 50%的专家估计的时间早于它，50%的专家估计的时间迟于它。一般通过信息反馈，下一轮的意见会向中分位点靠拢，使得评估结果相对集中。经过几轮征询后，可以得到一致程度很高的结果。

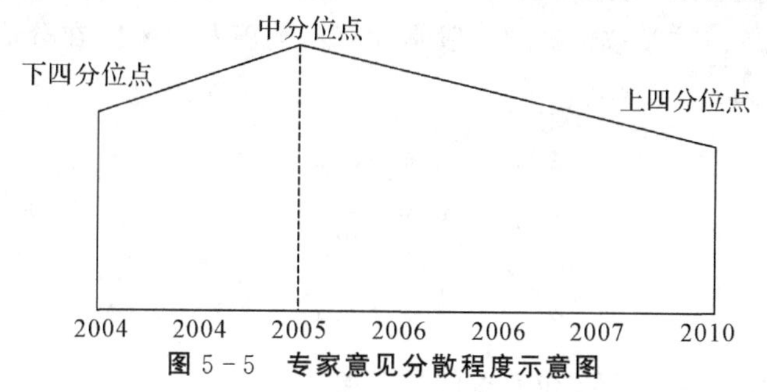

图 5－5　专家意见分散程度示意图

下面介绍中位数的求法。首先将几位专家的答案按从小到大的顺序排列（包括重复的）：$x_1 \leqslant x_2 \leqslant \cdots \leqslant x_n$。中位数的计算公式为

$$\bar{x}=\begin{cases} x_{k+1}, & n=2k+1\text{（奇数）} \\ \dfrac{x_k+x_{k+1}}{2}, & n=2k\text{（偶数）} \end{cases} \tag{5-1}$$

式中：$\overline{x}$ 为中位数；x_k 为第 k 个数据；k 为正整数。

上四分位点的计算公式为

$$x_{上四}=\begin{cases} x_{\frac{3k+3}{2}}, & n=2k+1,k\text{ 为奇数} \\ \dfrac{x_{\frac{3}{2}k+1}+x_{\frac{3}{2}k+2}}{2}, & n=2k+1,k\text{ 为偶数} \\ x_{\frac{3k+1}{2}}, & n=2k,k\text{ 为奇数} \\ \dfrac{x_{\frac{3}{2}k}+x_{\frac{3}{2}k+1}}{2}, & n=2k,k\text{ 为偶数} \end{cases} \tag{5-2}$$

下四分位点的计算公式为

$$x_{下四}=\begin{cases} x_{\frac{k+1}{2}}, & n=2k+1,k\text{ 为奇数} \\ \dfrac{x_{\frac{1}{2}k}+x_{\frac{1}{2}k+2}}{2}, & n=2k+1,k\text{ 为偶数} \\ x_{\frac{k+1}{2}}, & n=2k,k\text{ 为奇数} \\ \dfrac{x_{\frac{1}{2}k}+x_{\frac{1}{2}k+1}}{2}, & n=2k,k\text{ 为偶数} \end{cases} \tag{5-3}$$

【例 5-1】 由 11 位专家对某武器装备需求数量进行估计，其估计数量（单位为件）按顺序排列如下：

90，91，91，92，93，93，93，94，94，95，96

计算中位数，根据式(5-1)，其中位数为 $\overline{x}=x_6=93$（件）。

计算上、下四分位点：

由式(5-2)和式(5-3)得 $x_{上四}=x_9=94$（件），$x_{下四}=x_3=91$（件）。

(2)事件评估征询数据的统计处理。征询之前，需将定性（正确性、重要性、迫切性、可能性）评估问题量化。量化的办法有两种：一是分值评估；二是等级评估。分值评估通常采用五分制或百分制；等级评估可采用三级（很重要、重要、不重要）、五级（极重要、很重要、重要、不重要、不必考虑）等。这类数据处理一般是计算出均值和方差。在分值评估中，计算均值 $\overline{X}$ 和方差 σ^2 的公式为

$$\overline{X}=\frac{\sum_{i=1}^{m}x_i}{m} \tag{5-4}$$

$$\sigma^2=\frac{1}{m-1}\sum_{i=1}^{m}(x_i-\overline{X})^2 \tag{5-5}$$

式中：m 为专家总人数；x_i 为第 i 位专家的评分值。

在等级评估中，计算均值与方差的公式为

$$\overline{X}=\frac{\sum_{i=1}^{N}x_i n_i}{\sum_{i=1}^{N}n_i-1} \tag{5-6}$$

$$\sigma^2 = \frac{\sum_{i=1}^{N}(x_i - \overline{X})^2 n_i}{\sum_{i=1}^{N} n_i - 1} \tag{5-7}$$

式中：N 为评估等级数目；x_i 为等级序号，$i=1,2,\cdots,N$；n_i 为评为第 i 等级的专家人数；m 为专家总数。

对事件评估征询数据还可以采用加权处理。每位专家评估数据的权系数可视专家的经历、职务、年龄与自我评定等几个方面的情况来确定。

4. 派生德尔菲法

根据预测的具体情况可以对上述德尔菲法做出某些修正，形成各种派生的德尔菲法。常做出的改变如下。

(1)部分取消匿名。例如，有的轮实行匿名信息反馈，有的轮不匿名，或采取匿名征询与召开专家会议进行辩论相结合，这样可以加快预测进程。

(2)部分取消反馈。例如，反馈中不提供中位数，这样可以防止有些专家只是简单地向中位数靠拢的做法。

(3)取消第一轮的事件征询，由组织者根据掌握的资料直接拟定事件预测或事件评估表，以减轻专家负担、缩短预测周期。

(4)在有条件的情况下还可以采用“实时德尔菲法”，即利用计算机终端在专家与组织者之间传递信息，加快德尔菲法的进程。

第三节　定量预测方法和模型

一、时间序列分析法

时间序列是指一组按时间顺序排列的反映事物某种状态的数字，如工业企业按年度排列的产量(或产值)，商业部门按月份或季度排列的商品销售额等。时间序列分析法就是根据预测对象的这些数据，利用数理统计方法加以处理，得出事物变化的规律并用以推测未来值。

1. 移动平均法

移动平均法是收集一组观察值，计算这组观察值的均值，利用这一均值作为下一期的预测值。因此，也称为一次移动平均法。

其计算公式为

$$\hat{x}_{t+1} = M_t = \frac{x_t + x_{t-1} + \cdots + x_{t-N+1}}{N} \tag{5-8}$$

式中：M_t 为 t 时刻的移动平均值；$\hat{x}_{t+1}$ 为 $t+1$ 时刻的预测值；x_t 为 t 时刻的原始数据；N 为观察值的个数。

移动平均法可以部分消除预测对象的随机波动，且 N 取得越大，对随机波动成分抑制作用也就越大，但这种情况下对预测状态的变化趋势反应也越迟钝。究竟 N 应取多大，应以提高预测的精度为准。

2. 加权移动平均法

加权移动平均法克服了一次移动平均法的不足之处，即每期数据在预测中的重要程度都是等同的。实际上，每期数据包含的信息量并不一样，可以考虑各期数据的重要性，对近期数据给予更大的权重，然后求每个数据与对应权重之积，再求平均值，以加权平均值作为预测期的预测值。其计算公式为

$$\hat{x}_{t+1}=M_t=\frac{\omega_1 x_t+\omega_2 x_{t-1}+\cdots+\omega_N x_{t-N+1}}{\omega_1+\omega_2+\cdots+\omega_N} \tag{5-9}$$

式中：$\omega_1,\omega_2,\cdots,\omega_N$ 分别为 $x_t,x_{t-1},\cdots,x_{t-N+1}$ 的权重；$\hat{x}_{t+1}$ 为 $t+1$ 时刻的预测值。

【例 5-2】 以某部队每月装备维修费用为例，用以上两种方法预测下一个月的装备维修费用，见表 5-2。

表 5-2 移动平均法和加权移动平均法预测

时间(月份)	1	2	3	4	5	6	7	8	9	10	11
维修费用/万元	10	12	13	15	7	16	20	24	22	23	
一次移动平均法($N=3$)				11.7	13.3	15	16	17.7	20	22	23
一次移动平均法($N=4$)					12.5	14.3	15.3	17	19.3	20.5	22.3
加权移动平均法					11.7	13.4	14.6	16.4	18.1	19.1	21.9

注：加权移动平均法中 $N=4,\omega_1=1.5,\omega_2=1,\omega_3=0.5,\omega_4=0.5$

3. 趋势移动平均法

趋势移动平均法就是通过做两次滑动平滑，利用滞后偏差的规律来建立直线趋势的预测模型。假定直线趋势预测模型为

$$\hat{x}_{t+T}=a_t+b_t T,\quad T=1,2,\cdots \tag{5-10}$$

推导计算得

$$\begin{cases} a_t=2M_t^{(1)}-M_t^{(2)} \\ b_t=2\times\dfrac{[M_t^{(1)}-M_t^{(2)}]}{N-1} \end{cases}$$

式中：$M_t^{(1)}$ 为一次移动平均值，即

$$M_t^{(1)}=\frac{x_t+x_{t-1}+\cdots+x_{t-N+1}}{N}$$

式中：$M_t^{(2)}$ 为在第一次移动平均数基础上再进行滑动的平均，即

$$M_t^{(2)}=\frac{M_t^{(1)}+M_{t-1}^{(1)}+\cdots+M_{t-N+1}^{(1)}}{N}$$

【例 5－3】 已知某部队 2000—2020 年的年购置装备保障器材的费用(见表 5－3),试运用 Excel 2003 预测 2021 年该部队购置装备保障器材的费用。

表 5－3　装备训练经费

年　份	费用/万元	年　份	费用/万元	年　份	费用/万元
2000	12	2007	30	2014	50
2001	15	2008	35	2015	52
2002	17	2009	32	2016	54
2003	20	2010	35	2017	58
2004	18	2011	40	2018	60
2005	25	2012	38	2019	62
2006	24	2013	45	2020	65

下面使用 Excel 进行预测,具体操作步骤如下。

(1)首先在 Excel 中,选择“工具”菜单的“加载宏”命令,将“分析工具库”加载入工具菜单(见图 5－6)。然后就可以选择“数据分析”命令,此时弹出“数据分析”列表框。

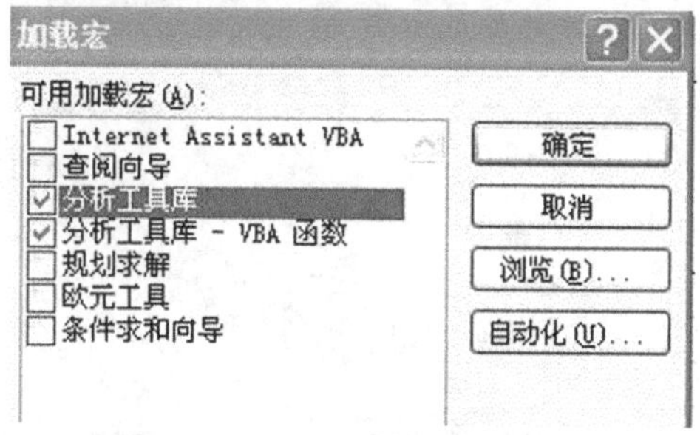

图 5－6　加载“数据分析”命令

(2)在“数据分析”列表框中,选择“移动平均”工具(见图 5－7)。

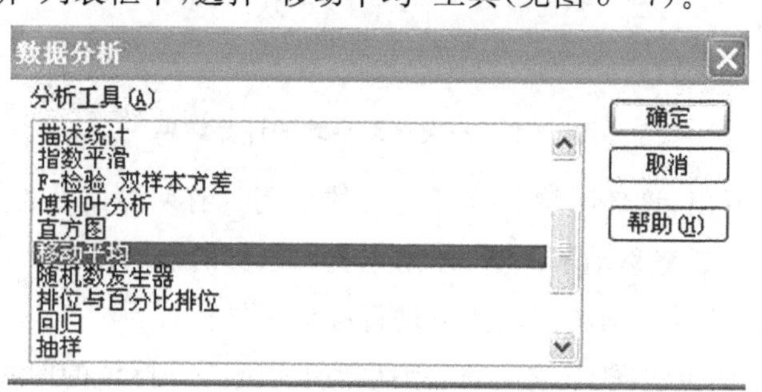

图 5－7　“数据分析”列表框

这时,将弹出移动平均对话框,在输入框中指定输入参数。在输入区域框中指定统计数据所在区域 B1:B22;因为指定的输入区域包含标志行,所以选中标志位于第一行复选框;在间隔框内键入移动平均的项数 4(根据数据的变化规律,本例选取移动平均项数 $N=4$)。

在输出选项框内指定输出选项。可以选择输出到当前工作表的某个单元格区域、新工作表或是新工作簿。本例选定输出区域,并键入输出区域左上角单元格地址 C3;选中图表输出复选框。若需要输出实际值与一次移动平均值之差,还可以选中标准误差复选框(见图 5－8)。

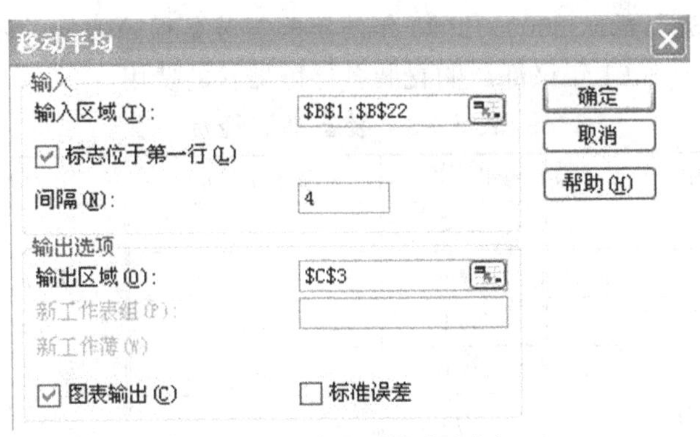

图 5-8　“数据分析”列表框

(3)单击“确定”按钮。这时,Excel 给出一次移动平均的计算结果及实际值与一次移动平均值的曲线图,如图 5-9 所示。

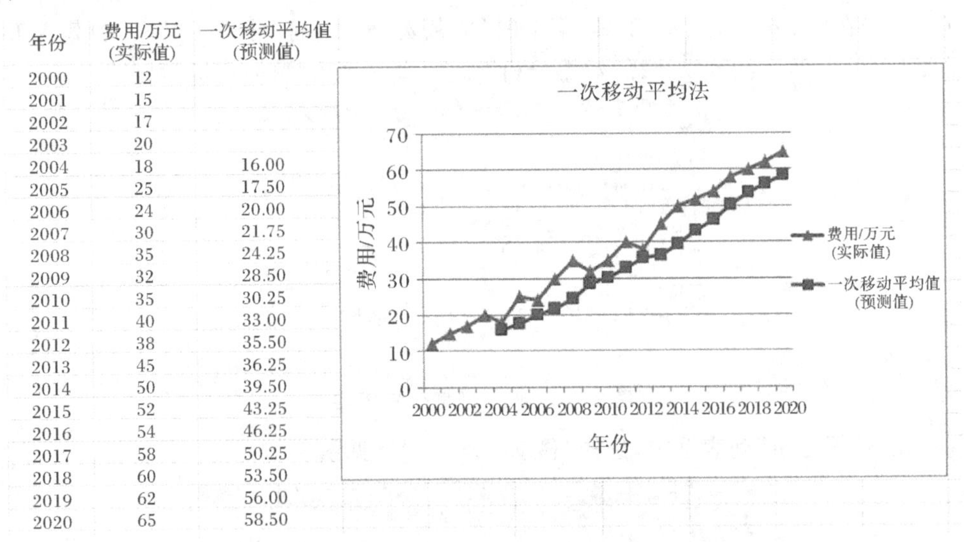

年份	费用/万元(实际值)	一次移动平均值(预测值)
2000	12	
2001	15	
2002	17	
2003	20	
2004	18	16.00
2005	25	17.50
2006	24	20.00
2007	30	21.75
2008	35	24.25
2009	32	28.50
2010	35	30.25
2011	40	33.00
2012	38	35.50
2013	45	36.25
2014	50	39.50
2015	52	43.25
2016	54	46.25
2017	58	50.25
2018	60	53.50
2019	62	56.00
2020	65	58.50

图 5-9　一次移动平均的计算结果

从图 5-9 可以看出,该部队购买装备器材的费用具有明显的线性增长趋势。因此,要进行预测,还必须先作趋势移动平均法,再建立直线趋势的预测模型。而利用 Excel 提供的移动平均工具在一次移动平均的基础上再进行移动平均。

趋势移动平均法的方法同上,求出的趋势移动平均值及实际值的曲线,如图 5-10 所示。

再利用前面所讲的公式计算参数:

$$\begin{cases} a_{21} = 2M_{21}^{(1)} - M_{21}^{(2)} = 65.5 \\ b_{21} = 2\dfrac{[M_{21}^{(1)} - M_{21}^{(2)}]}{4-1} = 4.67 \end{cases}$$

于是,可得 $t=21$ 时的直线趋势预测模型为

$$\hat{x}_{21+T}=65.5+4.67T$$

预测 2011 年该部队购买装备保障器材的费用为

$$\hat{x}_{2011}=\hat{x}_{21+1}=65.5\text{万元}+4.67\text{万元}=70.17\text{万元}$$

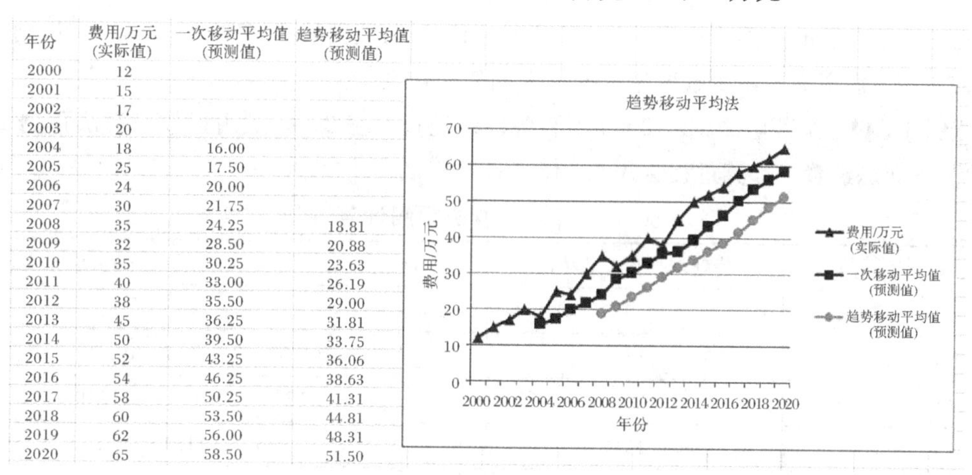

年份	费用/万元（实际值）	一次移动平均值（预测值）	趋势移动平均值（预测值）
2000	12		
2001	15		
2002	17		
2003	20		
2004	18	16.00	
2005	25	17.50	
2006	24	20.00	
2007	30	21.75	
2008	35	24.25	18.81
2009	32	28.50	20.88
2010	35	30.25	23.63
2011	40	33.00	26.19
2012	38	35.50	29.00
2013	45	36.25	31.81
2014	50	39.50	33.75
2015	52	43.25	36.06
2016	54	46.25	38.63
2017	58	50.25	41.31
2018	60	53.50	44.81
2019	62	56.00	48.31
2020	65	58.50	51.50

图 5-10　趋势移动平均注的计算结果

4. 指数平滑法

指数平滑法是在移动平均法的基础上发展起来的一种趋势分析预测法。其具体操作方法是以前期的实际值和前期的预测值（或平滑值），经过修匀处理后作为本期预测值。

指数平滑法的基本公式为

$$\hat{x}_{t+1}=\alpha x_t+(1-\alpha)\hat{x}_t \tag{5-11}$$

式中：α 为 x_t 的加权值，称为平滑系数，$0<\alpha<1$；$\hat{x}_t$ 为 t 时刻的预测值；$\hat{x}_{t+1}$ 为 $t+1$ 时刻的预测值（指数平滑数）；x_t 为 t 时刻的实际值。

这种方法在预测中仅需保留两个历史数据就够了，在运用计算机时存储量和计算量都可以大为减少。

为了理解指数平滑的含义，可以将式（5-11）做如下推演：

$$\begin{aligned}\hat{x}_{t+1}&=\alpha x_t+(1-\alpha)\hat{x}_t=\\&\alpha x_t+(1-\alpha)[\alpha x_{t-1}+(1-\alpha)\hat{x}_{t-1}]=\\&\alpha x_t+\alpha(1-\alpha)x_{t-1}+(1-\alpha)^2\hat{x}_{t-1}=\\&\cdots=\\&\alpha x_t+\alpha(1-\alpha)x_{t-1}+\alpha(1-\alpha)^2x_{t-2}+\cdots+\alpha(1-\alpha)^{t-1}x_1+(1-\alpha)^t\hat{x}_1\end{aligned} \tag{5-12}$$

由式（5-12）可以看出，指数平滑实际上包含了所有的历史数据，只是随着时间的推移，离现时刻越远的数据加权越小，权系数分别为 $\alpha,\alpha(1-\alpha),\alpha(1-\alpha)^2,\cdots,(1-\alpha)^t$。由于权系数是指数几何级的，指数平滑法由此得名。

α 的大小反映了新旧数据的权值的大小。α 越小，近期实际数据起的作用越小，对预测对象状态的随机波动成分抑制作用越大，对预测状态的变化趋势反映越迟钝，预测结果反映的是对象变化的长期趋势；α 越大，对近期变化反映越敏感，预测结果反映的是对象变化的近期倾向。

此外，在进行指数平滑时，必须估算初始值 x_t。当所统计的数据较多，若在 20 个以上时，则初始值的影响将逐步被平滑掉，可以用 x_t代替$\hat{x}_t$；数据较少，若在 20 个以内时，则初始值的影响大，需根据开始少数原始数据求平均值来估算$\hat{x}_t$。

【例 5-4】 某部队 2012—2020 年装备训练经费见表 5-4，试用指数平滑法预测 2021 年的装备训练经费。计算过程见表 5-4。

表 5-4 指数平滑法预测计算过程

年 份	t	装备训练经费/万元	$\hat{x}_{t+1}=\alpha x_t+(1-\alpha)\hat{x}_t \quad \alpha=0.7,\hat{x}_1=11$
2012	1	10	
2013	2	12	0.7×10+0.3×11=10.3
2014	3	13	0.7×12+0.3×10.3=11.49
2015	4	16	0.7×13+0.3×11.49=12.55
2016	5	19	0.7×16+0.3×12.55=14.97
2017	6	23	0.7×19+0.3×14.97=17.79
2018	7	26	0.7×23+0.3×17.79=21.44
2019	8	30	0.7×26+0.3×21.44=24.63
2020	9	28	0.7×30+0.3×24.63=28.39

根据式(5-11)，则 2021 年装备训练经费的预测值为

$$\hat{x}_{2021}=0.7x_t+(1-0.7)\hat{x}_t=0.7\times 28\text{ 万元}+0.3\times 28.39\text{ 万元}=28.117\text{ 万元}$$

需要注意的是，指数平滑法虽然克服了移动平均法的两个缺点，但当时间序列的变动呈现直线趋势时，用一次指数平滑法进行预测，则会存在明显的滞后偏差，因此，也必须加以修正。修正的方法与趋势移动平均法相同，即再作二次指数平滑，利用滞后偏差的规律来建立直线趋势模型即可。

二、回归分析法

客观世界中某些事物之间存在着一定的因果关系。但是，由于许多随机因素的影响，事物间的关系便会呈现出不确定性。回归分析是通过对大量的数据进行统计处理寻求事物间的因果关系规律，并依据此规律进行预测的一种方法，故又称因果分析法。

回归分析法的基本思想：对观测数据进行统计分析，用恰当回归线描述作为因变量的预测变量(用 y 表示)与影响其变化的自变量(用 $x_1,x_2,\cdots$表示)之间的关系，然后根据已知自变量预测因变量的值，并分析预测的误差。

1. 一元线性回归

一元线性回归是处理自变量 x 与因变量 y(预测变量)之间线性关系的一种有效方法。建立一元线性回归方程的关键是根据已知的观测数据(或称样本)确定回归系数 a 与 b，使预测方程(回归方程)

$$\hat{y}=a+b\hat{x} \tag{5-13}$$

最接近观测值。估计值与实际观测值之间的误差用

$$e_i = y_i - \hat{y}_i,\quad i=1,2,\cdots,n \tag{5-14}$$

表示，而

$$Q=\sum_{i=1}^{n} e_i^2 \tag{5-15}$$

表示总误差。这样，寻求使预测误差为最小的回归系数问题，就转变为求使总误差取最小值的 a 与 b。使偏差 e_i 的二次方和为最小的原则（方法）一般称为最小二乘原则（方法）。

根据最小二乘原则，可求得使 Q 取最小值的 a 与 b：

$$a=\frac{\sum y_i - b\sum x_i}{n},\quad b=\frac{n\sum(x_i y_i)-\sum x_i\sum y_i}{n\sum x_i^2-\left(\sum x_i\right)^2} \tag{5-16}$$

毫无疑问，对于任何一组样本数据都可以利用上述公式计算出系数 a、b 的值，从而得到一直线回归方程 $y=a+bx$。但是 y 与 x 之间相关程度究竟如何，也可以说 y 的值到底由 x 决定的比例(%)有多大，只从散布图的观察来看是不准确的。通常需要应用误差统计原理，在数学上给出一种定量检验方法，即根据已知数据求相关系数 r，再根据 r 的大小来判定 y 与 x 的相关程度，这就称为相关性检验。

相关系数的计算公式为

$$r=\frac{n\sum(x_i y_i)-\sum x_i\sum y_i}{\sqrt{\left[n\sum x_i^2-\left(\sum x_i\right)^2\right]\left[n\sum y_i^2-\left(\sum y_i\right)^2\right]}} \tag{5-17}$$

r 绝对值的大小，反映 y 与 x 的线性相关程度，它的值一般为 $-1<r<1$。r 符号的正负决定回归直线的趋向，r 的大小反映数据点的分散程度。

为了保证回归方程较好地拟合 y 与 x 之间的关系，就要求计算出的 r 值大于某一最低数值 $\underline{r}$（称临界值），这个临界值 $\underline{r}$ 就是相关性检验的标准，可从相关系数的临界表中查找。表内 α 称为显著性水平，一般有 0.01，0.02，0.05，0.10 几种情况。y 与 x 相关关系的置信水平为 $100\times(1-\alpha)\%$。

在实际中由于偏差的存在，预测值不可能是一个确定值，应该是一个范围或区间，一般要求实际值位于这个区间范围的概率达到 95%以上，这个区间称为预测值的置信区间。置信区间说明回归模型的适用范围或精确程度。当数据点在回归直线附近大致接近正态分布时，这个区间应为 $y\pm 2\sigma$，其中 σ 为标准偏差，计算式为

$$\sigma=\sqrt{\frac{(1-r)^2\left[\sum y_i^2-\left(\sum y_i\right)^2/n\right]}{n-2}} \tag{5-18}$$

【例 5-5】 为了预测部队装备维修经费与装备数量之间的关系，随机抽取了 10 个部队的样本，得到的数据见表 5-5。对数据进行回归分析并预测拥有 1.5 万件装备的部队一年的装备维修经费。

表 5-5　部队维修经费与装备数量数据

编　号	装备数量/万件	维修费用/万元
1	0.2	5.5
2	0.6	6.5

续表

编　号	装备数量/万件	维修费用/万元
3	0.8	12
4	1	10
5	1.2	13
6	1.6	15
7	2	20
8	2.2	18
9	2.4	21
10	2.8	28

解:首先,录入数据。在直方图上(直角坐标系下)做出散点图,如图 5-11 所示。其次,观察散点图,判断点列分布是否具有线性趋势。只有当数据具有线性分布特征时,才能采用线性回归分析方法。从图中可以看出,本例数据具有线性分布趋势,可以进行线性回归。

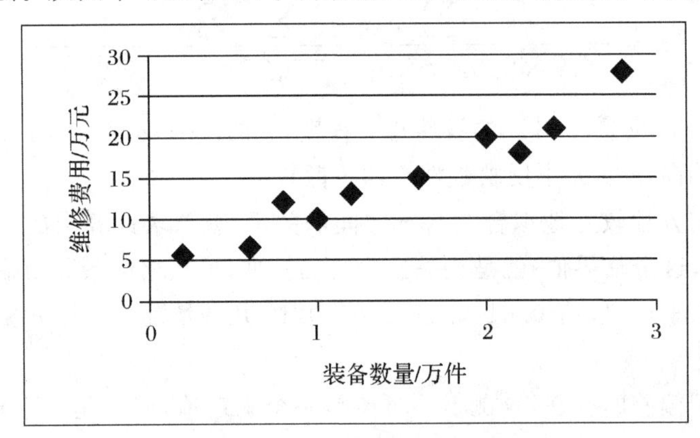

图 5-11　原始数据的散点

最后,由式(5-16)得到自变量与因变量的线性关系式为

$$\hat{y}_i = 3.18 + 7.92x_i$$

考虑某部队拥有 1.5 万件装备时,令 $x_0 = 1.5$,一年的装备维修经费预计为

$$\hat{y}_0 = (3.18 + 7.92 \times 1.5)\text{万元} = 15.06\ \text{万元}$$

2. 二元线性回归

二元线性回归是处理两个自变量 x_1,x_2 与因变量 y(预测变量)之间线性关系的一种常用方法。二元线性回归预测的基本公式为

$$y = a + b_1x_1 + b_2x_2 \tag{5-19}$$

式中:a,b_1,b_2 为回归系数。

类似于一元线性回归法,利用最小二乘方法,可得由统计数据求回归系数的公式为

$$b_1=\frac{\{[\sum(y_i-\bar{y})(x_{1i}-\bar{x}_1)][\sum(x_{2i}-\bar{x}_2)^2]\}-\{[\sum(y_i-\bar{y})(x_{2i}-\bar{x}_2)][\sum(x_{1i}-\bar{x}_1)(x_{2i}-\bar{x}_2)]\}}{\{[\sum(x_{1i}-\bar{x}_1)^2][\sum(x_{2i}-\bar{x}_2)^2]\}-[\sum(x_{1i}-\bar{x}_1)(x_{2i}-\bar{x}_2)]^2} \tag{5-20}$$

$$b_2=\frac{\{[\sum(y_i-\bar{y})(x_{2i}-\bar{x}_2)][\sum(x_{1i}-\bar{x}_1)^2]\}-\{[\sum(y_i-\bar{y})(x_{1i}-\bar{x}_1)][\sum(x_{1i}-\bar{x}_1)(x_{2i}-\bar{x}_2)]\}}{\{[\sum(x_{1i}-\bar{x}_1)^2][\sum(x_{2i}-\bar{x}_2)^2]\}-[\sum(x_{1i}-\bar{x}_1)(x_{2i}-\bar{x}_2)]^2} \tag{5-21}$$

$$a=\bar{y}-b_1\bar{x}_1-b_2\bar{x}_2 \tag{5-22}$$

多元线性回归与二元线性回归类似，这里不再赘述。

3. 非线性回归

在实际问题中，许多变量之间的关系是非线性的，这时一般要采用非线性回归预测。非线性回归应用起来比较复杂，常用变量代换，将非线性问题转变为线性回归问题处理。这样解决问题可概括为以下两步。

(1)画出数据的分布图，据之判断变量 y 与 x 之间的函数类型，并选择合适曲线方程对数据进行拟合。

(2)选择变量代换关系

$$y'=f(y),\quad x'=g(x) \tag{5-23}$$

把 y 与 x 之间的非线性关系转换为线性关系，即

$$y'=a+bx' \tag{5-24}$$

然后用线性回归法求回归系数 a 与 b。

总之，对任何系统或项目进行预测，都需要根据预测对象的性质、决策工作对预测结果准确度和精确度的要求，并考虑所能搜集到的资料情况，去选择适用的预测技术，并建立用于预测的模型。

三、支持向量机回归

支持向量机(Support Vector Machine，SVM)是统计学习理论中最年轻的部分，它的主要内容在 1992—1995 年才基本完成，目前仍处于不断发展的阶段。支持向量机方法建立在统计学习理论的 VC 维理论和结构风险最小原理的基础上，通过在有限样本信息模型的复杂性和学习能力之间寻求最佳折中方案，来获得足够好的推广能力。支持向量机方法主要有以下几个优点。

(1)支持向量机是针对有限样本情况的，目标是获得现有的有限样本信息下的最优解，而不仅仅是样本趋于无穷大时的最优解。

(2)算法最终转换成一个二次型寻优问题，理论上能得到全局最优点，解决了在神经网络算法中无法避免的局部极值问题。

(3)算法将实际问题通过非线性变换转换到高维的特殊空间，在高维空间中构造线性判

别函数来实现原空间中的非线性判别函数，能保证机器具有良好的推广能力，同时很好地解决了维数问题，而且其算法复杂度与样本维数无关。

支持向量机方法成为将统计学习理论付诸实现的有效的机器学习方法。目前，国际上对这一理论的讨论和进一步研究逐渐广泛起来，而我国在此领域的研究才刚刚开展起来。由于统计学习理论和支持向量机方法仍然处于发展阶段，很多方面还不完善；另外，对于一个实际的学习机器的 VC 维分析还没有通用的方法；在使用支持向量机方法时，如何根据具体问题选择适当的内积函数也没有理论依据。因此，在很多方面的研究还有很大的空间。

支持向量机分为支持向量分类（Support Vector Classification，SVC）和支持向量回归（Support Vector Regression，SVR）。SVR 是 SVM 在回归学习中的应用。

1. 理论基础

SVR 算法的基本思想是基于 Mercer 核展开定理。回归问题是已知一个训练集，设此训练集可表示为

$$T=\{(x_1,y_1),(x_2,y_2),\cdots,(x_l,y_l)\}\in(X,Y)' \tag{5-25}$$

式中：$x_i\in X=R^n$ 为输入指标向量或称输入；$y_i\in Y=R$ 为输出指标或称输出；$i=1,2,\cdots,l$。这里的 y_i 可以取任意的实数。

支持向量回归机的基本思想：根据给定的训练集 T 寻找R^n上的一个实值函数，以便用 $y=f(x)$来推断任一模式 x 所对应的 y 值。使由该函数求出的每个输入样本的输出值和输入样本所对应的目标值相差不超过误差 $\varepsilon(\varepsilon>0)$，同时使回归出的函数尽量平滑。上述回归问题，当 $n=1$ 时，有着明显的几何意义。在图 5-12 中的点表示训练集中的训练点，要寻找的函数 $f(x)$为图 5-12 中的一条曲线。

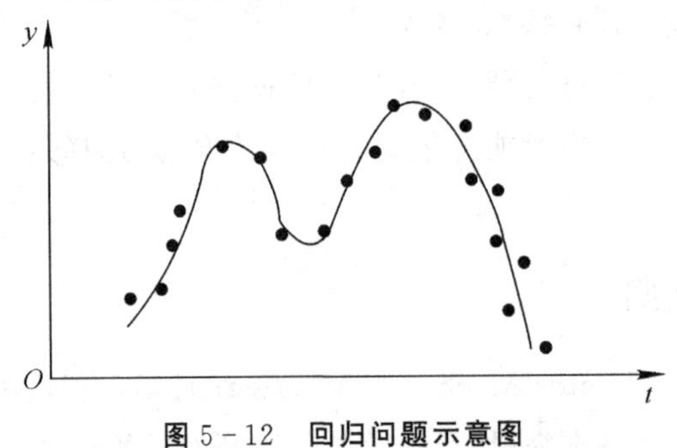

图 5-12 回归问题示意图

支持向量回归机有线性回归和非线性回归两种情形。对于线性回归，考虑用线性回归函数，即

$$y=wx+b \tag{5-26}$$

拟合数据$\{(x_i,y_i),i=1,2,\cdots,l\}$，$x_i\in\mathbf{R}^d$，$y_i\in\mathbf{R}$，其中，$w$ 和 b 分别为线性回归函数的法向量与偏移量。为了保证线性回归函数拟合效果好，必须寻找一个最小的 w，则采用最小化欧几里得空间的范数，并且假设所有的训练数据在精度 ε 下无误差地可用线性函数拟合，有下面的优化问题，即

$$\min\frac{1}{2}\|w\|^2 \tag{5-27}$$

约束条件为

$$\left.\begin{aligned}y_i-w\cdot x_i-b\leqslant\varepsilon\\w\cdot x_i+b-y_i\leqslant\varepsilon\end{aligned}\quad i=1,2,\cdots,l\right\}\tag{5-28}$$

当不能完全满足约束条件[式(5-28)]时，可以引入松弛变量ξ_i和ξ_i^*，此时优化问题转化为下面的式子，即

$$\min\frac{1}{2}\|w\|^2+C\sum_{i=1}^{l}(\xi_i+\xi_i^*)X_i\tag{5-29}$$

约束条件为

$$\left.\begin{aligned}&y_i-w\cdot x_i-b\leqslant\varepsilon+\xi_i\\&w\cdot x_i+b-y_i\leqslant\varepsilon+\xi_i^*\quad i=1,2,\cdots,l\\&\xi_i,\xi_i^*\geqslant 0\\&C>0\end{aligned}\right\}\tag{5-30}$$

其中，精度参数ε与惩罚系数C这两个参数，可控制逼近函数的VC维(Vapnik-Chervonenkis Dirnesion，为一个衡量模型复杂度的理论概念)，间接控制模型的复杂度和泛化能力。

上面的优化函数为二次型，约束条件是线性的，因此是个典型的二次规划问题，可以用拉格朗日(Lagrange)乘子法求解。引入Lagrange乘子$\alpha_i,\alpha_i^*,\eta_i,\eta_i^*$：

$$\begin{aligned}L(w,b,\xi,\xi^*)=\frac{1}{2}\|w\|^2+C\sum_{i=1}^{l}(\xi_i+\xi_i^*)-\sum_{i=1}^{l}\alpha_i(\varepsilon+\xi_i-y_i+w\cdot x_i+b)-\\\sum_{i=1}^{l}\alpha_i^*(\varepsilon+\xi_i^*+y_i-w\cdot x_i-b)-\sum_{i=1}^{l}(\eta_i\xi_i+\eta_i^*\xi_i^*)\end{aligned}\tag{5-31}$$

在最优解处，有

$$\left.\begin{aligned}&\frac{\partial L}{\partial w}=w-\sum_{i=1}^{l}(\alpha_i-\alpha_i^*)\cdot x_i=0\\&\frac{\partial L}{\partial b}=\sum_{i=1}^{l}(\alpha_i-\alpha_i^*)=0\\&\frac{\partial L}{\partial\xi_i}=C-\alpha_i-\eta_i=0\\&\frac{\partial L}{\partial\xi_i^*}=C-\alpha_i^*-\eta_i^*=0\end{aligned}\right\}\tag{5-32}$$

将式(5-32)代入式(5-31)，得线性可分条件下原问题的对偶问题为

$$\max\sum_{i=1}^{l}y_i(\alpha_i-\alpha_i^*)-\varepsilon\sum_{i=1}^{l}y_i(\alpha_i+\alpha_i^*)-\frac{1}{2}\sum_{i,j=1}^{l}(\alpha_i-\alpha_i^*)(\alpha_j-\alpha_j^*)(x_i\cdot x_j)\tag{5-33}$$

满足条件

$$\begin{cases}\sum_{i=1}^{l}(\alpha_i-\alpha_i^*)=0\\0\leqslant\alpha_i,\alpha_i^*\leqslant C,i=1,2,\cdots,l\end{cases}$$

求解方程式(5-32)和式(5-33),得到回归函数及其法向量为

$$f(x)=\sum_{i=1}^{l}(\alpha_i-\alpha_i^*)(x_i\cdot x)+b \tag{5-34}$$

$$w=\sum_{i=1}^{l}(\alpha_i-\alpha_i^*)\cdot x_i \tag{5-35}$$

对于非线性情况,通过非线性映射 φ 把数据映射到高维特征空间 H 中,在 H 中求解最优回归函数,则在高维空间中的线性回归对应着低维空间中的非线性回归。因此,在最优回归函数中采用适当的核函数 $K(x_i,x)$ 代替高维空间中的向量内积 $\varphi(x_i)\cdot\varphi(x)$ 就可以实现某一非线性变换后的线性拟合,且计算复杂度没有增加。那么最优化问题为

$$\max\sum_{i=1}^{l}y_i(\alpha_i-\alpha_i^*)-\varepsilon\sum_{i=1}^{l}(\alpha_i+\alpha_i^*)-\frac{1}{2}\sum_{i,j=1}^{l}(\alpha_i-\alpha_i^*)(\alpha_j-\alpha_j^*)K(x_i\cdot x_j) \tag{5-36}$$

对应的回归函数及其法向量为

$$f(x)=\sum_{i=1}^{l}(\alpha_i-\alpha_i^*)K(x_i\cdot x_j)+b \tag{5-37}$$

$$w=\sum_{i=1}^{l}(\alpha_i-\alpha_i^*)K(x_i\cdot x) \tag{5-38}$$

2. 核函数

核函数的引入极大地提高了学习机器的非线性处理能力,同时也保持了学习机器在高维空间中的内在线性,使得学习很容易得到控制。利用核函数代替原空间中的内积,就将数据映射到某个高维的特征空间中,这时的映射称为与核有关的映射,特征空间是由核函数定义的。通过引入核函数,高维特征空间中的内积运算就可以通过原空间的一个核函数来隐含地进行运算。升维后,只是改变了内积运算,没有使算法的复杂性随着维数的增加而增加,而且在高维空间中的推广能力并不受维数影响。这就说明在 SVR 的使用过程中,核函数的选择是非常重要的。目前,常用的支持向量机的核函数有以下几种。

1)多项式核(Polynomial)

齐次多项式核为

$$K(x,x')=(x\cdot x')^d \tag{5-39}$$

非齐次多项式核为

$$K(x,x')=(\gamma x\cdot x'+r)^d \tag{5-40}$$

式中:$\gamma>0$;r 为常数,一般取 1;d 为正整数。

2)径向基核(Radial Basis Function,RBF)

$$K(x,x')=\exp(-\|x-x'\|^2/\sigma^2)=\exp(-\gamma\|x-x'\|^2) \tag{5-41}$$

式中:σ 是径向基函数的宽度系数;$\gamma=1/\sigma^2$。

3)多层感知器(Sigmoid)(又称双曲正切核)

$$K(x,x')=\tanh[k(x\cdot x')+v]^d \tag{5-42}$$

式中:$k>0$;$v<0$。

3. 参数对支持向量回归机的影响

Vapnik 等人在研究中发现，SVM 模型参数及核参数是影响 SVM 性能的关键因素。模型参数控制着模型的风险大小、学习能力及推广能力，核参数的改变隐含地改变了映射函数，从而改变了样本在数据子空间分布的复杂程度(维数)。因此，根据具体模型选取最优模型参数对 SVM 的性能优劣起着关键作用。

对于 ε - SVR 模型和 RBF 核函数来说，需要训练的参数有惩罚系数 C、精度参数 ε 以及核宽度系数 σ，它们是影响 ε - SVR 性能的主要因素。

1)参数 C 的影响

由前面的公式可知，容错惩罚系数 C 的作用是在确定的数据子空间中调节学习机器置信范围和经验风险的比例，以使学习机器的推广能力最好。一般都会选取一个较大的数值来降低误差，从而取得对训练样本较好的拟合。

惩罚系数 C 反映了算法对超出 ε 管道的样本数据的惩罚程度，其值影响模型的复杂性和稳定性。在确定的数据子空间中，C 的取值小表示对经验误差的惩罚小，学习机器的复杂度小而经验风险值较大；反之亦然。前者称为“欠学习”现象，而后者则为“过学习”。每个数据子空间至少存在一个合适的 C 使得 SVM 推广能力最好。当 C 超过一定值时，SVM 的复杂度达到了数据子空间允许的最大值，此时经验风险和推广能力几乎不再变化。

2)参数 ε 的影响

由于 ε - SVR 进行训练时，要求训练数据尽量满足不等式 $|y-f(x)|\leqslant\varepsilon$，所以，精度参数 ε 控制着回归函数对样本数据的不敏感区域的宽度，影响着支持向量的数目。ε 选得太小，回归估计精度高，但支持向量数目增多，可能导致过拟合；ε 选得太大，回归估计精度降低，支持向量数目减少，支持向量机的稀疏性大，可能造成欠拟合。精度参数 ε 控制模型的泛化和推广能力。在实际求解中，ε 过小，可能会导致模型过于复杂，使求解时间大大增加，得不到好的推广能力；ε 过大，可能会导致模型过于简单，使其精度有所降低，推广能力也会降低。

3)参数 σ 的影响

核宽度系数 σ 反映了训练样本数据的分布，它的改变实际上是隐含地改变映射函数从而改变样本数据子空间分布的复杂程度，即线性分类面的最大 VC 维，也就决定了线性分类达到最小误差。宽度系数 σ 反映了支持向量之间的相关程度。σ 取值太小，支持向量之间的联系比较松弛，学习机器相对复杂，推广能力得不到保证；σ 取值太大，支持向量之间的影响过强，回归模型难以达到足够的精度。在 SVR 中，当 σ 取值很小时，惩罚系数 C 可相应地取得小些，以保证模型的推广能力。

综上分析可知，SVR 能否实现良好的推广性能与惩罚系数 C、精度参数 ε 以及 RBF 核函数的参数 σ 等有着很大的关系。尽管这三个参数的选择对 SVR 非常重要，但在进行参数选择时，没有统一的方法，大部分依靠人工选取。这样需要大量的时间和精力，而且具有随机性。现在，许多研究人员开始研究应用各种方法搜索支持向量机参数。也可以应用遗传算法选择 SVR 的参数，利用遗传算法自动寻优的特点，从全局进行最优参数的选择。

四、灰色预测方法

时间序列预测是采用趋势预测原理进行的，然而时间序列预测存在以下问题：时间序列变化趋势不明显时，很难建立起较精确的预测模型；它是在系统按趋势发展变化的假设下进行预测的，因而未考虑对未来变化产生影响的各种不确定因素。为了克服上述缺点，邓聚龙教授引入了灰色因子的概念，采用累加和累减的方法创立了灰色预测理论，主要用于数列预测（针对系统行为特征值的发展变化所进行的预测），突变预测（针对系统行为的特征值超过某个阈值的异常值将在何时出现的预测），季节突变预测（若系统行为的特征有异常值出现或某种事件的发生是在一年中的某个特定的时区，则该预测为季节性突变预测），拓扑预测（对一段时间内系统行为特征数据波形的预测）。

1.灰色预测的基本原理

当一时间序列无明显趋势时，采用累加的方法可生成一趋势明显的时间序列。如时间序列$X^{(0)}=\{32,38,36,35,40,42\}$的趋势并不明显，但将其元素进行累加所生成的时间序列$X^{(1)}=\{32,70,106,141,181,223\}$，则是一趋势明显的数列。按该数列的增长趋势可建立预测模型并考虑灰色因子的影响进行预测，然后采用累减的方法进行逆运算，恢复时间序列，得到预测结果，这就是灰色预测的基本原理。

在灰色建模理论和方法中，为寻找原始数列随时间变化的规律性，通常将原始数列经累加生成得生成数列，按生成数列建模，找出生成数列的规律性，然后应用累减生成还原方式，将生成数列规律性还原，从而得到原始数列的内在规律性。下面给出这种做法的理论根据。

将预测数列$\{\hat{x}^{(0)}(k)\}$与原始数列$\{x^{(0)}(k)\}$比较，用模型计算值$\hat{x}^{(0)}(k)$来拟合实际值$x^{(0)}(k)$，将会产生多大的偏差，也即估计误差或残差$\hat{x}^{(0)}(k)-x^{(0)}(k)(k=1,2,\cdots,n)$有多大。事实上，有

$$
\begin{aligned}
x^{(0)}(k)-\hat{x}^{(0)}(k)=x^{(0)}(k)-[\hat{x}^{(1)}(k)-\hat{x}^{(1)}(k-1)]=\\
x^{(1)}(k)-x^{(1)}(k-1)-\hat{x}^{(1)}(k)+\hat{x}^{(1)}(k-1)
\end{aligned}
$$

若令$\varepsilon=\max\{|x^{(1)}(k)-\hat{x}^{(1)}(k)|\}$，则有

$$
|x^{(0)}(k)-\hat{x}^{(0)}(k)|=|x^{(1)}(k)-\hat{x}^{(1)}(k)|+|x^{(1)}(k-1)-\hat{x}^{(1)}(k-1)|<2\varepsilon \quad (5-43)
$$

式(5-43)表明，如果用生成模型计算值$\hat{x}^{(1)}(k)$来预测或拟合生成数据$x^{(1)}(k)(k=1,2,\cdots,n)$，其最大可能的残差为$\varepsilon$时，那么模型还原计算值$\hat{x}^{(0)}(k)=\hat{x}^{(1)}(k)-\hat{x}^{(1)}(k-1)$用来拟合或预测原始数列的实际值$x^{(0)}(k)(k=1,2,\cdots,n)$时，其最大残差不会超过$2\varepsilon$。也就是说，如果生成模型对生成数列拟合得比较好，那么还原后的模型计算值对原始数据的拟合也必有较高的精度。实践进一步证明，用数的生成方式来寻找数的规律，是一种很好的数据处理方法，具有很高的理论和实用价值。

2.灰色系统建模的基本思路

灰色系统建模方法是通过处理灰信息来揭示系统内部的运动规律，它利用系统信息，使抽象概念量化，量化概念模型化，最后进行模型优化。它不但考虑通过输出信息去同构系统模型，同时十分重视关联分析，从而充分利用系统信息，使杂乱无章的无序数据转化为适于微分方程建模的有序数列。常用的对不确定问题的处理方法有数理统计法和模糊数学法。

前者需要大量的历史数据，后者不免带有主观性。而灰色系统建模方法采用以区间及区间运算为代表的灰数处理，是一种简便实用的方法。目前，灰色系统建模方法主要用于灰色预测和决策，并取得了良好的效果。

灰色模型按照五步建模思想构建，通过灰色生成或序列算子的作用弱化随机性，挖掘潜在的规律，经过灰色差分方程与灰色微分方程之间的互换实现了利用离散的数据序列建立连续的动态微分方程的新飞跃。

灰色系统建模的基本思路可以概括为以下几点。

(1)定性分析是建模的前提，定量模型是定性分析的具体化，定性与定量紧密结合，相互补充。

(2)明确系统因素，明确因素间关系及因素与系统的关系是系统研究的核心。因素间的关系及因素与系统的关系不是绝对的，而是相对的。

(3)因素分析不应停留在一种状态上，而应考虑到时间推移、状态变化，即系统行为的研究要动态化。

(4)要通过模型了解系统的基本性能，如是否可控、变化过程是否可观测等。要通过模型对系统进行诊断，搞清现状，揭示潜在的问题。应从模型获取尽可能多的信息，特别是发展变化的信息。

(5)序列生成数据是建立灰色模型的基础数据。建立灰色模型常用的数据：①科学数据；②经验数据；③生产数据。

(6)对于满足光滑条件的序列，可以建立 GM 微分方程，一般非负序列累加生成后，可得到准光滑序列。

(7)模型精度可以通过灰数的不同生成方式，数据的取舍，序列的调整、修正以及不同级别的残差 GM 模型补充得到提高。

(8)灰色系统理论采用三种方法检验、判断模型的精度：①残差大小检验，对模型值和实际值的误差进行逐点检验；②关联度检验，通过考察模型值曲线与建模序列曲线的相似程度进行检验；③后验差检验，对残差分布的统计特性进行检验。

3. 灰色预测的基本模型——GM(1,1)模型

GM(1,1)模型是灰色预测模型中最常用的一种。它是由一个只包含单变量的微分方程构成的模型。模型的建立方法和步骤如下。

设原始时间序列为

$$X^{(0)}=\{x^{(0)}(1),x^{(0)}(2),\cdots,x^{(0)}(n)\} \tag{5-44}$$

其累加生成序列为

$$X^{(1)}=\{x^{(1)}(1),x^{(1)}(2),\cdots,x^{(1)}(n)\} \tag{5-45}$$

按累加生成序列建立的微分方程模型为

$$\frac{\mathrm{d}X^{(1)}}{\mathrm{d}t}+aX^{(1)}=u \tag{5-46}$$

其解的离散形式为

$$X^{(1)}(t+1)=\left[X^{(0)}(1)-\frac{u}{a}\right]\mathrm{e}^{-at}+\frac{u}{a} \tag{5-47}$$

确定了参数 a 和 u 后，按此模型递推，即可得到预测的累加数列，通过检验后，再累加即得到预测值。其步骤如下。

(1)由原始序列 $X^{(0)}$ 按下式计算累加生成序列 $X^{(1)}(k)$：

$$X^{(1)}(k)=\sum_{m=1}^{k}X^{(0)}(m) \tag{5-48}$$

(2)按 $X^{(1)}$，采用最小二乘法按下式确定模型参数：

$$\hat{\boldsymbol{a}}=\begin{pmatrix}a\\u\end{pmatrix}=(\boldsymbol{B}^{\mathrm{T}}\boldsymbol{B})^{-1}\boldsymbol{B}^{\mathrm{T}}\boldsymbol{Y}_N \tag{5-49}$$

式中：

$$\boldsymbol{B}=\begin{bmatrix}-\frac{1}{2}[X^{(1)}(1)+X^{(1)}(2)] & 1\\ -\frac{1}{2}[X^{(1)}(2)+X^{(1)}(3)] & 1\\ \vdots & \vdots\\ -\frac{1}{2}[X^{(1)}(n-1)+X^{(1)}(n)] & 1\end{bmatrix},\quad \boldsymbol{Y}_N=\begin{bmatrix}X^{(0)}(2)\\X^{(0)}(3)\\ \vdots\\X^{(0)}(n)\end{bmatrix}$$

(3)建立预测模型，求出累加序列：

$$X^{(1)}(t+1)=\left[X^{(0)}(1)-\frac{u}{a}\right]\mathrm{e}^{-at}+\frac{u}{a} \tag{5-50}$$

(4)采用残差分析法进行模型检验。

(5)根据系统未来变化，确定预测值上、下界，即按下式确定灰平面：

$$上界\quad X_{\max}^{(1)}(n+t)=X^{(1)}(n)+t\sigma_{\max}$$

$$下界\quad X_{\min}^{(1)}(n+t)=X^{(1)}(n)+t\sigma_{\min}$$

(6)用模型进行预测。利用上述模型预测是利用累加生成序列 $X^{(1)}$ 的预测值，利用累减生成法将其还原，即可以得到原始序列 $X^{(0)}$ 的预测值。如满足灰因子条件，则完成预测。

4. 模型检验

GM(1,1)模型通常采用残差检验法。残差检验法是指按所建模型计算出累加序列，再按累减生成法还原，还原后将其与原始序列 $X^{(0)}$ 相比较，求出两序列的差值即为残差，通过计算相对精度以确定模型精度的一种方法。若相对精度均满足要求精度，则模型通过检验；若相对精度不满足要求精度，则可通过上述残差序列建立残差 GM(1,1)模型对原模型进行修正。

残差模型 GM(1,1)，可提高原模型的精度，共有以下两种方式。

(1)当用累加生成序列的残差建立 GM(1,1)模型时，其残差序列为

$$\varepsilon^{(0)}(t)=\hat{X}^{(1)}(t)-X^{(1)}(t) \tag{5-51}$$

其累加生成 GM(1,1)模型为

$$\varepsilon^{(1)}(t+1)=\left[\varepsilon^{(0)}(1)-\frac{u_\varepsilon}{a_\varepsilon}\right]\mathrm{e}^{-a_\varepsilon t}+\frac{u_\varepsilon}{a_\varepsilon} \tag{5-52}$$

其导数即为对模型 $\hat{X}^{(1)}$ 的修正项：

$$\delta(t-i)(-a_{\varepsilon})\left[\varepsilon^{(0)}(1)-\frac{u_{\varepsilon}}{a_{\varepsilon}}\right]e^{-a_{\varepsilon}t} \tag{5-53}$$

式中：
$$\delta(t-i)=\begin{cases}1, & t\geqslant i\\ 0, & t\leqslant i\end{cases}$$

修正后的模型为

$$\hat{X}^{(1)}(t+1)=\left[X^{(0)}(1)-\frac{u}{a}\right]e^{-at}+\frac{u}{a}+\delta(t-i)(-a_{\varepsilon})\left[\varepsilon^{(0)}(1)-\frac{u_{\varepsilon}}{a_{\varepsilon}}\right]e^{-a_{\varepsilon}t} \tag{5-54}$$

或

$$\hat{X}^{(0)}(t+1)=-a\left[X^{(0)}(1)-\frac{u}{a}\right]e^{-at}+\delta(t-i)(-a_{\varepsilon})^{2}\left[\varepsilon^{(0)}(t)-\frac{u_{t}}{a_{t}}\right]e^{-a_{\varepsilon}t} \tag{5-55}$$

(2)当用还原模型的残差序列建立 GM(1,1)模型时，残差序列为

$$q^{(1)}(t)=\hat{X}^{(0)}(t)-X^{(0)}(t) \tag{5-56}$$

其累加生成模型为

$$q^{(1)}(t+1)=\left[q^{(0)}(1)-\frac{u_{q}}{a_{q}}\right]e^{-a_{q}t}+\frac{u_{q}}{a_{q}} \tag{5-57}$$

对模型的修正项求其导数形式

$$\delta(t-i)(-a_{q})\left[q^{(0)}(1)-\frac{u_{q}}{a_{q}}\right]e^{-a_{q}t} \tag{5-58}$$

式中：$\delta(t-i)=\begin{cases}1, & t\geqslant i\\ 0, & t\leqslant i\end{cases}$。

修正后的模型为$\hat{X}^{(1)}(t+1)$的导数与$q^{(1)}(t+1)$的导数之和，即

$$\hat{X}^{(0)}(t+1)=-a\left[X^{(0)}(1)-\frac{u}{a}\right]e^{-at}+\delta(t-i)(-a_{q})\left[q^{(0)}(1)-\frac{u_{q}}{a_{q}}\right]e^{-a_{q}t} \tag{5-59}$$

或

$$\hat{X}^{(1)}(t+1)=\left[X^{(0)}(1)-\frac{u}{a}\right]e^{-at}+\frac{u}{a}+\left[q^{(0)}(1)-\frac{u_{q}}{a_{q}}\right]e^{-a_{q}t}+\frac{u_{q}}{a_{q}} \tag{5-60}$$

综上所述，GM(1,1)模型实质上是采用线性化方法建立的一种指数预测模型。因此，当系统呈指数变化时，预测精度较高。

5. GM(1,1)预测模型的应用

【例 5-6】 某公司销售额数据见表 5-6。现建立 GM(1,1)预测模型并预测 2016 年、2017 年销售额。

表 5-6　某公司销售额数据

年　份	2010	2011	2012	2013	2014	2015
销售额/万元	434.5	470.5	527.6	571.4	626.4	685.2

初始时间序列：$X^{(0)}=\{434.5,470.5,527.6,571.4,626.4,685.2\}$。

第一步：求累加生成数列：

$$X^{(1)}=\{434.5,905,1\,432.6,2\,004,2\,630.4,3\,315.6\}$$

第二步：用最小二乘法求参数 $\hat{\boldsymbol{a}}=(a,u)^{\mathrm{T}}$：

$$B=\begin{bmatrix}-\frac{1}{2}[X^{(1)}(1)+X^{(1)}(2)] & 1\\ -\frac{1}{2}[X^{(1)}(2)+X^{(1)}(3)] & 1\\ -\frac{1}{2}[X^{(1)}(3)+X^{(1)}(4)] & 1\\ -\frac{1}{2}[X^{(1)}(4)+X^{(1)}(5)] & 1\\ -\frac{1}{2}[X^{(1)}(5)+X^{(1)}(6)] & 1\end{bmatrix}=\begin{bmatrix}-2\,973.0 & 1\\ -669.75 & 1\\ -1\,168.8 & 1\\ -1\,718.3 & 1\\ -2\,317.2 & 1\end{bmatrix}$$

$$\boldsymbol{Y}_N=[470.5\quad 527.6\quad 626.4\quad 685.2]^{\mathrm{T}}$$

代入 $\hat{a}=(\boldsymbol{B}^{\mathrm{T}}\boldsymbol{B})^{-1}\boldsymbol{B}^{\mathrm{T}}\boldsymbol{Y}_N$，得

$$\hat{a}=\begin{bmatrix}-0.091\,6\\ 414.073\,6\end{bmatrix}$$

因 $X^{(1)}(1)=434.5$，得

$$X^{(1)}(t+1)=\left[X^{(1)}(1)-\frac{u}{a}\right]\mathrm{e}^{-at}+\frac{u}{a}=4\,953.048\,15\,\mathrm{e}^{0.091\,6t}-4\,518.548\,15$$

第三步：检验。检验结果见表 5－7，由表可见，该检验结果精度较高，模型可用。

表 5－7　检验结果

年　份	按模型计算数据 $\hat{X}^{(1)}$	还原数据 $\hat{X}^{(0)}$	原始数据 $X^{(0)}$	绝对误差	相对误差/（%）
2010	434.5	434.5	434.5	0	0
2011	909.8	475.3	470.5	−4.8	1.0
2012	1 430.8	521.0	527.6	6.6	1.25
2013	2 001.7	570.9	571.4	0.5	0.08
2014	2 627.5	625.8	626.4	0.6	0.095
2015	3 313.3	685.8	685.2	−0.6	0.087

第四步：建立灰平面。

假设该公司受生产能力的限制，每年销售额的增长量不超过 70 万元，但不低于 20 万元，该公司最高生产能力的销售额为 800 万元，最低为 600 万元，故灰平面为

上界：$X_{\max}^{(1)}(t+k)=X^{(1)}(t)+k\delta_{\max}$；

当 $t=6$ 时，$X_{\max}^{(1)}(6+k)=X^{(1)}(6)+k\delta_{\max}=3\,315.6+70K$；

下界：$X_{\min}^{(1)}(t+k)=X^{(1)}(t)+k\delta_{\min}=3\,315.6+20K$。

第五步：预测 2016 年、2017 年销售额。

2016 年：$\hat{X}^{(1)}(6+1)=(4\,953.048\,15\,\mathrm{e}^{0.091\,6\times 6}-4\,518.548\,15)$万元$=4\,062.9$ 万元

$\hat{X}^{(0)}(7)=(4\,062.9-3\,313.3)$万元$=749.6$ 万元

2017 年：$\hat{X}^{(1)}(7+1)=(4\,953.048\,15\,\mathrm{e}^{0.091\,6\times 7}-4\,518.548\,15)$万元$=4\,886.1$ 万元

$\hat{X}^{(0)}(8)=[4\,886.1-(3\,313.3+749.6)]$万元$=823.2$ 万元

由预测值可见，$\hat{X}^{(0)}(8)=823.2$ 比 $\hat{X}^{(0)}(7)$ 高了 73.6 万元，超过增长限度，故应取增长值的最高限 749.6 万元＋70 万元＝819.6 万元，但该值超过该公司最大生产能力，故最终销售额预测值为 800 万元。

【例 5-7】 某企业生产用原材料属受自然灾害影响较大的农产品。一般来说，自然灾害的发生有其偶然性，但对历史数据的整理，仍可发现一定的规律性。为确保生产不受自然灾害的影响，该企业希望了解影响原材料供应的规律性并提前做好原料储备，所收集数据见表 5-8，并规定每亩平均收获量小于 320 kg 时为歉收年份，将影响原料的正常供应。现应用灰色灾变预测来预测下次发生歉收的年份。

表 5-8　历年原材料收获统计

年　份	1999	2000	2001	2002	2003	2004	2005	2006	2007
收获量/kg	390.6	412	320	559	380	542	553	310	561
年份	2008	2009	2010	2011	2012	2013	2014	2015	
收获量/kg	300	632	540	406.2	314	576	587	318	

第一步：将表 5-8 中年份用序号替换，并找出收获量小于 320 kg 的年份序号形成初始序列$\omega^{(0)}$。

本例初始序列$\omega^{(0)}=\{3,8,10,14,17\}$，累加生成序列$\omega^{(1)}=\{3,11,21,35,52\}$。

第二步：使用$\omega^{(1)}$建立 GM(1,1)模型。

$$\boldsymbol{B}=\begin{bmatrix}-\frac{1}{2}[\omega^{(1)}(1)+\omega^{(1)}(2)] & 1\\ -\frac{1}{2}[\omega^{(1)}(2)+\omega^{(1)}(3)] & 1\\ -\frac{1}{2}[\omega^{(1)}(3)+\omega^{(1)}(4)] & 1\\ -\frac{1}{2}[\omega^{(1)}(4)+\omega^{(1)}(5)] & 1\end{bmatrix}=\begin{bmatrix}-7 & 1\\ 16 & 1\\ -28 & 1\\ -43.5 & 1\end{bmatrix}$$

$\boldsymbol{Y}_N=[8\quad 10\quad 14\quad 17]^{\mathrm{T}}$，则

$$\hat{a}=(\boldsymbol{B}^{\mathrm{T}}\boldsymbol{B})^{-1}\boldsymbol{B}^{\mathrm{T}}\boldsymbol{Y}_N=[-0.253\,61\quad 6.258\,339]^{\mathrm{T}}$$

模型为

$$\omega^{(1)}(t+1)=\left[\omega^{(0)}(1)-\frac{u}{a}\right]\mathrm{e}^{-at}+\frac{u}{a}=27.677\,02\,\mathrm{e}^{0.253\,61t}-24.677\,02$$

当 $t=5$ 时，

$$\hat{\omega}^{(1)}(6)=73.684\,8;\hat{\omega}^{(0)}(6)=73.684\,8-52=21.684\,8$$

下次发生收获量小于 320 kg 的年份为 2019—2020 年。因按年份序号预测应为 21.684 8，即 21 号或 22 号，现最后序号 17 对应 2015 年，故 21－17＝4，22－17＝5，即四五年后将出现收获量小于 320 kg 的可能。

五、马尔可夫预测方法

在预测分析中，常常需要根据当前的状态和发展趋向预测未来状态发生的可能性，也就是状态实现的概率，马尔可夫分析法就是这样一种预测方法。在生产实际中，应用马尔可夫分析法可以对企业的规模、市场占有率、服务点的选择、设备的更新等问题进行预测。

1. 马尔可夫链的概念

马尔可夫过程是一类重要的随机过程。它的特点是，当过程在时刻t_0所处的状态为已

知时，过程在时刻 $t(t>t_0)$ 所处的状态与过程在 t_0 时刻之前的状态无关。马尔可夫过程的这个特性称为无后效性。如果马尔可夫过程的状态和时间参数都是离散的，那么这样的过程称为马尔可夫链，这里“链”的含义是，只有在顺序相邻的两个随机变量之间具有相关关系。因此，只要表达这两个随机变量之间的联合分布或条件分布，就足以说明该随机过程的性质和特征，从而避免对过程中所有随机变量相关性的分析。但是，这种简化并不妨碍对实际生活中各类问题的描述和研究。例如，对于某地区每年的气候按一定的指标可分为旱、涝两种状态，这样根据多年记录的气候资料就可形成一个以年为时间单位，每一时间只出现旱、涝两种状态之一的时间离散、状态离散的随机时间序列，即马尔可夫链。当然，在实际问题中，时间可以以年、月、日、时、分、秒等为单位，状态也可能有多种形式，对于本例，也可以按一定的指标将每年的气候划分为轻旱、旱、大旱、正常、轻涝、涝、大涝等七种状态。在马尔可夫链中，一个重要的概念就是状态的转移。如果过程由一个特定的状态变化到另一个特定的状态，就说过程实现了状态转移。例如，上面的问题有旱、涝两种状态，则状态的转移就有四种情形：由旱到旱、由旱到涝、由涝到旱以及由涝到涝。究竟在某时刻 t_n 发生哪一种状态，这完全是随机的。这种过程可用图 5-13 旱涝状态转移图来表示。显然，在这种状态转移过程中，第 t_n 时刻的状态只与第 t_{n-1} 时刻的状态有关，而与 t_{n-1} 时刻以前的状态转移无关。

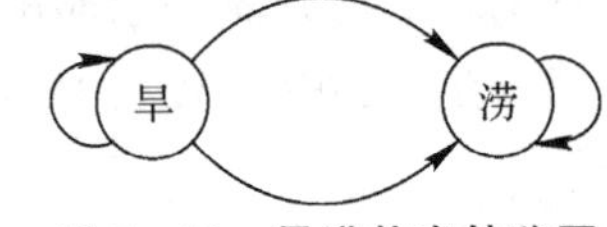

图 5-13　旱涝状态转移图

2. 状态转移概率矩阵

既然状态的转移是一种随机现象，那么为了对状态转移过程进行定量描述，必须引入状态转移概率的概念。状态转移概率，是指自然状态 i 转移到状态 j 的概率，记为 p_{ij}。以图 5-13 所示的状态转移过程为例，假设状态 1 为旱，状态 2 为涝，则由旱转移到旱的状态转移概率可记为 p_{11}，由旱转移到涝的状态转移概率可记为 p_{12}，同理，由涝转移到旱和由涝转移到涝的转移概率可分别记为 p_{21} 和 p_{22}。

若把上述状态转移概率用矩阵表示，即

$$\boldsymbol{P}=\begin{bmatrix} p_{11} & p_{12} \\ p_{21} & p_{22} \end{bmatrix}$$

则 $\boldsymbol{P}$ 称为状态转移概率矩阵，简称概率矩阵。若有 n 个状态，则概率矩阵为

$$\boldsymbol{P}=\begin{bmatrix} p_{11} & p_{12} & \cdots & p_{1n} \\ p_{21} & p_{22} & \cdots & p_{2n} \\ \vdots & \vdots & & \vdots \\ p_{n1} & p_{n2} & \cdots & p_{nn} \end{bmatrix}$$

式中：$p_{ij} \geqslant 0, i,j=1,2,\cdots,n, \sum_{j=1}^{n} p_{ij}=1$，第 i 行的向量 $[p_{i1},p_{i2},\cdots,p_{in}]$ 称为概率向量。

概率矩阵有以下两个基本性质。

性质 1　若 $\boldsymbol{u}=(u_1,u_2,\cdots,u_n)$ 是一个 n 维概率向量，$\boldsymbol{P}=[p_{ij}]_{n\times n}$ 为一阶概率矩阵，则 $\boldsymbol{uP}$ 也是一个 n 维概率向量。

性质 2　若 $\boldsymbol{A}=[a_{ij}]_{n\times n}$，$\boldsymbol{B}=[b_{ij}]_{n\times n}$ 都是 n 阶概率矩阵，则 $\boldsymbol{AB}$ 也是一个 n 阶的概率矩阵。

3.k 步状态转移概率矩阵

马尔可夫链是一个离散的随机状态时间序列，序列中的每个状态可以认为是随机发生的，第 k 阶段状态发生的概率可以根据第 $k-1$ 段状态发生的概率来确定。因此，可以根据概率论中条件概率的运算法则，由第 $k-1$ 阶段的状态概率去推算第 k 阶段的状态概率，然后可由第 k 阶段的状态概率推算第 $k+1$ 阶段的状态概率。依此类推，这样的过程称为马尔可夫链分析。因此，马尔可夫链分析的关键在于确定从第 i 个状态，中间经过 k 个阶段（即 k 步转移）后，到达第 j 个状态的概率 $p_{ij}^{(k)}$。于是马尔可夫链的第 k 步状态转移概率矩阵可表示为

$$\boldsymbol{P}^{(k)}=\begin{bmatrix} p_{11}^{(k)} & p_{12}^{(k)} & \cdots & p_{1n}^{(k)} \\ p_{21}^{(k)} & p_{22}^{(k)} & \cdots & p_{2n}^{(k)} \\ \vdots & \vdots & & \vdots \\ p_{n1}^{(k)} & p_{n2}^{(k)} & \cdots & p_{nn}^{(k)} \end{bmatrix} \tag{5-61}$$

下面通过一个具体的实例说明 k 步状态转移概率矩阵的具体求法。

【例 5-8】 某机床的使用情况有正常和不正常两种状态。根据以往资料，若该机床当天运转正常，则下一天正常的概率为 0.8，变为不正常的概率为 0.2；若机床当天运转不正常，则下一天转为正常的概率为 0.6，仍为不正常的概率为 0.4。

根据题意，可得到该问题的概率矩阵为

$$\boldsymbol{P}=\begin{bmatrix} 0.8 & 0.2 \\ 0.6 & 0.4 \end{bmatrix}$$

若用 C_i、N_i（$i=1,2,\cdots$）分别表示机床第 i 天运转正常和不正常两种状态，则由第 i 天到第 $i+1$ 天的 1 步状态转移概率矩阵为

$$\boldsymbol{P}^{(1)}=\boldsymbol{P}=\begin{bmatrix} 0.8 & 0.2 \\ 0.6 & 0.4 \end{bmatrix}$$

现在计算由第一天到第三天的 2 步状态转移概率矩阵。欲由第一天的状态概率推算出第三天的状态概率，必须先求出第二天的状态概率。由前面的公式知，在 C_1、N_1 分别发生的条件下，C_2 和 N_2 发生的概率分别为

$$p(C_2|C_1)=0.8,\quad p(N_2|C_1)=0.2$$
$$p(C_2|N_1)=0.6,\quad p(N_2|N_1)=0.4$$

同样，在 C_2 和 N_2 分别发生的条件下，C_3 和 N_3 发生的概率分别为

$$p(C_3|C_2)=0.8,\quad p(N_3|C_2)=0.2$$
$$p(C_3|N_2)=0.6,\quad p(N_3|N_2)=0.4$$

根据条件概率的运算法则，在 C_1 和 N_1 分别发生的条件下，C_3 和 N_3 发生的概率分别为

$$p(C_3|C_1)=p_{11}^{(2)}=p(C_2|C_1)p(C_3|C_2)+p(N_3|C_1)p(C_3|N_2)=0.8\times0.8+0.2\times0.6=0.76$$
$$p(N_3|C_1)=p_{12}^{(2)}=p(C_2|C_1)p(N_3|C_2)+p(N_2|C_1)p(N_3|N_2)=0.8\times0.2+0.2\times0.4=0.24$$
$$p(C_3|N_1)=p_{21}^{(2)}=p(C_2|N_1)p(C_3|C_2)+p(N_2|N_1)p(C_3|N_2)=0.6\times0.8+0.4\times0.6=0.72$$
$$p(N_3|N_1)=p_{22}^{(2)}=p(C_2|N_1)p(N_3|C_2)+p(N_2|N_1)p(N_3|N_2)=0.6\times0.2+0.4\times0.4=0.28$$

于是可得第一天到第三天的 2 步状态转移概率矩阵为

$$P^{(2)}=\begin{bmatrix}p_{11}^{(2)} & p_{12}^{(2)}\\ p_{21}^{(2)} & p_{22}^{(2)}\end{bmatrix}=\begin{bmatrix}0.76 & 0.24\\ 0.76 & 0.28\end{bmatrix}$$

事实上，2 步状态转移概率矩阵$P^{(2)}$可以通过概率矩阵 P 的二次方得到，这是因为

$$P^2=\begin{bmatrix}0.8 & 0.2\\ 0.6 & 0.4\end{bmatrix}\begin{bmatrix}0.8 & 0.2\\ 0.6 & 0.4\end{bmatrix}=\begin{bmatrix}0.76 & 0.24\\ 0.76 & 0.28\end{bmatrix}=\begin{bmatrix}p_{11}^{(2)} & p_{12}^{(2)}\\ p_{21}^{(2)} & p_{22}^{(2)}\end{bmatrix}=P^{(2)}$$

一般地，有

$$\begin{cases}P^{(k)}=P^k\\ P^{(k)}=P^{(k-1)}P, \quad k=1,2,\cdots\end{cases} \tag{5-62}$$

例如，上面的问题中由第一天到第四天的 3 步状态转移概率矩阵为

$$P^{(3)}=P^3=P^{(2)}P=\begin{bmatrix}0.76 & 0.24\\ 0.72 & 0.28\end{bmatrix}\begin{bmatrix}0.8 & 0.2\\ 0.6 & 0.4\end{bmatrix}=\begin{bmatrix}0.752 & 0.248\\ 0.744 & 0.256\end{bmatrix}$$

由此可见，只要已知系统的概率矩阵 P，则从某一状态经 k 步后的状态转移概率矩阵 $P^{(k)}$ 即可求得，由此便可对系统状态的发展趋势做出预测。

4.稳定状态概率向量

马尔可夫 k 步状态转移概率矩阵有一个重要的特征，就是当转移步数 k 逐步增加时，状态转移概率矩阵逐步趋于稳定。例如上面的问题中：

$$P^{(1)}=\begin{bmatrix}0.8 & 0.2\\ 0.6 & 0.4\end{bmatrix}, \quad P^{(2)}=\begin{bmatrix}0.76 & 0.24\\ 0.72 & 0.28\end{bmatrix}, \quad P^{(3)}=\begin{bmatrix}0.752 & 0.248\\ 0.744 & 0.256\end{bmatrix}$$

$$P^{(4)}=\begin{bmatrix}0.752 & 0.248\\ 0.744 & 0.256\end{bmatrix}\begin{bmatrix}0.8 & 0.2\\ 0.6 & 0.4\end{bmatrix}=\begin{bmatrix}0.7504 & 0.2496\\ 0.7488 & 0.2512\end{bmatrix}$$

$$P^{(5)}=\begin{bmatrix}0.7504 & 0.2496\\ 0.7488 & 0.2512\end{bmatrix}\begin{bmatrix}0.8 & 0.2\\ 0.6 & 0.4\end{bmatrix}=\begin{bmatrix}0.75008 & 0.24992\\ 0.74976 & 0.25024\end{bmatrix}$$

显然，经过 4 步转移之后已大致趋于稳定，也就是说，状态转移次数再增大，状态转移概率矩阵的变化很小，并逐渐趋于稳定状态转移概率矩阵为

$$S=\lim_{\substack{k\to+\infty\\ \text{且为整数}}}P^{(k)}=\begin{bmatrix}0.75 & 0.25\\ 0.75 & 0.25\end{bmatrix}$$

由此可见，稳定状态转移矩阵的概率向量相同，把这样的概率向量称为稳定状态概率向量。上面的结果表明，不论初始状态如何，经过若干阶段以后，各状态发生的概率趋于稳定，即机床正常运转的概率为 0.75，不正常的概率为 0.25。

为了确定状态概率向量，现引入正规概率矩阵的概念。设 $P=(p_{ij})_{n\times n}$ 是一个概率矩阵，且存在一个正数 k 使矩阵 P_k 中的每个元素均是正数，则称 P 为一个正规概率矩阵。

在马尔可夫链分析中，要用到下列重要结论。

设 P 为一正规概率矩阵，则

(1)一定存在一个概率向量 $X=(x_1,x_2,\cdots,x_n)$ 使得 $XP=X$，且有 $x_j>0, j=1,2,\cdots,n$。

(2)当 $k\to+\infty$，且为整数时，$P^k\to S$，且 S 的每一行向量相同，均等于向量 X。

(3)对于任一 n 维概率向量 $U=(u_1,u_2,\cdots,u_n)$，当 $n\to\infty$，且为整数时，总有 $UP^k\to X$。

5. 马尔可夫链分析的预测应用

下面结合两个具体实例说明马尔可夫链分析在预测中的应用。

【例 5－9】 设某商品的月销售情况可分为畅销和滞销两种状态，过去 20 个月的销售状况见表 5－9。

表 5－9　过去 20 个月的销售状况表

月　份	1	2	3	4	5	6	7	8	9	10
状　态	畅	畅	滞	畅	滞	滞	畅	畅	畅	滞
月　份	11	12	13	14	15	16	17	18	19	20
状　态	畅	滞	畅	畅	滞	滞	畅	畅	滞	畅

从每月统计结果知道，畅销状态共出现了 11 次（除去第 20 月份的状态），其中由畅销到畅销出现了 5 次，由畅销到滞销出现了 6 次。设畅销为状态 1，滞销为状态 2，于是可求得由畅销到畅销和由畅销到滞销的状态转移概率分别为

$$p_{11}=5/11=0.4545,\quad p_{12}=6/11=0.5455$$

同理可求得由滞销到畅销和由滞销到滞销的状态转移概率分别为

$$p_{21}=6/8=0.75$$

$$p_{22}=2/8=0.25$$

于是，得到该问题的状态转移概率矩阵为

$$\boldsymbol{P}=\begin{bmatrix}p_{11} & p_{12}\\ p_{21} & p_{22}\end{bmatrix}=\begin{bmatrix}0.4545 & 0.5455\\ 0.75 & 0.25\end{bmatrix}$$

根据 $\boldsymbol{P}$ 即可对系统状态发展的趋势进行预测。第 20 月份商品正处于畅销状态，无滞销可言，于是第 20 月份的状态概率向量为

$$\boldsymbol{P}(20)=[1\quad 0]$$

则第 21 月份的状态概率向量为

$$\boldsymbol{P}(21)=\boldsymbol{P}(20)\boldsymbol{P}=[1\quad 0]\begin{bmatrix}0.4545 & 0.5455\\ 0.75 & 0.25\end{bmatrix}=[0.4545\quad 0.5455]$$

由此可见，经过一步转移后，商品继续保持畅销的概率为 0.454 5，而进入滞销的概率为 0.545 5。同样还可对第 21 月份后各个月份的状态概率向量进行预测。

下面计算稳定状态概率向量 $\boldsymbol{X}$。设 $\boldsymbol{X}=[x_1\quad x_2]$，则有

$$\boldsymbol{XP}=\boldsymbol{X}$$

$$[x_1\quad x_2]\begin{bmatrix}5/11 & 6/11\\ 6/8 & 2/8\end{bmatrix}=[x_1\quad x_2]$$

$$\begin{cases}\dfrac{5}{11}x_1+\dfrac{6}{8}x_2=x_1\\[2mm] \dfrac{6}{11}x_1+\dfrac{2}{8}x_2=x_2\end{cases}$$

考虑到 $x_1+x_2=1$，得 $x_1=11/19=0.5790$，$x_2=8/19=0.4210$。就是说，该商品将来畅销的概率为 0.579 0，滞销的概率为 0.421 0。

【例 5-10】 颐和园游船出租部门决定设立三个租船点,即知春亭、石舫、龙王庙。游人可在任意租船点上租船或还船。根据统计资料,游人在各点上租船后,在不同点上还船的概率如表 5-10。租船部门想了解经过长期租船活动以后,船只在各点上的分布情况。

表 5-10 还船概率统计表

租	还		
	知春亭(1)	石舫(2)	龙王庙(3)
知春亭(1)	0.80	0.10	0.10
石舫(2)	0.20	0.70	0.10
龙王庙(3)	0.30	0.05	0.65

根据题意,可得到该问题的状态转移概率矩阵为

$$\boldsymbol{P}=\begin{bmatrix} p_{11} & p_{12} & p_{13} \\ p_{21} & p_{22} & p_{23} \\ p_{31} & p_{32} & p_{33} \end{bmatrix}=\begin{bmatrix} 0.80 & 0.10 & 0.10 \\ 0.20 & 0.70 & 0.10 \\ 0.30 & 0.05 & 0.65 \end{bmatrix}$$

根据 $\boldsymbol{P}$ 即可对系统状态也就是船只在各点上的分布情况进行预测。下面计算船只的分布情况即稳定状态概率向量。

设稳定状态概率向量为 $\boldsymbol{X}$,$\boldsymbol{X}=[x_1 \quad x_2 \quad x_3]$,则有

$$[x_1 \quad x_2 \quad x_3]\begin{bmatrix} 0.80 & 0.10 & 0.10 \\ 0.20 & 0.70 & 0.10 \\ 0.30 & 0.05 & 0.65 \end{bmatrix}=[x_1 \quad x_2 \quad x_3]$$

考虑到 $x_1+x_2+x_3=1$,得 $x_1=0.556$,$x_2=0.222$,$x_3=0.222$,即经过长年租还活动以后,将有 55.6%的船只在知春亭,而在石舫和龙王庙各有 22.2%的游船。

六、系统动力学方法

系统动力学(System Dynamics,SD)是研究系统动态行为的一种计算机仿真技术,由美国麻省理工学院 J. W. 福瑞斯特(J. W. Forrester)教授提出。它是以反馈控制理论为基础,以计算机仿真技术为手段,通常用以研究复杂社会经济系统的一种半定性、半定量方法。它将系统结构与功能的因果关系图示模型,利用反馈、调节和控制原理进一步设计反映系统行为的反馈回路,最终建立系统动态模型。再经过计算机模拟,对系统内部信息反馈过程进行分析,就可以深入了解系统的结构和动态行为特性。

1. 基本原理

为了说明系统动力学模型的基本原理,先来看一个包括控制者在内的水流系统,如图 5-14所示。水流由塔 1 通过阀门 2 流入水箱 3,再通过阀门 4 流出。假设阀门 4 固定为某流量不变,控制者 5 通过控制阀门 2 来调节水箱 3 的水流状态量。其过程是控制者通过对水箱中液面的观察以获得关于液面状态的信息,并与所期望的液面状态相比较,然后做出调节阀门 2 的决策,并通过手动付诸实现。行动的结果,使原来液面状态发生变化,状态变化的信息又按上述过程传递给控制者。可以把上述过程用框图来描述,如图 5-15 所示。由图 5-15 可知,由于信息传递形成了封闭回路,故称作反馈回路。图中虚线部分表示系统状

态的改变与新信息的传递过程。

图 5－15 实际上反映了系统动力学的基本原理。首先，通过对实际系统进行观察和分析，据此采集有关对象系统的状态信息，随后再根据这些信息进行决策，决策的结果是采取行动，行动作用于实际系统，使系统的状态发生变化。这就是一个完整的决策过程。系统动力学则用图 5－16 所示的流图来描述这个过程。

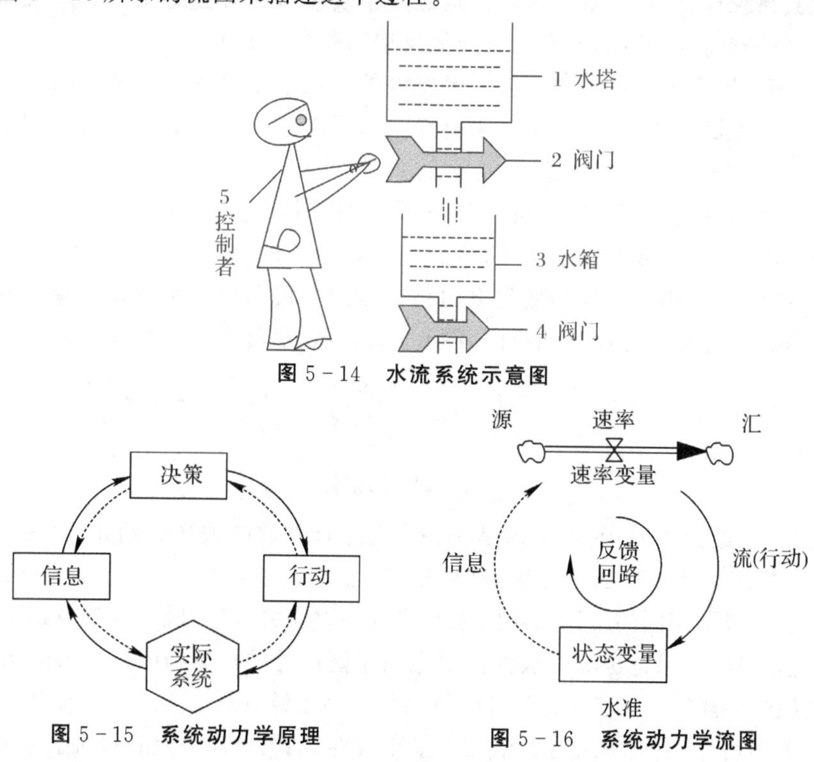

图 5－14　水流系统示意图

图 5－15　系统动力学原理

图 5－16　系统动力学流图

在图 5－16 中，水塔 1 称为“源”，阀门称为“速率”(rate)，水箱中的液面称为“状态”(level，也可称为“积累”“流位”)，带箭头的实线表示“流”(行动)，带箭头的虚线表示信息流。

由此可见，在系统动力学中，状态、速率、流和信息是四个基本要素，在反馈回路中作为一个整体而发挥作用。换句话说，系统动力学的基本思想是反馈理论，反馈使系统结构变量之间形成回路。

2. 模型描述

系统动力学的研究对象系统是从分析因果反馈结构开始的。因果反馈结构是指由两个或两个以上具有因果关系的变量，彼此连接形成闭合回路的结构。系统的反馈结构通常包含多种正反馈回路和负反馈回路。描述动态系统的反馈结构需要借助系统动力学提供的各种图形工具，其中主要有因果图和流图。系统动力学的建模步骤如下。

(1)确定系统边界。

(2)确定模型的基本变量：状态变量、速率变量等。

(3)分析各变量的因果关系，建立因果关系图。

(4)根据因果关系图，建立系统流图。

(5)为流图编写方程式。

(6)在计算机上进行运算,得出仿真结果。

(7)仿真结果分析。

1)因果图

因果关系是构成系统动力学模型的基础,是对社会系统内部关系的真实写照。当考虑建立某个社会系统模型时,因果关系分析是建立正确模型的必由之路。因果关系可用因果图来描述。现分别将因果图的要素以及因果反馈回路介绍如下。

(1)因果箭。因果关系可以用连接因果要素的有向边来描述。这种有向边可以称为因果箭。箭尾始于原因要素,箭头终于结果要素。如图 5-17(a)所示,要素 A 是原因,要素 B 是结果。

因果关系按其影响作用的性质可以分为两种,即正因果关系和负因果关系,称为因果关系的极性,可用符号"+"或"-"表示正、负因果关系。图 5-17(b)表示正因果关系,它表明当原因引起结果时,原因和结果的变化方向是一致的。负因果关系和正因果关系的主要区别在于原因和结果的变化方向是相反的,图 5-17(c)表示负因果关系。

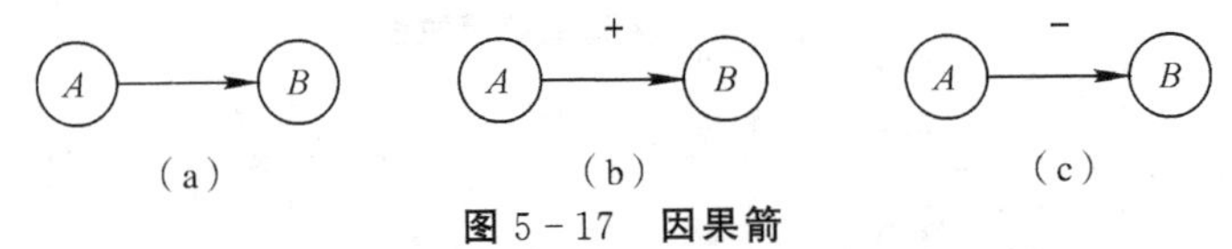

图 5-17　因果箭

(2)因果链。经验表明,因果关系是一种具有递推性质的关系。例如,要素 A 是要素 B 的原因,而要素 B 又是要素 C 的原因,则要素 A 也就成为要素 C 的原因。同样,从结果方面进行分析也可得到相同的结论。用因果箭将这些因果关系加以描述,就得到了因果链。

同因果箭一样,因果链也具有极性。根据因果箭极性的意义和因果关系的递推性,不难得出因果链极性的规律。图 5-18(a)(b)所示为正因果链,图 5-18(c)所示则为负因果链。由图 5-18 可知,若因果链中所有因果箭都呈正极性,则因果链也呈正极性。若在因果链所有的因果箭中含有偶数个负因果箭,则因果链仍呈正极性,即起始因果箭的原因和终止因果箭的结果呈正因果关系。反之,若因果链中含有奇数个负的因果箭,则因果链呈负极性。

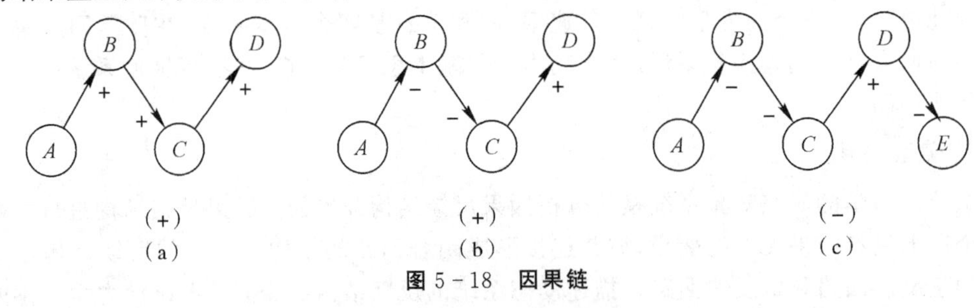

图 5-18　因果链

上述的递推规律可表述为,因果链的极性符号与所含所有因果箭的极性符号的乘积符号相同。

(3)因果反馈回路。在自然现象中,经常存在着作用与反作用的相互关系,原因引起结果,而结果又作用于形成原因的环境条件,促使原因变化,这样,就形成了因果关系的反馈回路。

反馈回路的基本特征是原因和结果的地位具有相对性,即在反馈回路中将哪个要素视作原因，哪个要素视作结果，要视分析问题的具体情况而定。仅从反馈回路本身来看，是难以区分出绝对的因和果来的。例如，图 5-19 所示为人口总数和出生人数两个要素所构成的一个反馈回路，就很难绝对区分出因与果的关系。

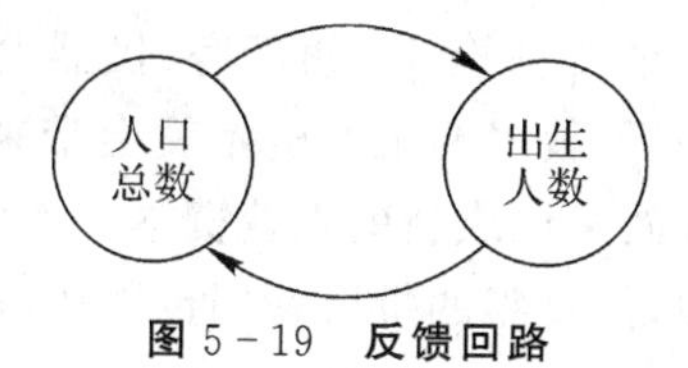

图 5-19　反馈回路

因果箭有正、负极性之分，因此，由因果箭连接而成的反馈回路也有正、负之分，即有正反馈回路和负反馈回路之分。图 5-20(a)和(b)分别表示正反馈回路和负反馈回路。

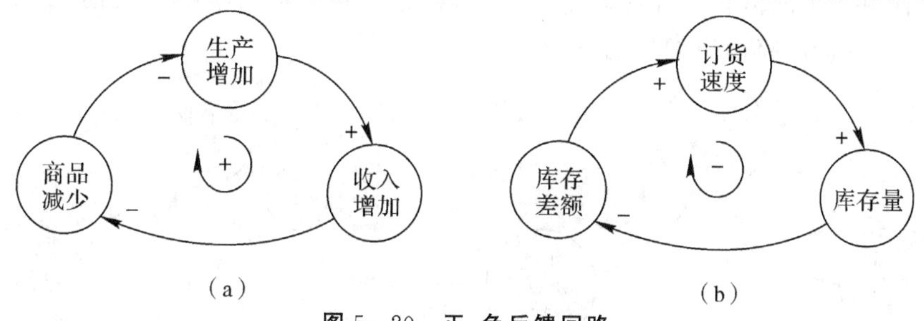

图 5-20　正、负反馈回路

(a)正反馈回路；(b)负反馈回路

正、负反馈回路是两种根本不同性质的回路。按照因果关系，正反馈回路的性质：如果回路中有某个要素的属性发生变化，那么，其中一系列要素的属性递推作用的结果，将使该要素的属性沿着原先变化的方向继续发展下去。因此说，正反馈回路具有自我强化(或弱化)的作用，是系统中促进系统发展(或衰退)、进步(或退步)的因素。图 5-20(a)中，国民收入增加使购买力增强，致使商品数量减少，从而促使生产量增加，生产量增加又会使国民收入增加。因此，这是一个正反馈回路，具有自我强化的作用。

在负反馈回路中，当某个要素发生变化时，在回路中一系列要素属性递推作用的结果，将使该要素的属性沿着与原来变化方向相反的方向变化，因此，具有内部调节器(稳定器)的效果。因此，负反馈回路可以控制系统的发展速度或衰退速度，是使系统具有自我调节功能必不可少的因素。图 5-20(b)中，如果商店的库存量增加，这样就使得库存差额(即期望库存量与实际库存量之差)减少，从而商店向生产工厂的订货速度也放慢，订货速度放慢又会造成库存量减少，从而起到自我调节和平衡的作用。因此，这是一个负反馈回路。

系统动力学认为，系统性质和行为完全取决于系统中存在的反馈回路。在系统动力学中所提到的系统结构主要就是指系统中反馈回路的结构。因此，用系统动力学方法研究社会系统，努力发现和揭示系统中的反馈回路的机制和性质是一项重要的任务。

(4)多重反馈回路。在复杂的社会系统中存在着两个或两个以上的反馈回路，称为多重反馈回路。在这些反馈回路中，有时候这个回路起主导作用，有时候另一个回路起主导作用，从而显示出系统的不同特性。如果对系统中有多少反馈回路认识不清，就不可能进行正确的决策。

社会系统的动态行为是由系统本身同时存在着许多正、负反馈回路所决定的。如人口系统中人口总数的动态行为可以简化为如图 5-21(a)所示的两重反馈回路。年出生人数和人口总数之间构成正反馈回路,而年死亡人数和人口总数之间构成负反馈回路

经济过程也和人口过程一样,存在着正反馈回路和负反馈回路。以工业资本为例,如图 5-21(b)所示,如果投入一定量的工业资本(如厂房、机器设备、工具等),就会有一定的产出,如果在其他投入充分的条件下,较多的工业资本就会带来较多的产品,产品赢利收入的一部分作为投资扩大再生产,从而又形成新的工业资本。因此,工业资本和投资形成了正反馈回路。反之,工业资本的增加,使每年的折旧费用也增加,从而使工业资本减少,这就形成了经济过程的负反馈回路。

实际上,经济过程的动态变化是正、负反馈回路共同作用的结果,而哪个反馈回路起主导作用,要视具体情况分析后才能确定。总之,在建立系统动力学模型之前,要把系统内部存在着的多重反馈回路做出详尽的分析。

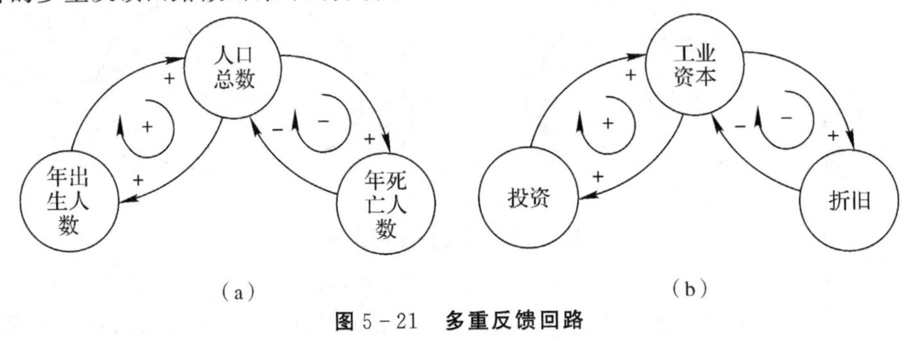

图 5-21　多重反馈回路

2)流图

因果图只能描述反馈结构的基本方面,而不能表示不同性质的变量的区别。而流图则是在因果图的基础上进一步区分变量性质,用更加直观的符号刻画系统要素之间的逻辑关系,明确系统的反馈形式和控制规律,为深入研究系统打基础的图形表示法。以下是流图绘制时常用的一些基本变量及其符号说明。

在应用系统动力学建模时,首先是建立系统动力学流图。常用的流图符号如图 5-22 所示。

(1)流。

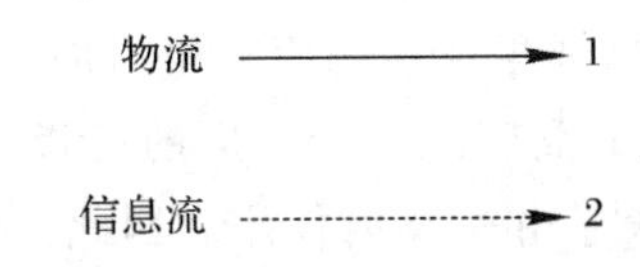

(2)变量符号。

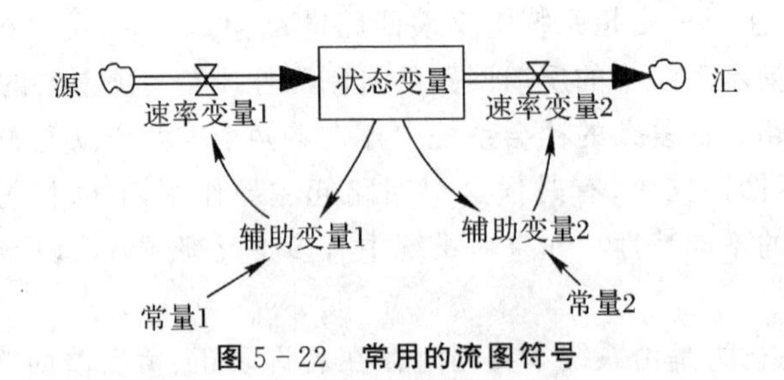

图 5-22　常用的流图符号

图 5-22 中所示流图符号的含义如下。

①流(Flow)。流是系统中的活动或行为。流可以是物流、货币流、人流、信息流等,用带有各种符号的有向边描述。通常为简便起见,只区分实体流(实线)和信息流(虚线)两种。

②状态变量(Level)。状态变量是系统中反映子系统或要素的状态,例如,库存量、库存现金、人口数等。状态是实体流的积累,用矩形框表示。状态流有流入和流出之分,使状态变量朝着相反方向变化。

③速率变量(Rate)。速率变量用来描述系统中的流随时间而变化的活动状态,例如,物资的入库速率、出库速率,人口的出生率、死亡率等。在系统动力学中,速率变量表示决策函数。

④常量(Parameter)。常量是表示系统在一次运行过程中保持不变的量,例如,调整生产的时间、计划满足缺货量的时间等。参数一旦确定,则在同一仿真试验的计算中就保持不变,是一个常数。

⑤辅助变量(Auxiliary Variable)。辅助变量是今后在系统动力学方程中使用的一种变量,目的在于简化速率变量的方程,使复杂的函数易于理解。

⑥源(Source)与汇(Sink)。源是指流的来源,相当于供应点;汇指流的归宿,相当于消费点。

⑦滞后(Delay)。由于信息和物质传递需要有一定的时间,于是就带来了原因和结果、输入和输出、发送和接收等之间的滞后。滞后是造成社会系统非线性的另一个根本原因,一般地,滞后有物流滞后和信息流滞后之分。

下面举例说明系统动力学流图的构建。

【例 5-11】 研究一个经营单一商品的零售店的订货策略问题,要求应用系统动力学模型进行仿真,以选择最优订货策略。

首先,确定系统边界。

由于零售店向顾客销售商品,所以零售店的库存量不断减少。为了补充库存,店方就要向生产该商品的厂家提出订货。接受订货的厂家不断生产该商品以供应零售店,因此,零售店的库存量又相应增加。这样,系统边界可以定为由零售店和工厂两部分组成,如图 5-23 所示。系统边界外的顾客购买商品作为外生变量或扰动来处理。

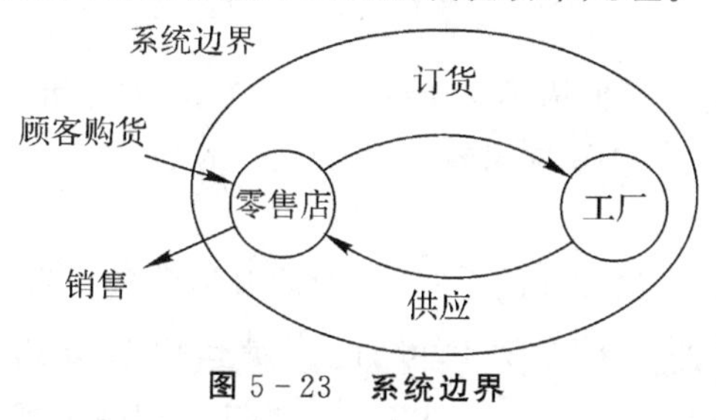

图 5-23　系统边界

在确定系统边界后,接着就要确定系统内部的各种要素及其因果关系。

根据讨论的问题,从零售店这方面看,应该考虑的要素:零售店的销售量,这是问题的起因;零售店的库存量;零售店的订货量。从工厂这方面看,应该考虑的要素:工厂未供订货量，即零售店向工厂订货，工厂接受订货但未能立即供应的数量；工厂的生产量、工厂的生产能力、工厂计划生产量等。两部分加起来总共有 7 个要素，通过因果关系分析，不难求得它们之间的因果关系及其相应的反馈回路，如图 5-24 所示。

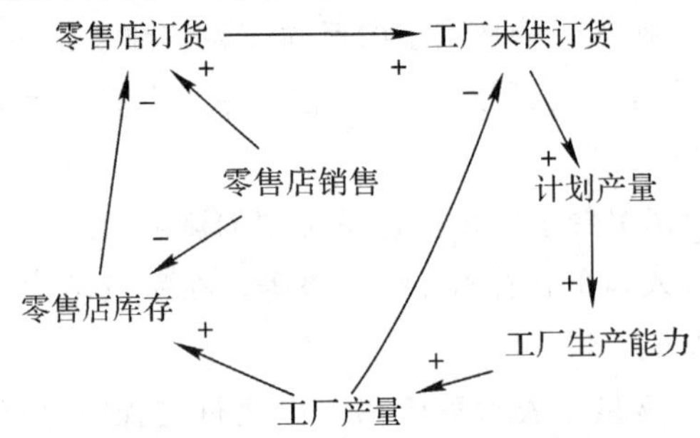

图 5-24　因果关系及其相应的反馈回路

在确定反馈回路及其极性后，就要确定各种变量是属于哪一类变量的问题。由图 5-24 可知，这里有两种实体流，即商品流和订货流，前者是在零售店库房里积累而形成的库存量(L_2)，后者是在工厂积累形成的未供订货量(L_1)，这两个都属于状态变量。不难看出，影响状态变量的速率变量有 3 个，即零售店的订货速率(R_1)、工厂生产速率(R_2)以及零售店的销售速率(R_3)。而工厂生产能力和计划产量则属于辅助变量，分别用 P_1 和 P_2 表示。

根据因果关系图，应用绘制流图的专用符号，可以绘制系统流图，如图 5-25 所示。图中还给出了一些参数值，如平均销售量 S_1、调整生产时间 D_1(周)、期望完成未供订货时间 D_2(周)和零售店平均订货时间 D_3(周)等。

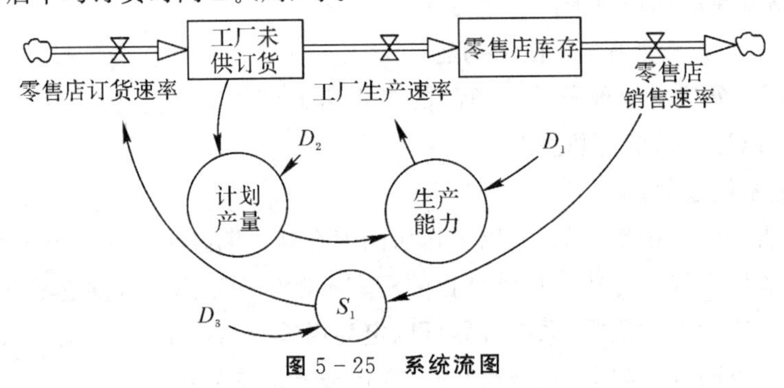

图 5-25　系统流图

3)系统动力学方程

仅仅依靠流图还不能定量地描述系统的动态行为，而系统动力学方程就是用来定量分析系统动态行为的方程式。它是应用专门的 DYNAMO 语言建立的方程，故一般也称作 DYNAMO 方程。

DYNAMO 是 Dynamic Model 的缩写，意即动力学模型。它是由麻省理工学院有关人员专门为系统动力学所设计的计算机语言，它是在仿真语言 SIM-PLE(Simulation of Industrial Management Problems with Lots of Equations)的基础上设计的。随着时间的推移，DYNAMO 不断改进。

DYNAMO 的对象系统是随着时间连续变化的，系统的状态变量是连续的而且是对时间的一阶导数。系统变量的时间概念如图 5-26 所示。

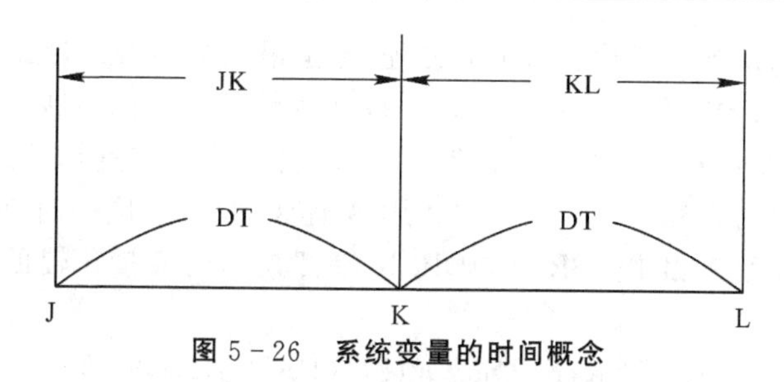

图 5 - 26　系统变量的时间概念

因此，在 DYNAMO 方程中，变量一般附有时间标号。J 表示过去时刻，K 表示现在时刻，L 则表示未来时刻，JK 表示由过去时刻到现在时刻的时间间隔，KL 表示由现在时刻到未来时刻的时间间隔，时间标号规定见表 5 - 11。系统动力学使用逐段(Step by Step)仿真的方法。仿真的时间步长记为单位时间 DT(Delta T)，DT 的单位可以取年、月、周、日等，必要时也可以取更小的时间单位，用以逼近连续时间系统。总之，建立 DYNAMO 方程时，时间步长 DT 要选择合适，一般是根据经验来确定的。

表 5 - 11　时间标号规定

左端变量类型	左端标号	右端变量					
		L	A	R	S	C	N
L	K	J	J	JK	不可	无	无
A	K	K	K	JK	不可	无	无
R	KL	K	K	JK	不可	无	无
S	K	K	K	JK	K	无	无
C	无	不可	不可	不可	不可	不可	不可
N	无	无	无	无	无	无	无

下面对基本的 DYNAMO 方程作简要介绍。

(1)状态(Level)方程式。计算状态变量的方程式称为状态方程式。它是基本的 DYNAMO方程。

状态方程式的一般形式可以表示为

$$\text{L}\quad \text{LEVEL.K}=\text{LEVEL.J}+\text{DT}*(\text{INFLOW.JK}-\text{OUTFLOW.JK}) \tag{5-63}$$

即 K 时刻的状态等于 J 时刻的状态加上单位时间(也即仿真步长)DT 乘 JK 期间输入流量与输出流量之差。

在 DYNAMO 程序中，状态变量必须由初值方程式赋给初始值。

(2)速率(Rate)方程式。速率方程式是计算速率变量的方程式，是描述状态方程式中的流在单位时间 DT 内流入和流出的量，如人口出生率、死亡率，商品入库率、出库率等，用 R 标识。

例如，零售店的订货速率方程可以列为

$$\text{R}\quad \text{PSR.KL}=\text{PSR.K}+(\text{IDR.K}-\text{IAR.K})/\text{DIR} \tag{5-64}$$

式(5 - 64)表明 KL 期间的订货量等于 K 时刻的平均销售量与期望库存和实际库存之差除以实际库存调整到期望库存时间之和。

速率方程是表示系统全部动态情况的方程，也是最基本的 DYNAMO 方程。

(3)辅助(Auxiliary)方程式。辅助方程式是计算辅助变量的方程式。若速率方程式比较复杂或者为 DYNAMO 语言书写所不允许，则可引入辅助变量和辅助方程式，以便将速率方程分为几个简单的方程式。辅助方程式用 A 标识，是表示同一时刻变量间关系的方程式。如上述的订货速率方程中 PSR. K，IDR. K 等都是辅助变量。辅助方程式的一般形式可以表示如下：

$$\text{A}\quad \text{PSR.K}=\text{SMOOTH}(\text{RRR.JK},\text{DRR}) \tag{5-65}$$

式中：RRR 为顾客向零售店的订货速率；DRR 为平滑时间。

(4)常量(Constant)方程式。常量是在一次仿真运行中保持不变的量，在不同次的运行中可以采取不同的值。给定常量方程式的标识是 C。

(5)赋初值(Initial Value)方程。初值是运行开始时各变量的取值。初值方程式是在仿真开始时给所有状态变量以及部分辅助变量赋初值的方程，用 N 标识。

3. 应用实例——基于系统动力学的弹药供应链系统稳定性分析

弹药供应链系统是军队借鉴地方物流的运作模式，将供应链管理引入弹药保障领域的成果，是军事供应链管理的研究内容之一。由于弹药供应需求的不确定性及系统的不完备性等因素，所以弹药供应链的稳定性问题就不可避免地存在于弹药供应保障过程之中，成为弹药供应链研究的一个难点。本节尝试在库存控制(s,S)策略下，运用系统动力学(System Dynamics,SD)模型对弹药供应链系统的稳定性问题进行分析，确定影响弹药供应链系统稳定性的因素及其参数范围，为弹药供应链管理决策提供有益的参考。

1)弹药供应链系统组成

在弹药供应链系统中，弹药保障的运作情况如图 5-27 所示：部队向职能部门请领，职能部门向部队和弹药库发调拨通知。弹药库依据调拨单查看库存情况，有足够库存量时向部队发送弹药；库存量不足时向职能部门反馈不足信息。职能部门依据弹药库反馈信息下达采购计划，同时向财务部门报批财务预算。财务部门审核采购部门的采购方案，对军工厂进行资金结算。军工厂依据采购要求供给弹药库和部队弹药。

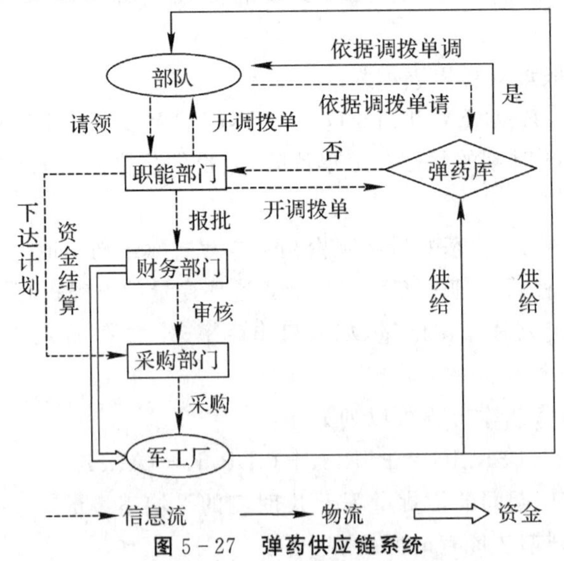

图 5-27 弹药供应链系统

从图5－27可以看出，供应链的上游为弹药需求方向，这是整条供应链的原动力。即部队需求为上游，系统由需求拉动，订单（信息流）从各部门由上游向下游传递，弹药（实物流）在军工厂、弹药库、部队等机构由下游向上游流动。根据系统动力学有关理论，视军工厂为物资供应的源；军队各级弹药库为物资供应的中间环节，即水准；部队为弹药的消费用户，作为汇。因此，建立一个以军工厂为源、弹药库为水准、部队用户为汇的库存控制供应链模型来研究弹药供应链的稳定性。

2）弹药供应链系统SD模型

（1）系统变量设定。假设供应链上的弹药供应在 t 周期开始，弹药库收到部队订单，并根据当前库存情况发放弹药，然后接收前期军工厂的订货，最后检查现有库存情况，根据库存与需求预测情况提前订货。按照这样的业务顺序安排，在 t 周期的有关变量：库存量 $I(t)$、在途库存 $WIP(t)$ 为状态变量；发货量 $S(t)$、货物接收量 $R(t)$ 为速率变量；订货量 $O(t)$ 为控制变量，部队需求 $D(t)$ 为系统外部输入，订货提前期为 L。

（2）变量关系的数学描述。弹药库发货量的状态描述为

$$S(t)=\begin{cases}D(t), & I(t-1)\geqslant D(t)\\ I(t-1), & 0\leqslant I(t-1)<D(t)\\ 0, & I(t-1)<0\end{cases} \tag{5-66}$$

弹药库库存状态方程为

$$I(t)=I(t-1)+R(t)-S(t) \tag{5-67}$$

当不考虑弹药库的库存能力限制时，弹药库的接收量为

$$R(t)=O(t-L) \tag{5-68}$$

采用简单指数平滑法对部队需求进行预测，需求预测量为

$$F(t)=\theta F(t-1)+(1-\theta)D(t) \tag{5-69}$$

式中：θ 为平滑指数（$0\leqslant\theta\leqslant1$），可根据实际情况由专家进行设定。

在（s，S）存储策略下，弹药库最大库容范围内，弹药库的实际库存量是变化的，弹药供应链稳定性的控制变量订货量表达形式为

$$O(t)=\alpha\times L\times F(t)-\beta\times[I(t)+WIP(t)] \tag{5-70}$$

式中：α 为安全系数，通过调节 α 可以调节安全库存对需求的覆盖周期，安全系数大将增加安全库存设置，从而降低缺货率（$\alpha>0$）；β 为调整系数，通过调节 β 可以改变当前的库存水平（$\beta>0$）。

L 周期内的在途库存量为

$$WIP(t)=WIP(t-1)+O(t-1)-O(t-L) \tag{5-71}$$

（3）系统模型建立。在确定了系统中的各变量及其数学关系后，就可据此建立供应链系统的二阶SD模型，如图5－28所示。在图5－28所示模型中，在为各变量输入相关参数后，即可利用系统动力学的专用软件vensim运行该模型，对系统的波动行为进行仿真和稳定性分析。

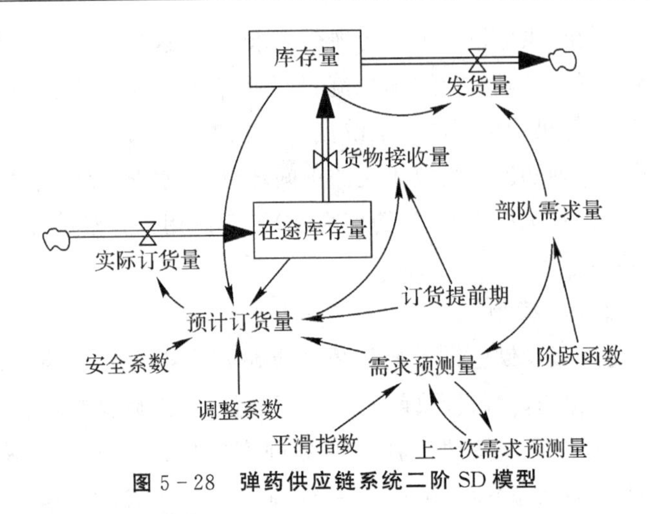

图 5-28　弹药供应链系统二阶 SD 模型

3)弹药供应链系统稳定性分析

弹药供应链系统稳定性主要表现在其受到干扰以后回到初始状态的能力和抵抗外界干扰的能力。系统动力学对系统稳定性的检验方法是通过仿真进行的，即利用仿真手段，通过对稳定状态下需求的一个"扰动"来检验弹药库库存或订货的"响应"，然后根据响应曲线形态来判断系统稳定性。若需求在受到一个适当的阶跃扰动后，库存(或订货量)能够在一定时间内稳定在某一个水平上，则认为系统是稳定的；反之，则认为系统是非稳定的。

(1)变量初值设置。在图 5-28 所示弹药供应链系统中，波动性主要体现在库存量 $I(t)$ 和订货量 $D(t)$ 的变化上。根据式(5-66)～式(5-71)可知，在订货提前期和需求一定的情况下，$I(t)$ 和 $O(t)$ 主要受安全系数 α 和调整系数 β 的影响，因而弹药供应链系统的稳定性也主要通过这两个参数来描述。本节设定弹药供应链中弹药库的初始库存量＝120，初始部队需求量＝60，需求干扰由一阶跃函数表示，订货提前期 $L=2$，平滑指数 $\theta=0.5$，安全系数 $\alpha=1$，调整系数 $\beta=0.5$，进行 200 个周期的仿真运算。

(2)系统稳定性仿真分析。仿真试验采用单因素法，即在其他参数值不变的情况下，改变其中某个参数值，观察其对弹药库存量响应的影响规律。下面分别讨论调整系数和安全系数对系统稳定性的影响分析。

①调整系数 β 的影响分析。在其他参数值不变的情况下，改变调整系数，仿真结果如图 5-29 所示。仿真结果表明，当 $\beta=0.5$ 时，系统处于稳定状态。减小调整系数后($\beta\leqslant0.5$)并不影响系统稳定性，即便在第 100 周时，部队需求增加了一倍，但库存量最终仍然收敛于一个稳定的数值，且弹药库存量稳定水平随之增加；增大调整系数后($0.5<\beta\leqslant0.57$)，系统出现振荡行为；当调整系数继续增大时($\beta>0.57$)，库存量锐减，200 周期内仿真有溢出现象。因此，维持系统稳定性的调整系数的取值应在 $0<\beta\leqslant0.5$ 范围内。

②安全系数 α 的影响分析。在其他参数值不变的情况下，改变安全系数，仿真结果如图 5-30 所示。仿真结果表明，当 $\alpha=1$ 时，系统处于稳定状态，且不受部队需求突增干扰的影响。增大安全系数后($\alpha\geqslant1$)，系统稳定性不受影响，且弹药库存量稳定水平会随之增加。减小安全系数后($0.8\leqslant\alpha<1$)，系统开始出现振荡；当调整系数继续减小后($0<\alpha<0.8$)，库存量开始锐减，仿真出现溢出现象。因此，维持系统稳定性的安全系数的取值范围为 $\alpha\geqslant1$。

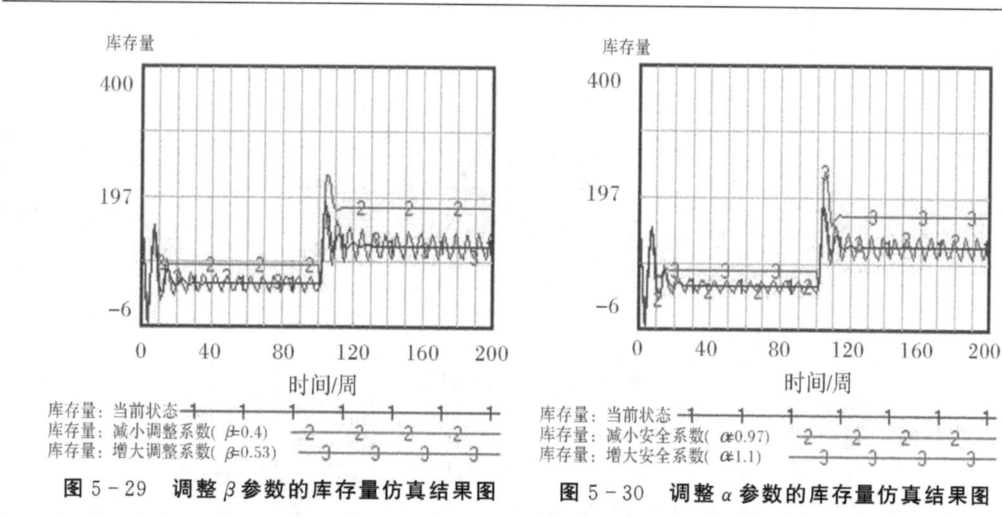

图 5－29　调整 β 参数的库存量仿真结果图　　**图 5－30　调整 α 参数的库存量仿真结果图**

此外，从仿真中发现，当订货提前期 $L\geqslant2$ 时，系统稳定性范围不变，仍为 $\alpha\geqslant1, 0<\beta\leqslant0.5$。但是，当 $L=1$ 时，系统稳定性范围变为 $\alpha\geqslant1.6, 0<\beta\leqslant0.5$，并不受需求扰动的影响。

思考题五

1. 请结合实例说明系统预测的基本要素和步骤。

2. 如何选择系统预测方法？需要考虑哪些因素？

3. 试述定性预测方法和定量预测方法的区别。

4. 简述灰色预测方法的基本原理。

5. 能否将灰色预测方法与马尔可夫方法相结合开展预测？

6. 简述系统动力学的基本原理。举例说明其反馈回路的形成。

7. 假设降水量低于 350 mm/年为旱年，高于 750 mm/年为涝年，某地区气象资料见表 5－12(降水量单位为 mm)，请预测下一次出现旱年和出现涝年的年份。

表 5－12　某地区气象资料

(单位：mm)

年份/年	1989	1990	1991	1992	1993	1994	1995	1996	1997
降水量	320	400	600	500	800	650	400	510	450
年份/年	1998	1999	2000	2001	2002	2003	2004	2005	2006
降水量	750	600	580	610	530	850	300	360	470

8. 由四辆坦克组成的坦克群遭到反坦克火器三次连续射击。坦克群(系统)的可能状态：S_1 为所有坦克完好；S_2 为一辆坦克被击毁；S_3 为两辆坦克被击毁；S_4 为三辆坦克被击毁；S_5 为全部坦克被击毁。经过注记的状态转移图如图 5－31 所示。试求三次射击后，坦克群的状态概率。

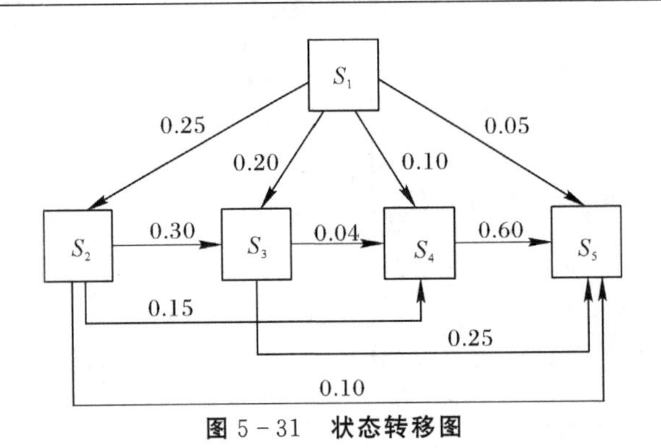

图 5-31　状态转移图

9. 已知如下的部分 DYNAMO 方程：

MT. K＝MT. J＋DT * (MH. JK－MCT. JK)

MCT. KL＝MT. K/TT. K

TT. K＝STT * TEC. K

ME. K＝ME. J＋DT * (MCT. JK－ML. JK)

式中：MT 为培训中的人员(人)；MH 为招聘人员速率(人/月)；MCT 为人员培训速率(人/月)；TT 为培训时间；STT 为标准培训时间；TEC 为培训有效度；ME 为熟练人员(人)；ML 为人员脱离速率(人/月)。

画出对应的 SD 流(程)图。

10. 教学型高校的在校本科生和教师人数(S 和 T)是按一定的比例而相互增长的。已知某高校现有本科生 10 000 名，且每年以 SR 的幅度增加，每一名教师可引起本科生人数增加的速率是 1 人/年。学校现有教师 1 500 名，每个本科生可引起教师增加的速率(TR)是 0.05 人/年。请用 SD 模型分析该校未来几年的发展规模，要求如下。

(1)画出因果关系图和流(程)图。

(2)写出相应的 DYNAMO 方程。

(3)列表对该校未来 3～5 年的在校本科生和教师人数进行仿真计算。

(4)该问题能否用其他模型方法来分析？如何分析？

11. 对比几种定量预测方法，指出各自的特点和适用范围。

第六章　系统评价方法与模型

系统评价是系统决策过程中的一个非常重要的问题，尤其对各类重大管理决策是必不可少的。它是决定系统方案"命运"的一项重要工作，是决策的直接依据和基础。系统评价大致可以分为两类：一类是对现存的已有系统或被评对象进行的，是根据一定的标准去测量和判定被评对象的性能和质量；另一类是针对待建系统的评价，通常是对某个项目或拟开发系统的若干个不同的设计方案进行分析和评价。第一类评价问题以获取评价结果为目的，虽然评价结果可以作为决策的依据，但是不必与决策发生直接的联系。第二类评价问题以获取系统为目的，评价只是获取系统的决策依据。客观科学地评价工作，对于系统的正常运行与结构优化有着巨大的促进作用。

第一节　系统评价概述

一、系统评价的概念

系统评价是对系统开发、系统改造、系统管理中存在的问题，运用系统思想，根据系统的目标和属性，综合考虑系统在社会、政治、经济、技术等方面的作用(效用)，全面权衡利弊得失，从而为系统决策、选择最优方案提供科学的依据。

系统评价是人们对系统(客体)做出价值判断的过程。就是说，系统评价是人们依据正确的目的来测量事物(系统)的有关属性，并将这些属性转化为主观效用，从而综合成系统的主观效用(价值)的过程。简单地说，系统评价就是全面评定系统的价值。而价值通常被理解为评价主体根据其效用观点对于评价对象满足某种需求的认识或估计，它与评价主体、评价对象所处的环境状况密切相关。

系统评价的目的是对已有或待建系统的性能、状态进行客观的认识，为决策者制定决策提供依据。可以这样说，没有正确的评估就不可能有正确的决策。例如：对教育系统中有关部门和某些环节进行评价是为了确保教育质量，指导和推动教育事业的发展；新建舰艇的全武器系统的评价是为了武器配置的优化，提高舰艇战斗力；进行区域性环境评价是为了了解环境的实际状况,采取相应对策控制环境恶化,改善区域的环境质量;等等。

系统评估具有以下不可缺少的5个基本要素。

(1)评估对象。评估对象是指接受评估的事物、行为或对象系统。评估对象既可以是事物、方案,也可以是工作过程和个人。熟悉评估对象至关重要,它是评估系统的基础因素。

(2)评估主体。评估效果的好坏与评估的组织者密切相关,评估主体对评估理论和评估方法掌握的程度、评估工作所花费的时间精力的多少决定了评估的效果。

(3)评估目标。评估目标就是评估的目的、意向、预期的目标,这是系统评估最主要的要素,评估工作一般有选优、控制管理或引导等目标。

(4)评估指标体系。评估指标体系就是衡量事物的标准尺,它由评估指标条目、标准、权重组成,评估指标体系的建立是评估工作的关键,它是评估系统的关键因素。

(5)评估方法。评估方法是指根据评估指标的属性、标准以及与评估对象之间的关系,综合考虑系统的主观效用,选择合理的数学方法,建立科学的数学模型。评估方法是系统评估的必要要素。

二、系统评价的原则

系统评价是对系统开发提供的各种可行方案,从社会、政治、经济、技术的观点予以综合考察,全面权衡利弊得失,从而为系统决策选择最优方案提供科学的依据。理论上,评价应该分两个阶段进行。首先要搞清已有系统的实际性能和质量状况或待建系统可达到的性能和质量状况,其次是把这些性能和质量状况与规定的标准相对照(比较),对系统的性能和质量做出判断。一般来说,评价是为了更好地决策,评价的结果直接影响决策的正确性。

当系统为单目标时,评价工作比较容易进行;但是当系统为多目标(或指标)时,评价工作就困难得多。对于这样的复杂系统,一方面要将它分解为若干子系统,分别建立模型,然后应用系统分析方法求得各个指标的最优解;另一方面还要将这些工作综合起来,对于一个完整的系统方案做出正确的评价,对于不同的可行方案做出谁优谁劣的比较,而且要用定量的结果来说明。这样,系统评价工作主要存在着以下两方面的困难:一是有的指标难以量化;二是不同的方案可能各有所长,难以取舍。因此,为了搞好系统评价,要解决的问题和遵守的基本原则:①将各项指标数量化;②将所有指标归一化;③保证评价的客观性;④保证方案的可比性;⑤评价指标的系统性和政策性。

三、系统评价的步骤

系统评价的逻辑框架由评价的逻辑起点、逻辑线索、逻辑终点以及逻辑线索上的各个节点组成。评价设计的逻辑起点是系统评价的具体指向,也就是系统评价的目标,从这一逻辑起点出发,向逻辑终点挺进的运动轨迹就是系统评价的逻辑线索,并随着具体评价目标的调整而改变。系统评价的基本逻辑框架如图6-1所示。

逻辑线索上的每一个步骤就是一个逻辑节点,如设计系统评价指标,它与逻辑起点和逻辑终点距离的长短代表了已经完成和尚未完成的评价步骤的多少。

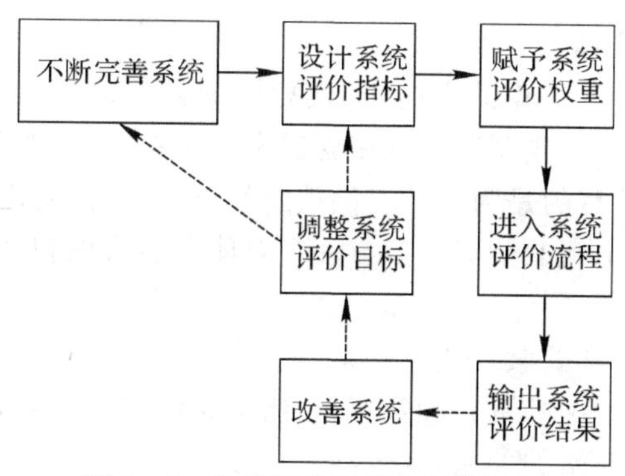

图 6-1　系统评价的基本逻辑框架

从广义评价看,系统评价应以评价反馈即系统的调整"改善系统"作为逻辑终点,而严格地讲,它却是一个没有明确终点的循环系统,周而复始,以至无穷。从狭义评价看,系统评价有一个逻辑终点,即"输出系统评价的结果",它是整个评价活动的成果总结,代表了评价活动在逻辑上的终结。

下面从狭义的评价理解,介绍系统评价的具体步骤,如图 6-2 所示。

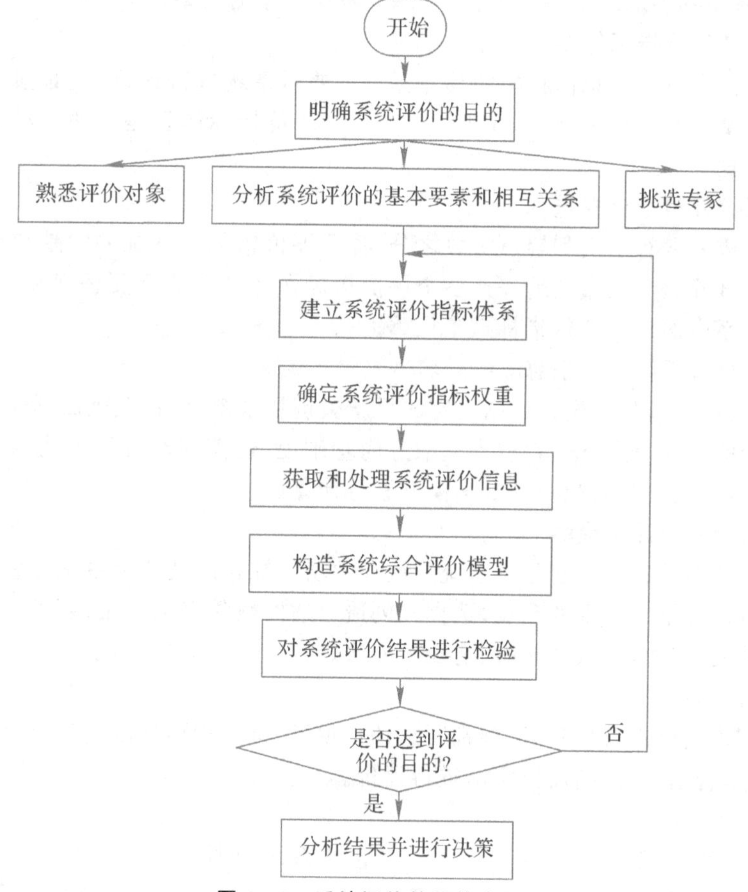

图 6-2　系统评价的具体步骤

1)明确系统评价的目的

评价目的决定整个评价工作的方向,即使相同的评价对象也可能有不同的评价目的。为了进行科学的评价,必须反复调查了解建立这个评价的目的以及为完成系统目的所考虑的具体事项。系统评价的目的是为系统提供重要的决策支持,使之能够及时、准确地掌握系统现状,并对系统中可能出现的薄弱环节有一个总体上的认识和把握,为系统优化提供重要的参考依据。

2)分析系统评价的基本要素和相互关系

根据评价对象,收集相关的资料和数据,对组成系统的各个要素及系统的性能特征进行全面分析,并深入了解各要素的关系。

3)熟悉评价对象

对评价对象熟悉的程度直接决定了评价的效果,了解被评价对象,收集被评价对象的有关情报资料,熟悉系统的行为、功能、特点以及有关属性,并分析这些属性的重要程度;要了解人们对系统的期望,了解人们的价值观念,即了解系统的环境。

4)挑选专家

挑选专家时,在保证一定数量的基础上,既要注意专家的合理构成,又要注意专家的素质,挑选那些真正熟悉对象的内行专家,切忌只考虑专家的名望。

5)建立系统评价指标体系

评价指标是衡量系统总体目标的具体标志。要对系统进行评价,就必须建立能对各种影响因素进行衡量的统一尺度,即评价指标体系。评价指标体系是对评价对象进行评价的重要基础和依据。

6)确定系统评价指标权重

评价的构成要素有主次和轻重缓急之分,各项评价指标对系统的贡献和重要程度也有所区别。为了准确、合理、直观地表达各个评价指标在评价中的重要程度和作用大小,必须对评价指标体系中的每个评价指标赋予权重。

7)获取与处理系统评价信息

对系统进行评价,其实质是依据给定的尺子去衡量系统,而直接被放到这把尺子上度量的是反映评价的评价信息。在获取大量信息的基础上,还需要对各种形式的评价信息进行科学的处理,否则无法纳入统一的数学模型进行计算。

8)构造系统综合评价模型

建立评价数学模型的功能是将系统各属性的功能综合成被评价系统的总功能。建模者要根据专家对评价指标体系的意见,选择和创造合适的数学表示方法,要了解不同数学表示方法的物理含义,切勿随意选择和创造表示方法。

9)评价与检验

对系统评价结果进行检验,以判别所选评价模型、有关指标标准、有关权重,甚至指标体系的合理与否,若不合理,则需要重新进行评价。

10)选优,提交决策

由于评价指标体系和评价模型中不可能包含系统内所有的东西,另外,系统环境的变化、决策者的生存环境和心态的变化,也可能导致最优方案在实施过程中遇到困难,所以应对评价对象的结果进行综合考虑,以便提供正确的决策依据。

第二节　系统评价指标体系

系统评价的复杂性主要是评价指标体系的建立。系统评价指标体系是由若干个单项评价指标组成的整体，它应反映出所要解决问题的各项目标要求。指标体系要实际、完整、合理、科学，并基本上能为有关人员和部门所接受。

一、指标体系建立

1. 指标体系建立的原则

评价对象的指标集具有两个基本特性，即层次性及多样性。

指标集的层次性表现为层次结构。第一层是目标层，第二层是分支层，最下层是测度层，它反映了人们从抽象到具体的思维过程。

指标集的多样性是由于其组成元素受到多个因素的影响。它不仅受评价客体与评价目的的制约(如评价客体不同，评价目的不同，指标集也就不同)，而且也受评价主体价值观念的影响，即使评价客体与评价目的相同，不同的评价主体也会设计出不同的指标集。

现实世界的复杂性和评价目的的多样性，决定了指标集的复杂性和多变性。因此，有必要探讨一下设计指标集所应遵循的若干共同原则。

(1)完整性原则。指标集应涵盖为达到评价目的所需的基本内容，如军校学员的综合素质应包含德、智、军、体等四个分支内容。

(2)简要性原则。指标集要层次分明，简明扼要；每个指标要内涵清晰，相对独立。

(3)导向性原则。指标集应体现政策导向。例如，近年来，绿色环保产业普遍受到政策支持。

(4)可比性原则。要尽可能采用相对指标，便于对不同对象进行对比，但为了反映对象之间规模上的差异，也应选取一些绝对指标。

(5)均匀性原则。凡开发周期较长或时间滞后较大的指标，诸如房地产开发中竣工面积之类的指标，科技评价中每百名科技活动人员的专利授权之类的指标等，为避免指标值大起大落，以采用三年平均值为宜。

(6)可测性原则。指标集所需数据原则上从现有统计指标中产生，需要统计的指标应是确定的、可测量的且易于采集的。

(7)非相容性原则。一定要使指标间尽量相互独立、互不重复。

2. 评价指标的分类

从指标值的特征看，可以将指标分为定性指标和定量指标。定性指标是用定性的语言作为指标描述值，定量指标是用数据作为指标值。

从指标值的变化对评价目标的影响来看，可以将指标分为极大型指标(又称为正指标)、极小型指标(又称为逆指标)、居中型指标(又称为适度指标)。极大型指标是指标值越大越好的指标；极小型指标是指标值越小越好的指标；居中型指标是指标值既不是越大越好也不是越小越好，而是比较适中才好的指标。例如：在评价企业的经济效益时，以利润作为指标，其值越大，经济效益就越好，这就是效益型指标；而以万元产值能耗作为指标，其值越小，经济效益就越好，因此万元产值能耗是成本型指标；工程招标中的投标单位工期则既不能太长，又不能太短，这就是居中型指标。

不论按什么方式对指标进行分类，不同类型的指标都可以通过相应的函数进行相互转换。

3. 评价指标的筛选

在对评价因素进行筛选时，不仅要针对具体的评价对象、评价内容进行分析，还必须采用一些筛选方法对指标中体现的信息进行分析，剔除不需要的指标，简化指标体系。常采用的评价指标筛选方法主要有专家调研法、最小均方差法等。

1）专家调研法

专家调研法是一种向专家发函、征求意见的调研方法。评价人可以根据评价目标和评价对象的特征，在所设计的调查表中列出一系列的评价指标，分别征询专家对所设计的评价指标的意见，然后进行统计处理，并反馈咨询结果，经几轮咨询后，如果专家的意见趋于集中，则由最后一次咨询结果确定具体的评价指标体系。

这种方法具有主观性，其结果是否全面和可靠取决于专家的知识结构与经验。比较适用于定性指标的筛选。

2）最小均方差法

对于 m 个被评价对象（或系统）$A_1,A_2,\cdots,A_m$，每个被评价对象有 n 个指标，观测值为 $x_{ij}(i=1,2,\cdots,m;j=1,2,\cdots,n)$。如果 m 个被评价对象关于某项指标的取值都差不多，那么尽管这个评价指标是非常重要的，但是对这 m 个被评价对象的评价结果来说，是起不了什么作用的。因此，为减少计算量就可以删除这个评价指标。

设

$$s_j=\left[\frac{1}{m}\sum_{i=1}^{n}(x_{ij}-\bar{x}_j)^2\right]^{1/2},\quad j=1,2,\cdots,n \tag{6-1}$$

式中：s_j 为评价指标 X_j 的按 m 个被评价对象取值构成的样本均方差。

其中

$$\bar{x}_j=\frac{1}{m}\sum_{i=1}^{m}x_{ij},\quad j=1,2,\cdots,n \tag{6-2}$$

对于 $k_0(1\leqslant k_0\leqslant n)$，令

$$S_{k_0}=\min_{1\leqslant j\leqslant n}\{s_j\} \tag{6-3}$$

若 $S_{k_0}\approx 0$，则可以删除与 S_{k_0} 相应的评价指标 X_{k_0}。

这种方法由于只考虑指标的差异程度，所以容易将重要的指标删除，但是其引用的数据是原始数据，还保持有客观的特点。

4. 评价指标体系建立过程

任何一个指标都反映和刻画系统的一个侧面，而由众多评价指标组成的评价指标系统，则可以形成对系统相对完整的刻画。为了对多层次、多因素的问题进行评价，必须合理地构建一个评价指标体系，使大量相互关联、相互制约的因素条理化、层次化。一般将指标体系

记为

$$X=\bigcup_{i=1}^{4}X_i \text{ 且 } X_i\cap X_j=\varnothing \quad (i\neq j;i,j=1,2,3,4) \tag{6-4}$$

式中：X_i，$i=1,2,3,4$，分别为极大型指标集、极小型指标集、居中型指标集和区间型指标集；$\varnothing$为空集。

指标体系集中反映了评价目标的主要特征和层次结构，区分各层目标和单个目标对系统整体评价的影响程度。对那些定性指标，要用适当方法进行量化处理。对于以上能够列举的每一个指标，又可以进一步分解成为若干个小类指标或分析指标。经过逐层分解，形成了指标结构树，构成了指标体系。

指标体系的建立过程实际上是一个系统分析问题的过程，同一个系统在不同时期、不同环境、不同评价主体的情况下，指标系统设置可能不尽相同，但都遵循建立的基本步骤：①针对具体问题收集相关资料，提出评价系统目标及其影响因素；②分析和比较各影响因素之间的关系，对指标进行筛选；③经过优化后确定指标之间的层次和结构，即得到评价指标体系。图6-3为一个区域可持续发展的评价指标体系。

值得注意的是，有些指标因素是相容的，有些指标因素是互斥的，所构建的指标体系本身应具有相容性。这就需要在筛选工作中对指标因素的关系进行研究。

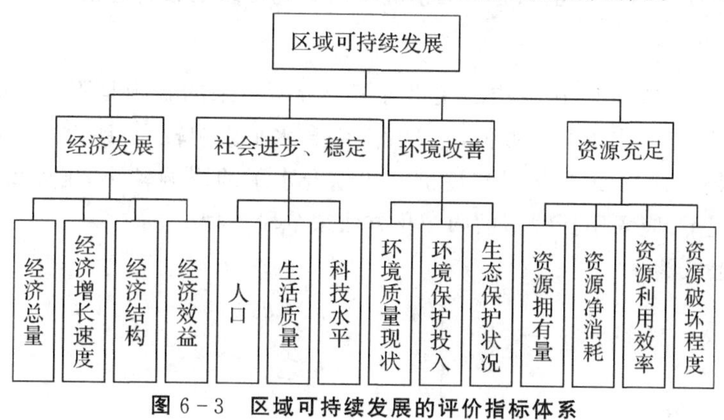

图6-3　区域可持续发展的评价指标体系

二、指标的归一化

在综合评价系统中，一般各个指标值的单位和量级（性质）是不相同的。当各指标间的数值水平相差很大时，如果直接用原始指标值进行分析，就会突出数值较高的指标在综合分析中的作用，相对削弱数值水平较低指标的作用，从而使各指标以不等权参加运算分析，这样，各指标之间就存在着不可公度性，给系统综合评价带来了不便。为了尽可能地反映实际情况，排除由于各项指标的单位不同以及其数值数量级之间的悬殊差距所带来的影响，避免发生不合理的现象，必须对评价指标进行归一化处理，将评价指标类型统一。例如，将各类指标都转化为极大型指标、极小型指标或居中型指标。但是，在不同的指标确定方法和评价模型中，指标归一化处理也有差异。

归一化，称为数据的标准化、规范化，它是通过简单的数学变换来消除各指标量纲影响的方法。归一化方法有多种，归结起来主要有以下几类。

1. 直线型归一化方法

直线型归一化法是指在指标实际值转化成不受量纲影响的指标值时，假定二者之间呈线性关系，指标实际值的变化引起标准化后数值一个相应的比例变化。线性归一化方法主要有以下两种。

(1)极值法。利用指标的极值(极大值或极小值)计算指标的无量纲值 x'_i。其计算公式主要有

$$x'_i=\frac{x_i}{\max x_i},\quad x'_i=\frac{\max x_i-x_i}{\max x_i}$$

$$x'_i=\frac{x_i-\min x_i}{\max x_i},\quad x'_i=\frac{x_i-\min x_i}{\max x_i-\min x_i}$$

(2)标准差标准化法。其计算公式为

$$x'_i=\frac{x_i-\bar{x}}{S} \tag{6-5}$$

式中：$S=\sqrt{\frac{1}{n}\sum(x_i-\bar{x})^2}$。

这种方法在原始数据呈正态分布的情况下的转化结果是较合理的。

2. 折线型归一化

有时，指标在不同水平、区域内的变化对综合分析结果的影响是不一样的。例如：在多指标综合评价时，若 x 小于某个数值，x 变化对综合水平影响较大，评价值也有较大的变化；而当 x 大于该数值时，x 的变化对被评价对象综合水平的影响较小，则评价值的变化也较小。在这种情况下，应采用折线型的归一化方法来分段处理。

如三折线公式为

$$x'=\begin{cases}0, & x_i<a\\ \frac{x_i-a}{b-a}, & b\leqslant x_i\leqslant a\\ 1, & x_i>b\end{cases} \tag{6-6}$$

3. 曲线型归一化方法

采用曲线型的归一化方法，意味着指标实际值与无量纲值之间不是等比例的变动，而是非线性关系。曲线型公式种类很多，举例如下。

(1)升半 Γ 型分布。

$$x_i=\begin{cases}0, & 0\leqslant x_i\leqslant a\\ 1-e^{-k(x-a)}, & x_i>a\end{cases} \tag{6-7}$$

(2)半正态型分布。

$$x_i=\begin{cases}0, & 0\leqslant x_i\leqslant a\\ 1-e^{-k(x-a)^2}, & x_i>a\end{cases} \tag{6-8}$$

此外，评价系统出现定性指标是经常会遇到的，为了和定量指标组成一个有机的评价体系，也必须对其进行归一化处理。常用较简单的处理方法是，首先对指标的不同描述进行评

分，然后按指标属性特点选用标准化函数建立与定量指标相适应的指标评价值，也可以在主观评分基础上直接计算指标评价值。例如，对分析对象按其好坏进行排队所得到的名次，或确定分析对象属于某评定等级等。在这种情况下，可以使用百分制做其归一化处理的结果，便于与其他指标进行综合。

归一化的方法可以有多种，在对其进行选取时应该注意以下几个问题。

(1)归一化所选用的转化公式要根据客观事物的特征及所选用的分析方法确定：一方面要求尽量能够客观地反映指标实际值与事物综合发展水平间的对应关系；另一方面要符合分析的基本要求。如进行聚类分析和关联分析时，往往需要用直线型转换公式。而在进行综合评价时，则需要折线型或曲线型转换公式。

(2)尽量遵循简易性原则，能够用直线型转换公式的就不用折线特别是曲线型公式。因为曲线型公式并不是在任何情况下都比直线型公式精确。同时，曲线型公式中的参数选择又有一定的难度，因而在没有把握的情况下，不如用直线的或折线的来替代。

(3)选用归一化公式还要注意转化自身的特点，这样才能保证转化的可能性。例如，在直线型的转换公式中，常用的极值法和标准差法就各有特点。一般来说，极值法对指标数据的个数和分布状况没什么要求，转化后的数据都在[0,1]区间，转化后的数据相对数性质较为明显，便于做进一步的数学处理。同时就每个指标数值的转化而言，这种无量纲转化所依据的原始数据信息较少，只是指标实际值中的几个值，如 Max$x$、Min$x$ 和 x 等。而标准差标准化法一般在原始数据呈正态分布的情况下应用，其转化结果超出[0,1]区间，存在着负数，有时会影响进一步的数据处理，同时转化时与指标实际值中的所有数值都有关系(主要指样本均方差)，所依据的原始数据的信息多于极值法。

(4)逆指标、适度指标的归一化处理。对于正指标，可以按前面的转换公式进行归一化处理，而对逆指标和适度指标进行归一化转化时，则应先将其转换成正指标，然后再按上述方法进行归一化处理。逆指标转换成正指标较为容易，只要取原数值的倒数就可以；适度指标应根据适度值(即最佳值 k)设计一个变量 $|x_i-k|$，即适度指标的实际值减去适度值的绝对值。这个新变量显然是一个逆指标，再将这个逆指标取倒数，计算 $1/|x_i-k|$ 就得到相应的正指标值了。

三、指标权重确定

多目标评价决策中的权重，是指每项指标对总目标实现的贡献程度，它反映了各指标在评价对象中价值地位的系数。不同的权重将导致不同的评价结果。如果权重数值确定得不合理，那么评价指标确定全面与否将失去意义。

目前，确定权重的方法有数十种之多。根据计算权重时原始数据的来源不同，可将权重分为主观赋权法、客观赋权法和组合赋权法。

主观赋权法主要有专家咨询法、最小平方和法、层次分析法、特征法等，对其研究比较成熟。这类方法的特点是能较好地反映评估对象所处的背景条件和评估者的意图，但各个指标权重系数的准确性有赖于专家的知识和经验的积累，因而具有较大的主观随意性。

客观赋权法的原始数据来源于评估矩阵的实际数据，如熵值法、拉开档次法、逼近理想点法等。这类方法切断了权重系数的主观来源，使系数具有绝对的客观性，但容易出现“重要指标的权重系数小而不重要”的不合理现象。赋权的原始信息应当直接来自样本，赋权过程中需要深入讨论各参数间的相互联系和影响，以及它们对目标的“客观”贡献分。然而，这种方法仅能考虑数据自身的结构特性，不能建立各影响指标与评估目标间所呈现的复杂非线性映射关系，有时还需要用变量变换的方法将非线性问题转化为线性问题，这种变换依赖于建模者的经验。

组合赋权法是结合主观赋权法和客观赋权法的各自特点形成的，其做法如下：首先分别在主观赋权法和客观赋权法内部找出最合理的主观赋权法和客观赋权法权重系数，其次根据具体情况确定主观赋权法和客观赋权法权重系数所占比例，最后求出综合评估权重系数。这种方法在一定程度上既反映了决策者的主观信息，又可以利用原始数据和数学模型，使权重系数具有客观性。但是，其有赖于对主观赋权法和客观赋权法权重系数所占比例的确定。

1. 专家咨询法

专家咨询法，即组织若干对评价系统熟悉的专家，通过一定方式对指标权重独立地发表见解，用统计方法做适当处理。其具体做法如下。

(1)组织 r 个专家，对每个指标 X_j $(j=1,2,\cdots,n)$ 权重进行估计，得到指标权重估计值 $w_{k1},w_{k2},\cdots,w_{kn}$ $(k=1,2,\cdots,r)$。

(2)计算 r 个专家给出的权重估计值的平均值 $\overline{w}_j=\frac{1}{r}\sum_{k=1}^{r}w_{kj}$ $(j=1,2,\cdots,n)$。

(3)计算估计值和平均估计值的偏差 $\Delta_{kj}=|w_{kj}-\overline{w}_{kj}|$ $(k=1,2,\cdots,r;j=1,2,\cdots,n)$。

(4)对于偏差 Δ_{kj} 较大的第 j 指标权重估计值，再请第 k 个专家重新估计 w_{kj}，经过几轮反复，直到偏差满足一定的要求为止，最后得到一组指标权重的平均估计修正值 $\overline{w}_j$ $(j=1,2,\cdots,n)$。

2. 熵值法

熵是信息论中测定不确定性的量，信息量越大，不确定性就越小，熵也越小。反之，信息量越小，不确定性就越大，熵也越大。熵值法就是用指标熵值来确定权重。一般地，将评价对象集记为 $\{A_i\}$ $(i=1,2,\cdots,m)$，用于评价的指标集记为 $\{X_j\}$ $(j=1,2,\cdots,n)$，用 x_{ij} 表示第 i 个方案第 j 个指标的原始值。熵值法的过程如下。

(1)将 x_{ij} 做归一化处理，并计算第 j 个指标第 i 个方案所占的比例 p_{ij}：

$$p_{ij}=\frac{x_{ij}}{\sum_{i=1}^{m}x_{ij}},\quad i=1,2,\cdots,m;j=1,2,\cdots,n \tag{6-9}$$

(2)计算第 j 个指标的熵值 e_j：

$$e_j=-k\sum_{i=1}^{m}p_{ij}\ln p_{ij},\quad j=1,2,\cdots,n;k\geqslant 0,e_j\geqslant 0 \tag{6-10}$$

(3)计算第 j 个指标的差异系数 g_j：

$$g_j=1-e_j,\quad j=1,2,\cdots,n \tag{6-11}$$

(4)计算第 j 个指标的权重 w_j：

$$w_j = \frac{g_j}{\sum_{j=1}^{n} g_j}, \quad j = 1,2,\cdots,n \tag{6-12}$$

熵值法是突出局部差异的权重计算方法，是根据某同一指标观测值之间的差异程度来反映其重要程度的。各个指标的权重系数的大小应根据各个方案中该指标属性值的大小来确定，指标观测值差异越大，则该指标的权重系数越大，反之越小。如果最重要的指标不一定使所有评价方案的属性值具有较大的差异，而最不重要的指标可能使所有评价方案的属性值具有最大的差异，那么这样确定的权重系数就会出现这样的情况：重要指标的权重系数小，而不重要指标的权重系数大。这显然是不合理的。

3. 与综合评价方法结合的方法

在这类方法中，最常用的就是层次分析法（Analytic Hierarchy Process，AHP）。具体可参见下节内容。

第三节　常用的评价方法和模型

常用的评价模型和方法有层次分析法、网络分析法、模糊综合评判法、粗糙集等，这些方法各有千秋。

一、层次分析法

层次分析法是美国运筹学家萨蒂（T. L. Saaty）于 20 世纪 70 年代提出的，是一种定性与定量分析相结合的新的系统分析方法。层次分析法主要适用于决策目标（因素）结构较为复杂、决策准则较多而且不易量化的决策问题。特别是将决策者的主观判断和推理分析紧密联系，对决策者的推理过程进行量化的描述，可以避免决策者在结构复杂和方案较多时逻辑推理上的失误，因此，近些年来，此方法在我国的实际应用中发展较快。

层次分析法适于评价对象结构比较复杂的情况，各个指标不存在相互强耦合。其操作简明，定性和定量相结合，应用范围广泛，但比较、判断、结果均较为粗糙，不适合精度要求高的问题，人的主观因素作用大，有可能使判断结果存在偏差。

1. 层次分析法的基本原理

人们在日常生活中经常要从一堆同样大小的物品中挑选出最重要的物品，如质量最大的物品，即至少要确定各物品的相对质量，可以利用两两比较的方法来达到目的。

设有 n 个物体，其真实质量为 $w_1, w_2, \cdots, w_n$，如果人们可以精确地判断两两物品的质量比，那么就可以得到一个质量比矩阵 $\boldsymbol{A}$。

$$\boldsymbol{A} = (\delta_{ij})_{n\times n} = \begin{bmatrix} \delta_{11} & \delta_{12} & \cdots & \delta_{1n} \\ \delta_{21} & \delta_{22} & \cdots & \delta_{2n} \\ \vdots & \vdots & & \vdots \\ \delta_{n1} & \delta_{n2} & \cdots & \delta_{nn} \end{bmatrix} = \begin{bmatrix} w_1/w_1 & w_1/w_2 & \cdots & w_1/w_n \\ w_2/w_1 & w_2/w_2 & \cdots & w_2/w_n \\ \vdots & \vdots & & \vdots \\ w_n/w_1 & w_n/w_2 & \cdots & w_n/w_n \end{bmatrix} \tag{6-13}$$

显然，$\delta_{ij}=1/\delta_{ji}$，$\delta_{ii}=1$，$\delta_{ij}=\delta_{ik}/\delta_{kj}$，$i,j,k=1,2,\cdots,n$。

用质量向量$\boldsymbol{W}=[w_1,w_2,\cdots,w_n]^{\mathrm{T}}$右乘$\boldsymbol{A}$，其结果为

$$\boldsymbol{AW}=\begin{bmatrix} w_1/w_1 & w_1/w_2 & \cdots & w_1/w_n \\ w_2/w_1 & w_2/w_2 & \cdots & w_2/w_n \\ \vdots & \vdots & & \vdots \\ w_n/w_1 & w_n/w_2 & \cdots & w_n/w_n \end{bmatrix}\begin{bmatrix} w_1 \\ w_2 \\ \vdots \\ w_n \end{bmatrix}=\begin{bmatrix} nw_1 \\ nw_2 \\ \vdots \\ nw_n \end{bmatrix}=n\boldsymbol{W} \tag{6-14}$$

从式(6－14)不难看出，以n个物品质量为分量的向量$\boldsymbol{W}$是比较判断矩阵$\boldsymbol{A}$的对应于n的特征向量。根据矩阵理论可知，n为上述矩阵$\boldsymbol{A}$唯一非零的最大特征根，$\boldsymbol{W}$是矩阵$\boldsymbol{A}$的特征根n对应的特征向量。

由此可知，若在没有称量仪器的条件下对一组物体的质量进行估计，则可以通过逐对比较这组物体相对的方法，得出每对物体相对比的判断，从而形成比较判断矩阵，再通过求解判断矩阵的最大特征根和它所对应的特征向量，就能计算出这组物体的相对。

将此方法应用到复杂的社会、经济和科学管理等领域中，就能确定各种方案、措施、政策等相对于总目标的重要性排序情况，以供领导者决策。例如，城市交通规划方案的选择问题，决策者可以针对衡量交通规划方案的各个影响因素和总目标，通过对各个方案的重要性进行两两比较，构造各个方案之间的相对重要性矩阵，计算该矩阵的最大特征值及其对应的特征向量，则特征向量就是各个方案的优劣排序结果。因此，决策者可以选择出对于评价目标最优的方案。

2. 层次分析法的分析步骤

1)明确问题

首先要对评价问题有明确的认识，明确问题的范围、所包含的因素、因素之间的相互关系、需要得到的结果，对使用 AHP 方法来说掌握的信息是否充分。

2)建立递阶层次结构

建立问题的递阶层次结构是 AHP 中最重要的一步。将问题所包含的要素按属性不同而分层，可以划分为最高层、中间层、最低层。同一层次元素作为准则，对下一层次的某些元素起支配作用，同时它又在上一层次元素的支配下，这种从上至下的支配关系形成了递阶层次。最高层为目标层，通常只有一个元素，表示解决问题的总目标；中间层为准则层，表示实现总目标而采取的各种措施、方案或政策，也可以称为策略层、约束层、子准则层等；最低层为方案层，表示决策的各种方案，即用于解决问题的各种途径和方法。如图 6－4 所示，条目之间的连线表示作用关系，同层次因素之间无连线，表示它们之间互相独立，称为内部独立。上层因素对下层元素具有支配(或包含)关系，而下层对上层无支配关系，称为递阶层次结构，内部独立的递阶层次结构是最简单的系统结构。AHP 基本方法是针对这种结构而言的。

递阶层次结构中的层次数与问题的复杂程度及需要分析的详尽程度有关，一般地，层次数不受限制。每一层次中各元素所支配的元素一般不要超过 9 个，一个好的层次结构对于解决问题是极为重要的，因而层次结构必须建立在决策者对所面临的问题有全面深入的认识基础上。必须明确元素间相互关系，以确保建立一个合理的层次结构。

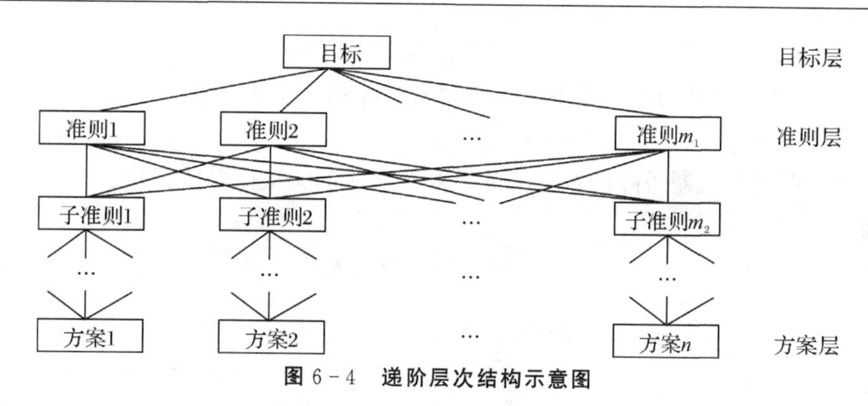

图 6-4　递阶层次结构示意图

3)建立判断矩阵

将人们对每一层次中各个元素相对重要性的判断用数值表示出来,并写成矩阵的形式,即形成判断矩阵。判断数值称为标度,层次分析法中通常采用 9 标度,即采用 1～9 来表示两个元素的相对重要性。判断矩阵表示针对上层次某一元素(如J_K)的本层次有关元素(如$u_1,u_2,\cdots,u_n$)之间两两相对重要性的比较。若判断矩阵为$[b_{ij}]_{n\times n}$,b_{ij}表示对上层元素J_K而言,本层次u_i与u_j相比相对重要性的数值表示,通常值取 1～9 及它们的倒数:

1 表示u_i与u_j相比同等重要;

3 表示u_i与u_j相比稍微重要;

5 表示u_i与u_j相比明显重要;

7 表示u_i与u_j相比很重要;

9 表示u_i与u_j相比极端重要;

中间数值 2、4、6、8 表示以上两判断之间的中间状态对应的标度值,各数的倒数表示u_j与u_i相比时得到的标度值。

显然,对判断矩阵来说,应有$b_{ii}=1,b_{ij}=1/b_{ji},i,j=1,2,\cdots,n$。因此,对于 n 阶矩阵,只需对 $n(n-1)/2$ 个元素给出数值。判断矩阵的构造(其中元素b_{ij}值的确定)可以根据资料、数据、专家意见和分析人员的认识,经过反复研究后确定。

在理想的情况下,判断矩阵应满足

$$b_{ik}=b_{ij}b_{jk},\quad i,j,k=1,2,\cdots,n \tag{6-15}$$

这时称判断矩阵具有完全的一致性。然而,由于客观事物的复杂性和人们认识的差异与片面性,要求一个判断矩阵具有完全的一致性是难以做到的,特别是对因素多、规模大的问题更是如此。通常要求矩阵的元素基本上合理,彼此间不要有太大的矛盾就行,为此需要进行一致性检验,这种检验结合在下述步骤中进行。

4)层次单排序

根据判断矩阵计算对上层某元素而言本层次各元素相对重要性的权值,层次单排序可归结为计算判断矩阵的特征根与特征向量,即对判断矩阵 $\boldsymbol{B}$,计算满足

$$\boldsymbol{B}\boldsymbol{w}=\lambda_{\max}\boldsymbol{w} \tag{6-16}$$

的特征根与特征向量。式中:$\lambda_{\max}$为 $\boldsymbol{B}$ 的最大特征根;$\boldsymbol{w}$ 为对应于$\lambda_{\max}$的正规化(归一化)特征向量,把 $\boldsymbol{w}$ 的分量作为该层对应元素单排序的权值。

可以证明,对于 n 阶判断矩阵,其最大特征根为单根,且

$$\lambda_{\max} \geqslant n \tag{6-17}$$

$\lambda_{\max}$对应的特征向量均由正数组成。当判断矩阵具有完全一致性时，$\lambda_{\max}=n$；除了 $\lambda_{\max}$，其余特征根均为零。

下面介绍两种求判断矩阵的最大特征根及其对应的特征向量的方法。

设判断矩阵为

$$\boldsymbol{B}=\begin{bmatrix} b_{11} & b_{12} & \cdots & b_{1n} \\ b_{21} & b_{22} & \cdots & b_{2n} \\ \vdots & \vdots & & \vdots \\ b_{n1} & b_{n2} & \cdots & b_{nn} \end{bmatrix} \tag{6-18}$$

(1)方根法。计算步骤如下：

①计算判断矩阵每一行元素的乘积，即

$$M_i = \prod_{j=1}^{n} b_{ij}, \quad i = 1,2,\cdots,n \tag{6-19}$$

②计算M_i 的 n 次方根，即

$$\overline{w_i} = \sqrt[n]{M_i} \tag{6-20}$$

③对向量$\overline{\boldsymbol{w}_i}=[\overline{w}_1,\overline{w}_2,\cdots,\overline{w}_n]^{\mathrm{T}}$正规化，即

$$w_i = \overline{w}_i / \sum_{j=1}^{n} \overline{w}_j \tag{6-21}$$

则$\boldsymbol{w}_i=[w_1,w_2,\cdots,w_n]^{\mathrm{T}}$为所求特征向量。

④最大特征根为

$$\lambda_{\max} = \sum \frac{(\boldsymbol{Bw})_i}{nw_i} \tag{6-22}$$

式中：$(\boldsymbol{Bw})_i$ 表示向量 $\boldsymbol{Bw}$ 的第 i 个元素。

(2)正规化求和法。计算步骤如下：

①将判断矩阵的每一列正规化，即

$$\bar{b}_{ij} = b_{ij} / \sum_{k=1}^{n} b_{kj}, \quad i,j = 1,2,\cdots,n \tag{6-23}$$

②将列正规化后的判断矩阵按行相加，即

$$\overline{w}_i = \sum_{i=1}^{n} \bar{b}_{ij}, \quad i = 1,2,\cdots,n \tag{6-24}$$

③对向量$\overline{\boldsymbol{w}}_i=[\overline{w}_1,\overline{w}_2,\cdots,\overline{w}_n]^{\mathrm{T}}$正规化，即

$$w_i = \overline{w}_i \Big/ \sum_{j=1}^{n} \overline{w}_j, \quad i = 1,2,\cdots,n \tag{6-25}$$

所得向量$\boldsymbol{w}_i=[w_1,w_2,\cdots,w_n]^{\mathrm{T}}$即为所求特征向量。

④最大特征根

$$\lambda_{\max} = \sum \frac{(\boldsymbol{Bw})_i}{nw_i} \tag{6-26}$$

其中：$(\boldsymbol{Bw})_i$ 同样为向量 $\boldsymbol{Bw}$ 的第 i 个元素。

5)判断矩阵的一致性检验

判断矩阵的一致性检验用到以下三个指标。

(1)一致性指标 CI，定义为

$$CI=\frac{\lambda_{\max}-n}{n-1} \tag{6-27}$$

当 $CI=0$ 时，$\lambda_{\max}=n$，判断矩阵具有完全一致性。

(2)判断矩阵的维数 n 越大，判断的一致性将越差，故应适当放宽对高维判断矩阵一致性的要求。引入平均随机一致性指标 RI，其数值由表 6-1 给出。

表 6-1　平均随机一致性指标 RI 的数值表

矩阵维数	3	4	5	6	7	8	9
RI	0.58	0.90	1.12	1.24	1.32	1.41	1.45

(3)随机一致性指标 CR，定义为

$$CR=\frac{CI}{RI} \tag{6-28}$$

一致性检验一般要求 $CR<0.10$。如果一致性检验结果不能令人满意，应该检查判断矩阵中各元素间关系是否恰当并进行适当调整，直到满足一致性要求为止。

6)层次总排序

层次单排序是计算一层中各元素对上一层次中某一元素来说相对重要性权值，而层次总排序则是计算一层中各元素对更上一层次的相对重要性权值。层次总排序是在单排序基础上进行的，从上到下逐层顺序进行。对于次上层，其层次单排序即为总排序。

假定上一层次的所有元素 $A_1,A_2,\cdots,A_m$ 的层次总排序已完成，得到的权值分别为 $a_1,a_2,\cdots,a_m$；与 A_i 对应的本层次元素 $B_1,B_2,\cdots,B_n$ 的单排序结果为 $w'_1,w'_2,\cdots,w'_n$。

总排序数值可按表 6-2 计算。

表 6-2　总排序数值计算公式

层次 B	层次 A	B 层次总排序
	$A_1,A_2,\cdots,A_m$	
	$a_1,a_2,\cdots,a_m$	
B_1	$w_1^1,w_1^2,\cdots,w_1^m$	$b_1=\sum_{i=1}^{m}a_i w_1^i$
B_2	$w_2^1,w_2^2,\cdots,w_2^m$	$b_2=\sum_{i=1}^{m}a_i w_2^i$
⋮	⋮	⋮
B_n	$w_n^1,w_n^2,\cdots,w_n^m$	$b_n=\sum_{i=1}^{m}a_i w_n^i$

显然，有

$$\sum_{i=1}^{n} b_i=1 \tag{6-29}$$

即得出的总排序数值也是正规化的。

依上述方法自上而下逐层计算，最底层（评价对象层）的总排序即为最终评价结果。

7）总排序一致性检验

总排序一致性检验的目的是评价层次总排序的计算结果，需计算与层次单排序类似的检验量，它们的表达式分别为

$$CI = \sum_{i=1}^{m} a_i CI_i \tag{6-30}$$

式中：a_i 为 A 层元素的总排序权值；CI_i 为与 a_i（或A_i）对应的下一层次（表 6－2 的 B 层）中判断矩阵的一致性指标。

$$RI = \sum_{i=1}^{m} a_i RI_i \tag{6-31}$$

式中：RI_i 为与 a_i 对应的 B 层中判断矩阵的随机一致性指标。

计算 $CR=CI/RI$，同样希望 $CR<0.10$。如果层次总排序一致性检验不满意，亦需对判断矩阵进行调整。

3. 典型案例——军队战斗力评估问题

军队的战斗力是衡量一支军队强弱的根本标准，也是平时加强国防和军队建设，战时计划使用兵力、进行战斗编组、组织实施作战的基本依据，对于军队战斗力的评估研究，历来都是各个国家和军队十分关注的问题之一。

实际中，一支军队的战斗力是受多种因素的影响和制约的：从物态方面有人员和武器装备等因素；从质态方面有战斗、保障、指挥、编制、作战思想等因素；从能态方面有火力、机动力、防护力、补给力等因素。另外，军队战斗力的外在表现也是多种多样的，既有宏观的和微观的，又有功能的和效率的，还有平时的和战时的等。在以上诸多因素中，有一些是确定的因素，但多数是模糊的或灰色的。因此，完全用定量的方法进行描述和研究往往是困难的，需要使用定量与定性相结合的层次分析法来研究这个问题。

通过如上的分析，将影响军队战斗力的各因素进行分类整理，形成一个递阶层次结构模型，该层次模型分为目标层（R）、准则层（P）和方案层（T），如图 6－5 所示。

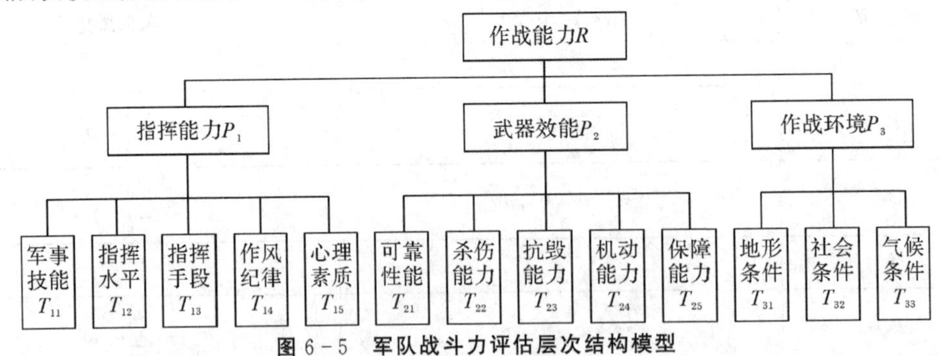

图 6－5　军队战斗力评估层次结构模型

军队战斗力评估层次结构模型简明地表述了军队战斗力相关各因素及其相互之间的关系，但每个因素对战斗力的影响程度不同，因此，首先应确定它们各自的权重，即构造两两比较矩阵。

按照层次分析法的标度准则,分别给出各层次相关因素的两两比较矩阵。首先给出准则层对目标层的比较矩阵为

$$\boldsymbol{A}=\begin{bmatrix}1 & 1 & 3\\ 1 & 1 & 3\\ 1/3 & 1/3 & 1\end{bmatrix}$$

求其最大特征值和相应的特征向量分别为

$$\lambda_{\max}=3,\boldsymbol{w}^{(1)}=[w_1^{(1)},w_2^{(1)},w_3^{(1)}]^{\mathrm{T}}=[0.128\ 6,0.428\ 6,0.142\ 9]^{\mathrm{T}}$$

对应的一致性指标为 $CI=0,RI=0.58,CR=0$,即通过一致性检验,特征向量即可作为准则层对目标层的权重。

方案层对准则层三个指标的两两比较矩阵分别为

$$\boldsymbol{B}_1=\begin{bmatrix}1 & 1 & 3 & 1 & 1\\ 1 & 1 & 3 & 1 & 1\\ 1/3 & 1/3 & 1/3 & 1/3 & 1/3\\ 1 & 1 & 3 & 1 & 1\\ 1 & 1 & 3 & 1 & 1\end{bmatrix},\quad \boldsymbol{B}_2=\begin{bmatrix}1 & 1/3 & 1 & 1/4 & 2\\ 3 & 1 & 3 & 1 & 5\\ 1 & 1/3 & 1 & 1/3 & 2\\ 4 & 1 & 3 & 1 & 7\\ 1/2 & 1/5 & 1/2 & 1/7 & 1\end{bmatrix},$$

$$\boldsymbol{B}_3=\begin{bmatrix}1 & 1/3 & 3\\ 3 & 1 & 7\\ 1/3 & 1/7 & 1\end{bmatrix}$$

然后分别求最大特征值和相应的特征向量,并作一致性检验,则有

$\lambda_1^{\max}=5$

$\boldsymbol{w}_1^{(2)}=[w_{11}^{(2)},w_{12}^{(2)},w_{13}^{(2)},w_{14}^{(2)},w_{15}^{(2)}]^{\mathrm{T}}=[0.230\ 8,0.230\ 8,0.076\ 9,0.230\ 8,0.230\ 8]^{\mathrm{T}}$

$CI(1)=0,RI(1)=1.12,CR(1)=0$

即矩阵$\boldsymbol{B}_1$通过一致性检验。

$\lambda_2^{\max}=5.015\ 5$

$\boldsymbol{w}_2^{(2)}=[w_{21}^{(2)},w_{22}^{(2)},w_{23}^{(2)},w_{24}^{(2)},w_{25}^{(2)}]^{\mathrm{T}}=[0.109\ 4,0.335\ 7,0.115\ 8,0.380\ 8,0.05\ 83]^{\mathrm{T}}$

$CI(2)=0.039,RI(2)=1.12,CR(2)=0.035<0.1$

即矩阵$\boldsymbol{B}_2$通过一致性检验。

$\lambda_3^{\max}=3.007$

$\boldsymbol{w}_3^{(2)}=[w_{31}^{(2)},w_{32}^{(2)},w_{33}^{(2)}]^{\mathrm{T}}=[0.242\ 6,0.669\ 4,0.087\ 9]^{\mathrm{T}}$

$CI(3)=0.035,RI(3)=0.58,CR(3)=0.061<0.1$

即矩阵$\boldsymbol{B}_3$通过一致性检验。

最后组合权重和相应的组合一致性检验，方案层对目标层的组合权重为

$$w_{ij}=w_i^{(1)}w_{ij}^{(2)},\quad i=1,2,3$$

具体的权值见表 6-3。

表 6-3　组合权值

指　标	w_{11}	w_{12}	w_{13}	w_{14}	w_{15}	w_{21}	w_{22}	w_{23}	w_{24}	w_{25}	w_{31}	w_{32}	w_{33}
权　重	0.098 9	0.098 9	0.033 0	0.098 9	0.098 9	0.046 9	0.143 9	0.049 6	0.163 2	0.025 0	0.034 7	0.095 7	0.012 6

组合一致性检验指标为

$$CR = \frac{\sum_{j=1}^{3} CI(j) w_j^{(1)}}{\sum_{j=1}^{3} RI(j) w_j^{(1)}} = 0.028 < 0.1$$

即组合一致性检验,则所得到组合权重可以作为综合评估的权值。

假设已知部队各项评估指标的得分,并将其归一化记为t_{ij} ($0 \leqslant t_{ij} \leqslant 1$),其某项指标值越大,则说明该项能力就越强,这里采用综合加权方法来构造综合评估指标函数,即令

$$W = \sum_{i=1}^{2} \sum_{j=1}^{5} w_{ij} t_{ij} + \sum_{j=1}^{3} w_{3j} t_{3j}$$

实际中,由综合评估指标函数,如果已知某部队的相关各项指标的得分值,就可以计算出相应的战斗力综合指标值,依据其值的大小对所属部队的战斗力给出评价。

4. *模糊层次分析法*

在层次分析法中构造两两比较判断矩阵时,权重及结果是一个确定值。即在方案两两比较重要性时只考虑了人的判断的两种可能的极端情况:以隶属度 1 选择某个标度值,同时又以隶属度 1 否定(以隶属度 0 选择)其他标度值,没有考虑人的判断的模糊性。但是,在有些问题上(如费效分析、投资决策等)进行专家咨询时,专家们往往会给出一些模糊量(如三值判断:最低可能值、最可能值、最高可能值;二值区间判断),其处理结果也必然是模糊量,从而可借此对方案进行风险评估。因此,AHP 在模糊环境下的扩展是有必要的。在理论上,有人提出 AHP 中判断应该用模糊集表示,由此产生了模糊层次分析法。

在用模糊集表示 AHP 中方案间的比较判断的问题上,理论上不存在困难。但是,为了使方案相对重要性的排序权值的计算比较容易,荷兰学者 F. J. M. VanLaarhoven 和 W. Pedryca提出了用三角模糊数表示模糊比较判断的方法。下面介绍基于梯形模糊数的模糊层次分析法。

1)基于梯形模糊数的模糊层次分析法

(1)构造区间数表达的比较判断矩阵。首先根据专家及有关人员的意见,按照 1~9 标度以区间数 $\boldsymbol{a}_{ij} = [a_{ij}^-, a_{ij}^+]$进行相对重要程度赋值,分别构造准则层各个准则对目标的比较判断矩阵,以及各个方案分别针对各个准则的比较判断矩阵,即

$$\boldsymbol{A} = (a_{ij})_{m \times n} = [\boldsymbol{A}^-, \boldsymbol{A}^+]$$

式中:$\boldsymbol{a}_{ij} = [a_{ij}^-, a_{ij}^+]$为某层中第 i 个元素与第 j 个元素相对于上一层次中某元素的重要性比较的1~9 标度量化区间数值;$\boldsymbol{A}^- = (a_{ij}^-)_{m \times n}$;$\boldsymbol{A}^+ = (a_{ij}^+)_{m \times n}$。

构造完毕后,按通常数字判断矩阵的一致性检验方法,分别对$\boldsymbol{A}^-$、$\boldsymbol{A}^+$进行检验,完成 $\boldsymbol{A}$ 的一致性检验。

(2)求解区间数权向量。$\boldsymbol{A}^-$、$\boldsymbol{A}^+$都是清晰判断矩阵,采用特征向量法分别求出$\boldsymbol{A}^-$、$\boldsymbol{A}^+$的权重向量,记为$\boldsymbol{x}^-$、$\boldsymbol{x}^+$。然后,由下式得出 $\boldsymbol{A}$ 的区间数权重向量,即

$$\boldsymbol{w} = [\alpha \boldsymbol{x}^-, \beta \boldsymbol{x}^+] \tag{6-32}$$

式中

$$\left.\begin{aligned}\alpha &= \left[\sum_{j=1}^{n}\frac{1}{\sum_{i=1}^{m}a_{ij}^{+}}\right]^{\frac{1}{2}}\\ \beta &= \left[\sum_{j=1}^{n}\frac{1}{\sum_{i=1}^{m}a_{ij}^{-}}\right]^{\frac{1}{2}}\end{aligned}\right\}\tag{6-33}$$

(3)各层元素对总目标的合成权重。要对各个备选方案进行优选排序，必须计算出它们对于目标 C 的合成权重。记指标层各个元素 $f_1,f_2,\cdots,f_m$ 针对目标层 C 的权重分别为 $w_i^1(i=1,2,\cdots,m)$；各备选方案针对指标层各元素的权重记为 $w_{ij}^2(i=1,2,\cdots;m,j=1,2,\cdots,n)$。各备选方案对于目标 C 的合成权重 $w_j(j=1,2,\cdots,n)$ 由下式算出，即

$$w_j = \sum_{i=1}^{m} w_i^1 w_{ij}^2 \tag{6-34}$$

(4)备选方案排序。得出的各备选方案相对于 C 的合成权重是一组区间数 $w_j=[w_j^-,w_j^+]$。它们是一种特殊的梯形模糊数。因此，可采用雅戈尔(Yager)方法中的指标 $F_1(\widetilde{N})$ 对它们进行排序。

在 Yager 方法中，排序指标 $F_1(\widetilde{N})$ 表示模糊集 $\widetilde{N}$ 的几何中心。对于区间数 $w_j=[w_j^-,w_j^+]$，它的几何中心如图 6-6 所示。

$F_1(w_j)$ 即 $w_j=[w_j^-,w_j^+]$ 的几何中心。因此，区间数 $\boldsymbol{w}_j=[w_j^-,w_j^+]$ 的排序指数为

$$F_1(\boldsymbol{w}_j)=(w_j^-+w_j^+)/2,\quad j=1,2,\cdots,n \tag{6-35}$$

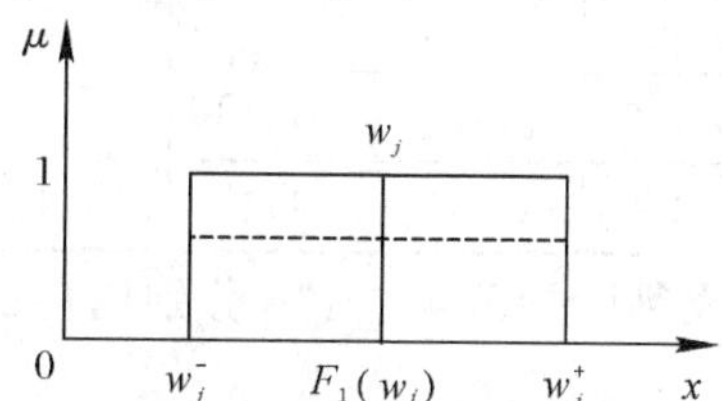

图 6-6　Yager 方法中的指标 $F_1(\widetilde{N})$

按式(6-35)求出各备选方案的排序指标后，就可以根据它们的大小排出优劣次序，找到最优方案。

2)应用案例——登陆地域选择问题

登陆地域是指提供战役登陆兵团第一梯队师上岸的海岸区域及其毗连的水域，是登陆战役地区的一部分。登陆地域选择的好坏直接影响到登陆成败、战场兵力与武器损耗的多少，以及作战价值的大小等。选择登陆地域应考虑的因素主要有坡度、潮汐、地质、气象条件、纵深情况和战场布置等。

根据上述分析，选择登陆地域应考虑的因素构成准则层的准则集，即登陆地域的评价指标集为

$$F=\{f_1,f_2,f_3,f_4,f_5,f_6\}$$

式中：f_1 为登陆地域的坡度符合登陆要求的程度；f_2 为登陆地域的潮汐符合登陆要求的程度；f_3 为登陆地域的地质符合登陆要求的程度；f_4 为登陆地域的气象条件符合登陆要求的程度；f_5 为登陆地域的纵深情况符合登陆要求的程度；f_6 为登陆地域的战场布置符合登陆要求

的程度。

所有可选择的登陆地域组成方案集，设为 $L=\{L_1,L_2,\cdots,L_n\}$。以此建立的指标评价体系如图 6-7 所示。设 C 为选择满意的登陆地域。

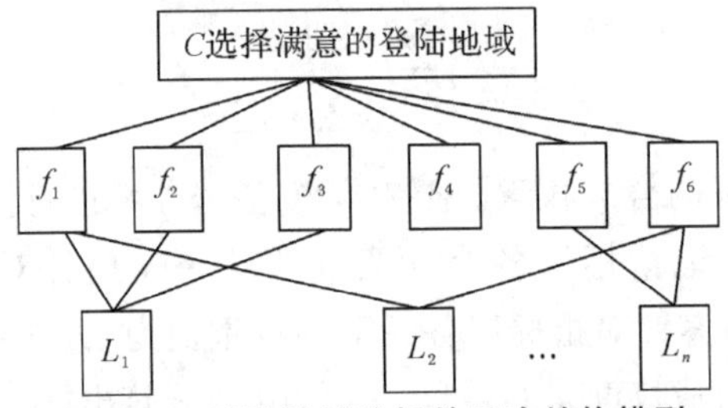

图 6-7　登陆地域选择的层次结构模型

假设红方需进行登陆作战，研究得知，有三个登陆地域可供选择，分别定为 L_1、L_2、L_3。通过各方侦查的情报与数据，以及专家的评价与分析，根据此次作战的目的及任务，首先得出准则层 F 对目标 C 的比较区间数判断矩阵，见表 6-5。

表 6-5　F 层对 C 层判断结果及计算值

C	f_1	f_2	f_3	f_4	f_5	f_6	x^-	x^+	α,β
f_1	[1,1]	[5,6]	[6,7]	[6,7]	[7,8]	[8,9]	0.562 3	0.558 7	
f_2	[1/6,1/5]	[1,1]	[1,1]	[2,2]	[2,3]	[3,4]	0.135 2	0.139 5	
f_3	[1/7,1/6]	[1,1]	[1,1]	[1,1]	[2,2]	[2,3]	0.110 4	0.107 1	$\alpha=0.970\ 9$
f_4	[1/7,1/6]	[1/2,1/2]	[1,1]	[1,1]	[1,1]	[1,2]	0.078 7	0.078 9	$\beta=1.019\ 1$
f_5	[1/8,1/7]	[1/3,1/2]	[1/2,1/2]	[1,1]	[1,1]	[1,1]	0.063 4	0.060 4	
f_6	[1/9,1/8]	[1/4,1/3]	[1/3,1/2]	[1/2,1]	[1,1]	[1,1]	0.049 9	0.055 4	

根据表 6-5 的区间数组成判断矩阵 $\boldsymbol{A}^-$、$\boldsymbol{A}^+$，分别用特征向量法求出 $\boldsymbol{A}^-$、$\boldsymbol{A}^+$ 的特征向量 $\boldsymbol{x}^-$、$\boldsymbol{x}^+$ 列，即

$$\boldsymbol{x}^-=[0.562\ 3,0.135\ 2,0.110\ 4,0.078\ 7,0.063\ 4,0.049\ 9]$$

$$\boldsymbol{x}^+=[0.558\ 7,0.139\ 5,0.140\ 71,0.078\ 9,0.060\ 4,0.055\ 4]$$

再按式(6-33)求出 $\alpha=0.970\ 9,\beta=1.019\ 1$。由式(6-32)即得

$$\boldsymbol{w}_1^1=[0.545\ 9,0.569\ 4],\quad \boldsymbol{w}_2^1=[0.131\ 3,0.142\ 2]$$

$$\boldsymbol{w}_3^1=[0.107\ 2,0.109\ 1],\quad \boldsymbol{w}_4^1=[0.076\ 4,0.080\ 4]$$

$$\boldsymbol{w}_5^1=[0.061\ 6,0.061\ 6],\quad \boldsymbol{w}_6^1=[0.048\ 4,0.056\ 5]$$

为指标层各元素 f_1,f_2,f_3,f_4,f_5,f_6 对于目标层 C 的权重。

用相同的方法可求出三个登陆地域 L_1、L_2、L_3 分别对指标层 F 中任何一个元素 f_i 的权重 $w_{ij}^2,i=1,2,\cdots,6,j=1,2,3$。

然后根据式(6-34)求得三个登陆地域关于目标层 C 的合成权重分别为

$$\boldsymbol{w}_1=[0.203\ 6,0.277\ 4],\quad \boldsymbol{w}_2=[0.525\ 0,0.607\ 8],\quad \boldsymbol{w}_3=[0.159\ 6,0.220\ 1]$$

再根据式(6-35)求得 3 个登陆地域的排序指数为

$$L_1:F_1(w_1)=0.240\ 5$$

$$L_2: F_1(w_2)=0.566\ 4$$

$$L_3: F_1(w_3)=0.189\ 8$$

从上面的结果可以得出 $L_2>L_1>L_3$，故 L_2 是最适合作战的登陆地域。

二、网络分析法

Saaty 教授于 1996 年提出网络分析法(Analytic Network Process，ANP)，该方法考虑不同层次和同层次元素之间的相互依存关系，或低层元素对高层元素的支配作用(反馈性)，将决策指标体系从递阶层次结构扩展到网络结构，非常适于解决元素间存在相互影响的决策问题。

1. ANP 简介

ANP 将系统元素划分为两大部分(见图 6－8)，第一部分为控制因素层，包括问题目标及决策准则。所有的决策准则均认为是独立的且只受目标元素支配。控制因素中可以没有决策准则，但至少有一个目标。第二部分为网络层，它是由所有受控制层支配的元素组成的，其内部是互相影响的网络结构。

ANP 的主要步骤：①建立 ANP 网络模型；②计算未加权超矩阵和加权超矩阵；③计算极限超矩阵并确定极限排序和权重。下面重点介绍几个超矩阵及最终权重的确定方法。

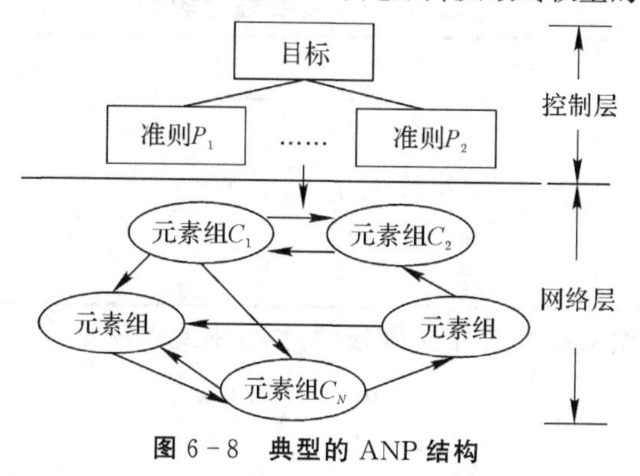

图 6－8　典型的 ANP 结构

1)计算未加权超矩阵

设 ANP 的控制层中有元素 $p_1,\cdots,p_n$，控制层下，网络层有元素组 $C_1,\cdots,C_N$，其中 C_i 中有元素 $e_{i1},\cdots,e_{in_i}(i=1,2,\cdots,N)$。以控制层元素 $P_s(s=1,2,\cdots,m)$ 为准则，以 C_j 中元素 $e_{jl}(l=1,2,\cdots,n_j)$ 为次准则，元素组 C_i 中元素按其对 e_{jl} 的影响力大小进行间接优势度比较，即构造判断矩阵(P_s下)，见表 6－6。

表 6－6　判断矩阵

e_{jl}	$e_{i1},e_{i2},\cdots,e_{in_i}$	归一化特征向量
e_{i1}		$w_{i1}^{(jl)}$
e_{i2}		$w_{i2}^{(jl)}$
$\vdots$		$\vdots$
e_{in_i}		$w_{in_i}^{(jl)}$

由特征根法得排序向量$[w_{i1}^{(jl)},w_{i2}^{(jl)},\cdots,w_{in_i}^{(jl)}]^{\mathrm{T}}$。记

$$\boldsymbol{W}_{ij}=\begin{bmatrix} w_{i1}^{(j1)} & w_{i1}^{(j2)} & \cdots & w_{i1}^{(jn_j)} \\ w_{i2}^{(j1)} & w_{i2}^{(j2)} & \cdots & w_{i2}^{(jn_j)} \\ \vdots & \vdots & & \vdots \\ w_{in_i}^{(j1)} & w_{in_i}^{(j2)} & \cdots & w_{in_i}^{(jn_j)} \end{bmatrix} \tag{6-36}$$

$\boldsymbol{W}_{ij}$的列向量就是C_i中元素$e_{i1},\cdots,e_{in_i}$对C_j中元素$e_{j1},\cdots,e_{jn_j}$的影响程度排序向量。若C_j中元素不受C_i中元素影响，则$\boldsymbol{W}_{ij}=\boldsymbol{0}$。最终可获得$P_s$下未加权超矩阵

$$\begin{matrix} & 1\cdots n_1 & 1\cdots n_2 & \cdots & 1\cdots n_N \end{matrix}$$

$$\boldsymbol{W}=\begin{bmatrix} W_{11} & W_{12} & \cdots & W_{1N} \\ W_{21} & W_{22} & \cdots & W_{2N} \\ \vdots & \vdots & & \vdots \\ W_{N1} & W_{N2} & \cdots & W_{NN} \end{bmatrix} \tag{6-37}$$

2)计算加权超矩阵

这样的超矩阵共有m个，均为非负矩阵，超矩阵的子块$\boldsymbol{W}_{ij}$是列归一化的，但$\boldsymbol{W}$却不是列归一化的。为此以P_s为准则，对P_s下各组元素对准则C_j($j=1,2,\cdots,N$)的重要性进行比较(见表6-7)。

表6-7　重要性比较

C_j	$C_1,C_2,\cdots,C_N$	归一化特征向量(排序向量)
C_1 C_2 $\vdots$ C_N	$j=1,2,\cdots,N$	$\boldsymbol{a}_{1j}$ $\boldsymbol{a}_{2j}$ $\vdots$ $\boldsymbol{a}_{Nj}$

与C_j无关的元素组对应的排序向量分量为零，由此得权矩阵

$$\boldsymbol{A}=\begin{bmatrix} \boldsymbol{a}_{11} & \cdots & \boldsymbol{a}_{1N} \\ \vdots & & \vdots \\ \boldsymbol{a}_{N1} & \cdots & \boldsymbol{a}_{NN} \end{bmatrix} \tag{6-38}$$

对超矩阵$\boldsymbol{W}$的元素加权，得$\widetilde{\boldsymbol{W}}=(\widetilde{\boldsymbol{W}}_{ij})$，其中

$$\widetilde{\boldsymbol{W}}_{ij}=\boldsymbol{a}_{ij}\boldsymbol{W}_{ij},\quad i=1,2,\cdots,N;j=1,2,\cdots,N \tag{6-39}$$

式中：$\widetilde{\boldsymbol{W}}$为加权超矩阵，其列和为1，称为列随机矩阵。为简单起见，以下的超矩阵都是加权超矩阵，并仍用符号$\boldsymbol{W}$表示。

3)计算极限超矩阵并确定极限排序和权重

设(加权)超矩阵$\boldsymbol{W}$的元素为w_{ij}，则w_{ij}的大小反映了元素i对元素j的一步优势度。i对j的优势度还可用$\sum_{k=1}^{N} w_{ik}w_{kj}$得到，称为二步优势度，它就是$\boldsymbol{W}^2$的元素，$\boldsymbol{W}^2$仍是列归一化的。当$\boldsymbol{W}^{\infty}=\lim_{t\to\infty}\boldsymbol{W}^t$存在时，$\boldsymbol{W}^{\infty}$即为极限超矩阵，这是对加权超矩阵进行稳定处理。

W^{∞}的第j列就是P_s下网络层中各元素对于元素j的极限相对排序向量，大部分情况下，可以将其直接作为各元素在网络结构中的权重。如果各元素组之间都是独立的，需要将其除以元素组个数，就可以作为各元素在网络结构中的权重了。

2. 应用案例——基于ANP的弹药需求影响因素分析

1）建立弹药需求影响因素的ANP网络模型

影响弹药需求的因素很多，这里仅考虑战术层面上的主要因素。在弹药需求量评价这一目标下，将作战任务、弹药威力、武器装备的性能、人员素质和保障能力五个指标集（元素组）作为评价的主指标集，下设13个指标（元素），见表6－8。在以往的研究中，人们均默认这些指标之间相互独立，显然这是不符合实际情况的。例如，由经验可知：作战规模会影响作战持续时间；毁伤任务量会影响作战规模；人员素质会影响武器装备的性能；保障能力也会影响武器装备的性能；等等。图6－9和表6－9给出了元素之间的依存关系。

表6－8　弹药需求影响因素指标集[表中右两列指标排序及权重的计算过程见2）]

目　标	指标集	指标名称	ANP权重	排　序
弹药需求量	作战任务(C_1)	毁伤任务量e_{11}	0.151 451	3
		作战持续时间e_{12}	0.187 153	1
		作战规模e_{13}	0.175 583	2
	弹药威力(C_2)	冲击波e_{21}	0.086 739	6
		能量e_{22}	0.101 443	4
		热量e_{23}	0.020 513	12
	武器装备的性能(C_3)	防护能力e_{31}	0.047 806	7
		打击能力e_{32}	0.094 686	5
		机动能力e_{33}	0.042 802	8
	人员素质(C_4)	人武结合e_{41}	0.023 108	9
		心理素质e_{42}	0.023 108	10
	保障能力(C_5)	技术维修保障e_{51}	0.020 936	11
		制信息权e_{52}	0.006 979	13

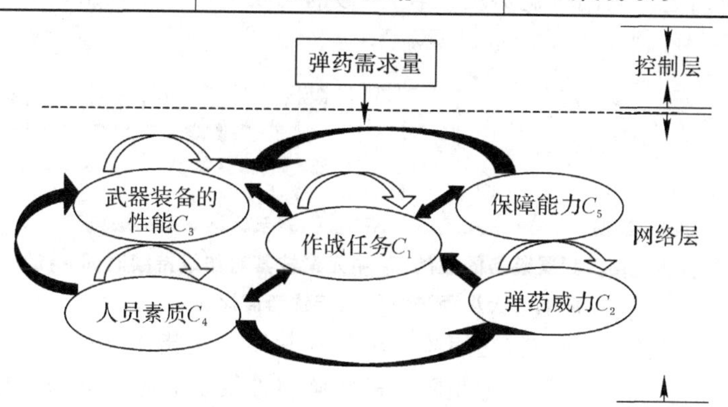

图6－9　弹药需求影响因素ANP指标体系的网络结构

表 6－9　网络结构中的元素影响关系

e_{ij}	e_{11}	e_{12}	e_{13}	e_{21}	e_{22}	e_{23}	e_{31}	e_{32}	e_{33}	e_{41}	e_{42}	e_{51}	e_{52}
e_{11}	0	1	1	1	1	0	0	1	0	1	1	0	1
e_{12}	1	0	1	1	1	0	0	1	0	1	0	1	1
e_{13}	1	1	0	1	1	0	1	1	0	0	1	1	1
e_{21}	0	0	0	0	1	1	0	0	0	1	1	0	0
e_{22}	0	0	0	1	0	1	0	0	0	1	1	0	0
e_{23}	0	0	0	1	1	0	0	0	0	0	0	0	0
e_{31}	1	1	0	0	0	0	0	1	1	1	1	0	1
e_{32}	1	1	1	0	0	0	1	0	1	1	1	1	0
e_{33}	1	1	1	0	0	0	1	1	0	1	1	1	1
e_{41}	0	1	0	0	0	0	0	0	0	0	1	0	0
e_{42}	1	1	1	0	0	0	0	0	0	1	0	0	0
e_{51}	1	1	1	0	0	0	0	0	0	0	0	0	0
e_{52}	1	1	1	0	0	0	0	0	0	0	0	0	0

注：1 表示有影响，0 表示无影响。

2)计算弹药需求影响因素指标权重

ANP 模型的计算非常复杂，如极限矩阵的计算等，Satty 等人在 2003 年推出了超级决策软件 Super Decision 1.4.2(SD)，成功地实现了 ANP 计算的程序化，为 ANP 的实用推广奠定了坚实的应用基础。下面将按步骤给出上述 ANP 网络模型在超级决策软件中的求解过程。

(1)构造判断矩阵。在评价弹药需求量这一目标下，征询多位专家意见，构造判断矩阵。在各元素组中按其对某个元素组的影响力大小进行间接优势度比较，在元素组的各个元素中按其对某个元素的影响力大小进行间接优势度比较，也就是给出了元素组之间的判断矩阵和元素之间的判断矩阵。图 6－10 给出了武器装备性能 C_3 中元素按其对作战持续时间 e_{12} 的影响力大小而进行的间接优势度比较，类似的比较不再一一列出。

Comparisons wrt "作战持续时间e12" node in "武器装备的性能" cluster
打击能力e32 is moderately more important than 机动能力e33
1. 打击能力e32 >=9.5 9 8 7 6 5 4 3 2 1 2 3 4 5 6 7 8 9 >=9.5 No comp. 机动能力e33
2. 打击能力e32 >=9.5 9 8 7 6 5 4 3 2 1 2 3 4 5 6 7 8 9 >=9.5 No comp. 防护能力e31
3. 机动能力e33 >=9.5 9 8 7 6 5 4 3 2 1 2 3 4 5 6 7 8 9 >=9.5 No comp. 防护能力e31

图 6－10　武器装备的性能 C_3 中元素按其对作战持续时间 e_{12} 的影响力大小而进行的间接优势度比较

(2)计算未加权超矩阵和加权超矩阵。未加权超矩阵是指由矩阵组件作为其元素构成的矩阵；加权超矩阵是指将未加权超矩阵中的矩阵组件乘以对应的全局优势度得到的矩阵。

(3)计算极限超矩阵并确定极限排序和权重。极限超矩阵是指由加权超矩阵的若干次幂而获得的，直到每列对应元素均相同为止，是加权超矩阵的稳定化。由极限超矩阵就可以得到各个元素的权重系数，如图 6－11 所示。

Super Decisions Main Window: 消耗（5个）.mod: formulaic: Weighted ...

Cluster Node Labels		人员素质C4		作战任务C1			保障能力C5		弹药威力C2
		人武结合e41	心理素质e42	作战持续时间e12	作战规模e13	毁伤任务量e11	制信息权e52	技术维修保障e51	冲击波e21
人员素质C4	人武结合e41	0.000000	0.118955	0.120963	0.000000	0.060481	0.000000	0.000000	0.000000
	心理素质e42	0.118955	0.000000	0.000000	0.120963	0.060481	0.000000	0.000000	0.000000
作战任务C1	作战持续时间e12	0.300785	0.225588	0.000000	0.134607	0.269235	0.149998	0.375000	0.066666
	作战规模e13	0.150392	0.225588	0.134607	0.000000	0.269235	0.149993	0.375000	0.066664
	毁伤任务量e11	0.000000	0.000000	0.403863	0.403863	0.000000	0.450009	0.000000	0.200004
保障能力C5	制信息权e52	0.000000	0.000000	0.000000	0.000000	0.090722	0.000000	0.000000	0.000000
	技术维修保障e51	0.000000	0.000000	0.120963	0.120963	0.030241	0.000000	0.000000	0.000000
弹药威力C2	冲击波e21	0.130471	0.130471	0.000000	0.000000	0.000000	0.000000	0.000000	0.000000

图 6－11　加权超矩阵

3)结果分析

通过 ANP 网络模型可知，对弹药需求量影响最大的指标有作战持续时间(0.187 153)、作战规模(0.175 583)、毁伤任务量(0.151 451)，三者权重相差不大，表明这三项指标对弹药需求量的影响都非常大。对弹药需求量影响较大的指标有弹药的能量(0.101 443)、武器装备的打击能力(0.094 686)和弹药的冲击波(0.086 739)。此结论与弹药需求的实际作战背景基本相符，由于考虑了元素组及元素之间的相互影响，所以此结论会比 AHP 法所得结果更加合理、准确。

三、模糊综合评判法

综合评判是对多种属性的事物，或者说其总体优劣受多种因素影响的事物，做出一个能合理地综合这些属性或因素的总体评判。模糊综合评判的具体过程是：将评价目标看成由多种因素组成的模糊集合(称为因素集 U)，再设定这些因素所能选取的评审等级，组成评语的模糊集合(称为评判集 V)，分别求出各单一因素对各个评审等级的归属程度(称为模糊矩阵)，然后根据各个因素在评价目标中的权重分配，通过计算(称为模糊矩阵合成)求出评价的定量解值。

20 世纪 80 年代初，汪培庄提出了模糊综合评判模型，此模型以它简单实用的特点迅速波及国民经济和工农业生产的方方面面。与此同时，还吸引了一些理论工作者对此模型进行深化和扩展研究，出现了一批诱人的成果，诸如多级模型、算子调整、范畴统观等。另外，针对实际应用中模糊综合评判模型常遇到的一些问题，对其进行了改进，产生了多层次模糊综合评判模型和广义合成运算的模糊综合评判模型。

1. 工作步骤

模糊综合评判法是考虑与被评价事物相关的各个因素，对其所做的综合评判。模糊综合评判的数学模型可分为一级模型和多级模型。

1)选取被评判对象的因素集与评语集

(1)选取被评判对象的因素集与评语集。因素集也称指标集,是能较全面地反映被评价对象特性的因素的集合。这些因素通常都具有不同程度的模糊性,在模糊综合评判方法中,模糊性通过隶属函数来处理。

因素集为

$$U=\{u_1,u_2,\cdots,u_m\} \tag{6-40}$$

评语集就是在评价某个事物时,可以将评价结果分成若干个等级,所有的等级构成的集合就是评语集。例如:对选取的某个炮兵观察所进行综合评判时,可把评判的等级分为"很好""较好""一般""不好"四个等级。

评语集为

$$V=\{v_1,v_2,\cdots,v_n\} \tag{6-41}$$

(2)单因素评价。单因素的评价通常用打分的方法进行。对每个因素u_i打分,确定该事物对评语等级$v_j(j=1,2,\cdots,n)$的隶属程度r_{ij},表示u_i具有评语v_j的程度,它是从U到V的一个模糊映射。

在进行模糊综合评判时,首先从因素集中的单个因素出发进行评判,确定评判对象对评语集中各元素的隶属程度。设评判对象按因素集中第i个因素$u_i(i=1,2,\cdots,m)$进行评判时,对评语集中第j个元素v_j的隶属程度为$r_{ij}(i=1,2,\cdots,m;j=1,2,\cdots,n)$,则按第$i$个因素$u_i$评判的结果可用模糊集合表示为

$$\boldsymbol{R}_i=(r_{i1},r_{i2},\cdots,r_{in})$$

它是评语集V上的一个模糊集合。将n个因素的评判集组成一个总的评价矩阵

$$\boldsymbol{R}=\begin{bmatrix}\boldsymbol{R}_1\\\boldsymbol{R}_2\\\vdots\\\boldsymbol{R}_m\end{bmatrix}=\begin{bmatrix}r_{11}&r_{12}&\cdots&r_{1n}\\r_{21}&r_{22}&\cdots&r_{2n}\\\vdots&\vdots&&\vdots\\r_{m1}&r_{m2}&\cdots&r_{mn}\end{bmatrix} \tag{6-42}$$

式中:$\boldsymbol{R}$称为单因素评判矩阵,显然,$\boldsymbol{R}$为模糊矩阵。

(3)权重集的建立。一般而言,各个因素的重要程度是不一样的,为了反映各因素的重要程度,对各个因素u_i应赋予相应的权重系数w_i。由各权重系数组成的集合称为因素的权重集W:

$$W=\{w_1,w_2,\cdots,w_m\}$$

同时,各权重系数还应满足归一和非负的条件,即所有因素的权重系数的和为1,各权重系数均为非负。

(4)综合评判。从单因素评判矩阵$\boldsymbol{R}$可以看出:$\boldsymbol{R}$的第i行,反映了第i个因素影响评判对象隶属于各个评语集的程度;$\boldsymbol{R}$的第j列,则反映了所有因素影响评判对象隶属于第j个评语集元素的程度。当权重集W和单因素评判矩阵$\boldsymbol{R}$为已知时,便可作模糊变换来进行综合评判。

$$\boldsymbol{B}=W\circ\boldsymbol{R}=(w_1,w_2,\cdots,w_m)\circ\begin{bmatrix} r_{11} & r_{12} & \cdots & r_{1n} \\ r_{21} & r_{22} & \cdots & r_{2n} \\ \vdots & \vdots & & \vdots \\ r_{m1} & r_{m2} & \cdots & r_{mn} \end{bmatrix}=(b_1,b_2,\cdots,b_n) \tag{6-43}$$

式中：“$\circ$”表示某种合成运算；$\boldsymbol{B}$ 为模糊综合评判集；$b_j(j=1,2,\cdots,n)$为模糊综合评判指标，简称为评判指标。b_j 为综合考虑所有因素的影响时，评判对象对评语集第 j 个元素的隶属度。

根据模糊合成运算“$\circ$”的不同，一般有四种不同的模糊综合评判法的计算模型。

模型Ⅰ：取大取小型 $M(\wedge,\vee)$——主因素决定型

$$b_j=\vee\{(w_i\wedge r_{ij}),1\leqslant i\leqslant n\}\quad(j=1,2,\cdots,n) \tag{6-44}$$

式中：“$\vee$”为取大符号；“$\wedge$”为取小符号。

其评判结果只取决于在总评价中起主要作用的那个因素，其余因素均不影响评判结果，此模型比较适用于单项评判最优就能作为综合评判最优的情况。

模型Ⅱ：乘积取大型 $M(\bullet,\vee)$——主因素突出型

$$b_j=\vee\{(w_i r_{ij}),1\leqslant i\leqslant n\}\quad(j=1,2,\cdots,n) \tag{6-45}$$

它与模型 $M(\wedge,\vee)$相近，但比模型 $M(\wedge,\vee)$精细些，不仅突出了主要因素，也兼顾了其他因素。此模型适用于模型 $M(\wedge,\vee)$失效（不可区别），需要“加细”的情况。

模型Ⅲ：取小上界和型 $M(\wedge,\oplus)$

$$b_j=\wedge\{1,\sum_{i=1}^{n}(w_i\wedge r_{ij})\}\quad(j=1,2,\cdots,n) \tag{6-46}$$

实际应用较少，主因素（权重最大的因素）在综合评判中起主导作用时，若 $M(\wedge,\vee)$失效，可以用此模型。但是，直接对隶属度作“有上界”相加，在很多情况下得不出有意义的综合评判结果。

模型Ⅳ：乘积求和型 $M(\bullet,+)$

$$b_j=\sum_{i=1}^{n}(w_i r_{ij})\quad(j=1,2,\cdots,n) \tag{6-47}$$

此模型对所有因素依权重大小均衡兼顾，适用于多个因素起作用的情况。

2）多级模型模糊综合评判

有些情况因为要考虑的因素太多，而权重难以细分，或各权重都太小，使得评估失去实际意义。为此，可根据因素集中各指标的相互关系，把因素集按不同属性分为几类。可先在因素较少的每一类（二级因素集）中进行综合评判，然后再对综合评判的结果进行类之间的高层次评判。如果二级因素集中有些类含的因素过多，可对它再做分类，得到三级以至更多级的综合评判模型。注意要逐级分别确定每类的权重。

以二级综合评判为例给出其数学模型：

设第一级评估因素集为 $U=\{u_1,u_2,\cdots,u_m\}$；

各评估因素相应的权重集为 $W=\{w_1,w_2,\cdots,w_m\}$；

第二级评估因素集为$U_i=\{u_{i1},u_{i2},\cdots,u_{ik_i}\},i=1,2,\cdots,m$；

对应的权重集为$W_i=\{w_{i1},w_{i2},\cdots,w_{ik_i}\}$；

相应的单因素评判矩阵为$\boldsymbol{R}_i=[r_{ij}]_{k_i\times n}$，$i=1,2,\cdots,k_i$，$j=1,2,\cdots,n$；

二级综合评判数学模型为

$$\boldsymbol{B}=W\circ\begin{bmatrix}W_1\circ R_1\\W_2\circ R_2\\\vdots\\W_m\circ R_m\end{bmatrix}\tag{6-48}$$

2.模糊综合评判法的特点和适用范围

模糊综合评判法是利用模糊集理论进行评估的一种方法，将一些边界不清、不易定量的因素定量化。模糊综合评判法不仅可对评估对象按综合分值的大小进行评估和排序，而且还可根据模糊评估集上的值按最大隶属原则去评定对象所属的等级。这就克服了传统数学方法结果单一性的缺陷，结果包含的信息丰富。这种方法简易可行，很好地解决了判断的模糊性和不确定性问题。

模糊综合评判法的优点：数学模型简单，容易掌握，对多因素、多层次的复杂问题评判比较好，是其他数学分支和模型难以代替的方法。其缺点：它并不能解决评估指标间相关造成的评估信息重复问题，隶属函数的确定还没有系统的方法，而且合成的算法也有待进一步探讨。其评估过程大量运用了人的主观判断，由于各因素权重的确定带有一定的主观性，因此，总的来说，模糊综合评判是一种基于主观信息的综合评估方法。

3.典型案例——装备研制风险评估

武器装备是军队战斗力形成的决定性力量，是国家军事实力和综合国力的具体体现，是保护人民生命财产安全和保证军事任务顺利完成的重要工具，它直接关系到国家的战略安全。武器装备研制过程是装备质量的决定性环节，从根本上确定了装备全寿命周期的质量；研制过程具有周期长、技术复杂和经费高昂的特点，存在巨大的风险性；同时，研制过程的风险问题也朝着多样化、复杂化和频发化的方向发展，普遍存在拖进度、降指标、涨经费的问题，给研制过程带来了巨大的压力，而在风险管理工作的具体开展过程中却缺乏指导性的执行方法，这些现实情况呼唤着装备研制风险管理模型的诞生。

风险管理在美国的应用已经非常普遍，涉及的领域十分广泛，各行业具有很强的风险意识，从金融、保险、企业、政府到军事领域，都推行了风险管理工作，一些部门开设了专门的风险管理机构或者配备了风险管理团队。美国国防部从20世纪60年代就开始了对风险问题的研究，美国国防部从1979年起把风险分析作为装备采购的重要组成部分，认为采办项目管理的实质就是风险管理。但是，缺乏装备研制风险管理的具体模型，装备研制风险管理工作的具体开展和执行的问题没有得到很好地解决。此案例在分析装备研制阶段特点的基础上，采用模糊综合评判对装备研制风险评估进行了研究。运用模糊综合评价法对工程研制阶段的风险程度进行评估，求出风险得分，确定其风险等级。

1)建立风险指标体系因素集

对工程研制阶段进行分析，建立关于该阶段常见风险及其风险要素的指标体系。风险指标体系要尽量包括该阶段面临的各方面风险，故此处选择了未经过筛选的风险要素；同时，为了简化计算，此处只选择了四种风险情况来说明问题。如表 6－10 所示，建立了如下的指标体系因素集。

表 6－10　风险指标体系因素集表

目标层	一级指标	二级指标
工程研制阶段风险 U	费用风险 U_1	投资强度风险 U_{11} 经费不足所产生的风险 U_{12} 经费分配不合理所产生的风险 U_{13}
	设计风险 U_2	设计计划变更风险 U_{21} 布局优化风险 U_{22} 部件调整风险 U_{23}
	决策风险 U_3	管理战略、结构和理念 U_{31} 技术方法选择风险 U_{32} 信息不对称风险 U_{33}
	计划风险 U_4	计划方案不合理 U_{41} 工作进度估计偏差 U_{42} 计划延误 U_{43}

2）建立风险严重程度的评价集

建立以下风险严重程度的评价集 $V=\{V_1,V_2,V_3,V_4\}=\{$Ⅰ，Ⅱ，Ⅲ，Ⅳ$\}=\{$灾难性的，严重的，轻微的，可忽略的$\}$。风险严重程度评价集的评价标准见表 6－11。

表 6－11　风险严重程度评价标准

风险严重程度	评价标准
灾难性的Ⅰ	丧失完成任务的能力或使任务失败；系统或关键设备受损失；主要财产和设施被破坏；严重的人员伤亡和环境破坏；不可接受的间接损害
严重的Ⅱ	完成任务的能力极大降低；设备或系统大面积受损；财产、环境的重大破坏；严重的人员受伤；重大的间接损害
轻微的Ⅲ	任务完成能力降低；设备或系统、财产或环境损害较小；人员受伤或疾病；一定的间接损害
可忽略的Ⅳ	对完成任务能力影响很小；设备或系统损害较轻；人员无伤害；财产或环境损害很小

3）确定权重集

确定权重有许多方法，如频数统计法、层次分析法、先验知识法等，此案例采用专家打分法来确定权重。向专家发出问卷调查表，请专家参考已经建立的风险指标体系因素集和风险严重程度评价集直接给出每个因素的权重，然后对一个因素的多个权值取算术平均，并且确定相应的隶属度向量。表 6－12 和表 6－13 分别给出了最终所确定的风险权重值和隶属度向量。

表 6-12 风险权重值

评价因素	U_1			U_2			U_3			U_4		
权重	0.11			0.42			0.16			0.31		
子因素	U_{11}	U_{12}	U_{13}	U_{21}	U_{22}	U_{23}	U_{31}	U_{32}	U_{33}	U_{41}	U_{42}	U_{43}
权重	0.31	0.19	0.50	0.28	0.41	0.31	0.21	0.42	0.37	0.45	0.21	0.34

表 6-13 隶属度向量

因素级	U_1			U_2			U_3			U_4		
风险等级	U_{11}	U_{12}	U_{13}	U_{21}	U_{22}	U_{23}	U_{31}	U_{32}	U_{33}	U_{41}	U_{42}	U_{43}
灾难性的Ⅰ	0	0.11	0.05	0.13	0.21	0.06	0	0.16	0.09	0.13	0.11	0.08
严重的Ⅱ	0.21	0.19	0.12	0.31	0.44	0.15	0.21	0.31	0.21	0.49	0.32	0.32
轻微的Ⅲ	0.32	0.25	0.31	0.45	0.25	0.57	0.48	0.41	0.53	0.35	0.52	0.51
可忽略的Ⅳ	0.47	0.45	0.52	0.11	0.10	0.22	0.31	0.12	0.17	0.03	0.05	0.09

4)计算模糊评价矩阵 $\boldsymbol{R}$

(1)利用公式 $\boldsymbol{B}=\boldsymbol{W}\circ\boldsymbol{R}$ 求出每个准则的隶属度向量，并进行归一化处理。

$$\boldsymbol{B}_1=\boldsymbol{W}_1\circ\boldsymbol{R}_1=[0.31\quad 0.19\quad 0.50]\circ\begin{bmatrix}0 & 0.21 & 0.32 & 0.47\\ 0.11 & 0.19 & 0.25 & 0.45\\ 0.05 & 0.12 & 0.31 & 0.52\end{bmatrix}=[0.046\quad 0.161\quad 0.302\quad 0.491]$$

同理可求得$\boldsymbol{B}_2$、$\boldsymbol{B}_3$、$\boldsymbol{B}_4$，由此得到各准则关于总目标的隶属度矩阵

$$\boldsymbol{R}=\begin{bmatrix}\boldsymbol{B}_1\\ \boldsymbol{B}_2\\ \boldsymbol{B}_3\\ \boldsymbol{B}_4\end{bmatrix}=\begin{bmatrix}0.046 & 0.161 & 0.302 & 0.491\\ 0.141 & 0.422 & 0.405 & 0.140\\ 0.101 & 0.252 & 0.469 & 0.178\\ 0.109 & 0.397 & 0.44 & 0.055\end{bmatrix}$$

(2)求出总目标的隶属度向量，并进行归一化处理。

$$\boldsymbol{B}=\boldsymbol{W}\circ\boldsymbol{R}=[0.11\quad 0.42\quad 0.16\quad 0.31]\circ\begin{bmatrix}0.046 & 0.016\,1 & 0.032 & 0.491\\ 0.141 & 0.422 & 0.405 & 0.14\\ 0.101 & 0.252 & 0.469 & 0.178\\ 0.109 & 0.397 & 0.440 & 0.055\end{bmatrix}=$$

$$[0.114\quad 0.358\quad 0.415\quad 0.158]$$

归一化得，$\boldsymbol{B}=[0.109\quad 0.343\quad 0.397\quad 0.151]$。

5)求出所研究阶段的风险得分

对照表 6-14 所示的风险评分标准表来求工程研制阶段的风险得分 S。

表 6-14 风险评分标准表

风险描述	灾难性的Ⅰ	严重的Ⅱ	轻微的Ⅲ	可忽略的Ⅳ
分数 F	90	80	60	40

$$S=\boldsymbol{B}\circ\boldsymbol{F}^{\mathrm{T}}=90\times0.109+80\times0.343+60\times0.397+45\times0.151=67.865$$

6)确定风险等级

根据上一步求出的风险得分,确定工程研制阶段的风险等级。此模型将装备研制阶段的风险划分为以下5个等级:E——极高风险(Extremely High Risk),如果在装备研制过程中发生此类风险,研制机构会完全丧失工作能力,导致装备研制任务的彻底失败,对国家和研制机构都会造成极大的损失;H——高风险(High risk),如果发生此类风险,研制机构完成研制任务的能力和完成标准都会显著降低,装备的研制质量和进度也会受到影响,导致无法按期完成研制任务,也可能出现完成的任务达不到要求的情况;M——中等风险(Moderate Risk),如果发生此类风险,研制机构的研制能力和完成标准都会有所降低,装备的研制质量和进度也会受到影响;L——低风险(Low Risk),此类风险对装备研制机构的研制能力影响不大,任务的进度和质量基本可以保证;A——最优风险(Acceptable Risk),此类风险对研制机构完成装备研制任务的能力影响很小,研制任务的质量和进度都可以得到有效保证,是一种理想的风险程度。将各风险等级分别与相应的风险分数区间相对应,得到如表6-15所示的风险等级表,风险等级和风险得分的标准可以根据实际情况进行修改。

表6-15　风险等级表

风险等级	E极高风险	H高风险	M中等风险	L低风险	A最优风险
风险得分	[100,90)	[90,70)	[70,60)	[60,50)	[50,0)

上一步所求出的风险得分为$S=67.865$,通过对应风险等级表,可以确定工程研制阶段的风险等级为中等风险,满足风险等级要求,可以进行之后的风险分析和控制工作。

四、粗糙集

20世纪80年代,波兰数学家Z. Pawlak提出了粗糙集的概念,此后,粗糙集理论显示了强大的生命力。从1993年得到国际承认至今,粗糙集在许多领域得到了成功的应用,尤其在机器学习、知识获取、数据挖掘、信息融合、专家系统、决策支持系统和模式识别等方面,粗糙集都为之提供了一种很有效的新的数学方法,是一种定量处理不精确、不一致、不完整等各类不完备信息与知识的有效数学工具,并从中发现隐含的知识,揭示潜在的规律。该理论具有两个显著的特点:①它仅利用数据本身所提供的信息,无须提供所需处理的数据集合之外的任何先验信息,因此与其他不确定推理理论相比更具客观性;②它具备从大量数据中求取最小不变集合(称为核)与求解最小规则集(称为约简)的能力,这一特性有助于简化冗余属性。

在粗糙集理论中,"知识",被认为是一种将现实或抽象对象进行分类的能力。假设具有关于论域U的某种知识,使用属性(Attribute)及其值(Value)来描述论域中的对象,如空间物体集合U具有"颜色""形状"这两种属性,"颜色"的属性值取为红、黄、绿,"形状"的属性值取为方、圆、三角形。从离散数学的观点看,"颜色""形状"构成了U上的一组等效关系。U中的物体,按照"颜色"这一等效关系,可以划分为"红色的物体""黄色的物体""绿色的物体"等集合;按照"形状"这一等效关系,可以划分为"方的物体""圆的物体""三角形的物体"等集合;按照"颜色+形状"这一合成等效关系,又可以划分为"红色的圆物体""黄色的方物体""绿色的三角形物体"等集合。如果两个物体同属于"红色的圆物体"这一集合,它们之间是不可分辨关系(Indiscernibility Relation),因为描述它们的属性都是"红"和"圆"。不可分辨关系的概念是粗糙集理论的基石，它揭示出论域知识的颗粒状结构。

粗糙集理论是一种处理模糊性和不确定性的数学方法，该理论为解决多属性决策问题提供了有力的工具。粗糙集理论的特点是所需的信息量小，不需要预先给定某些特征或属性的数量描述，直接从给定问题的描述集合出发，通过不可分辨关系和不可分辨类确定给定问题的近似域，从而找出该问题中的内在规律。

粗糙集评估法是一种数据分析工具，对于数据的处理无须提供所研究问题数据集合之外的任何先验信息。粗糙集评估法不需要建立解析式的数学模型，完全由数据驱动，根据粗糙集理论里属性约简的原理将冗余的指标进行剔除，在保证信息系统分类能力不变的条件下有效地削减指标，将冗余的指标进行剔除，可以减轻评估的工作量，提高评估速度。粗糙集评估法可根据数据本身的规律计算每个指标的权重，不完全依赖于专家的知识判断，客观性强，消除了主观性和模糊性，使评估结果更具真实性。

1. 知识表示

首先来认识一下知识和分类。将所研究的所有对象的集合称为论域 U，人类的知识大多与论域的划分(分类)有关。在粗糙集理论中，知识被认为是一种分类能力。人们的行为基本是分辨现实的或抽象对象的能力。

假设对论域内的对象(或称样本)已具有一定的信息或知识，通过这些知识能够将其划分到不同的类别。若对两个对象具有相同的信息，则它们是不可区分的(等价的)，即根据已有的信息不能将其划分开。

粗糙集理论的核心是等价关系，通常用等价关系替代分类，根据这个等价关系划分样本集合为等价类。从知识库的观点看，每个等价类被称为一个概念，即一条知识(规则)。每个等价类唯一地表示了一个概念，属于一个等价类的不同对象对该概念是不可区分的。

定义 6-1 四元组 $S=(U,A,V,f)$ 是一个知识表达系统(信息系统)，其中，U 为论域，A 为属性集合，V 为全体属性的值域，$V=\bigcup_{a\in A}V_a$，V_a 表示属性 $a\in A$ 的值域；f 为 $U\times A\rightarrow V$ 的一个映射(信息函数)。$A=C\cup D$，$C\cap D=\varnothing$，C 为条件属性集(指标集)，D 为决策属性集。

若 $D=\varnothing$，则知识表达系统是一个信息系统；若 $D\neq\varnothing$，则称知识表达系统是一个决策表。决策表表述了条件知识范畴与决策属性知识范畴之间存在的蕴含关系，对它的挖掘和约简就非常重要了。为了从决策表中抽取到适应度好的规则，有必要对决策表进行约简的工作，经过约简后的决策表中的每一个记录都表示一个具有相同规律性质的样本，从而使得决策规则就具有较高的适应性和实用价值。

定义 6-2 对于任一属性子集 $B\subset A$，如果对象 $x_i,x_j\in U$，$\forall r\in B$，当且仅当 $f(x_i,r)=f(x_j,r)$ 时，x_i 和 x_j 是不可分辨的，简记为 $\mathrm{ind}(B)$。不可分辨关系也称为等价关系。

设论域 U 为有限集，R 是 U 的等价关系，则 $K=\{U,R\}$ 称为知识库，知识库的知识粒度由不可分辨关系 $\mathrm{ind}(R)$ 的等价类反映。

2. 基本定义

定义 6-3 设 X 为论域 U 上的任一子集，R 是 U 上的等价关系，则 X 关于知识 R 的下近似和上近似分别为

$$\underline{R}(X)=\{x|x\in U,[x]_R\cap X\neq\varnothing\} \tag{6-49}$$

$$\overline{R}(X)=\{x|x\in U,[x]_R\subseteq X\} \tag{6-50}$$

其中：$[x]_R$表示等价关系R下包含元素x的等价类。

根据现有知识R，判断U中所有肯定属于集合X的对象所组成的集合，即下近似$\underline{R}(X)$；判断U中一定属于和可能属于集合X的对象所组成的集合，即上近似$\overline{R}(X)$。

$\mathrm{pos}_R(X)=\underline{R}(X)$称为$X$的$R$正域，$\mathrm{neg}_R(X)=U-\overline{R}(X)$称为$X$的$R$负域。

$\mathrm{bnd}_R(X)=\overline{R}(X)-\underline{R}(X)$称为$X$的$R$边界域。边界域是某种意义上论域的不确定域，根据知识R，U中既不是肯定归入集合X，又不能肯定归入集合X的补集的元素构成的集合。边界域为集合X的上近似与下近似之差。

定义 6－4　若$\mathrm{bnd}_R(X)$是空集，$\overline{R}(X)=\underline{R}(X)$，则称集合$X$为关于$R$的精确集；若$\mathrm{bnd}(X)$不是空集，$\overline{R}(X)\neq\underline{R}(X)$，则称集合$X$为关于$R$的粗糙集。

因此，粗糙集中的“粗糙”（不确定性）主要体现在边界域的存在。集合X的边界域越大，其确定性程度就越小。

定义 6－5　给定论域U和其上的一个等价关系R，$\forall X\subseteq U$，称等价关系R定义的集合X的近似精度和粗糙度分别定义为

$$\alpha_R(X)=\frac{|\underline{R}(X)|}{|\overline{R}(X)|}\quad \rho_R(\underline{X})=1-\alpha_R(X)=\frac{|\overline{R}(x)-\underline{R}(x)|}{|\overline{R}(x)|} \tag{6-51}$$

其中，$|\cdot|$表示集合的基数（即集合中元素的数量）。

显然，对每一个R和$X\subseteq U$，有$0\leqslant\alpha_R(X)\leqslant 1$。当$\alpha_R(X)=1$时，$X$的$R$边界域为空集，因此集合$X$为关于$R$的精确集；当$\alpha_R(X)<1$时，$X$的$R$边界域为非空，因此集合$X$为关于$R$的粗糙集。

X的R粗糙度与精度恰恰相反，它反映了在知识R下对于集合X表达的范畴了解的不完全程度。

3. 属性约简和属性重要性公式

定义 6－6　若有知识库$K=(U,R)$和一个等价关系簇$P\subseteq R$，$\forall Q\subseteq P$，若Q满足Q是独立的，$\mathrm{ind}(Q)=\mathrm{ind}(P)$，则称$Q$是$P$的一个约简，记为$Q\in\mathrm{red}(P)$。其中，$\mathrm{red}(P)$表示$P$的全体约简组成的集合。

需要注意的是，通常约简不唯一，而核具有唯一性。

定义 6－7　给定知识库$K=(U,R)$和一个等价关系簇$P\subseteq R$，$\forall S\in P$，若S满足$\mathrm{ind}(P-\{S\})\neq\mathrm{ind}(P)$，则称$S$为$P$中必要的，$P$中所有必要的知识组成的集合称为$P$的核，记为$\mathrm{core}(P)$。

定理 6－1　$\mathrm{core}(P)=\bigcap\mathrm{red}(P)$。

知识的核就是知识的所有约简的交集，这表明核包含在知识的每一个约简中，是约简的最基础部分，也是最重要的部分，同时，也是最能够体现知识特征的部分。知识的核包含在知识的每一个约简中，核就是知识特征的最主要部分，在约简过程中它不能被删除，否则将减弱知识的分类能力。

定义 6－8　在知识库$K=(U,R)$中，$P,Q\subseteq R$，知识Q依赖于$P\,(P\Rightarrow Q)$，当且仅当

$\text{ind}(P) \subseteq \text{ind}(Q)$。

知识 Q 依赖于 P 时，就认为知识 Q 是由知识 P 导出的。

定理 6－2 下列条件是等价的。

(1)$P \Rightarrow Q$。

(2)$\text{ind}(P \cup Q) = \text{ind}(P)$。

(3)$\text{pos}_P(Q) = U$。

(4)对于所有 $X \in U/Q$，有 $\text{ind}[\underline{P}(X)] = X$。

定义 6－9 在知识库 $K=(U,R)$ 中，$P,Q \subseteq R$，当 $k=\gamma_P(Q)=|\text{pos}_P(Q)|/|U|$ 时，知识 Q 是以程度 $k(0 \leqslant k \leqslant 1)$ 依赖于知识 P 的，记为 $P \Rightarrow_k Q$。

当 $k=1$ 时，知识 Q 完全依赖于知识 P；当 $0<k<1$ 时，知识 Q 粗糙(部分)依赖于知识 P；当 $k=0$ 时，知识 Q 独立于知识 P。

一般来说，决策表中的所有条件属性对于总决策而言并不是同等重要的，也就是说，有的属性很重要，但有的属性是不必要的，是冗余的，是可以删除的。在信息系统和决策表中会出现两种冗余的情况：一是对属性而言，属性从整体的角度而言存在冗余；二是从整体上讲某属性是必要的，但某些对象在该属性上的取值可能存在冗余，即属性值的冗余。粗糙集属性约简理论为分析和处理这两种冗余都提供了良好有效的方法和工具。

定义 6－10 属性子集 $B \subseteq C$ 关于 D 的重要性定义为

$$\text{sig}(B)=\gamma_C(D)-\gamma_{C-B}(D) \tag{6-52}$$

使用 C 中去掉 r 之后导致的信息量变化大小来表征指标 r 在指标体系 C 中的重要性。定义为

$$\text{sig}(r)=\gamma_C(D)-\gamma_{C-\{r\}}(D) \tag{6-53}$$

因此，指标 $r_i \in C(C=\{r_1,r_2,\cdots,r_H\})$ 的权重 w_i 为

$$w_i = \text{sig}(r_i)/\sum_{i=1}^{H}\text{sig}(r_i) \tag{6-54}$$

事实上，定理 6－1 给出了粗糙集的属性约简原理，可以基于等价关系、基于区分矩阵或基于属性重要性进行指标约简。定义 6－9 和定义 6－10 给出了粗糙集的属性重要性原理，利用属性重要性的式(6－52)、式(6－53)和式(6－54)，就可以计算约简后指标的权重。

4. 粗糙集数据离散化处理

作为一种处理不完备、不精确问题的数学工具，粗糙集可以有效地处理离散化指标，但是却不能直接处理连续型指标，因此，进行指标约简之前，必须先对连续型指标数据进行离散化处理。数据离散化处理的本质：利用断点来对指标所构成的空间进行划分，把 n 维空间划分成有限个区域，使得每个区域中的对象对应的评价和决策的结果相同。

将连续型指标数据进行离散化对粗糙集数据挖掘有三个好处：①可以缩小信息系统，增大指标值的粒度，提高数据分析的效率和质量，加快计算机处理算法的速度，减少存储空间；②离散后的指标数据更易于被专家理解和分析，更接近知识，专家可以根据经验更准确地判定其所属的区间范围；③能提高评价系统的聚类能力，对评价对象而言，离散的指标值更容易被信息系统快速地识别和分类。

离散化处理的典型方法有等距离划分算法、等频率划分算法、自然算法、半自然算法、基

于信息熵的离散化算法等，在选择离散化方法时，需要遵循简单、一致、精确和易操作的原则。

5.典型案例——基于粗糙集理论的装备保障训练效果评估

装备保障训练是军队装备训练的重要组成部分，是装备保障人才队伍建设的关键环节，是提高部队保障能力的重要途径。装备维修保障训练是指装备机关和装备保障部队，为满足作战及其他军事行动对装备维修保障的需要，对从事装备维修保障工作的专业技术军官、技师和修理工等装备维修保障人员进行的有计划、有目的、有组织地学习装备维修保障知识和技能的活动。装备维修保障训练效果评估是保证装备维修保障训练质量，提高装备维修保障训练效能的重要手段。装备维修保障训练效果评估是否科学、全面、准确，将直接影响对部队装备维修保障训练情况的准确把握，影响对训练工作的指导和对训练的改进，并最终会影响部队装备保障战斗力的生成。由于装备维修训练的重要性和评估问题的复杂性，装备维修保障训练评估工作已经引起了广泛的关注。传统的评估方法采用德尔菲法建立评价指标体系，用 AHP 法确定指标权重进行加权平均得出评估结果，该方法成熟且计算方便，但是也存在评价指标之间关联性强、评价指标和权重确定主观性强等问题，而粗糙集理论特有的属性约简功能、属性重要度原理能与评价理论相结合解决其存在的问题。利用粗糙集理论属性约简方法去除评估指标体系中的冗余指标，以优化评估指标体系，确保评估工作质量；应用粗糙集属性重要度和 AHP 相结合的方法来确定指标权重，降低指标权重确定过程中人为主观因素的影响，为装备维修保障训练效果评估提供了新的思路和方法。

1)粗糙集理论和评价步骤

根据粗糙集属性约简原理进行评价指标筛选，从指标体系中删除冗余或者与其他指标相关可约去的指标，来形成一个新的指标体系，即优化后的评价指标体系，并根据属性重要度和层次分析法确定指标权重。评估步骤如下。

(1)建立装备维修保障训练效果综合评价指标体系。

(2)指标数据离散化。离散化的方法较多，本节采用粗糙集理论中信息熵的离散化方法对数据进行离散化处理。

(3)指标约简。常用的约简算法有基于等价关系的约简法、区分矩阵约简法以及启发式算法等，本节采用易于计算编程的区分矩阵约简法。

(4)确定指标权重。主客观赋权有各自的优、缺点，为了弥补主观赋权法和客观赋权法各自的不足，将二者所得的权值进行集结处理，形成主客观结合赋权法，根据粗糙集指标属性重要度以及 AHP 法相结合确定指标综合权重。

(5)计算综合评估得分。

2)基于粗糙集的装备维修保障训练效果评估指标体系优化及评估模型

(1)评价体系的初建和数据采集。经过详细的系统分析、参阅有关资料并征求专家意见后，以装备维修综合保障训练效果和任务需求为出发点，从装备维修保障人员的知识水平、岗位能力、装备效能和素质表现四个方面进行科学分析，本着系统全面、精确、可操作性强的原则建立装备维修保障综合训练评估的一般指标体系，如图 6 - 12 所示。

①知识水平。采用笔试考核的方式进行，重点考查装备维修保障人员的专业理论基础知识水平，对装备的结构和工作原理、操作方法、保养及常见故障排除知识的掌握程度等。

②岗位能力。采用专项技能测试和履历分析法等方式进行测评，重点考查装备维修保

障人员结合实际情况开展装备日常检查维护工作、组织开展故障判断和维修工作、维修训练开展过程中的组织协调能力。

③装备效能。由于装备维修保障训练的复杂性和不确定性，对装备维修保障人员的保障能力水平进行量化十分困难，仅仅通过采用直接建立指标体系的方式进行评估主观性过强，所以在对装备维修保障人员知识水平和岗位能力进行评估的基础上，基于装备模拟维修训练情况对装备作战效能建立评估指标，通过训练前后装备作战效能保持和恢复的量化值反映装备维修保障人员能力的提高，由专家组给予评分，对装备训练效果进行评估。

④素质表现。指标得分由训练履历分析和训练教员打分的方式进行测评。人员素质包含参训人员的身体和心理素质情况；人员表现包含工作态度、勤奋程度和科研能力等。考查其是否具有较强的责任心，纪律观念是否强；学习过程中是否具有刻苦钻研的决心，学习的主动性强不强，参训时间是否达到要求；是否在训练的过程中积极主动思考，善于发现总结问题；等等。

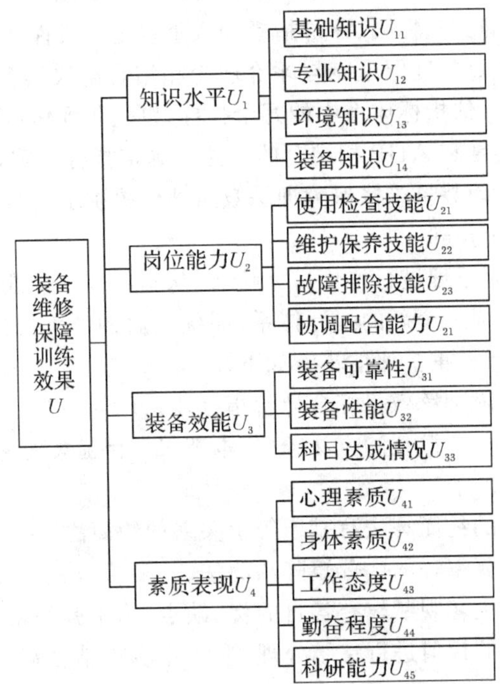

图 6-12　装备维修保障训练效果评价指标体系

装备维修保障训练评价指标及内容见表 6-16。

表 6-16　评价指标及内容

评估指标	评价内容
基础知识U_{11}	装备维修应掌握的工艺技术、材料性能知识、装备维修保障的发展趋势等
专业知识U_{12}	装备维修必须掌握的专业知识和其他相关知识
环境知识U_{13}	维修保障应了解的法规、规章制度、技术规范、安全防护知识等
装备知识U_{14}	装备维修应掌握的装备构造原理、技术参数、故障模式、维护保养知识等

续 表

评估指标	评价内容
使用检查技能U_{21}	正确使用操作装备和工具及装备日常检查能力
维护保养技能U_{22}	对装备进行日常维护，使其保持完好状态的能力
故障排除技能U_{23}	发现故障、判断故障模式以及排除故障的能力
协调配合能力U_{24}	装备维修、保养过程中的组织指挥及管理协调能力
装备可靠性U_{31}	装备模拟训练中装备可靠性、工作参数指标有无偏离正常情况等
装备性能U_{32}	装备模拟训练中装备主要战术指标及性能情况
科目达成情况U_{33}	模拟训练中设定科目的达成情况
身体素质U_{41}	人员身体素质情况
心理素质U_{42}	人员心理素质情况
工作态度U_{43}	对待工作的态度、职业道德水平
勤奋程度U_{44}	训练学习过程中钻研知识的能力和勤奋程度
科研能力U_{45}	具有多维的思考能力和丰富的想象力，提出创新或者发表相关性的文章等

(2)指标数据的离散化。粗糙集理论可以有效地处理离散化指标，但却不能直接处理连续型指标，因此必须先对连续型指标数据进行离散化处理。本节采用的基于信息熵的离散化算法是一种经典的有监督算法，引入信息论中熵的概念，充分利用了类别属性的信息，更准确地对指标数据进行分类。

给定一个样本集合 S，s_u为 s 在属性 u 上的取值，属性 u 为连续属性，u 的样本数据取值集合为$S_u=\{s_u \mid s\in S\}=\{x_1, x_2, \cdots, x_n\}$。基于信息熵的离散化步骤如下：

①对属性所有取值 x_i 从小到大进行排序，得到序列 $x_1, x_2, \cdots, x_n$；

②设$T_i=(x_i+x_{i+1})/2(i=1,2,\cdots,n-1)$为一个潜在的区间边界，称为候选分割点，将样本集合 S 划分为两个子集$S_{1i}=\{s\in S \mid s_a\leqslant T_i\}$和$S_{2i}=\{s\in S \mid s_a>T_i\}$，依次代入分割点 T_i，使得划分 S 后的熵最小，熵 $E(S,T_i)$的计算公式为

$$E(S,T_i)=\frac{|S_{1i}|}{|S|}E(S_{1i})+\frac{|S_{2i}|}{|S|}E(S_{2i}) \tag{6-55}$$

其中：$E(S_{ki})=-\sum_{i=1}^{n-1}p_{ki}\lg(p_{ki})$，$k=1,2$；$p_{ki}$为元素 x_i 在子集S_k中的概率，当p_{ki}为零时，取 $0\cdot\lg 0=0$。

③在划分后得到的熵 $E(S,T_i)$大于阈值δ 或未到达分类数要求时，递归地对分类S_1和S_2进行划分，直至得出离散化数据分类结果。

(3)指标体系的约简。区分矩阵属性约简：设指标体系为 $U=\{u_1, u_2, \cdots, u_n\}$，评价对象 $X=\{x_1, x_2, \cdots, x_m\}$，则区分矩阵定义为 $\boldsymbol{D}=(d_{ij})_{m\times m}$，$d_{ij}=\{u_i\in U \mid f(x_i,a)\neq f(x_j,a)\}$，$d_{ij}=u_1\vee u_2\vee\cdots\vee u_k(d_{ij}=d_{ji})$，$d_{ij}$表示能区分对象 x_i 和 x_j的评价指标集合。

定义的区分函数为

$$f(U)=\prod_{(x_i,x_j)\in X\times X} d_{ij} \tag{6-56}$$

(4)指标权重的确定。由于传统 AHP 法确定权重存在主观性强、对专家无法确定权重等情况无法处理等缺点，所以采用粗糙集理论属性重要度计算法和 AHP 法分别求得无先

验信息及有先验信息条件下的指标权重，结合经验因子$\alpha(0\leqslant\alpha\leqslant 1)$综合确定指标权重。

①粗糙集权重确定方法。粗糙集属性重要度计算：对于指标体系中的指标$u_i\in U$，考虑指标u_i对于指标体系U的重要度，即U中减去指标u_i后分辨度的提高程度，提高程度越大，则认为指标u_i对于指标体系U越重要。

设属性指标u_i对于指标体系U的属性重要度为$\mathrm{sig}_u(u_i)$，则有

$$\mathrm{sig}_u(u_i)=1-\frac{|U|}{|U-\{u_i\}|} \tag{6-57}$$

$\dfrac{U}{\mathrm{ind}(u_i)}=\dfrac{U}{u_i}=\{X_1,X_2,\cdots,X_n\}$，表示评价对象的不可分辨关系的等价分类，$|U-u_i|=|\mathrm{ind}(U-u_i)|=\sum\limits_{i=1}^{n}|X_i|^2$，指标$u_i$权重为

$$p_i=\frac{\mathrm{sig}_u(u_i)}{\sum\limits_{i=1}^{m}\mathrm{sig}_u(u_i)} \tag{6-58}$$

②综合权重确定。评价指标权重结果由两部分权重组成，粗糙集根据数据样本得到属性重要度确定客观权重P，由专家经验和知识根据AHP法确定的主观权重Q。

$$P=(p_1,p_2,\cdots,p_n),\quad Q=(q_1,q_2,\cdots,q_n)$$

$$\sum_{i=1}^{n}p_i=1,p_i\geqslant 0,\quad \sum_{i=1}^{n}q_i=1\quad q_i\geqslant 0,\quad i=1,2,\cdots,n$$

设综合权重

$W=(w_1,w_2,\cdots,w_n)$，$\sum\limits_{i=1}^{n}w_i=1,w_i\geqslant 0,W=\alpha P+(1-\alpha)Q(0\leqslant\alpha\leqslant 1)$。$\alpha$为经验因子，反映评价过程中评价者对主观权重和客观权重的偏好程度。α越小，表明评价者越重视专家的经验知识；α越大，表明评价者越重视指标数据属性重要度确定的客观权重。

(5)计算综合得分。综合得分为$G=\sum\limits_{i=1}^{n}w_if_i(i=1,2,\cdots,n)$，$w_i$表示第$i$个指标的权重，$f_i$表示第$i$个评价指标的得分。

3)评估实例分析

(1)评估指标数据获取。以前面初步建立的装备维修保障训练效果评估指标体系为依据，选取了8个评估对象进行分析，其得分见表6-17。

表6-17　待评价对象指标数据

	U_{11}	U_{12}	U_{13}	U_{14}	U_{21}	U_{22}	U_{23}	U_{24}	U_{31}	U_{32}	U_{33}	U_{41}	U_{42}	U_{43}	U_{44}	U_{45}
X_1	84	70	80	90	9	7	7	8	1	4	4	94	76	4	4	2
X_2	85	74	88	82	6	9	8	7	2	4	3	83	63	2	3	1
X_3	85	83	92	80	9	8	6	6	1	4	3	81	69	5	2	2
X_4	98	89	78	75	7	8	6	7	3	5	4	65	64	3	5	3
X_5	96	90	76	88	6	9	8	6	4	2	4	94	67	2	3	2
X_6	97	75	85	89	7	7	9	9	3	4	2	84	69	5	2	4
X_7	85	84	74	75	8	9	9	7	3	2	4	74	76	4	4	3
X_8	76	82	82	84	7	7	6	7	3	1	2	70	61	2	2	1

(2)指标数据的离散化。以评价对象的“基础知识U_{11}”数据为例,用信息熵算法进行离散化处理。首先,将评估对象$S_{U_{11}}$按照从小到大进行排序得

$S_{U_{11}}=\{76,84,85,85,85,96,97,98\}$,　$T=\{80,84.5,90.5,96.5,97.5\}$

T表示离散化区分的间隔点,若取间隔点$T_1=80$,离散化后的结果为$S_{11}=\{76\}$,$S_{12}=\{84,85,85,85,96,97,98\}$;由式(6-55)得信息熵为

$$E(S,T_i)=\frac{|S_{1i}|}{|S|}E(S_{1i})+\frac{|S_{2i}|}{|S|}E(S_{2i})=$$

$$1\times(-\log_2 1)+\frac{3}{7}\times\left(-\log_2\frac{3}{7}\right)+\frac{4}{7}\times\left(-\log_2\frac{1}{7}\right)=0.525+1.6=2.125$$

设定阈数值为$\delta=0.5$,按照指标数据离散化步骤计算,当U_{11}的信息熵$E(S,T_i)<\delta$或者分类数达到分类数3(取对象总数对数$\log_2 8=3$作为分类数)时停止递归运算,得到U_{11}离散化分类$S=\{S_1,S_2,S_3\}=\{\{76,84\}\{85,85,85\}\{96,97,98\}\}$,$S_1$简化为“1”,$S_2$简化为“2”,$S_3$简化为“3”,同理对指标$U_{12}\sim U_{33}$进行信息熵计算得到数据的离散化结果见表6-18。

表6-18　离散化后的数据表

	U_{11}	U_{12}	U_{13}	U_{14}	U_{21}	U_{22}	U_{23}	U_{24}	U_{31}	U_{32}	U_{33}	U_{41}	U_{42}	U_{43}	U_{44}	U_{45}
X_1	1	1	2	3	3	1	2	3	1	2	3	3	3	2	2	2
X_2	2	1	3	2	1	3	2	2	1	2	2	2	1	1	2	1
X_3	2	2	3	2	3	2	1	1	1	2	2	2	2	3	1	2
X_4	3	3	1	1	2	2	1	2	2	3	3	1	1	2	3	3
X_5	3	3	1	3	1	2	2	1	3	1	3	3	2	1	2	2
X_6	3	1	2	3	2	1	3	3	2	2	1	2	2	3	1	3
X_7	2	2	1	1	3	3	3	2	2	1	3	1	3	2	2	3
X_8	1	2	2	2	2	1	1	2	2	1	1	1	1	1	1	1

(3)属性约简。根据表6-17和区分矩阵构造定义得到的离散化结果,得指标“知识水平U_1”的无决定属性条件下的区分矩阵$\boldsymbol{D}_{U_1}$见表6-19。由式(6-56)得区分函数:

$$f(U_1)=\prod_{(x,y)\in X\times X}d(x,y)=$$

$$(U_{11}\vee U_{13}\vee U_{14})\wedge(U_{11}\vee U_{12}\vee U_{13}\vee U_{14})\wedge(U_{11}\vee U_{13}\vee U_{14})=$$

$$U_{11}\wedge U_{12}\wedge U_{14}$$

因此,$\{U_{11},U_{12},U_{14}\}$为评估体系中“知识水平U_1”优化后的指标构成,说明“基础知识”“专业知识”和“装备知识”为U_1的关键指标,“环境知识”为冗余指标(或为指标$\{U_{11},U_{12},U_{14}\}$的关联等价可约简指标)。

表6-19　区分矩阵$\boldsymbol{D}_{U_1}$

U	X_1	X_2	X_3	X_4	X_5	X_6	X_7
X_2	$U_{11}U_{13}U_{14}$						
X_3	$U_{11}U_{12}U_{13}U_{14}$	U_{12}					

续表

U	X_1	X_2	X_3	X_4	X_5	X_6	X_7
X_4	$U_{11}U_{12}U_{13}U_{14}$	$U_{11}U_{12}U_{13}U_{14}$	$U_{11}U_{12}U_{13}U_{14}$				
X_5	$U_{11}U_{12}U_{13}$	$U_{11}U_{12}U_{13}U_{14}$	$U_{11}U_{12}U_{13}U_{14}$	U_{14}			
X_6	U_{11}	$U_{11}U_{12}U_{13}U_{14}$	$U_{11}U_{12}U_{13}U_{14}$	$U_{12}U_{13}U_{14}$	$U_{12}U_{13}$		
X_7	$U_{11}U_{12}U_{13}U_{14}$	$U_{12}U_{13}U_{14}$	$U_{11}U_{12}U_{13}U_{14}$	$U_{11}U_{12}$	$U_{11}U_{12}U_{14}$	$U_{11}U_{12}U_{13}U_{14}$	
X_8	$U_{12}U_{14}$	$U_{11}U_{12}U_{13}$	$U_{11}U_{12}U_{13}$	$U_{11}U_{12}U_{13}U_{14}$	$U_{11}U_{12}U_{13}U_{14}$	$U_{11}U_{12}U_{14}$	$U_{11}U_{13}U_{14}$

同理可得装备维修保障训练效果指标体系 U 约简优化后为

$U'=\{\{U_{11},U_{12},U_{14}\},\{U_{22},U_{23},U_{24}\},\{U_{31},U_{33}\},\{U_{41},U_{42},U_{44},U_{45}\}\}$={基础知识，专业知识，装备知识；维护保养技能，故障排除技能，协调配合能力；装备可靠性，科目达成情况；心理素质，身体素质，勤奋程度，科研能力}

经过指标的优化约简，在保证评估结果可靠性的同时降低了评估工作复杂度。

(4)指标权重的计算。根据约简后的指标体系U'和式(6-57)、式(6-58)计算指标的属性重要度和权重。以基础知识U_{11}为例：

$$\frac{U'_1}{\mathrm{ind}(u_i)}=\frac{U'_1}{u_i}=\{\{X_1\},\{X_2\},\cdots,\{X_8\}\}$$

$$|C|=1^2+1^2+1^2+1^2+1^2+1^2+1^2+1^2=8$$

$$\frac{U'_1}{\mathrm{ind}(U'_1-U_{11})}=\frac{U'_1}{U'_1-U_{11}}=\{\{X_1,X_6\},\{X_2\},\{X_3,X_8\},\cdots,\{X_7\}\}$$

$$|U'_1-U_{11}|=2^2+1^2+2^2+1^2+1^2+1^2=12$$

同理，得$|U'_1-U_{12}|=12$，$|U'_1-U_{14}|=12$。

指标属性重要度：

$$\mathrm{sig}_{u_1}(u_{11})=\mathrm{sig}_{u_1}(u_{12})=\mathrm{sig}_{u_1}(u_{14})=1-\frac{|U'_1|}{|U'_1-u_{1i}|}=1-\frac{8}{12}=\frac{1}{3}$$

同理，得指标U_{2i}和U_{3i}属性重要度为

$$\mathrm{sig}_{u_2}(u_{23})=1/3,\mathrm{sig}_{u_2}(u_{22})=\mathrm{sig}_{u_2}(u_{24})=0.2$$

$$\mathrm{sig}_{u_3}(u_{31})=5/12,\mathrm{sig}_{u_3}(u_{33})=6/13$$

$$\mathrm{sig}_{u_4}(u_{41})=\mathrm{sig}_{u_4}(u_{42})=0.2,\mathrm{sig}_{u_4}(u_{44})=\mathrm{sig}_{u_4}(u_{45})=1/3$$

根据指标属性重要度和式(6-58)得权重 P，由评估专家组给出比较矩阵并计算得权重 Q，取 $\alpha=0.38$ 计算指标综合权重 W，见表 6-20。

表 6-20　指标权重

权　重	U_{11}	U_{12}	U_{14}	U_{22}	U_{23}	U_{24}
P(粗糙集)	0.081 5	0.081 5	0.081 5	0.072 3	0.120 5	0.072 3
Q(AHP 法)	0.103 4	0.111 1	0.029 8	0.077 1	0.143 5	0.044 5
W(综合权重)	0.095 1	0.099 8	0.049 4	0.075 3	0.134 8	0.055 1

续表

权重	U_{31}	U_{33}	U_{41}	U_{42}	U_{44}	U_{45}
P(粗糙集)	0.125 8	0.139 3	0.056 3	0.056 3	0.056 3	0.056 3
Q(AHP法)	0.203 5	0.061 6	0.056 3	0.056 3	0.075 1	0.037 6
W(综合权重)	0.174 0	0.091 1	0.056 3	0.056 3	0.068 0	0.044 7

(5)计算综合得分。根据对象得分和综合权重得到评估结果见表6-21。

表6-21　优化后的指标体系U'和评估结果

测评对象	约简后的指标												评估结果		
	U_{11}	U_{12}	U_{14}	U_{22}	U_{23}	U_{24}	U_{31}	U_{33}	U_{41}	U_{42}	U_{44}	U_{45}	P(粗糙集)	Q(AHP法)	W(综合权重)
X_1	84	70	90	7	7	8	1	4	94	76	4	2	69.15	64.23	66.1
X_2	85	74	82	9	8	7	2	3	83	63	3	1	66.96	66.3	66.56
X_3	85	83	80	8	6	6	1	3	81	69	2	2	61.39	58.56	59.64
X_4	98	89	75	8	6	7	3	4	65	64	5	3	74.39	74.32	74.35
X_5	96	90	88	9	8	6	4	4	94	67	3	2	78.72	79.92	79.47
X_6	97	75	89	7	9	9	3	2	84	69	2	4	72.17	72.63	72.46
X_7	85	84	75	9	9	7	3	4	74	76	4	3	77.32	77.17	77.23
X_8	76	82	84	7	6	7	3	2	70	61	2	1	60.95	62.4	61.85

可以得出8个待评对象训练效果的综合排序为$X_5>X_7>X_4>X_6>X_2>X_1>X_8>X_3$，与利用粗糙集指标权重或AHP法确定指标权重进行综合计算相比，该模型更加客观地反映出了待评对象维修训练效果的综合评估结果。

将粗糙集理论属性约简方法应用于装备维修保障训练效果评估指标体系优化方法的研究，简化了运算的复杂度，采用粗糙集属性重要度与AHP法相结合确定指标的权重，强调了评价的客观性，也充分考虑了专家的主观经验，方法客观、原理科学；通过评估实例验证了评估模型的科学可行性，当指标数量很多或者指标之间相关性强时，采用粗糙集属性约简效果明显；且粗糙集可以与多种评估方法相结合进行应用，优势互补应用于部队装备维修保障训练效果评估领域。在实际的评估过程中，指标权重的过程δ因子的确定需结合实际情况与数据样本的有效性分析进行确定，并进一步进行研究。

思考题六

1. 请结合实例说明系统评价的基本要素和步骤。
2. 如何建立评价指标体系？建立评价指标体系需要注意哪些问题？
3. 请建立课堂教学质量评价指标体系，并自选三门课程运用层次分析法进行评价。
4. 试述网络分析法和层次分析法的区别。
5. 简述模糊综合评判法的基本步骤。

6. 如何理解粗糙集的属性约简和属性重要性原理？

7. 军校医生对某学员健康状况检查的结果见表 6－21，请用模糊综合评判法对该学员的健康状况进行系统评价。

表 6－21 健康状况检查表

隶属度 r_{ij}	气色(0.2)	力气(0.1)	食欲(0.3)	睡眠(0.2)	精神(0.2)
良好	0.7	0.5	0.4	0.3	0.4
一般	0.2	0.4	0.4	0.5	0.3
差	0.1	0.1	0.1	0	0.2
很坏	0	0	0.1	0.2	0.1

8. 请对比几种常用评价方法，指出各自的特点和适用范围。

第七章　系统优化算法与模型

系统优化技术是一种以数学为基础，用于求解各种实际系统问题优化解的应用技术。随着现代科学的发展，各学科之间相互渗透，新的交叉学科不断形成，新的思维方式、新的计算方法，特别是计算机科学与技术的迅速发展为优化技术的研究与发展注入了活力，也为其提供了更广阔的研究空间。人们认识与改造世界的能力日益扩大，对科学技术也提出了新的、更高的要求，其中对高效的优化技术和计算方法的要求日益迫切。同时，对于实际系统，例如工程领域，特别是人工智能与控制领域，不断涌现出超大规模的非线性系统，在这些系统的研究中，经典优化方法不能有效求解的优化问题必须采用智能优化技术。鉴于实际问题的复杂性、约束性、非线性、不确定性、建模困难等特点以及传统优化方法局限性大的现状，寻求一种适合于大规模并行且具有智能特征的最优化方法已成为很多学科研究的目标和内容，因此，系统优化理论与算法的研究是一个具有理论意义和应用价值的重要课题。

第一节　系统优化概述

一、最优化问题

优化的根本目的就是在原有的基础上改善，并力求在考虑范围内找到最佳的结果。在数学上，最优化通常是指最大化或最小化某个多变量的函数并满足一些等式和(或)不等式约束。优化问题有三个基本要素：变量、约束和目标函数。在求解过程中选定的基本参数称为变量，对变量取值的限制称为约束，表示可行方案衡量标准的函数称为目标函数。一般的最优化问题主要是指函数优化问题和组合优化问题。

以最小化问题为例，函数优化问题通常可描述为：令 S 为$\mathbf{R}^n$上的有界子集(即变量的定义域)，$f:S\to\mathbf{R}$ 为 n 维实值函数，函数 f 在 S 域上全局最小化就是寻求点 $x_{\min}\in S$ 使得 $f(x_{\min})$在 S 域上全局最小，即 $\forall x\in S: f(x_{\min})\leqslant f(x)$。对于有约束的问题，可以利用设计专门算子使问题的解始终保持可行，或采用惩罚函数的方式将其转化为无约束问题，因此，函数优化研究中主要以无约束问题为主。

仍以最小化问题为例，组合优化问题通常可以描述为：令 $\Omega=\{s_1,s_2,\cdots,s_n\}$ 为所有状态构成的解空间，$C(s_i)$为状态 s_i 对应的目标函数值，目的是寻找最优解 s^*，使得 $\forall s_i \in \Omega$，$C(s^*)=\min C(s_i)$。组合优化问题是函数优化问题中的一类特殊优化问题，求解难度大，一般优化算法难以有效解决。典型的组合优化问题有旅行商问题(Traveling Salesman Problem，TSP)、调度问题(Scheduling Problem)、背包问题(Knapsack Problem)、图着色问题(Graph Coloring Problem)、装箱问题(Bin Packing Problem)、聚类问题(Clustering Problem)等。

二、最优化算法及其分类

最优化算法其实就是一种搜索过程或规则。它是基于某种思想和机制，通过一定的途径或规则得到满足用户要求的问题解的方法。按优化机制与行为来分，目前工程中常用的优化算法主要可分为经典算法、构造算法、迭代算法、演化算法和混合算法等。

(1)经典算法。经典算法包括线性规划、动态规划、整数规划和分支定界等运筹学中的传统算法，其算法计算复杂性一般很大，适于求解小规模问题，在现实工程中往往不适用。

(2)构造算法。构造算法指用构造的方法快速建立问题的解，通常算法的优化质量差，难以满足工程需要，如调度问题中的 Johnson 法、Gupta 法等。

(3)迭代算法，或称邻域搜索算法，指从问题的任一解出发，对其邻域的不断搜索和当前解的替换进行迭代来实现优化。根据搜索行为，它又可分为在当前解的邻域中贪婪搜索，只接受优于当前解的邻域搜索方法和利用一些指导规则来指导整个解空间中优良解的全局搜索方法，如模拟退火 SA、遗传算法 GA 和禁忌搜索 TS 等。

(4)演化算法。演化算法指将优化过程转化为系统动态的演化过程，基于系统动态的演化来实现优化，如神经网络和混沌搜索等。

(5)混合算法。混合算法指上述各算法从结构或操作上相混合而产生的各类算法。

其实，系统最优化的关键是要有一个好的模型和算法，这里选择了传统的运筹优化模型和现代最优化算法中的神经网络、遗传算法、粒子群等予以介绍。

第二节　传统优化算法和模型

线性规划模型(Linear Programming，LP)是运筹学中研究较早、应用较广、比较成熟的一个重要分支。它研究的问题主要有两个方面：一是给定一项任务，如何统筹安排，尽量做到用最少的资源来完成它；二是给定一定量的人力、物力和资金资源，如何利用这些资源来完成最多的任务。具体的可以解决如下一些最优化问题：物资运输最优调配问题、生产组织和计划问题、原材料合理下料问题、资源合理利用问题、工作的安排问题等。

一、线性规划模型描述

线性规划模型的基本要素为变量、约束条件、目标函数。变量，是决策者对问题需要考虑和控制的因素，一般采用带有下标的英文字母 $x_1,x_2,\cdots,x_n$ 或 $x_{11},x_{12},\cdots,x_{ij}$ 表示。约束条件，是实现目标的资源限制条件，如生产领域中的可利用的生产能力、原材料供应数量、产品销售数量、运输领域中供销数量等。目标函数，是决策者在问题明确之后，对问题需要达到的目标的数学描述，它是一个最值问题，最大值或最小值，如产值最大、利润最大、效率最高、成本最低、费用最小、时间最短、距离最短等。

1. 模型特征

(1)每一个问题都用一组决策变量$x_1,x_2,\cdots,x_n$表示某一方案，这些决策变量的值就代表一个具体方案，一般这些变量取值是非负的。

(2)存在一定的约束条件，这些约束条件可以用一组线性等式或线性不等式来表示。

(3)都有一个要求达到的目标，它可用决策变量的线性函数来表示，按问题的不同，要求目标函数实现最大化或最小化。

满足以上三个条件的数学模型称为线性规划的数学模型。

2. 建模步骤

(1)理解要解决的问题，即明确在什么条件下追求什么目标。

(2)明确问题中需要决策的量是什么，确定决策变量。

(3)明确问题要实现的目标是什么，用决策变量表示目标(目标函数)。

(4)明确问题实现时受到哪些约束，用决策变量表示约束(约束条件)。

(5)给出非负限制。

3. 模型的一般形式

$$\max(\min)\ z=c_1x_1+c_2x_2+\cdots+c_nx_n$$

$$\text{s.t.}\begin{cases}a_{11}x_1+a_{12}x_2+\cdots+a_{1n}x_n\leqslant(=,\geqslant)b_1\\a_{21}x_1+a_{22}x_2+\cdots+a_{2n}x_n\leqslant(=,\geqslant)b_2\\\quad\vdots\\a_{m1}x_1+a_{m2}x_2+\cdots+a_{mn}x_n\leqslant(=,\geqslant)b_m\\x_1,x_2,\cdots,x_n\geqslant0\end{cases}$$

式中：该模型包含了目标函数、约束条件，以及非负约束条件，c_j为价值系数，b_i为资源系数，a_{ij}为技术系数。把满足所有约束条件和非负条件的解称为线性规划问题的可行解。全体可行解的集合称为问题的可行域。使目标函数实现最优的可行解称为该线性规划问题的最优解。

从上述模型可以看出，线性规划的目标函数可以是最大化或者最小化问题；约束条件可以是“≤”“≥”或者“=”；决策变量可以是非负的、非正的，甚至可以是无约束(即可以取任何值)。为了便于研究，需要对线性规划模型进行标准化，为模型求解奠定基础。

4. 模型的标准形式

按下列规定的标准将线性规划模型进行规范，就得到线性规划模型的标准形式：①所有变量均为非负；②目标函数为最大；③右侧常数为非负；④所有约束条件都为等式。

线性规划模型的标准形式为

$$\max z=c_1x_1+c_2x_2+\cdots+c_nx_n$$

$$\text{s. t.}\begin{cases}a_{11}x_1+a_{12}x_2+\cdots+a_{1n}x_n=b_1\\a_{21}x_1+a_{22}x_2+\cdots+a_{2n}x_n=b_2\\\qquad\vdots\\a_{m1}x_1+a_{m2}x_2+\cdots+a_{mn}x_n=b_m\\x_1,x_2,\cdots,x_n\geqslant 0\end{cases}\tag{7-1}$$

或者简洁地表示为

$$\max z=\sum_{j=1}^{n}c_jx_j$$

$$\text{s. t.}\begin{cases}\sum_{j=1}^{n}a_{ij}x_j=b_i,\quad i=1,2,\cdots,m\\x_j\geqslant 0,\quad j=1,2,\cdots,n\end{cases}\tag{7-2}$$

也可表示为矩阵形式

$$\max z=CX$$

$$\text{s. t.}\begin{cases}\boldsymbol{AX}=\boldsymbol{b}\\\boldsymbol{X}\geqslant\boldsymbol{0}\end{cases}\tag{7-3}$$

式中：$\boldsymbol{A}=(a_{ij})_{m\times n}$为约束方程组的系数矩阵；$\boldsymbol{C}=(c_1,c_2,\cdots,c_n)$为目标函数的价值向量；$\boldsymbol{b}=(b_1,b_2,\cdots,b_m)^{\mathrm{T}}$为资源列向量；$\boldsymbol{X}=(x_1,x_2,\cdots,x_n)^{\mathrm{T}}$为决策变量向量；$\boldsymbol{0}=(0,0,\cdots,0)^{\mathrm{T}}$。$\boldsymbol{A}$也可以表示为$\boldsymbol{A}=(\boldsymbol{P}_1,\boldsymbol{P}_2,\cdots,\boldsymbol{P}_n)$，则$\boldsymbol{P}_j=(a_{1j},a_{2j},\cdots,a_{mj})^{\mathrm{T}}(j=1,2,\cdots,n)$为系数列向量。

线性规划模型标准化的具体方法如下。

(1)目标函数为最小化时，令$z'=-z$，则$\max z'=-\min z=-CX$，转化为最大化问题。

(2)约束方程右侧常数为负数时，方程两边同乘-1。

(3)约束方程为不等式时，若为“$\leqslant$”不等式，则在“$\leqslant$”不等式左端加入一非负变量(称为松弛变量)化为等式；若为“$\geqslant$”不等式，则在“$\geqslant$”不等式左端减去一非负变量(称为剩余变量)化为等式。松弛变量和剩余变量在目标函数中的系数为0。

(4)对于无约束决策变量x_k，可用两个非负变量代替，即令$x_k=x'_k-x''_k$，其中$x'_k,x''_k\geqslant 0$。

二、线性模型举例

1. 下料问题

【例7-1】 某军械修理所要将长为10 m的棒料，截成长度为3 m和4 m两种毛坯各100根，怎样截法，使所用的原材料最省？

解：列出套裁方案(见表7-1)，设x_1、x_2、x_3分别表示采用B_1、B_2、B_3方案下料所用的原料根数，目标是用料最省。

表 7-1　套裁方案

毛坯种类	截　法		
	B_1	B_2	B_3
3 m	3	2	0
4 m	0	1	2
合计长度/m	9	10	8
料头长度/m	1	0	2

考虑用料根数最省，列出以下模型：

$$\min z = x_1 + x_2 + x_3$$

$$\begin{cases} 3x_1 + 2x_2 + 0x_3 \geqslant 100 \\ 0x_1 + x_2 + 2x_3 \geqslant 100 \\ x_1, x_2, x_3 \geqslant 0 \end{cases}$$

由计算得到最优下料方案：按 B_2 方案下料 50 根，按 B_3 方案下料 25 根。通过比较可知，考虑用料根数最省更加合理。

2. 投资问题

【例 7-2】　某部门在今后五年内考虑给下列项目投资，已知：

项目 A：从第一年到第四年每年年初需要投资，并于次年末回收本利 115%；

项目 B：第三年初需要投资，到第五年末能回收本利 125%，但规定最大投资额不超过 4 万元；

项目 C：第二年初需要投资，到第五年末能回收本利 140%，但规定最大投资额不超过 3 万元；

项目 D：五年内每年初可购买公债，于当年末归还，并加利息 6%。

该部门现有资金 10 万元，应如何确定给这些项目每年的投资额，使到第五年末拥有资金的本利总额为最大？

表 7-2　每年初给各个项目的投资额

项　目	年　份				
	1	2	3	4	5
A	x_{1A}	x_{2A}	x_{3A}	x_{4A}	
B			x_{3B}		
C		x_{2C}			
D	x_{1D}	x_{2D}	x_{3D}	x_{4D}	x_{5D}

解：设 $x_{iA}, x_{iB}, x_{iC}, x_{iD}$ $(i=1,2,3,4,5)$ 分别表示第 i 年初给项目 A、B、C、D 的投资额（见表 7-2）。

$$\max z = 1.15x_{4A} + 1.40x_{2C} + 1.25x_{3B} + 1.06x_{5D}$$

$$\begin{cases}x_{1A}+x_{1D}=100\ 000\\-1.06x_{1D}+x_{2A}+x_{2C}+x_{2D}=0\\-1.15x_{1A}-1.06x_{2D}+x_{3A}+x_{3B}+x_{3D}=0\\-1.15x_{2A}-1.06x_{3D}+x_{4A}+x_{4D}=0\\-1.15x_{3A}-1.06x_{3D}+x_{5D}=0\\x_{2C}\leqslant 30\ 000\\x_{3B}\leqslant 40\ 000\\x_{iA},x_{iB},x_{iC},x_{iD}\geqslant 0,i=1,2,3,4,5\end{cases}$$

用单纯形法计算得最优投资方案如下：

第一年：$x_{1A}=34\ 783$ 元，$x_{1D}=65\ 217$ 元；

第二年：$x_{2A}=39\ 130$ 元，$x_{2C}=30\ 000$ 元，$x_{2D}=0$；

第三年：$x_{3A}=0$，$x_{3B}=40\ 000$ 元，$x_{3D}=0$；

第四年：$x_{4A}=45\ 000$ 元，$x_{4D}=0$；

第五年：$x_{5D}=0$。

到第五年末资金总额为 143 750 元，盈利 43.75%。

3.生产问题

【例 7-3】 某汽车厂由四个车间组成，钣金车间每月可生产卡车壳3 500件或轿车壳2 500件，发动机车间每月可生产卡车发动机 1 700 台或轿车发动机 3 000 台，轿车装配车间每月可装配 2 200 台，卡车装配车间每月可装配 1 500 台，每生产一台卡车、轿车的利润分别为 1 000 元和 1 200 元，试确定利润最高的生产方案。

提示：可设钣金模压车间生产能力为 1，而每生产一件卡车壳用其能力的 1/3 500，生产 x_1 件则用去能力 $x_1/3\ 500$，其他以此类推。

解：设 x_1、x_2 分别为生产卡车和轿车的数量，则

$$\max z=1\ 000x_1+1\ 200x_2$$

$$\begin{cases}\dfrac{x_1}{3\ 500}+\dfrac{x_2}{2\ 500}\leqslant 1\\\dfrac{x_1}{1\ 700}+\dfrac{x_2}{3\ 000}\leqslant 1\\x_1\leqslant 1\ 500\\x_2\leqslant 2\ 200\\x_1,x_2\geqslant 0\end{cases}$$

利润最高的生产方案为$X^*=(476,2\ 160)^{\mathrm{T}}$，$z^*=3\ 068\ 000$，即每月生产卡车 476 辆，生产轿车 2 160 辆。

4.值班问题

【例 7-4】 某部队为了完成某项特殊任务，需要昼夜 24 h 不间断值班，但每天不同的时段所需要的人数不同，具体情况见表 7-3。假设值班人员分别在时间段开始时上班，并连续工作 8 h，现在的问题是该部队要完成这项任务至少需要配备多少名值班人员？

表 7-3　各班次的值班时间段和人数

班　次	时间段	需要人数	班　次	时间段	需要人数
1	6:00～10:00	60	4	18:00～22:00	50
2	10:00～14:00	70	5	22:00～2:00	20
3	14:00～18:00	60	6	2:00～6:00	30

解:设用 x_i($i=1,2,\cdots 6$)分别表示第 i 个班次开始上班的人数,每个人都要连续值班 8 h,则

$$\min z = \sum_{i=1}^{6} x_i$$

$$\begin{cases} x_6 + x_1 \geqslant 60 \\ x_1 + x_2 \geqslant 70 \\ x_2 + x_3 \geqslant 60 \\ x_3 + x_4 \geqslant 50 \\ x_4 + x_5 \geqslant 20 \\ x_5 + x_6 \geqslant 30 \\ x_i \geqslant 0 (i = 1,2,\cdots,6) \end{cases}$$

5. 运输问题

【例 7-5】 某集团军的联合演习需要某种物资保障,该集团军下设有 A、B、C 三个该物资的供应点,甲、乙、丙、丁四个该物资的需求点。每天都从三个供应点分别把该物资运往四个需求点,由于各供应点到各需求点的路程不同,所以单位物质的运费也就不同。各物质供应点每日的供应量、各需求点每日的需求量(吨),以及从各供应点到各需求点单位物质的运价见表 7-4。问该集团军应如何调运物资,在满足各需求点需要的前提下,使总运费最小。

表 7-4　各供应点到各需求点的运价

供应点	需求点				供应量(a_i)
	甲	乙	丙	丁	
A	3	11	3	10	7
B	1	9	2	8	4
C	7	4	10	5	9
需求量(b_j)	3	6	5	6	

解:设 x_{ij} 代表从第 i 个供应点到第 j 个需求点的运输量($i=1,2,3;j=1,2,3,4$),用 c_{ij} 代表从第 i 个供应点到第 j 个需求点的运价,于是可构造如下数学模型:

$$\min z = \sum_{i=1}^{3} \sum_{j=1}^{4} c_{ij} x_{ij}$$

$$\begin{cases}\sum_{j=1}^{4} x_{ij} = a_i & (i=1,2,3;\text{运出的物资总量等于其供应量}) \\ \sum_{i=1}^{3} x_{ij} = b_j & (j=1,2,3,4;\text{运来的物资总量等于其需求量}) \\ x_{ij} \geqslant 0 \end{cases}$$

将该例的数学模型做一般性推广，即可得到有 m 个供应点、n 个需求点的运输问题一般模型。

6. 维修任务分配问题

【例 7-6】 某战役级维修机构有四个装备维修保障分队甲、乙、丙、丁，现有 A、B、C、D 四项维修任务需要完成。要求每个保障分队只承担一项任务，且一项任务只能由一个保障分队完成。已知每个维修保障分队的维修保障能力各不相同，每个保障分队完成每一项维修任务所需的时间见表 7-5。试求使所需总维修时间最省的分配方案。

表 7-5　每个保障分队完成每一项维修任务所需的时间

（单位：h）

分　队	任　务			
	A	B	C	D
甲	2	15	13	4
乙	10	4	14	15
丙	9	14	16	13
丁	7	8	11	9

这是一个典型的指派问题。现实生活中，还有各种性质的指派或分配问题。在满足给定的指派要求条件下，根据任务的性质和承担者的特长，科学地安排 m 个人去完成 n 项任务且使总体效果最佳的问题，统称为指派问题。根据人数与任务数的多少，指派问题可以分为两大类：当人数 m 与任务数 n 相等时，$m=n$，称为平衡的指派问题；当人数 m 与任务数 n 不相等时，$m \neq n$，称为不平衡的指派问题。

解：任务指派要求每个分队只能完成一项任务，每项任务只能由一个分队完成，建立分队与任务之间一一对应的最优指派方案。

设决策变量为 x_{ij}，则

$$x_{ij}=\begin{cases}1, & \text{当指派第 } i \text{ 个分队完成第 } j \text{ 项任务时} \\ 0, & \text{当不指派第 } i \text{ 个分队完成第 } j \text{ 项任务时}\end{cases}$$

$$\min z=2x_{11}+15x_{12}+13x_{13}+4x_{14}+10x_{21}+4x_{22}+$$
$$14x_{23}+15x_{24}+9x_{31}+14x_{32}+16x_{33}+13x_{34}+7x_{41}+8x_{42}+11x_{43}+9x_{44}$$

每个分队只承担一项任务　　　　一项任务只能由一个分队完成

$$\begin{cases}x_{11}+x_{12}+x_{13}+x_{14}=1 \\ x_{21}+x_{22}+x_{23}+x_{24}=1 \\ \quad\vdots \\ x_{41}+x_{42}+x_{43}+x_{44}=1\end{cases} \qquad \begin{cases}x_{11}+x_{21}+x_{31}+x_{41}=1 \\ x_{12}+x_{22}+x_{32}+x_{42}=1 \\ \quad\vdots \\ x_{14}+x_{24}+x_{34}+x_{44}=1\end{cases}$$

非负条件 $x_{ij}=0$ 或 1。

三、线性规划模型求解

1. 图解法

图解法简单直观，有助于了解线性规划问题求解的基本原理，仅限于求解两个决策变量的 LP 问题。

【例 7－7】 使用图解法求解线性规划模型。

$$\max z=30x_1+20x_2$$

$$\begin{cases} 2x_1+x_2\leqslant 50 \\ x_1\leqslant 40 \\ x_2\leqslant 20 \\ x_1, x_2\geqslant 0 \end{cases}$$

(1)建立平面直角坐标系(第一象限)。建立直角坐标系，以 x_1 为横坐标，以 x_2 为纵坐标，由于决策变量非负，画出第一象限即可，如图 7－1 所示。

(2)确定可行域(所有约束确定的半平面的重叠部分)。

①确定满足约束条件 $2x_1+x_2\leqslant 50$ 的集合。令 $2x_1+x_2=50$，对应一条直线，约束条件 $2x_1+x_2\leqslant 50$ 表示以该直线为边界的左下方的半平面。

②同理，分别确定满足约束 $x_1\leqslant 40$ 的集合，满足约束 $x_2\leqslant 20$ 的集合。

③确定满足全部约束条件的可行域。选取上面①、②步所确定的半平面的交叠部分(包括边界)，即为满足所有约束条件的可行域，用剖面线表示。

(3)画目标函数等值线。分析目标函数 $z=30x_1+20x_2$，它表示以 z 为参数的一组平行线。取定一个 z 值，得到一条直线，位于该直线上的点，具有相同的目标函数值 z，取不同的 z 值，即可画出一组平行等值线，用虚线表示。

(4)找到最优点、确定最优解。画出 $30x_1+20x_2=600$ 和 $30x_1+20x_2=1\ 200$ 两条等值线，可以发现，当等值线沿其法线方向向右上方移动时，z 值由小到大变化。当移动到 $A(15,20)$ 点时，使 z 值在可行域边界上实现了最大化，A 点即为此线性规划问题的最优点，最优解为 $\boldsymbol{X}^*=(x_1,x_2)^{\mathrm{T}}=(15,20)^{\mathrm{T}}$，$z^*=850$。

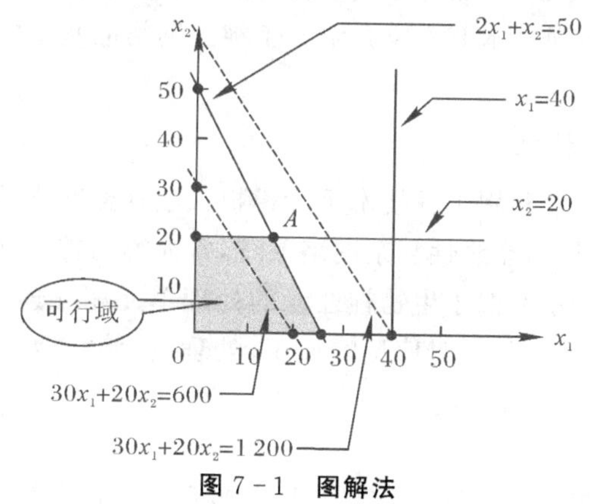

图 7－1　图解法

图解法可能得到四种解的情况：①有唯一最优解；②无穷多最优解；③无界解，即有可行解，无最优解；④无可行解。

2. 单纯形法

对于具有两个以上变量的线性规划问题，图解法已不再适用。一般采用美国学者丹捷格(G. B. Danzig，1914—2005)提出的单纯形法。该方法的应用具有一般性，属于原理性方法，适用于一切线性规划模型的求解。但是，此法计算量大，因此一般根据单纯形法求解的基本原理设计出专门的软件求解。常用的求解工具包括 EXCEL、Lingo、Lindo、WinQSB 等。

3. 其他方法

对于运输问题，由于运输问题是一类特殊的线性规划问题，所以可采用比一般单纯形法更简便高效的求解方法。运输问题常采用的特殊解法称为表上作业法，即在产销调运表上来求解调运方案。确定初始调运方案的方法主要有最小元素法和伏格尔(Vogel)法，确定最优调运方案的方法为闭回路法和位势法。

对于指派问题，1955 年美国数学家库恩提出了匈牙利法，用他引用了匈牙利数学家的一个定理，故将此方法命名为匈牙利法。匈牙利法从指派问题的效率矩阵入手，通过初等变换修改效率矩阵的行或列，使得在每一行或列中至少有一个零元素，直至出现 n 个不同行不同列的独立零元素，从而得到与这些独立零元素相对应的最优分配方案。

第三节　智能优化算法和模型

一、人工神经网络

人工神经网络(Artificial Neural Networks，ANN)源于数理神经生物学。由于人脑处理信息的性能很高，所以人们在现代神经科学研究成果的基础上，试图通过模拟人脑神经网络处理、记忆信息的方式，完成人脑那样的信息处理功能，由此提出了人工神经网络系统。目前，神经网络建模方法发展得很快，出现了很多模型和算法，应用也越来越广泛，在模式识别、信号处理、知识工程、专家系统、优化组合、智能控制等领域得到了广泛的应用，是系统建模技术的一个重要发展方向。本节主要介绍人工神经网络的基本概念、基本特征、基本模型及其实例应用。

1. 基本概念和基本特征

人工神经网络系统是指利用工程技术手段模拟人脑神经网络的结构和功能的一种技术系统，它是一种大规模平行的非线性复杂网络系统，常简称为神经网络。

人工神经网络是由大量类似于生物神经元的处理单元相互连接组成的网络，用于模拟人脑神经元活动的过程，其中包括对信息的加工、处理、存储和搜索等过程。它具有如下基本特征。

1)分布式信息存储

与传统的计算机思维方式不同，一个信息不是存在一个地方，而是分布在不同的位置的。网络的某一部分也不只存储一个信息，它的信息是分布式存储的。神经网络是用大量神经元之间的连接及对各权重分布表示特定的信息。因此，这种分布式存储方式即使当局部网络受损时，仍具有能够恢复原来信息的优点。

2)并行信息处理

神经网络可以看作由多个处理单元同时动作、并行处理的机器，这里的处理单元是人工神经细胞。人脑中大约有 140×10^9 个神经细胞进行并行处理，而现在可以实现的神经网络具有的人工神经细胞数是 140×10^2 个，相比人脑还极其少。总之，每个神经元都可以根据接收的信息做独立的运算和处理，然后将结果传输出去，这体现了一种并行处理。

3)自组织、自学习性

神经网络各神经元之间的强度用权重的大小来表示，这些权重可以事先定出，也可以为适应周围变化的环境而不断地调整权重(自组织能力)，这种过程称为神经元的学习过程。神经网络根据给予的学习数据，可以自学习，因此不需要人类进行非常复杂的并行处理系统的编程。

2.神经元的结构模型

生物神经元是具有处理单元的神经细胞，它组成人脑的最基本单元，其组成包括细胞体、树突、轴突和突触。最简单的生物神经元模型如图 7-2 所示。

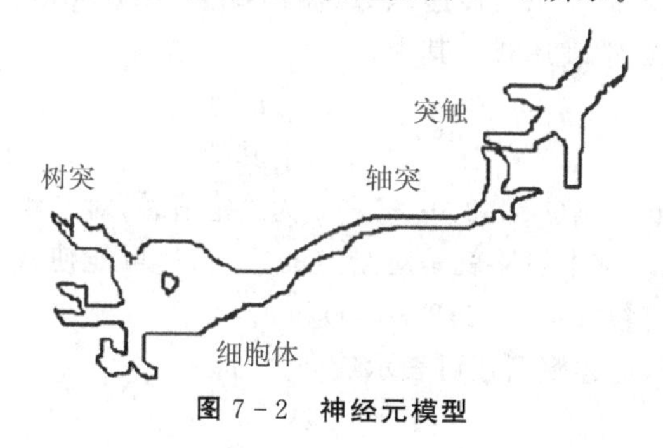

图 7-2　神经元模型

其中：

树突——神经纤维较短，分支很多，用来接收信息；

轴突——神经纤维较长，用来发出信息；

细胞体——用来对接收到的信息进行处理；

突触——神经元的末端与另一个神经元树突之间密切接触、能传递神经脉冲的地方叫作突触。不同的突触对脉冲的传递效果是不同的，有的使后一神经元兴奋，有的使它受到抑制。

神经元作为神经网络的基本信息处理单元，一般表现为一个多输入、单输出的非线性元件，它具有如下性质。

(1)多输入(树突)，单输出(轴突)。

(2)突触兼有兴奋与抑制两种性能。

(3)可时间加权或空间加权，即所有突触受到刺激的权重之和。

(4)可产生脉冲(刺激)，脉冲可传递给细胞体。

(5)脉冲可进行传递。

(6)非线性(有阈值),即刺激信号的权重和大于等于这个神经细胞感受到的阈值时,神经细胞便被激发,并给出输出。

神经元的结构模型如图 7-3 所示。

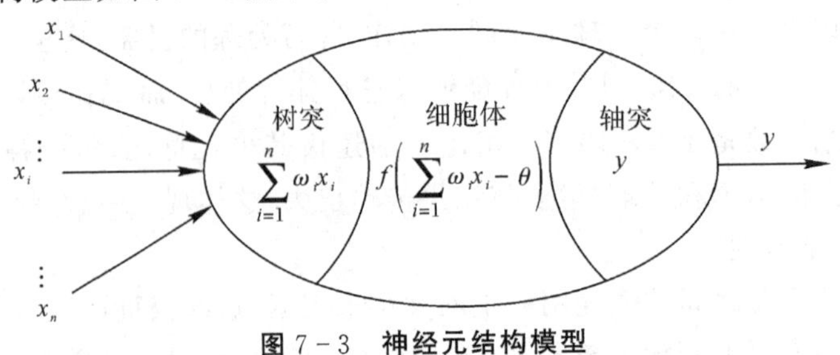

图 7-3 神经元结构模型

其数学描述为

$$y=f(u)=f\left(\sum_{i=1}^{n}\omega_i x_i-\theta\right)=\text{sgn}\left(\sum_{i=1}^{n}\omega_i x_i-\theta\right) \tag{7-4}$$

式中:u 为神经元的内部状态;θ 为阈值;x_i 为输入量,每一个处理单元都有许多输入量,对每一个输入量都有一个相关联的权重;ω_i 为关联权,表示外部神经元与该神经元 x_i 的连接强度;y 为输出;$f(u)$为该神经元的传递函数(激活函数,Activation Function),就是将输入激励转换为输出响应的数学表达式。其中,

$$\text{sgn}(u)=\begin{cases}1, & u\geqslant 0\\ 0, & \text{其他}\end{cases} \tag{7-5}$$

由式(7-5)可以看出,当$\omega_i(i=1,2,\cdots,n)$和 θ 为给定值时,对一组输入 $x_i(i=1,2,\cdots,n)$,很容易计算得到输出值。基本思路就是对给定的输入,尽可能使式(7-4)的计算输出同实际值吻合,这就要求确定参数$\omega_i(i=1,2,\cdots,n)$和 θ。

在有多个神经元时,上述模型还可表示成向量,即

$$\boldsymbol{Y}=f(\boldsymbol{X}\boldsymbol{W}^{\mathrm{T}})$$

式中:$\boldsymbol{X}$ 为输入,为 n 维行向量;$\boldsymbol{Y}$ 为输出,为 m 维行向量;$\boldsymbol{W}$ 为权矩阵,为 $m\times n$ 维矩阵。

多个神经元相互连接,便构成了建模所需要的神经网络,其连接模式视建模目标而定。对于描述复杂非线性动力学系统,通常采用循环型连接模式。

3. 人工神经网络的建立

人工神经网络的建立和应用可以归结为三个步骤:网络结构的确定、关联权和 θ 的确定和工作阶段。

1)网络结构的确定

网络结构的确定主要包含网络的拓扑结构和每个神经元激活函数的选取。

拓扑结构是神经网络的基础。前向人工神经网络的特点是将神经元分为层,每一层内的神经元之间没有信息交流,信息由后向前一层一层地传递。反馈型神经网络则将整个网络看成一个整体,神经元相互作用,计算是整体的。

激活函数一般利用以下函数表达式来表示:

(1)阈值型,为阶跃函数:

$$f(u)=\operatorname{sgn}(u)=\begin{cases}1, & u\geqslant 0\\ 0, & u<0\end{cases} \tag{7-6}$$

常称此种神经元为 M－P 模型(该模型由 McCulloch 和 Pitts 在 1943 年首先提出)。

(2)分段线性型：

$$f(u)=\begin{cases}1, & u\geqslant 1\\ u, & -1\leqslant u\leqslant 1\\ -1, & u\leqslant -1\end{cases} \tag{7-7}$$

(3)S 型函数(Sigmoid)。S 型函数具有平滑和渐进性，并保持单调性，如图 7－4 所示。最常用的函数形式为

$$f(u)=\frac{1}{1+e^{-\alpha u}} \tag{7-8}$$

式中：参数 α 为常数，可控制其斜率。

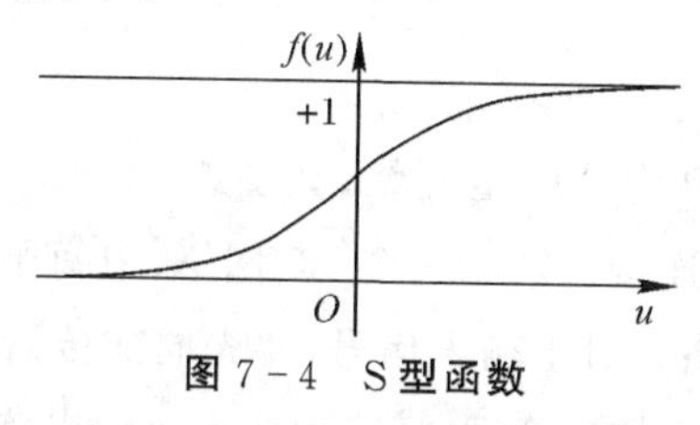

图 7－4 S 型函数

S 型函数反映了神经元的饱和特性，由于其函数连续可导，调节曲线的参数可以得到类似阈值函数的功能，所以，该函数被广泛应用于多神经元的输出特性中。

为了取得其他区间的函数输出，需对阶跃函数或 S 型函数进行简单的修改，如需要 $(-1,+1)$ 的输出，阶跃函数为 $2\operatorname{sgn}(u)-1$，S 型函数为 $2f(u)-1$。

2)关联权和 θ 的确定

权和 θ 是通过学习/训练(Train)得到的，学习分为有指导学习和无指导学习两类。在已知一组正确的输入输出结果的条件下，人工神经网络依据这些数据，调整并确定关联权和 θ，使得网络输出同理想输出偏差尽量小的方法称为有指导学习。在只有输入数据而不知输出结果的前提下，确定权数和 θ 的方法称为无指导学习。在学习过程中，不同的目标函数得到不同的学习规则。

3)工作阶段

在关联权和 θ 确定的基础上，用带有确定权数的神经网络去解决实际问题的过程称为工作。当然，学习和工作并不是绝对地分为两个阶段，它们相辅相成，可以通过学习、工作、再学习、再工作的循环过程，逐渐提高人工神经网络的应用效果。

图 7－5 是前向型人工神经网络的计算流程。第一个阶段如图 7－5(a)所示，它的主要步骤是在选择网络结构模型和学习规则后，根据已知的输入和理想输出学习数据，通过学习规则确定神经网络的权数。犹如一个医学院的学生，通过教科书中病例的发病症状和诊断结果，来学习诊断。第二个阶段如图 7－5(b)所示，它的主要步骤是根据第一个阶段确定的模型和得到的权数和 θ，输入实际问题的输入数据后，给出一个结论。犹如一个医学院的毕业生，在遇到患者后，根据医学院学到的诊断方法，给患者一个诊断。

依据神经网络的层数和激活函数的类型，前向型神经网络还可以进一步细分。下面介

绍典型的前向型神经网络。

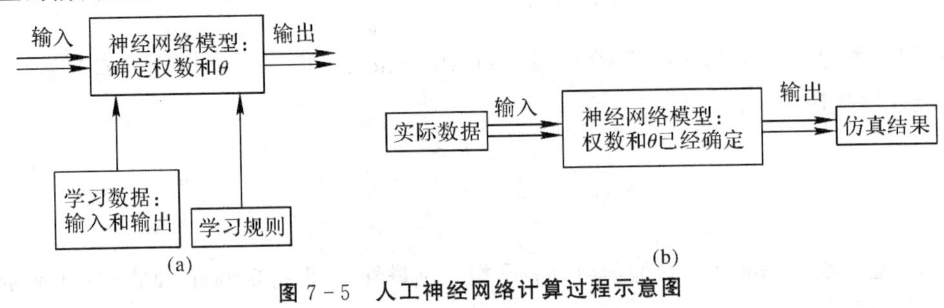

图 7-5 人工神经网络计算过程示意图

4. BP 神经网络

BP(Back Propagation)神经网络是一种有教师示教的误差反向传播神经网络，也是目前研究最多的网络形式之一。

1)BP 神经网络的结构

从结构上来讲，典型的 BP 为分层型网络，如图 7-6 所示。网络有三层：输入层、隐含层和输出层，各层之间实行全连接。对于一个 BP 网络，中间层可以有多个，而具有一个中间层的 BP 网络为基本的 BP 网络。对于输入信号，要先向前传播到隐含层的节点上，经过各单元的特性为 Sigmoid 型的激活函数运算后，把隐含节点的输出信息传播到输出节点，最后给出输出结果。

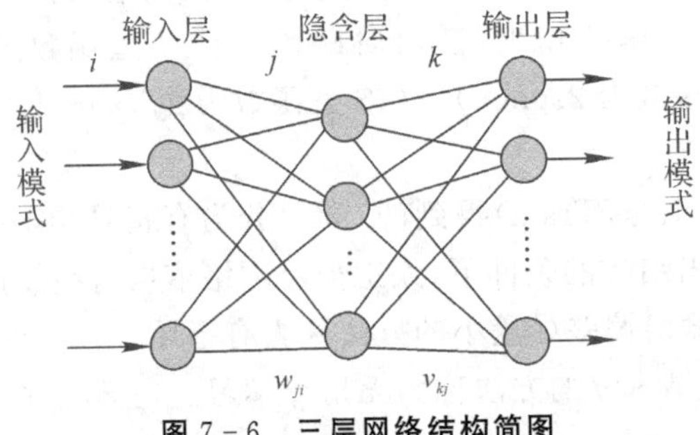

图 7-6 三层网络结构简图

其中值得注意的是隐含层单元数的选择问题。隐含层单元数与问题的要求、输入输出单元的多少都有直接的关系。对于用作分类的 BP 网络，如果隐含层单元数太少，可能会导致训练不收敛，或网络不“健壮”，不能识别以前没有看到的样本，容错性差，但隐含层单元数太多又使学习时间过长，误差也不一定最佳，因此存在一个最佳的隐含层单元数，可参考如下公式：

$$n_1 = \sqrt{n+m} + a \tag{7-9}$$

式中：m 为输出神经元数；n 为输入神经元数；a 为 1～10 之间的常数。

2)基本原理

BP 网络的学习由“模式顺传播”和“误差逆传播”过程组成。首先，将输入模式输入到输入层，经过各层连接权数、阈值、响应函数的传递后输出到输出层；然后，将输出值和期望输出值进行比较，将误差信号反向传递，不断修正权数和阈值。这样“正向”和“反向”两个过程交替进行，最后使误差收敛到规定范围内，训练结束。

3)计算步骤

BP网络的学习算法又称为BP算法(即误差反向传播算法)，是一种监督学习算法。监督学习算法，是将训练样本数据输入到网络输入端，同时将相应的期望输出与网络输出比较，得到误差信号，以此控制权值连接强度的调整，经过多次训练后收敛到一个确定的权值 w。

BP算法的计算流程如图7-7所示。

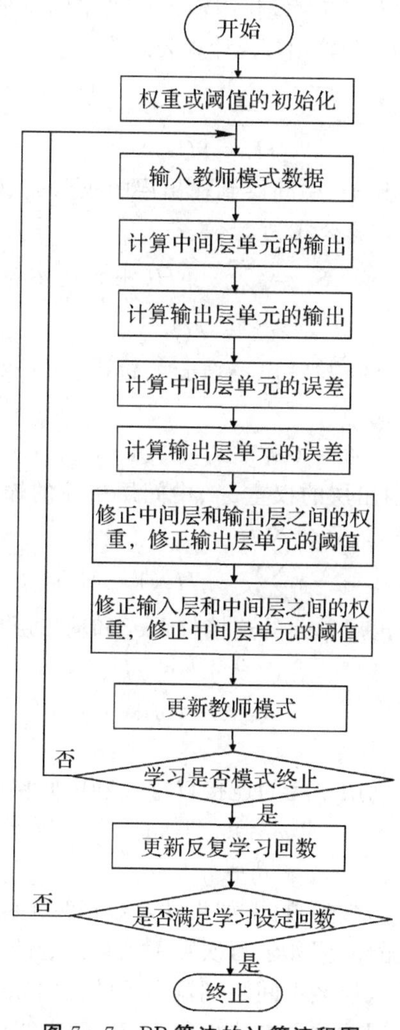

图7-7　BP算法的计算流程图

为便于说明该流程，先引入如下符号。

I_i：输入层单元 i 的输出；

H_j：中间层单元 j 的输出；

O_k:输出层单元 k 的输出;

T_k:相对于输出层单元 k 的教师信息;

ω_{ji}:从输入层单元 i 到中间层单元 j 的连接权重;

v_{kj}:从中间层单元 j 到输出层单元 k 的连接权重;

θ_j:中间层单元 j 的阈值;

γ_k:输出层单元 k 的阈值。

(1)初始化,对所有连接权重赋予随机任意值,并对阈值设定初值。

(2)给定最初的学习数据。

(3)把学习数据 I_i 赋予输入层单元,利用输入层到中间层的权重 ω_{ji} 及中间层单元的阈值 θ_j 计算中间层单元 j 的输入 U_j 和输出 H_j,计算公式为

$$U_j = \sum_j \omega_{ji} \cdot I_i + \theta_j \tag{7-10}$$

$$H_j = f(U_j) \tag{7-11}$$

(4)利用中间层单元的输出 H_j、中间层到输出层的权重 v_{kj}、输出层单元阈值 γ_k 计算输出层单元 k 的输入 S_k 和输出 O_k,计算公式为

$$S_k = \sum_j v_{kj} H_j + \gamma_k \tag{7-12}$$

$$O_{kj} = f(S_k) \tag{7-13}$$

(5)由学习数据的教师信息 T_k 与输出层单元的输出 O_k,计算输出层单元 k 相对于中间层单元阈值的误差 δ_k,计算公式为

$$\delta_k = (O_k - T_k)O_k(1 - O_k) \tag{7-14}$$

(6)由误差 δ_k、中间层到输出层的权重 v_{kj}、中间层单元的输出 H_j,计算中间层单元 j 相对于输入层单元阈值的误差 σ_j,计算公式为

$$\sigma_j = \sum \delta_k v_{kj} H_j (1 - H_j) \tag{7-15}$$

(7)修正中间层单元到输出层单元的连接权重 v_{kj} 和输出层单元的阈值 γ_k,计算公式为

$$v_{kj} = v_{kj} + \eta\delta_k H_j \tag{7-16}$$

$$\gamma_k = \gamma_k + \eta\delta_k \tag{7-17}$$

式中:η 为学习率,$0<\eta<1$。

(8)修正输入层单元到中间层单元的连接权重 ω_{ji} 和中间层单元的阈值 θ_j,计算公式为

$$\omega_{ji} = \omega_{ji} + \eta\sigma_j I_i \tag{7-18}$$

$$\theta_j = \theta_j + \eta\sigma_j \tag{7-19}$$

(9)把下一个学习数据作为教师数据;如果学习数据终止的话,返回(3)。

(10)进行下一阶段学习循环;假如学习次数不满足设定的学习次数,则返回(2)。

以上(3)~(6)步,是从输入层经中间层到输出层的正向处理,(7)~(8)步是从输出层经中间层到输入层的反向处理,因此这种方法也称为 BP 算法(即误差反向传播算法)。

5. RBF 神经网络

RBF 神经网络是一种典型的三层前馈神经网络,包括输入层、隐含层和输出层,其结构如图 7-8 所示。在图 7-8 中,输入层主要用于与外部环境的连接,通常由若干感知单元组成,一般对网络的输入信息不进行任何转换,只是用来进行数据信息的传递。第二层是隐含

层，隐含层实现了从输入空间到隐含层空间的映射。一般来说，隐含层通常具有较高的空间维数。隐含层采用径向基函数作为激励函数，该径向基函数一般为高斯函数。输出层(Output Layer)一般是线性的，其作用是响应输入层的激活模式，实现网络的输出，输出实际上是高斯函数的线性组合。

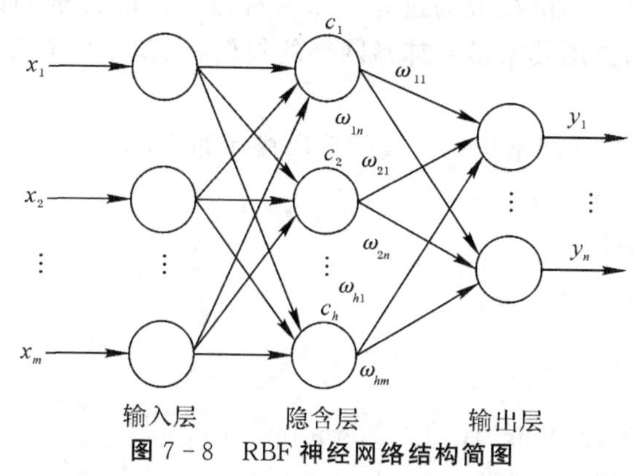

图 7－8　RBF 神经网络结构简图

如图 7－8 所示，RBF 神经网络的输入为 $\boldsymbol{x}=(x_1,x_2,\cdots,x_m)$，网络输出为 $\boldsymbol{y}=(y_1,y_2,\cdots,y_n)$。隐含层实现了 $\boldsymbol{x}\to\varphi_i(\boldsymbol{x})$ 的一种非线性映射，而输出层则实现了 $\varphi_i(\boldsymbol{x})\to y_k$ 的一种线性映射。RBF 神经网络输出层的第 k 个神经元输出可定义为

$$\hat{y}_k=\sum_{i=1}^{h}\omega_{ik}\varphi_i(\boldsymbol{x}),\quad k=1,2,\cdots,n \tag{7-20}$$

式中：m 表示输入层神经元的个数；h 表示隐含层神经元的个数；n 表示输出层神经元的个数；ω_{ik} 表示第 k 个输出层神经元与第 i 个隐含层神经元之间的连接权值；$\varphi_i(\boldsymbol{x})$ 为隐含层的激活函数，通常取高斯函数，即

$$\varphi_i(\boldsymbol{x})=\exp\left(-\frac{\|\boldsymbol{x}-\boldsymbol{c}_i\|^2}{2\sigma_i^2}\right),\quad i=1,2,\cdots,h \tag{7-21}$$

式中：$\boldsymbol{x}$ 为 m 维输入样本；$\boldsymbol{c}_i$ 为第 i 个高斯函数的中心，其维数要求与 $\boldsymbol{x}$ 相同；σ_i 为第 i 个高斯函数的宽度，表示以 $\boldsymbol{c}_i$ 为中心点的基函数的宽度；h 表示隐含层神经元的个数。$\|\boldsymbol{x}-\boldsymbol{c}_i\|$ 表示向量 $\boldsymbol{x}-\boldsymbol{c}_i$ 的范数，一般用 $\boldsymbol{x}$ 与 $\boldsymbol{c}_i$ 之间的距离来计算；$\varphi_i(\boldsymbol{x})$ 在 $\boldsymbol{c}_i$ 处取得最大值。另外，随着 $\|\boldsymbol{x}-\boldsymbol{c}_i\|$ 值的增加，$\varphi_i(\boldsymbol{x})$ 将快速减小为零。因此，对给定的输入样本来说，只有距离中心较近的样本才能被激活。

RBF 神经网络的学习算法分为两步：第一步是确定隐含层神经元数目、中心和宽度，第二步是确定隐含层和输出层之间的连接权值。径向基函数中心的选取方法主要有随机选取法、K－均值聚类算法、梯度训练方法和正交最小二乘法等。隐含层和输出层之间连接权值的训练方法主要包括最小均方差、递推最小方差、扩展卡尔曼滤波等方法。

理论上已经证明，RBF 神经网络具有良好的全局逼近特性。若 RBF 神经网络的隐含层神经元足够多，它可以在一个紧集上一致逼近任何连续函数。RBF 神经网络是一种性能良好的前馈网络，不仅具有最佳逼近性能，同时训练方法快速易行，不存在局部极小问题。这些优点给 RBF 神经网络的应用奠定了良好的基础，使其在函数逼近、模式识别和信号处理等领域都有广泛的应用。

6.基于遗传算法(GA)的神经网络

1)基于 GA 的 BP 神经网络

传统的 BP 网络连接权值的学习算法是基于梯度下降的，其缺点就是易于陷入局部极小而不能获得全局最优。连接权值的进化引入一种自适应的且全局的方法来训练，GA 用于神经网络的一个方面是用其来学习神经网络的权值，也就是用 GA 来取代一些传统的学习算法，以克服其缺陷。

使用 GA 优化 BP 神经网络连接权值的算法描述如下：

```
RandomGenerate(P[0])；
pANN= new ANN；
SetiGeneration=1；
REPEAT
for i=1,2,3,…,Size
      pANN→SetANNWeight(P[iGeneration])；
      Fitness[i]= pANN→ComputeError()；
NewP=Select,Crossover,Mutate；
SetiGeneration=iGeneration+1；
P[iGeneration]=NewP；
UNTIL
Halting criteria aresatisfied；
```

其中涉及的主要问题如下。

(1)编码方案。有两种对神经网络的权值进行编码的方法：一种是二进制编码，一种是实数编码。二进制编码即用 0、1 串来表示每个权值。实数编码即每个权值直接用一个实数表示，其优点是直观，且克服了二进制编码的弊端，但需要重新设计遗传算子，如交叉、变异等。

(2)确定适应度函数。使用 GA 来进化神经网络的权值，神经网络的结构已经确定，可以认为，误差大的网络其适应度就小。例如，可设适应度函数为 $F=C-E$，其中 C 为一常数，E 为误差。

(3)进化过程。确定算法的全局搜索操作算子，包含交叉算子和变异算子，也可设计专门的操作算子。

(4)混合训练神经网络。由于 GA 善于搜索大规模的、复杂的、非可微的和多模空间，所以其不需要有关误差函数梯度的信息，这在很难获取这些信息的情况下具有独特的优点。另外，其不需考虑误差函数是否可微，从而可在误差函数中增加某些惩罚项，以提高网络的通用性，降低神经网络的复杂度。

GA 和 BP 算法的结果都对训练过程中用到的算法参数很敏感，BP 算法的结果还依赖于神经网络的初始状态，然而，BP 算法在用于局部搜索时显得比较有效，GA 则擅长全局搜索。由此可见，连接权进化算法可以这样实现：首先，用 GA 对初始权值分布进行优化，在解空间中定位出一些较好的搜索空间。然后采用 BP 算法在这些小的解空间中搜索出最优解。一般地，这种混合训练的效率要优于单独用 GA 学习权值或用 BP 算法学习权值。至于在什么时机进行两种算法的切换，实际上，这又像设计神经网络的拓扑结构一样，需要根据具体的数据集和具体的参数设置进行设计。

2)基于 GA 的 RBF 神经网络

(1)编码。设 RBF 神经网络的最大隐含层神经元数目为 H，输出层神经元数目为 O，则 GA 的一条染色体编码为

$$c_1c_2\cdots c_H\omega_{11}\omega_{21}\cdots\omega_{H1}\omega_{12}\omega_{22}\cdots\omega_{H2}\cdots\omega_{1O}\omega_{2O}\cdots\omega_{HO}\theta_1\theta_2\cdots\theta_O$$

式中：c_i 为 0 或 1，其为 1 表示该神经元存在，反之则为 0；ω_{ij} 为隐含层第 i 个神经元到输出层第 j 个神经元的连接权值，为一个实数；θ_j 为第 j 个输出层神经元的阈值。

(2)选择、交叉、变异算子。采用遗传算法常用的轮盘选择法，即适应度越高的个体越容易被选中，适应度低的个体也可能被选中，这样就在“适者生存”的同时，保持了种群的多样性。

每次选择两个父代个体进行交叉操作以产生两个新个体，放到新一代的种群中，重复这一过程，直到达到种群的最大规模。在这里交叉采用单点交叉，虽采用的是混合编码，但对于二进制编码和实数编码交叉的操作是一致的。这里采用精英保留策略，即将每代适应度最高的若干个个体直接保留到下一代，这样就防止了进化过程中最优个体的丢失。

由于采用了混合编码，对于变异操作，则需要针对不同的编码方式进行不同的操作。二进制编码采用位翻转变异，即染色体中的某一位由 1 变为 0 或由 0 变为 1；对于实数编码，则采用高斯变异，即染色体的某个基因位加上一个高斯随机数。

(3)适应度函数。将原始数据集划分为训练数据集和测试数据集，在这里，采用网络的训练误差和网络的规模来确定该网络对应的染色体的适应度，以 E 为训练误差，H 为网络隐含层的节点数，$H_{\max}$ 为网络隐含层的最大节点数，则适应度 $F=C-EH/H_{\max}$，其中 C 为一常数。该式保证了网络的规模越小，并且训练误差越小，其对应染色体的适应度越高。

使用 GA 优化 RBF 神经网络的算法描述如下。

①依据 RBF 神经网络最大隐含层神经元数目，设定其中心和宽度参数，其中中心采用 K-均值聚类算法获得，宽度根据中心用启发式公式计算。确定 GA 的各项参数，种群大小 PopSize，交叉率 P_c，变异率 P_m，选择机制，交叉、变异算子，令迭代次数 $G=0$，目标误差为 $E_{\min}$，最大迭代次数为 $G_{\max}$。

②随机初始化 GA 的种群(Pop)，大小为 N，每个个体对应于一个 RBF 神经网络，结构部分使用二进制编码，权值部分使用实数编码。

③以 GA 的 N 个个体构造 N 个 RBF 神经网络，隐含层神经元数目和输出层权值已定，代入训练集，计算网络的输出误差，即训练误差 E。根据 E 和隐含层实际的神经元数 H，可以确定 N 个 RBF 网络所对应染色体的适应度 F。

④根据染色体适应度的大小，对其进行排序，记录种群最佳适应度 F_{best}，若 $(C-F_{\text{best}})H_{\max}/H<E_{\min}$ 或迭代次数 $G\geqslant G_{\max}$，则转到⑦。

⑤选择若干个最优个体直接保留到下一代(NewPop)，选择一对染色体进行单点交叉以产生两个新个体，以其作为新一代群体的成员。重复此过程，直到新一代种群达到种群上限 PopSize，对二进制编码部分和实数编码部分要分开进行此操作。

⑥对新一代种群进行变异操作，二进制编码部分和实数编码部分需采取不同的变异策

略。至此,新一代种群产生,令 Pop=NewPop,$G=G+1$,转到③。

⑦此时得到网络的最优结构,但权值的学习还不充分,使用经典的方法对权值进行学习。

7.应用实例——炮兵战场目标选择仿真研究

随着信息化战争的迅猛发展,炮兵战场目标体系错综复杂,目标数量越来越多,不可能也没有必要对其全部目标实施打击,应当根据敌方目标体系、我军作战意图和部队作战能力,有针对性地开展目标选择。目标选择就是指依据作战目的,利用定性综合分析和定量优化计算,从对方目标中选择出若干目标作为打击对象的过程。正确选择目标是科学实施炮兵火力打击的基本前提和核心内容,同时也是影响目标打击效果的关键性因素。

目前,有不少学者都在研究战场目标选择问题,研究内容主要包括三方面:一是目标选择理论与原则;二是目标选择判别问题,即目标是否被选择;三是目标选择顺序问题。研究方法主要包括层次分析法、模糊综合评判、主成分分析、线性规划、非线性规划等。上述方法普遍存在评价数据挖掘不够充分、权重确定过于主观、模型结构要求过于严格等弊病。

本实例首次将仿真方法引入目标选择判别问题,利用证据理论融合专家对目标的评价信息,利用 BP 神经网络判断目标是否被选取,为炮兵战场目标选择的客观性、准确性提供理论依据。基于证据理论和 BP 神经网络的目标选择方法,发挥证据理论挖掘数据本身隐含知识和潜在规律的优势,发挥 BP 神经网络非线性映射能力、泛化能力、容错能力强的优势。最后,案例的仿真结果验证该方法具有可操作性、科学性和合理性。

1)目标选择指标体系构建

在复杂的战场态势和作战进程中,影响目标选择的因素众多。目标选择应遵循如下原则:着眼于结构破坏,以系统的眼光选择打击目标;注重整体安排,以关联的方法选择打击目标;瞄准要害目标,以效益的观点选择打击目标。依据上述三个原则,选取目标重心效应 C_1、目标连锁效应 C_2、目标信息可靠性 C_3、目标对我方的威胁程度 C_4、我方的作战能力 C_5 和目标打击费效比 C_6 作为主要影响指标,建立如图 7-9 所示的目标选择指标体系。

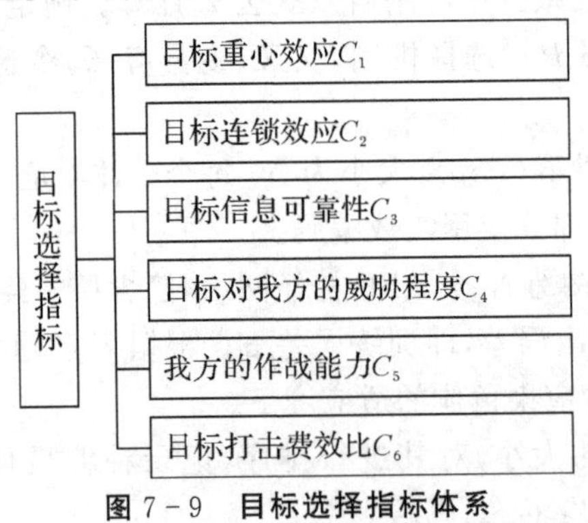

图 7-9 目标选择指标体系

目标重心效应 C_1 指攻击该目标所产生的可以使敌作战系统或某一作战子体系崩溃或严重失衡的整体效应。

目标连锁效应 C_2 指攻击该目标所产生的可以使作战体系或某一作战子体系链条脱落的连锁效应。

目标信息可靠性 C_3 指在打击过程中，各侦察手段及天气、地形、敌方欺骗等客观情况对侦察结果产生的影响，由目标真实性、信息准确性和目标通视性等因素决定。

目标对我方的威胁程度 C_4 指敌方目标的毁伤能力对我方完成作战行动的危害程度和妨碍程度，由目标攻击意图、攻击能力等因素决定。

我方的作战能力 C_5 指我方火力作战和信息作战的能力。选多少、选取什么样的目标，在很大程度上取决于我方武器装备的数量和质量。

目标打击效费比 C_6 反映打击目标所获得的收效和付出的代价的比较程度，由打击目标收益程度、我方战损程度等因素决定。

2)证据理论融合目标评价信息

依据上述指标体系，邀请多名炮兵作战专家和指挥员对多个待选目标的各个指标进行评价。为了处理多名专家对多个待选目标的评价信息，下面采用证据理论进行信息融合，此方法比传统的专家打分法更加合理有效，且无须先验概率，推理形式简单。

(1)证据合成方法。证据合成是证据理论中最核心的内容之一，其作用是对多个证据进行综合处理，提炼出最终的基本概率分配和信任函数。证据理论存在多种合成方法，最早的合成方法是著名的 Dempster 合成方法。该方法定义如下。

若 $Bel_1, Bel_2, \cdots, Bel_n$ 是同一识别框架 Ω 上的 n 个信任函数，$m_1, m_2, \cdots, m_n$ 分别是其对应的基本概率分配，$A_i, A_j, A_k, \cdots$ 分别为对应的焦元，设

$$K = \sum_{A_i \cap A_j \cap A_k \cap \cdots = \varphi} m_1(A_i) m_2(A_j) m_3(A_k) \cdots < 1 \tag{7-22}$$

则由 $Bel_1, Bel_2, \cdots, Bel_n$ 合成的信任函数 Bel 由下式给出的基本概率分配函数 m 确定：

$$m(A) = \begin{cases} 0, & A = \varphi \\ \dfrac{1}{1-K} \displaystyle\sum_{A_i \cap A_j \cap A_k \cap \cdots = A} m_1(A_i) m_2(A_j) m_3(A_k), & A \neq \varphi \end{cases} \tag{7-23}$$

式中：A 的基本概率分配函数反映了对 A 本身的可信程度大小；K 反映了各证据之间相互冲突的程度。

Dempster 合成方法是一种严格的与运算方法，多个信任函数共同焦元的基本概率分配正比于各自的基本概率分配，因此该方法具有聚焦作用，会增强对共同目标的支持力度，削弱分歧目标的影响。但是，由于 Dempster 合成公式存在不足，在合成某些高度冲突的证据时，合成结果常有悖常理，影响了证据理论的应用。相关学者给出了一种有效的合成公式，即把支持证据冲突的概率按各个命题的平均支持程度加权进行分配。新的合成公式提高了合成结果的可靠性与合理性，即使对于高度冲突的证据，也能够取得理想的合成结果。因此，采用新合成公式对目标信息进行融合。新的合成公式如下：

$$m(A) = \begin{cases} 0, & A = \varphi \\ \displaystyle\sum_{A_i \cap A_j \cap A_k \cap \cdots = A} m_1(A_i) m_2(A_j) m_3(A_k) \cdots + Kq(A), & A \neq \varphi \end{cases} \tag{7-24}$$

式中：$K = \displaystyle\sum_{A_i \cap A_j \cap A_k \cap \cdots = \varphi} m_1(A_i) m_2(A_j) m_3(A_k) \cdots$；$q(A) = \dfrac{1}{n} \displaystyle\sum_{1 \leqslant i \leqslant n} m_i(A)$。

(2)融合目标评价信息的步骤。设 $G = \{G_1, G_2, \cdots, G_n\}$ 表示敌军炮兵战场 n 个待选目

标的集合；$P=\{P_1,P_2,\cdots,P_m\}$表示我军 m 名炮兵作战专家或指挥员的集合，且每人的重要程度相同；$C=\{C_1,C_2,\cdots,C_6\}$表示目标选择指标集合；$H=\{h_1,h_2,\cdots,h_t\}$表示各指标的评价等级集合；C_{ijlk}表示专家 P_i 针对待选目标G_j关于指标 C_l给出的对应于评价等级h_k的评价值，规定 $0\leqslant C_{ijlk}\leqslant 1(i=1,2,\cdots,m;j=1,2,\cdots,n;l=1,2,\cdots,6;k=1,2,\cdots,t)$。

第一步：利用合成公式(7-24)，将 m 名专家针对目标G_j关于指标 C_l的评价信息（概率分配函数）$m_{ijl}(h_k)=C_{ijlk}$进行组合，形成全体专家针对目标G_j关于指标 C_l的概率分配函数 $m_{jl}(h_k)$。

第二步：对评价等级集合 $H=\{h_1,h_2,\cdots,h_t\}$的不同等级赋予相应的分值，将全体专家针对目标G_j关于指标 C_l的概率分配函数 $m_{jl}(h_k)$与不同等级的分值对应相乘，即得全体专家针对目标G_j关于指标 C_l的综合评价值 m_{jl}。

3)基于 BP 神经网络的目标选择仿真模型

BP 神经网络在本质上是一种输入到输出的映射，是把一组样本输入输出问题转化为一个非线性优化问题，并通过梯度计算利用迭代运算求解权重问题的一种学习方法。它能够学习大量的输入与输出之间的映射关系，而不需要任何输入与输出间精确的数学表达式，非常适合解决炮兵战场目标选择判别问题。将融合后的各指标综合评价值作为神经网络模型的输入数据，构建基于 BP 神经网络的目标选择仿真模型，最终判断目标是否被选择，输出目标选择仿真结果，能够有效克服主观方法确定指标权重的弊病。

将目标G_j关于指标 C_l的综合评价值 m_{jl}作为神经网络模型的输入样本数据，构建 BP 神经网络模型，如图 7-10 所示。

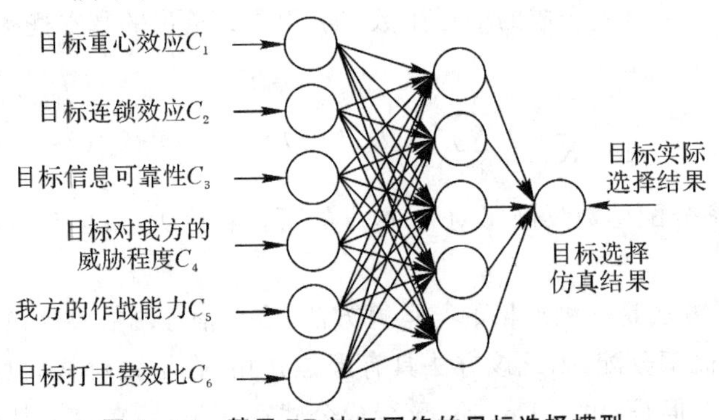

图 7-10　基于 BP 神经网络的目标选择模型

输入层节点数为 6，分别对应 6 个目标选择指标 C_1、C_2、C_3、C_4、C_5和 C_6的综合评价值；隐含层节点数为 5，由经验公式计算得到；输出层节点数为 1，其中输出“0”表示不选择该目标，输出“1”表示选择该目标。

4)仿真应用

在某次演习中，共有 16 个敌军待选目标，运用证据理论融合多名专家对 16 个待选目标 6 个指标的评价信息，专家权重均相同，各指标评价等级均为四级 $H=\{h_1,h_2,h_3,h_4\}=\{$强(大)，较强(较大)，一般(中)，差(小)$\}$，对应等级分值为$\{1,0.8,0.6,0.4\}$，使用融合评价信息的两个步骤，得到全体专家针对目标G_j关于指标 C_l的综合评价值 $m_{jl}(j=1,2,\cdots,16;l=1,2,\cdots,6)$，见表 7-6，计算过程略。16 个目标的实际选择结果见表 7-6。

表 7-6　BP 神经网络模型仿真试验数据

待选目标	全体专家针对目标 G_j 关于指标 C_l 的综合评价值 m_{jl}						目标实际选择结果	目标选择 BP 仿真结果
	目标重心效应 C_1	目标连锁效应 C_2	目标信息可靠性 C_3	目标对我方的威胁程度 C_4	我方的作战能力 C_5	目标打击费效比 C_6		
G_1	0.313 8	0.255 0	0.185 3	0.380 5	0.772 6	0.355 9	0	0.095 3
G_2	0.683 8	0.962 9	0.906 1	0.377 1	0.349 3	0.696 1	1	0.988 6
G_3	0.011 9	0.131 5	0.545 9	0.257 0	0.503 0	0.307 1	0	0.022 3
G_4	0.795 3	0.381 2	0.687 9	0.304 1	0.565 6	0.287 0	1	0.965 1
G_5	0.258 9	0.217 5	0.380 8	0.740 6	0.145 7	0.035 0	0	0.068 1
G_6	0.439 2	0.581 8	0.726 1	0.714 6	0.489 0	0.396 6	1	0.978 0
G_7	0.823 4	0.684 7	0.451 5	0.262 9	0.512 4	0.318 7	1	0.902 6
G_8	0.931 5	0.319 3	0.998 5	0.452 6	0.936 0	0.405 1	1	0.989 8
G_9	0.230 1	0.129 4	0.129 8	0.054 7	0.008 3	0.361 1	0	0.015 6
G_{10}	0.578 2	0.482 7	0.573 5	0.388 7	0.323 4	0.552 1	1	0.952 3
G_{11}	0.253 5	0.302 9	0.413 8	0.411 1	0.138 1	0.502 2	0	0.086 7
G_{12}	0.642 7	0.427 2	0.376 5	0.680 9	0.509 5	0.549 9	1	0.942 5
G_{13}	0.324 3	0.210 7	0.243 7	0.319 5	0.320 5	0.501 5	0	0.069 2
G_{14}	0.226 6	0.310 5	0.411 8	0.310 0	0.241 7	0.240 6	0	0.030 8
G_{15}	0.779 6	0.723 1	0.581 7	0.299 9	0.282 6	0.610 3	1	0.975 0
G_{16}	0.604 0	0.915 9	0.362 2	0.758 9	0.652 2	0.392 2	1	0.939 3

使用图 7-10 给出的基于 BP 神经网络的目标选择模型，将目标$G_1 \sim G_{16}$的各指标综合评价值作为输入样本，将目标$G_1 \sim G_{16}$的实际选择结果作为输出样本，使用这 16 个样本对模型进行训练。设定学习速率为 0.1，网络误差为 0.01，利用 MATLAB 进行神经网络训练的结果如图 7-11 所示。可见，经过 9 428 次训练后，网络性能达到了规定的误差要求。

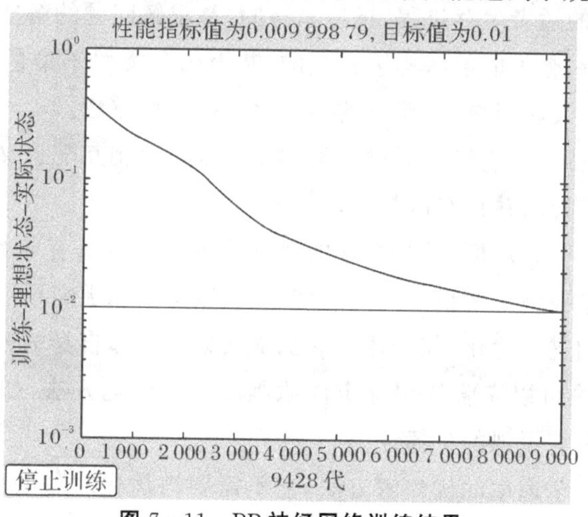

图 7-11　BP 神经网络训练结果

下面将目标$G_1 \sim G_{16}$的各指标综合评价值再次输入已经训练好的目标选择 BP 网络，使用该网络，得到这 16 个样本的目标选择仿真结果，见表 7－6 的最右列。由表 7－6 可以看出，G_1 实际未选取目标的仿真输出值不超过 0.095 3，非常接近"0"，即仿真结果也是不选择该目标；G_7 实际被选取目标的仿真输出值不低于 0.902 6，非常接近"1"，即仿真结果也是选择该目标。因此，基于 BP 神经网络的目标选择仿真结果与实际选择结果是一致的。

仿真结果说明，将 BP 神经网络用于目标选择是具有准确性和优越性的，不需要再使用主观方法确定指标权重或建立严格的数学模型。案例只提取了 16 组样本数据进行学习训练和检验，如果增加样本数量，将会显著提高所得结果的精确度。

此案例使用具有新合成公式的证据理论来融合专家对目标的评价信息，突出了专家评价信息的隐含规律，挖掘了评价信息的内在知识；使用 *BP* 神经网络来判断目标是否被选择，克服了多输入输出的非线性系统难以用解析方法构建精确数学模型的弊端。*BP* 神经网络迭代算法次数较多，使得收敛速度较慢，可以尝试使用其他神经网络进行仿真。

二、遗传算法

遗传算法(Genetic Algorithms，GA)是一种全局优化的随机搜索算法，是从大自然的杰作(生物进化与发展)中得到灵感与启迪的。这种算法基于达尔文(Darwin)的进化论和孟德尔(Mendel)的遗传学说，为解决复杂优化问题提供了一种有效工具。对遗传算法的研究主要有三类方向：对遗传算法本身的基础理论研究；用遗传算法作为工具应用于工程领域，解决工程优化问题，主要是关心能否在传统方法上有所提高；用遗传算法研究演化现象，一般涉及人工生命和复杂性科学领域。其中，应用研究将是遗传算法研究的主要方向，同时其理论和技术研究也需要进一步深入完善，可引入新的数学工具和生物学的新成果。

1. 基本特征

遗传算法是基于"适者生存"规律的一种高度并行、随机和自适应的优化算法，它将问题的求解表示成染色体的适者生存过程，把搜索空间(欲求解问题的解空间)映射为遗传空间，针对不同的问题对每一个可能的解构造相应的"基因码"(类似于染色体)，然后通过三个基本的操作——选择、交叉和变异，实现解的寻优过程的一种方法。

遗传算法的突出特点是它可以通过交叉和变异这一对相互配合又相互竞争的操作使其搜索能力得到飞跃的提高，并具有以下特点。

(1)遗传算法是一个大规模、并行处理的最优化方法。它具有收敛速度快、搜索效率高等特点，由于它是通过在整个变量空间内的搜索，所以可以在更高层次上求得全局最优解。

(2)利用概率原则进行优化，如个体之间的交叉以及个体自身的繁殖和变异等都存在着随机性，因此遗传算法可以克服使用确定性原则的传统优化方法，如对噪声比较敏感的弱点，进而对外加干扰具有更强的鲁棒性。

(3)遗传算法是一个通用的优化解方法，它不需要被优化对象的先验知识，不受性能指标、导数、梯度等条件的限制，可适用于各种各样的优化问题。

2. 寻优原理

遗传算法从一组随机产生的初始解，称为群体，开始搜索过程。群体中的每个个体是问题的一个解，称为染色体。这些染色体在后续迭代中不断进化，称为遗传。遗传算法主要通过交叉、变异、选择运算实现。交叉或变异运算生成下一代染色体，称为后代。染色体的好坏用适应度来衡量。适应度是依据预定的目标函数(或某种评价指标)计算得出的。根据适应度对各个个体进行选择、交叉等遗传操作，剔除适应度低的染色体，留下适应度高的染色体，从而得到新的群体。由于新群体的成员是上一代群体的优秀者，继承了上一代的优良性态，因而明显优于上一代。遗传算法就这样反复迭代，向着最优解的方向演化，经过若干代之后，算法收敛于最好的染色体，它很可能就是问题的最优解或次优解。因此，遗传算法是一种随机优化算法，但它不是简单的随机比较搜索，而是通过对染色体的评价和对染色体中基因的作用，有效地利用已有信息来指导搜索。其基本原理如图 7-12 所示。

遗传算法的基本形式是将问题的解表示成字符串结构，字符串中每个元素可有多个取值，搜索过程中保持一个集合的解。算法的每次循环中，根据各个解的优劣，选取解作为父本进行遗传操作，产生新解，从而替换解集中原有的解。

设求解的优化问题为

$$f\prod_{i=1}^{m}[u_i, v_i] \to R \tag{7-25}$$

式中：$\prod_{i=1}^{m}[u_i, v_i] \leqslant R^m$；$R$ 为限定常数；$[u_i, v_i]$为第 i 个变量的范围。

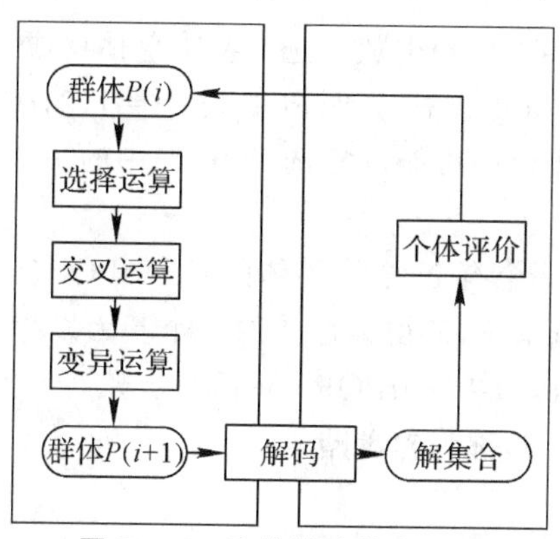

图 7-12 遗传算法基本原理

【例 7-8】 用遗传算法求解 $f(x)=x^2$，$1\leqslant x\leqslant 31$，x 为整数的最大值。

一个简单的表示解的编码是二进制编码，即 0、1 字符串。由于变量的最大值是 31，所以可以采用 5 位数的二进制码。如

10000→16　　11111→31　　01001→9　　00010→2

以上的五位字符串称为染色体，每一个分量称为基因，每个基因有两种状态 0 或 1。模拟生物进化，首先要产生一个群体，可以随机取四个染色体组成一个群体，如 $x_1=(00000)$，$x_2=(11001)$，$x_3=(01111)$，$x_4=(01000)$。群体有四个个体，适应度函数可以依据目标函数而定，如适应度函数 $\text{fitness}(x)=f(x)=x^2$。于是

$\text{fitness}(x_1)=0$，$\text{fitness}(x_2)=25^2$，$\text{fitness}(x_3)=15^2$，$\text{fitness}(x_4)=8^2$

定义第 i 个个体入选种群的概率为

$$P(x_i) = fitness(x_i)/\sum fitness(x_i)$$

于是,适应度函数值大的染色体个体其生存概率自然较大。若群体中选四个个体成为种群,则极有可能竞争上的是 $x_1=(11001)$,$x_2=(11001)$,$x_3=(01111)$,$x_4=(01000)$。若再将它们结合,采用如下的交配方式,称为简单交配:

$$x_1=(11 \mid 001) \qquad y_1=(11 \mid 111)$$

$$x_3=(01 \mid 111) \qquad y_2=(01 \mid 001)$$

$$x_2=(110 \mid 01) \qquad y_3=(110 \mid 00)$$

$$x_4=(010 \mid 00) \qquad y_4=(010 \mid 01)$$

第一组 x_1,x_3 交换第二个位置以后的基因,另一组 x_2,x_4 交换第三个位置以后的基因,得到 y_1,y_2,y_3 和 y_4。若 y_4 的第一个基因发生变异,则变成 $y_4=(11001)$。

通过上例,可以将求解组合优化问题的遗传算法简化地描述如下:

步骤 1:选择问题的一个编码;给出一个有 N 个染色体的初始群体 POP(1),$t:=1$。

步骤 2:对群体 POP(t)中的每一个染色体 POP$_i$(t)计算它的适应度函数,即

$$f_i=\text{fitness}[\text{POP}_i(t)] \tag{7-26}$$

步骤 3:若停止规则满足,则算法停止;否则,计算概率,即

$$P_i = \frac{f_i}{\sum_{j=1}^{N} f_j}, \quad i = 1,2,\cdots,N \tag{7-27}$$

并以上面的概率分布从 POP(t)中随机选一些染色体构成一个种群,即

$$\text{NewPOP}(t+1)=\{\text{POP}_i(t) \mid i=1,2,\cdots,N\} \tag{7-28}$$

注意,NewPOP($t+1$)集合中可能重复选 POP(t)中的一个元素,如上例中的 x_2 就选取两次。

步骤 4:通过交配,得到一个有 N 个染色体的 CrossPOP($t+1$)。

步骤 5:以一个较小的概率 P,使得染色体的一个基因发生变异,形成 MutPOP($t+1$);$t:=t+1$,一个新的群体 POP(t)=MutPOP(t);返回步骤 2。

种群的选取方式式(7-28)称为轮盘赌。

3. 算法步骤

用遗传算法求解问题时,首先对问题的解进行编码,构成染色体,不同的染色体构成不同的种群。每个染色体称为种群的个体,每个个体根据适应度函数有一个适应值,然后通过选择、交叉和变异三个操作构成新一代更好的种群。这样不断进化,直到求出问题的最优解。遗传算法的一般流程如图 7-13 所示。

遗传算法运行时,首先需要进行程序的初始化,初始化的工作包括获取算法参数,计算染色体字节长度,分配数据空间,初始化随机数发生器以及产生初始种群,并输出初始代统计信息等,然后进行进化计算。其主要步骤如下。

步骤 1:初始化。设置进化代数计数器 $t \to 0$;设置最大进化代数 T;随即按照相应的编码方案随机生成 n 个个体作为初始群体 $p(0)$。

步骤 2:个体评价。按照事先设计好的适应度函数,计算群体 $p(t)$ 中各个个体的适

应度。

步骤 3:选择运算。将选择算子作用于群体。

步骤 4:交叉运算。将交叉算子作用于群体。

步骤 5:变异运算。将变异算子作用于群体。群体 $p(t)$ 经过选择、交叉、变异运算之后得到下一代群体 $p(t+1)$。

步骤 6:终止条件运算。若 $t \leqslant T$,则 $t \to t+1$ 转到步骤 2;若 $t > T$,则以进化过程中所得到的具有最大适应度的个体作为最优解输出,终止计算。

在以上步骤中,如何确定遗传算法的编码、选择、交叉和变异运算是整个算法的关键所在,直接关系到优化的效率和结果,下面对其中的一些方法进行简要介绍。

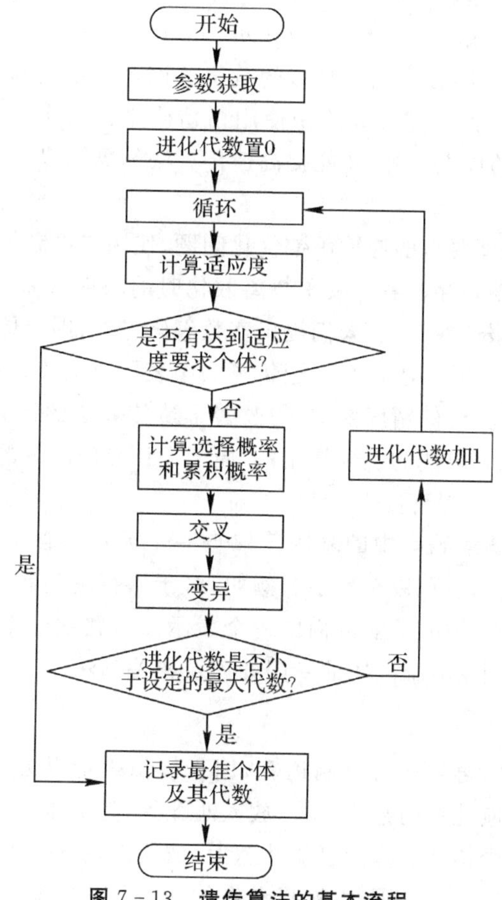

图 7-13　遗传算法的基本流程

4. 编码问题

编码就是解的遗传表示。它是应用遗传算法求解问题的第一步,也是非常关键的一步。Holland 的编码方法是二进制编码,但对于许多遗传算法的应用,这种简单的编码方法很难直接描述问题的性质。近年来,针对特殊问题,人们又提出了一些其他的编码方法。

1)二进制编码

二进制编码是遗传算法中最常用的一种编码方法。它具有下列一些优点:①编码、解码操作简单易行；②交叉、变异操作便于实现；③符合最小字符集编码原则；④便于利用模式定理对算法进行理论分析。

2)格雷码编码(Gray Code)

对于一些连续优化问题，二进制编码由于遗传算法的随机特性，其局部搜索能力较差。为改进这一特性，人们提出用格雷码进行编码。格雷码编码是二进制编码的一种变形。它是这样的一种编码方法，其连续的两个整数所对应的编码值之间仅仅只有一个码位是不相同的，其余码位都完全相同。假设有一个二进制编码为 $B=b_m b_{m-1}\cdots b_2 b_1$，其对应的格雷码为 $G=g_m g_{m-1}\cdots g_2 g_1$，则

$$\left.\begin{aligned} &g_m=b_m \\ &g_i=b_{i+1}\oplus b_i,\quad i=m-1,m-2,\cdots,1 \end{aligned}\right\} \tag{7-29}$$

格雷码有这样一个特点：任意两个整数的差是这两个整数所对应的格雷码之间的海明(Hamming)距离。这一特点是遗传算法中使用格雷码来进行个体编码的主要原因。格雷码除了具有二进制编码的优点以外，还能提高遗传算法的局部搜索能力。

3)实数编码

对于一些多维、高精度要求的连续函数优化问题，使用二进制编码来表示个体将会带来一些不利，例如，二进制编码存在着连续函数离散化时的映射误差，同时不便于反映所求问题的特定知识。为了克服这些缺点，人们提出实数编码方法，即个体的每个基因值用实数表示。实数编码方法的优点如下：①适合于遗传算法中表示范围较大的数；②便于较大空间的遗传搜索；③提高了遗传算法的精度要求；④改善了遗传算法的计算复杂性，提高了运算效率；⑤便于算法与经典优化方法的混合作用；⑥便于设计专门问题的遗传算子。

4)符号编码

符号编码是指染色体编码串中的基因值取自一个无数值含义而只有代码含义的符号集。这些符号可以是字符，也可以是数字。例如，对于旅行商问题，假设有 n 个城市分别记为 $C_1,C_2,\cdots C_n$，则 $[C_1,C_2,\cdots C_n]$ 就可构成一个表示旅行路线的个体。符号编码的主要优点是便于在遗传算法中利用所求问题的专门知识及相关算法。

5. 选择运算

选择运算，又称繁殖、再生或者复制运算，用于模拟生物界去劣存优的自然选择现象。它从旧种群中选择出适应性强的某些个体，放入匹配集，为个体交叉和变异运算产生新种群做准备。适应度越高的个体被选择的可能性越大，被遗传到下一代群体中的概率越大，其子孙在下一代出现的数量就越多。因此，选择操作的任务就是按某种方法从父代群体中选取一些个体，遗传到下一代群体，从而实现对群体中个体的优胜劣汰操作。

下面介绍几种选择方法。

(1)赌盘选择，又称比例选择方法。其基本思想：每一个个体被选中的概率与其适应度大小成正比。具体操作如下：

①计算出群体中每个个体的适应度 F_i，$i=1,2,\cdots,M$，M 为群体大小；

②计算出每个个体被遗传到下一代群体中的概率 P_i；

③计算出每个个体的累积概率 q_i；

④在[0,1]区间内产生一个均匀分布的伪随机数 r；

⑤若 $r=q_1$，则选择个体 1；否则，选择个体 k，使得 $q_{k-1}<r\leqslant q_k$ 成立；

⑥重复④⑤步共 M 次。

(2)排序选择。其基本思想：对群体中的所有个体按其适应度大小进行排序，基于这个排序来分配各个个体被选中的概率。其具体操作过程如下：

① 对群体中的所有个体按其适应度大小进行降序排序；

② 根据具体求解问题，设计一个概率分配表，将各个概率值按上述排列次序分配给各个个体；

③ 以各个个体所分配到的概率值作为其遗传到下一代的概率，基于这些概率用赌盘选择法来产生下一代群体。

排序选择方法主要着眼点是个体适应度之间的大小关系，对个体适应度是否取正值或负值以及个体适应度之间的数值差异程度无特别要求。

(3)随机联赛选择。其基本思想：每次选取 N 个个体之中适应度最高的个体遗传到下一代群体中。一般情况下，N 的取值为 2。具体操作过程如下：

①从群体中随机选取 N 个个体进行适应度大小比较，将其中适应度最高的个体遗传到下一代群体中；

②将上述过程重复 M 次，就可得到下一代群体。

(4)最优个体保留方法。其基本思想：当前群体中适应度最高的个体不参与交叉和变异运算，而是用它来替换本代群体中经过交叉、变异后所产生的适应度最低的个体。该方法可保证迄今为止所得到的最优个体不会被交叉、变异操作所破坏，它是遗传算法收敛性的一个重要保证条件。另外，它也容易使得局部最优个体不易被淘汰，从而使算法的全局搜索能力增强。因此，该方法一般与其他选择操作配合使用，方可有良好的效果。

选择运算虽然能够从旧种群中选择出优秀者，但不能创造新的染色体。因此，还必须进行交叉运算。

6. 交叉运算

交叉运算是指对两个相互配对的染色体按某种方式相互交换其部分基因构成新的后代个体，使得后代继承父代的有效模式，从而有助于产生优良个体。交叉运算是遗传算法区别于其他进化算法的重要特征，它在遗传算法中起关键作用，是产生新个体的主要方法。

遗传算法中，在交叉运算之前还必须对群体中的个体进行配对，目前常用的配对策略是随机配对。交叉算子的设计包括两个方面的内容：①如何确定交叉点的位置；②如何进行部分基因的交换。下面介绍几种适用于二进制编码或实数编码的交叉算子。

(1)单点交叉，又称为简单交叉，它是指在个体编码串中随机设置一个交叉点，然后在该点相互交换两个配对个体的部分基因。

(2)双点交叉，它的具体操作过程：①在相互配对的两个个体编码串中随机设置两个交叉点；②交换两个交叉点之间的部分基因。

(3)均匀交叉，它是指两个配对个体的每一位基因都以相同的概率进行交换，从而形成两个新个体。具体操作过程如下：

①随机产生一个与个体编码长度相同的二进制屏蔽字 $W=w_1w_2\cdots w_m$；

②按下列规则从 A、B 两个父代个体中产生两个新个体 X、Y：若 $w_i=0$，则 X 的第 i 个基因继承 A 的对应基因，Y 的第 i 个基因继承 B 的对应基因；若 $w_i=1$，则 A、B 的第 i 个基因相互交换，从而生成 X、Y 的第 i 个基因。

(4)算术交叉，它是指由两个个体的线性组合而产生出新的个体。设在两个个体 A、B 之间进行算术交叉，则交叉运算后生成的两个新个体 X、Y 为

$$\left.\begin{aligned}X=\alpha A+(1-\alpha)B\\Y=\alpha B+(1-\alpha)A\end{aligned}\right\}\tag{7-30}$$

【例 7-9】 求解如下优化问题(见图 7-14)：

$$\min f(x)=0.5x_1^2+x_2^2-x_1x_2-2x_1-6x_2$$

$$\text{s.t.}\begin{cases}x_1+x_2\leqslant 2\\-x_1+2x_2\leqslant 2\\2x_1+x_2\leqslant 3\\x_1,x_2\geqslant 0\end{cases}$$

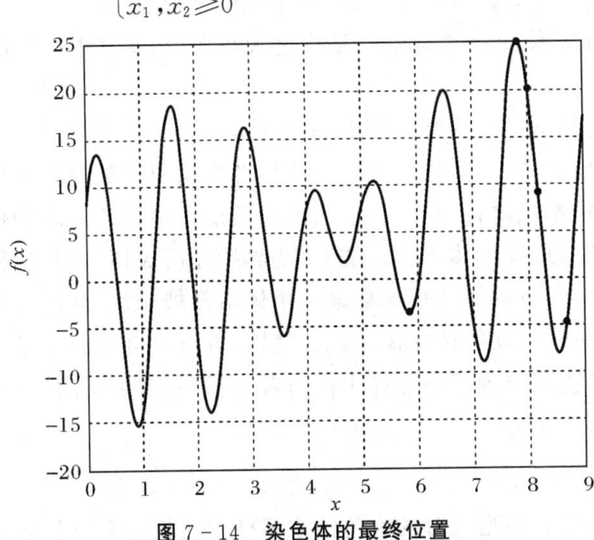

图 7-14 染色体的最终位置

此优化问题含多个约束条件，无法采用基本遗传算法求解。这里使用 MATLAB 提供的遗传算法工具箱求解，在 MATLAB 遗传算法工具箱中使用的默认编码方式为十进制编码。具体代码如下：

```
p1=0.5;
p2=6.0;
f=@ (x)p1 * x(1)^2+x(2)^2-x(1) * x(2)-2 * x(1)-p2 * x(2);
A=[1 1;-1 2;2 1];
b=[2;2;3];
lb=zeros(2,1);
options=gaoptimeset('PlotFcns',@gaplotbestf);
[x,fval,exitflag]=ga(f,2,A,b,[ ],[ ],lb,[ ],[ ],options)
```

进化过程中，各代群体中个体适应度的最小值和平均值如图 7－15 所示，求得最小值是 -8.2258，最小值点为 $(x_1, x_2)=(0.6670, 1.3340)$。

MATLAB 提供的遗传算法也可用于非线性约束问题的求解，具体使用可参见 MATLAB 的帮助文档。

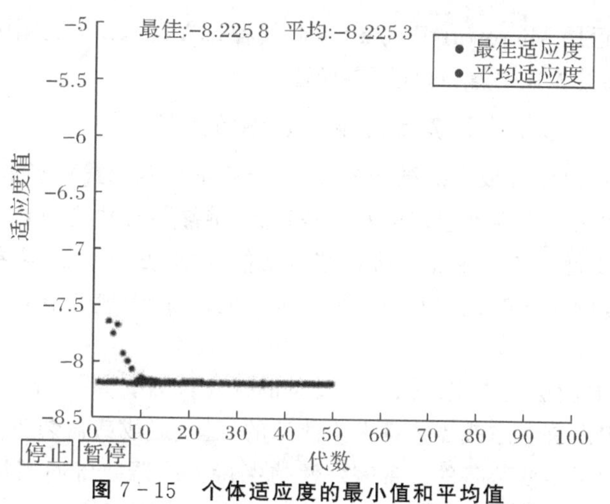

图 7－15　个体适应度的最小值和平均值

7. 变异运算

变异运算用来模拟生物在自然遗传环境中由于各种偶然因素引起的基因突变，将个体编码串中的某些基因值用其他基因值来替换，从而形成一个新的个体。一般以很小的概率（通常取 0.0001～0.1）随机地改变遗传基因（表示染色体的数字串的某一位）的值。例如，在染色体以二进制编码的系统中，它随机地将染色体的某一个基因由 1 变成 0，或由 0 变成 1。遗传算法中的变异运算是产生新个体的辅助方法，但它是必不可少的一个运算步骤，因为它决定了遗传算法的局部搜索能力。交叉运算和变异运算的相互配合，共同完成对搜索空间的全局搜索和局部搜索。若只有选择和交叉，而没有变异操作，则无法在初始基因以外的空间进行搜索，使演化过程的早期就陷入局部解而终止演化过程，从而使解的质量受到很大限制。通过变异操作，可确保群体中遗传基因类型的多样性，以使搜索能在尽可能大的空间中进行，避免在搜索中丢失有用的遗传信息而陷入局部解，获得较高质量的优化解。

变异运算的设计包括两方面：①如何确定变异点的位置；②如何进行基因值替换。下面介绍几种常用的变异操作方法。它们适用于二进制编码和实数编码的个体。

（1）基本位变异，它是指对个体编码串以变异概率 P 随机指定某一位或某几位基因做变异运算。

（2）均匀变异，它是指分别用符合某一范围内均匀分布的随机数，以某一较小的概率来替换个体中每个基因。

（3）高斯变异，它是指进行变异操作时，用均值为 μ，方差为 σ^2 的正态分布的一个随机数来替换原有基因值。具体操作过程与均匀变异类似。

（4）二元变异，它的操作需要两条染色体参与，两条染色体通过二元变异操作后生成两条新个体。新个体中的各个基因分别取原染色体对应基因值的同或/异或。例如：

$$\begin{cases}01101011\\11010001\end{cases}\rightarrow 变异 \rightarrow \begin{cases}01000101 & 同或运算\\10111010 & 异或运算\end{cases}$$

二元变异算子改进了传统的变异方式，有效地克服了早熟收敛，提高了遗传算法的优化速度。

算法程序一般运用 Microsoft Visual Basic 或者 MATLAB 工具箱中所携带的遗传算法工具包实现，具体参见相关书籍，这里不再详述。

8. 应用实例——基于遗传算法的维修装备功能规划

武器装备的使用离不开成套的维修装备，维修装备功能配置直接影响维修装备的使用。当前，维修装备野战化也成为维修装备的发展趋势，维修装备功能规划已经成为当前维修装备发展论证的重要课题。本节所指的维修装备功能规划，是指将武器装备故障对应的维修部件，按照一定的规则优化配置到不同的维修装备上，从而形成武器装备的维修装备体系的过程。

经典功能规划的做法经常突出人员与装备的优化配置，这种做法主要侧重点在于方便管理和人员配置，但没有考虑武器装备发生故障的规律，造成武器装备使用过程中动用的维修装备种类多，不利于维修装备的战备完好性的保持。武器装备使用往往是在不同场合下进行的，常见场合如平时情况与战时情况、平原环境与高原环境、沙漠环境与湿热环境等。由于在不同场合其面临的任务剖面不同，武器装备的故障率也有所不同。据此本节提出了以场合为基准进行维修部件划分的思路，从武器装备不同场合下的故障特点出发，以维修装备有效利用为目标，建立维修装备功能规划模型，将维修部件配置到不同的维修装备上，从而达到维修装备功能设计的体系优化。

1)维修装备功能规划模型建立

维修装备功能规划是在武器装备研制和生产初期进行的，此时，可分析得到武器装备的基本组成部件及其可能的故障模式，通过相似系统比较获取相应的故障率估计，以及初步规划出维修装置基本参数(如体积)等，本节将维修装置称为组成维修装备的维修部件。维修装备由多个维修部件和底盘组成，根据通用化要求底盘可选同一型号底盘，可见，维修装备规划主要是将维修部件合理划分到维修装备上。

在进行维修装备功能规划时，需要考虑以下主要问题。

(1)维修装备的配置种类。就某一个武器装备来说，其配套的维修装备种类要尽可能少，以最少的配套维修装备满足武器装备的维修需求。

(2)维修装备的使用场合。使用场合是指武器装备所处的使用环境或所面临的战损环境。由于武器装备在不同使用条件下(如平时与战时)，同一故障模式出现的概率有较大不同，在规划维修装备的维修功能时，应对不同场合发生故障的规律加以考虑，尽可能使不同的维修装备适用于武器装备不同的使用场合。

(3)维修部件占用的容积。由于维修部件搭载的底盘具有一定的容量，所以可以用体积或面积来表征，维修部件所占用的总容量不能超过该底盘的限制。

假设某型装备发生故障集 $F=\{F_i\}$，$i=1,2,\cdots,I$，对应的维修部件集为 $B=\{B_j\}$，$j=1,2,\cdots,J$，维修部件属性集 $A=\{V_j\}$，$j=1,2,\cdots,J$，V_j 表示维修部件 j 的所占空间的容积，

用于保障该装备的维修装备集为 $E=\{E_k\}, k=1,2,\cdots,K$，场合集 $O=\{O_m\}, m=1,2,\cdots,M$，$O_m$ 表示第 m 个使用场合，在场合 O_m 下，故障 F_i 的发生概率为 P_{mi}。

故障-部件关系集 $\Omega=\{\Omega_l \mid \Omega_l=F_i\times B_j\}, l=1,2,\cdots,L$，$F_i\times B_j$ 表示故障 F_i 可由维修部件 B_j 修复。假设每一个故障仅需一个部件进行维修，则有

$$L=I \tag{7-31}$$

设维修部件 B_j 所能维修的故障模式在场合 O_m 下对应的故障概率和为 P_{mj}，则有

$$P_{mj}=\sum(P_{mi} \mid F_i\times B_j\in\Omega) \tag{7-32}$$

由 P_{mj} 所形成的矩阵可称为部件场合故障概率矩阵 $\boldsymbol{P}$，即

$$\boldsymbol{P}=(\boldsymbol{P}_m)_J=(P_{mj})_{M\times J} \tag{7-33}$$

式中：$\boldsymbol{P}_m=(P_{m1},P_{m2},\cdots,P_{mj},\cdots), j=1,2,\cdots,J$。

引入 0－1 变量 x_{jk}，并令：

$$x_{jk}=\begin{cases}1, & \text{将维修部件}B_j\text{配置到维修装备}E_k\\0, & \text{将维修部件}B_j\text{不配置到维修装备}E_k\end{cases} \tag{7-34}$$

则形成指派矩阵 $\boldsymbol{X}_k=(x_{1k},x_{2k},\cdots x_{jk},\cdots)^{\mathrm{T}}, j=1,2,\cdots,J$，$\boldsymbol{X}_j=(x_{j1},x_{j2},\cdots,x_{jk},\cdots), k=1,2,\cdots,K$，$\boldsymbol{X}=(x_{jk})_{J\times K}$。

设维修装备 E_k 在场合 O_m 下所能维修的故障概率和为 U_{mk}，在给定指派矩阵的情况下，依据式(7－34)，可知 U_{mk}

$$U_{mk}=\sum_{i=1}^{I}P_{mi}\left[\sum_{j=1}^{J}x_{jk}Y(F_i\times B_j\in\Omega)\right] \tag{7-35}$$

式中：

$$Y(F_i\times B_j\in\Omega)=\begin{cases}1, & F_i\times B_j\in\Omega\\0, & F_i\times B_j\notin\Omega\end{cases} \tag{7-36}$$

维修装备的主用场合类型为 O_{m_0}，当且仅当

$$U_{m_0k}=\max_m\{U_{mk}\} \tag{7-37}$$

时，维修装备 E_k 在主用场合下所能维修的故障概率和

$$P_k=U_{m_0k} \tag{7-38}$$

由于维修装备所占总容量不能超过其底盘的容量限制，所以假定维修装备所能容纳维修部件的总容积均为 V_0。

根据上述假设，建立维修装备功能规划模型如下：

$$\max\sum_k P_k$$

$$\text{s.t.}\begin{cases}P_k=\max\limits_m\{\boldsymbol{P}_m\boldsymbol{X}_k\} & \text{(a)}\\ \sum\limits_{j=1}^{J}V_jx_{jk}\leqslant V_0, \quad k=1,2,\cdots,K & \text{(b)}\\ \sum\limits_{j=1}^{J}V_j>(K-1)V_0 & \text{(c)}\\ \sum\limits_{k=1}^{K}x_{jk}=1, \quad j=1,2,\cdots,J & \text{(d)}\\ x_{jk}=0\text{ 或 }1 & \text{(e)}\end{cases} \tag{7-39}$$

式中：P_k为第 k 个维修装备的主用场合故障率和；$\boldsymbol{P}_m=(P_{m1},P_{m2},\cdots,P_{mj},\cdots)$，$j=1,2,\cdots,J$，为维修部件所能维修故障模式在不同场合下发生概率的和组成的向量；$\boldsymbol{X}_k$为指派矩阵，x_{jk}为 0－1 变量；V_j为第 j 个维修部件的容积；V_0为维修装备所能容纳维修部件的最大容积。

式(7－39)的目标函数，表示在维修部件与维修装备的指派中，以各维修装备在主用场合下所能维修的故障概率总和最大为目标；(a)表示维修装备在主用场合下所能维修的故障概率和的定义；(b)表示对于每一种维修装备，其所能容纳的维修部件容积之和不大于该维修装备的容积限定值；(c)表示对于同一武器装备，其维修装备种类数要达到最小程度；(d)表示一种维修装备可配置多个维修部件，但某一维修部件只能配置到一种维修装备上，而所有的维修部件均需配置到维修装备上，也即武器装备的所有故障均应有维修装备进行维修；(e)表示是否将维修部件配置在维修装备上，1 为配置，0 为不配置。

2)维修装备功能规划模型分析

(1)V_0足够大情况。若V_0足够大，也就是说所有的维修部件可以全部配置在一个维修装备上。这时，直接判定维修装备种类数为 1，并可根据式(7－35)～式(7－38)确定该装备的主要维修场合。

(2)如果某一场合故障发生的概率值均较其他场合大，也即表明维修装备无论如何配置，维修装备的主用场合类型均为同一种，此时，只需要满足维修装备种类数最小，维修部件可与维修装备任意配置。针对上述情况，需要引入新的判别标准进行维修部件的指派问题判定。由于主用场合均为同一场合，所以该场合对于功能指派的贡献失去，可以在已知条件中去掉该场合，重新判定主用场合，并重新进行计算。

式(7－39)中，通过计算各维修部件的容积和 $\sum_{j=1}^{J} V_j$，并根据式(7－39)(c)，可直接确定维修装备的种类数 M，即

$$M=\overline{\mathrm{int}}\left(\sum_{j=1}^{J} V_j / V_0\right) \tag{7-40}$$

式中：$\overline{\mathrm{int}}()$表示向上取整。

由式(7－40)确定维修装备种类数，即可实现对式(7－39)的进一步简化。

在一般情况下，在武器装备比较复杂、使用场合较多情况下，维修部件配置问题为N－P问题，因此，下面试图采用遗传算法进行模型求解。

3)基于遗传算法的维修装备功能规划模型求解

遗传算法是以自然选择和遗传理论为基础，将生物进化过程中适者生存规则与群体内部染色体随机信息交换机制相结合的高效全局寻优搜索算法。

(1)编码。由模型可知，维修装备的维修部件配置，可以用维修部件所配置的维修装备号码形成的序列来表示。

由式(7－40)，可得到维修装备的数量，设为 M，则配置方案可以用下面编码来表示：

$$\boldsymbol{G}=(G_1,G_2,\cdots,G_j,\cdots,G_J) \tag{7-41}$$

式中：G_j取 1,2,…,M 之一。

由于遗传算法需要将染色体用 0 和 1 表示，可将式(7－41)中的G_j变成二进制。

(2)适应度函数 fitness。适应度函数是表征个体"好""坏"的数，由式(7－39)可知，最佳功能划分是一个极大值。为了得到适应度的有意义的描述，首先确定最优情况下的 $\max\{\sum_k P_k\}$。

定理 7－1 装备主用场合所修故障的故障率和极值定理。

$$\max\left\{\sum_k P_k\right\} \leqslant \sum_j \max_m\{P_{mj}\} \tag{7-42}$$

证明：

$$\max\left\{\sum_k P_k\right\} = \max\left\{\sum_k (\max_m\{\boldsymbol{P}_m \boldsymbol{X}_k^{\mathrm{T}}\})\right\} = \max\left\{\sum_k (\max_m\{(P_{mj})_J, \boldsymbol{X}_k^{\mathrm{T}}\})\right\}$$

由式(7－39)(b)及式(7－39)(c)可知，$\max\{\sum_k P_k\} \leqslant \sum_j \max_m\{P_{mj}\}$，证毕。

因此，可设置适应度函数 fitness 为

$$y = \mathrm{fitness}(\boldsymbol{G}) = \begin{cases} 1, \sum_{j=1}^{J} V_j x_{jk} > V_0 \\ 1 - \dfrac{\sum_k P_k}{\max\left\{\sum_k P_k\right\}}, \text{其他} \end{cases} \tag{7-43}$$

式中：$\boldsymbol{G}=(G_1, G_2, \cdots, G_j, \cdots, G_J)$，$G_j$取 1，2，…，$M$ 之一，表示第 j 个维修部件配置到维修装备 G_j上；P_k为在$\boldsymbol{G}$ 配置条件下第 k 个维修装备在主用场合下所能维修的故障概率和；$j=1, 2, \cdots, J$，$k=1, 2, \cdots, K$。

(3)产生初始种群。根据编码公式(7－41)，可通过在 1，2，…，M 中随机抽样 J 次产生 1 个初始个体；通过抽取一定的初始个体数量，可以得到初始种群。考虑到这种抽样方式可能导致产生的初始个体不是式(7－39)的可行解，因此，应较经典问题中的初始种群样本数大一些。根据笔者的体会，初始种群数应不低于 $20J$。

(4)选择。选择操作主要用来确定参与产生子代的个体。其主要方法有轮盘赌选择、随机遍历抽样、局部选择、截断选择、锦标赛选择等。在进行维修装备功能规划遗传算法的选择模式比较时，既要避免形成局部最优解，又要考虑形成的个体要遍布整个样本空间，因此，采用轮盘赌选择方式较为恰当。

(5)基因重组。基因重组主要有实值重组和二进制交叉两种。实值重组又分为离散重组(Discrete Recombination)、中间重组、线性重组和扩展线性重组四种；二进制交叉又分为单点交叉、多点交叉、均匀交叉、洗牌交叉和缩小代理交叉。根据维修装备功能规划问题的特点，使用单点交叉往往会导致可行解变成不可行解，因此，宜采用多点交叉方式。

(6)变异。变异主要有实值变异和二进制变异两种算法。由于功能划分问题属于离散问题，所以应采用二进制变异方式。

4)典型案例分析

某武器装备主要使用在五种场合下，常见故障有 100 个，经过合计，得到维修部件及其所修故障不同场合的故障率见表 7－7，并设维修装备所能容纳的最大体积$V_0=4\ \mathrm{m}^3$。

表 7－7　维修部件不同场合的故障率表

维修部件编号	部件体积 m^3	故障率/10^{-3}						
		场合 1	场合 2	场合 3	场合 4	场合 5	场合 6	场合 7
1	0.4	21	19	0	4	6	14	6
2	0.6	24	9	0	11	0	4	0
3	0.5	6	7	1	12	2	0	2
4	0.1	16	11	0	22	12	3	12
5	0.3	3	0	0	0	0	2	0
6	0.3	9	12	0	8	3	0	3
7	0.4	0	3	0	3	2	2	2
8	0.9	19	7	2	2	7	21	7
9	0.4	0	0	11	0	15	12	15
10	0.2	7	2	4	4	0	2	0
11	0.5	27	4	0	7	2	8	2
12	0.1	1	1	14	12	27	12	27
13	0.1	0	0	20	18	2	7	2
14	0.6	2	0	0	14	4	0	4
15	0.3	20	6	2	6	0	30	0
16	0.2	1	0	0	28	5	0	5
17	0.5	2	2	14	0	0	14	0
18	0.8	0	25	9	1	6	7	6
19	0.5	2	0	18	12	0	2	0
20	0.2	15	10	0	1	12	6	12
21	0.1	2	5	2	0	26	33	26
22	0.7	4	1	4	3	0	0	0
23	0.1	14	3	0	2	10	3	10
24	1.2	6	2	4	1	2	0	2
25	0.4	12	10	7	0	3	11	3
26	1.3	9	0	0	8	2	6	2
27	0.3	17	0	0	2	0	2	0
28	1	0	1	11	2	3	0	3
29	1.4	8	6	3	0	0	1	0
30	0.2	7	2	1	5	4	0	4
31	0.2	1	6	4	1	11	2	11
32	0.3	20	4	32	38	9	7	9
33	0.7	0	12	2	11	0	4	0
34	0.8	10	0	5	20	0	0	0
35	0.1	0	0	9	0	3	0	3
36	1.1	7	14	22	2	5	0	5
37	0.5	5	7	1	6	6	6	6
38	1	0	3	10	5	3	28	3
39	1.1	18	16	0	12	5	4	5
40	1.4	3	10	3	2	1	2	1

采用 MATLAB R2011b 中的 Optimization Tool 工具中的 GA-Genetic Algorithm 工具进行计算。由于是 40 个维修部件，取 Number of Variables 为 40；Population Type 取 Double Vector；Population size 取 4 000；经过计算，所有体积和为 21.8，所以需要使用 6 个底盘，Specify 取[1;6]；Scaling Function 取 Rank；Selection Function 选 Roulette；Mutation 取Uniform，Specify 取 0.02；Crossover 取 Two Point，经过 200 代遗传运算得到满意解，运行过程如图 7－16 所示。

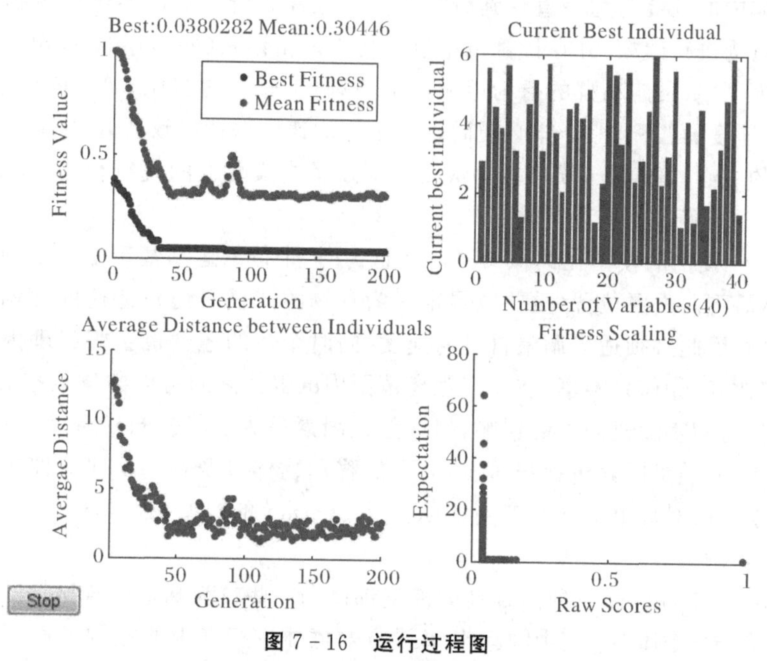

图 7－16　运行过程图

最终，编号为 1～40 的维修部件配置的维修装备号分别为 3,6,4,4,6,3,1,5,5,3,6,4,2,4,5,4,5,1,2,6,5,3,6,2,3,4,6,2,3,6,1,4,1,4,2,2,3,5,6,1。由此进一步可得编号为 1～6的维修装备的主用场合及对应概率值分别为场合 2(0.056)、场合 3(0.084)、场合 5(0.126)、场合 4(0.154)、场合 6(0.138)、场合 1(0.125)。主用场合故障率和为 0.683，主用场合故障率和最大可能值为 0.710，效用函数值为 $1-\frac{0.683}{0.710}=0.038\ 03$。

三、粒子群算法

粒子群优化算法(Particle Swarm Optimization，PSO)是一种基于群智能方法的演化计算技术。与遗传算法类似，PSO 算法是一种基于群体的优化工具。系统初始化为一组随机解，通过迭代搜寻最优值。但是，并没有遗传算法用的交叉以及变异操作，而是粒子(潜在的解)在解空间追随最优的粒子进行搜索。与遗传算法比较，PSO 算法的优势在于简单、容易实现，同时又有深刻的智能背景，既适合科学研究，又特别适合工程应用。因此，PSO 算法一经提出，立刻引起了演化计算等领域的学者们的广泛关注，并在短短的几年时间里出现大量的研究成果，形成了一个研究热点。目前，研究已渗透到多个应用领域，并由解决一维静态优化问题发展到解决多维动态组合优化问题，在函数优化、神经网络训练、模式分类、模糊控制等领域得到广泛的应用。

1. 寻优原理

PSO 算法根源于人工生命的研究，特别是对鸟群、鱼群等群体行为机制的模仿，并借鉴生物学家 F. Hepperner 提出的生物群体模型，同时也融入进化计算的思想。

1)生物群体行为模型

生物群体中的社会行为一直受到研究者们的关注。研究者们尝试对生物群体如鸟群、鱼群的社会行为进行建模，并在计算机中进行仿真。雷诺兹(Reynolds)提出 BOIDS 鸟群模型。在这个模型中，设定鸟群的行为遵循以下规则：①碰撞的避免，即个体应避免和附近的同伴碰撞；②速度的匹配，即个体必须同附近个体的速度保持一致；③向中心聚集，即个体必须飞向邻域的中心。BOIDS 模型较为成功地展示了真实鸟群的飞行行为，并被成功应用到图形学、虚拟现实等多个学科领域。

Hepperner 提出的模型在模拟鸟群群体行为时，个体的运动基于如下规则：①向重要位置聚集，个体需飞向重要位置(重要位置定义为食物源或栖息地)；②速度的调控，个体运动时应避免碰撞，因此必须适当调整自身的速度，同时个体的速度也会因物理因素(如阵风的影响)而相应改变；③信息共享，在一定距离范围内的群体之间可以共享某些信息(如障碍物或掠食者的位置)；④随机因素的影响，引入随机因素是为了模拟自然环境中的一些因素对鸟群飞行的影响，随机因素包括强风、地面上的移动物体以及在鸟群飞行路径上的掠食者，这些随机因素都会对鸟群的飞行产生扰动。Hepperner 的模型在计算机仿真中较好地展现了鸟群的同步飞行。

Reynolds 和 Hepperner 的两种鸟类模型都使用一些较为基本的规则(比如个体之间的吸引和排斥)来指导个体在空间中的运动，并没有对群体进行集中的控制。肯尼迪(Kennedy)和埃伯哈特(Eberhart)借鉴这些生物群体行为模型中的一些思想，进一步提出 PSO 算法。

2)基本概念

粒子群优化算法和遗传算法类似，是一种基于种群的优化算法，它采用速度位置搜索模型。基于该模型的粒子在解空间的搜索示意图如图 7-17 所示。

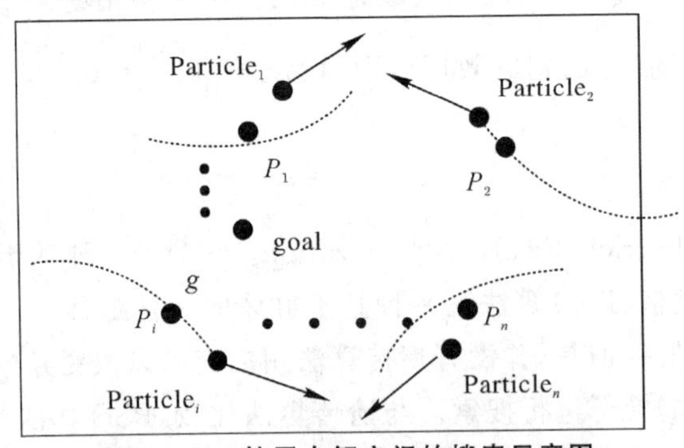

图 7-17　粒子在解空间的搜索示意图

每个粒子代表解空间的一个候选解，解的优劣程度由适应度函数决定。速度 $\boldsymbol{v}_i(t)=[v_{i1}(t),v_{i2}(t),\cdots,v_{id}(t)]$ 决定粒子在搜索空间单位迭代次数的位移。其中，适应度函数根据优化目标确定。基本概念定义如下。

定义 7-1　(粒子)类似于遗传算法中的染色体(Chromosomes),PSO 中粒子(Particle)为基本的组成单位,代表解空间的一个候选解。设解向量为 d 维变量,则当算法迭代次数为 t 时,第 i 个粒子 $x_i(t)$ 可表示为 $\boldsymbol{x}_i(t)=[x_{i1}(t),x_{i2}(t),\cdots,x_{id}(t)]$。其中,$x_{ik}(t)$表示第 i 个粒子在第 k 维解空间中的位置,即第 i 个候选解中的第 k 个待优化变量。

定义 7-2　(种群)粒子种群(Population)由 n 个粒子组成,代表 n 个候选解。经过 t 次迭代产生的种群:$\text{pop}(t)=[x_1(t),x_2(t),\cdots,x_i(t),\cdots,x_n(t)]$。其中,$x_i(t)$为种群中的第 i 个粒子。

定义 7-3　(粒子速度)粒子速度表示粒子在单位迭代次数位置的变化,即为代表解变量的粒子在 d 维空间的位移。$\text{pop}(t)=[v_1(t),v_2(t),\cdots,v_n(t)]$,其中,$v_{ik}(t)$为第 i 个粒子在解空间第 k 维的速度。

定义 7-4　(适应度函数)适应度函数(Fitness Function)由优化目标决定,用于评价粒子的搜索性能,指导粒子种群的搜索过程。算法迭代停止时适应度函数最优的解变量即为优化搜索的最优解。

定义 7-5　(个体极值)个体极值 $\boldsymbol{p}_i=(p_{i1},p_{i2},\cdots,p_{id})$是单个粒子从搜索初始到当前迭代对应的适应度最优的解。

定义 7-6　(全局极值)全局极值 $\boldsymbol{g}=(g_1,g_2,\cdots,g_d)$是整个粒子种群从搜索开始到当前迭代对应的适应度最优的解。

3)基本原理

粒子定义为 D 维空间中的点 x_i,D 维空间是待优化问题的解空间,粒子同时具有一定的速度v_i,粒子可以在搜索空间中飞行。PSO 算法开始时,首先初始化为一群随机粒子(随机解)$x_1,x_2,\cdots,x_N$,N 为粒子的个数,然后粒子根据自己在解空间中的飞行经验以及粒子群体的飞行状况动态更新自己的速度和位置,并用相关函数和方法计算它们的适应度值以评价解的好坏,选出个体极值 $\boldsymbol{p}_i$ 和全局极值 $\boldsymbol{g}$ 并记录它们的位置,再根据速度更新公式(7-44)和位置更新公式(7-45)更新下一代粒子的速度和位置,通过迭代寻找最优值。具体如下:

$$v_{i+1}=v_i+c_1\times\text{rand}()\times(\boldsymbol{p}_i-x_i)+c_2\times\text{rand}()\times(\boldsymbol{g}-x_i) \tag{7-44}$$

$$x_{i+1}=x_i+v_{i+1} \tag{7-45}$$

式中:c_1,c_2为正的加速系数,c_1表达粒子对自身记忆的依赖程度,c_2决定粒子群体中的其他粒子对粒子本身的影响,它们使每个粒子分别向个体极值$\boldsymbol{p}_i$ 和全局极值 $\boldsymbol{g}$ 的位置靠近,c_1和c_2起到协调"勘探"和"开采"解空间的作用,通常 $c_1=c_2=2$;rand()为 0 和 1 之间服从均匀分布的随机数,用来模拟自然界中群体行为中的轻微扰动;$\boldsymbol{p}_i$ 为个体极值的第 d 维分量;$\boldsymbol{g}$ 为全局极值的第 d 维分量。

粒子在解空间内不断跟踪个体极值与全局极值进行搜索,直到达到规定的迭代次数或满足规定的误差标准为止。粒子在每一维飞行的速度不能超过算法设定的最大速度v_{max}。v_{max}对于算法的性能至关重要,设置v_{max}不仅较为真实地模拟了粒子学习过程中认知观点的变化,而且规定算法搜索解空间的粒度。若v_{max}值过大,则粒子容易飞过最优解;若v_{max}值过小,则算法容易陷入局部最优。

在式(7-44)中等号右边的第 1 部分代表粒子本身的记忆;第 2 部分是粒子的"认知"部

分，代表粒子本身的思考；第3部分是“社会”部分，表达粒子之间的协作以及粒子对群体共有信息的认可程度。PSO算法的工作方式基于以下的心理学假设：在寻求共同认知的过程中，个体会保留自己的最佳信念，同时也会考虑同伴的信念，当粒子感觉同伴的信念优于自己的信念时，也会动态更新自己的最佳信念。这表明个体之间的社会性信息的共享提供了进化的优势，而这正是算法的重要原则。基本粒子群优化算法的流程如图7-18所示。

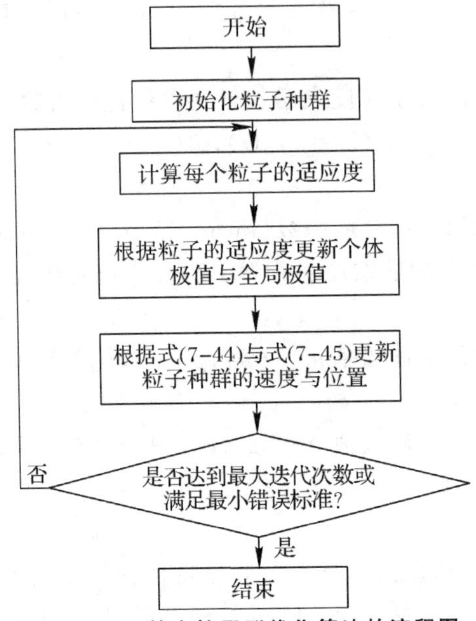

图7-18　基本粒子群优化算法的流程图

与进化算法比较，PSO保留了基于种群的全局搜索策略，但是其采用的速度-位移模型操作简单，避免了复杂的遗传操作。其特有的记忆使其可以动态跟踪当前的搜索情况，调整其搜索策略。与进化算法比较，粒子群优化算法是一种更高效的并行搜索算法。

2.改进的PSO算法

对大多数普通的优化问题，利用基本的PSO算法便可获得很好的优化结果。但是，对一些复杂问题，PSO算法的性能如收敛速度与精度的兼顾能力及全局搜索能力等问题也会暴露出来。为此，对PSO算法做了许多的改进，形成了诸多改进的PSO算法。

1)惯性权重模型

由式(7-44)可以看出，公式等号的右边由三部分组成。第1部分是粒子更新前的速度，而后两部分反映了粒子速度的更新。粒子群优化算法的全局搜索特性通过随机初始化的速度体现。惯性权重w(Inertia Weight)用于控制前一次迭代产生的粒子速度对本次迭代速度的影响。粒子群优化算法的全局搜索特性通过随机初始化的速度体现。惯性权重$w\in[0,1]$。Yuhui Shi与埃伯哈特(Russell Eberhart)通过试验证明，较大的惯性权重有利于粒子群进行全局搜索，而较小的惯性权重种群更倾向于局部搜索。在实际的优化问题求解过程中，惯性权重随迭代次数线性递减$w(t)=a\times w(t-1)$。粒子群在搜索的初始阶段，能够以较大的概率在整个解空间进行搜索，并能够快速收敛到最优解所在的局部区域，然后随着惯性权重的递减，粒子种群在该区域内实现局部微调。

$$v_{i+1}=w\times v_i+c_1\times \text{rand}()\times(\boldsymbol{p}_i-x_i)+c_2\times \text{rand}()\times(\boldsymbol{g}-x_i) \quad (7-46)$$

$$x_{i+1}=x_i+v_{i+1} \quad (7-47)$$

因此，在式(7-46)的v_i前使用惯性权重w，w较大，算法具有较强的全局搜索能力，w较小，则算法倾向于局部搜索。一般的做法是将w初始为0.9，并使其随迭代次数的增加线性递减至0.4，以达到上述期望的优化目的。

Shi与Eberhart经过试验证明：修改过的粒子群优化算法对优化大多数的基准Benchmark方程较原始的算法有了明显改进。但是，PSO的实际搜索过程是非线性的且高度复杂的，使惯性权重w线性递减的策略往往不能反映实际的优化搜索过程。例如对于目标跟踪问题，就需要优化算法拥有非线性搜索的能力以适应动态环境的变化。因此，Shi和Eberhart于2001年提出采用模糊系统动态地改变惯性权重的策略，并以罗森布瑞克(Rosenbrock)函数为试验验证了其优越性。该模糊系统定义了9个控制规则，并包含两个输入和一个输出。第一个输入是当前的全局最优解，另一个是当前的惯性权重。输出为惯性权重的改变量。

2)收敛因子模型

粒子群优化算法起源于模拟社会系统，算法本身缺乏坚实的数学基础，直到最近几年才开始尝试建立算法的数学基础。

1999年，克莱克(Clerc)对算法的数学研究证明，采用收敛因子可能能够确保算法的收敛。Clerc的PSO收敛因子模型为

$$v_{i+1}=k\times[v_i+c_1\times \text{rand}()\times(\boldsymbol{p}_i-x_i)+c_2\times \text{rand}()\times(\boldsymbol{g}-x_i)] \quad (7-48)$$

$$k=\frac{2}{\left|2-\varphi-\sqrt{\varphi^2-4\varphi}\right|}，\text{其中 } \varphi=c_1+c_2，\varphi>4 \quad (7-49)$$

$$x_{i+1}=x_i+v_{i+1} \quad (7-50)$$

通常将φ设为4.1，则由式(7-49)计算得$k=0.729$。

在算法早期的试验和应用中，认为当采用收敛因子模型时，$v_{\max}$参数无足轻重，因此将$v_{\max}$设置为一个极大值如100 000。后来的研究表明，将其限定为$x_{\max}$(即每个粒子在每一维度上位置允许的变化范围)可以取得更好的优化结果。

3)动态模型

实践证明，传统的PSO算法在解决静态系统问题时，搜索速度快，优化结果精确。但是，在实际的工程应用中，系统环境往往是动态变化的，决定了优化目标也是动态变化的。当优化目标的变化较小时，PSO有一定的自纠错能力，但当变化较显著时，PSO往往不能跟踪动态目标的变化。

卡莱尔(Carlisle)和多齐尔(Dozier)2000年提出了自动适应动态环境的PSO模型，即为实现动态系统的优化，周期性地用粒子的当前位置向量$\boldsymbol{x}_i$代替其个体极值$\boldsymbol{p}_i$，同时将适应度函数定义为粒子到动态最优解的距离。这样，粒子虽然可以利用以往的搜索结果，但是却对以往的搜索区域与当前的优化目标的关系做了重新定义，在一些典型的动态系统的优化问题上取得了满意的结果。Carlisle和Dozier于2001年在此基础上做了进一步的改进，即在系统环境发生变化时，首先重新计算每个个体极值向量$\boldsymbol{p}_i$的适应度，而不是用每个粒子的当前位置向量$\boldsymbol{x}_i$代替其个体极值$\boldsymbol{p}_i$。这样做的依据是当前的个体极值向量$\boldsymbol{p}_i$相对于

当前位置向量而言可能更接近于新的优化目标。通过重新计算$\boldsymbol{p}_i$的适应度，可以选择两者中适应度高的位置向量作为新的个体极值向量。

4)混合 PSO 模型

安吉利(Angeline)于1998年提出采用进化计算中的选择操作的改进 PSO 模型，称为混合 PSO(HPSO)。在 Angeline 的 HPSO 模型中，将每次迭代产生的新的粒子群根据适应度函数进行选择，用适应度较高的一半粒子的位置和速度向量取代适应度较低的一半粒子的相应向量，而保持后者个体极值不变。这样的 PSO 模型在提高收敛速度的同时保证了一定的全局搜索能力，在大多数的 Benchmark 函数的优化上取得较原始 PSO 模型更好的优化结果。

但是必须指出，HPSO 收敛速度的提高是以牺牲全局搜索能力为前提的。在解决超高维、非线性、多局部极值的复杂性优化问题时有其局限性，而且实际的工程优化问题的环境往往动态变化，采用上述的半数选择机制并不能保证对动态环境的跟踪优化。

因此，考虑将模糊系统引入选择机制，根据不同问题制定相应的模糊控制规则，确定合理的输入变量，根据特定的优化问题进行动态的选择将是这种 PSO 模型下一步的研究重点。

洛夫杰格(Lovbjerg)、拉斯马森(Rasmussen)和克林克(Krink)2000年提出将遗传算法中的交叉操作也引入 HPSO 模型。交叉机制首先以一定的交叉概率从所有粒子中选择待交叉的粒子，然后两两随机组合进行交叉操作产生后代粒子。

交叉型 PSO 与传统的 PSO 模型的唯一区别是，粒子群在进行速度和位置的更新后还要进行交叉操作，并用产生的后代粒子取代双亲粒子。交叉操作使后代粒子继承了双亲粒子的优点，在理论上加强了对粒子间区域的搜索能力。例如，两个双亲粒子均处于不同的局部最优区域，那么两者交叉产生的后代粒子往往能够摆脱局部最优，而获得改进的搜索结果。可以证明，与传统的 PSO 及遗传算法比较，交叉型 PSO 搜索速度较快，收敛精度提高。

4. 应用案例——改进的二进制粒子群算法的传感器优化配置

传感器的优化配置是状态监测系统中重要的问题，必须按照一定的工作准则对传感器进行管理，以便获得最优的数据采集性能，应该做到使用尽量少的传感器获取尽可能多的结构信息。本案例在研究传感器与故障有向图的基础上，提出了传感器优化配置模型；根据传感器组合优化自身特点，从位置改变率、惯性权重两个方面对 PSO 算法进行了参数分析。结合免疫算法的“亲和度”思想以及非线性惯性权重递减公式，提出了改进的二进制粒子群算法。案例显示，改进的二进制 PSO 算法提高了算法在整个解空间的搜索能力，加快了收敛速度，能够很好地用于解决传感器优化问题。

1)传感器的选择

精确、及时、高效的数据获取是实现齿轮裂纹故障诊断的基础，而传感器作为获取齿轮裂纹状态数据的一种有效工具，在故障诊断系统中具有重要的作用。传感器的选择是获取装备状态数据的首要环节，这是因为传感器一旦确定，与之相匹配的数据处理、故障诊断及其相关仪器设备也就确定。因此，测试结果的好坏，在很大程度上取决于传感器的选取是否恰当。传感器选择的一般步骤如图 7-19 所示。

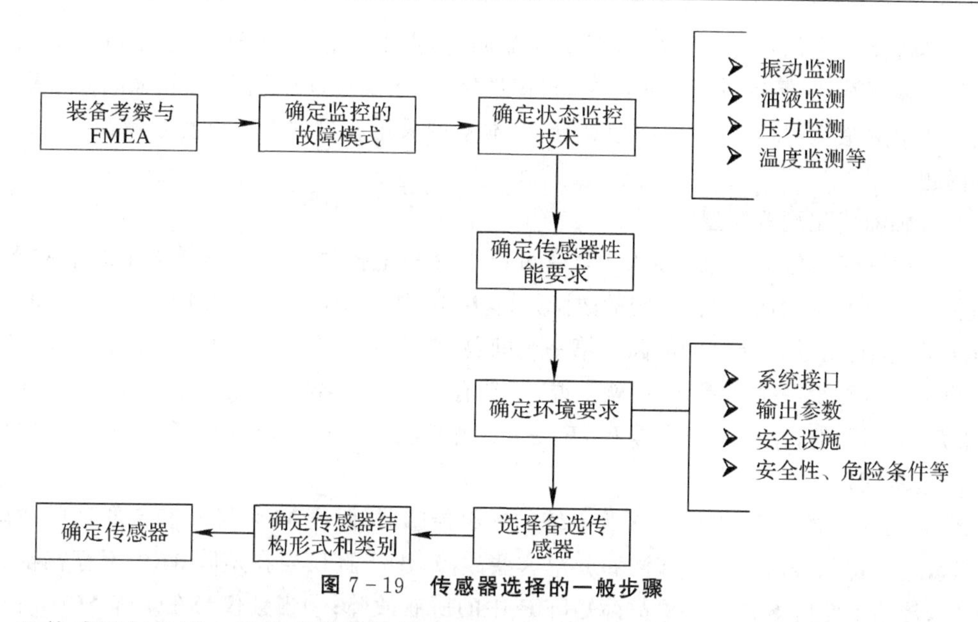

图 7-19　传感器选择的一般步骤

2)传感器与故障之间关系的数学描述

传感器与故障的图形和数学描述反映了故障节点和传感器节点之间的关联关系，是传感器优化配置的基础，本节利用因果关系矩阵 **D** 来表示故障与传感器之间的关联关系。而有向图(Directed Graph，DG)作为一种定性模型，是解决系统因果关系的有效工具。

一个有向图由一些节点和有向分支组成，节点对应过程中的变量，而有向分支表示节点之间因果影响。有向图能简洁明了地表示故障根源，适合用于故障诊断的场合。本节用它来描述故障节点和传感器节点之间的因果关系，如图 7-20 所示。将有向图二部划分，就得到了对应的二部图(Bipartite Graph)，如图 7-21 所示。

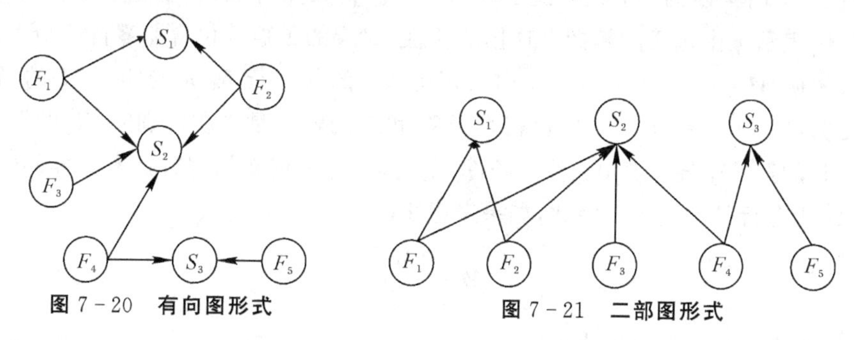

图 7-20　有向图形式　　**图 7-21　二部图形式**

故障信息矩阵是对二部图的矩阵描述，即为故障模式-属性信号的因果矩阵，记为 $\boldsymbol{D}=[d_{ij}]$。每个 d_{ij} 对应着一个 $\boldsymbol{S}\times\boldsymbol{F}$ 有序对，$\boldsymbol{F}$ 为系统故障模式，$\boldsymbol{S}$ 为属性信号或相应传感器。d_{ij} 为布尔型变量，“1”表示传感器 S_i 可观测故障 F_j，“0”表示故障不可观测或传感器对故障不敏感。

$$\boldsymbol{D}=\begin{bmatrix}1 & 1 & 0 & 0 & 0\\1 & 1 & 1 & 1 & 0\\0 & 0 & 0 & 1 & 1\end{bmatrix}$$

这样传感器优化就转化为0～1整数规划问题，由于二进制粒子群算法本质上是属于迭代的随机搜索算法，具有并行处理特征，鲁棒性好，易于实现，原理上可以较大的概率找到优化问题的全局最优解，且计算效率较高，所以本案例采用改进的粒子群算法解决0～1整数规划问题。

3)传感器优化配置模型

一旦引入了假定的因果关系矩阵，就可以较容易地描述关于传感器优化的本质问题。这里关注两个基本问题：①在给定的故障矩阵 $\boldsymbol{F}$ 中，能够探测所有的故障；②在给定的故障矩阵 $\boldsymbol{F}$ 中，能够分辨出所有的故障。第一个问题，要求对于任意故障 $F_j \in \boldsymbol{F}$，F_j 的故障特征向量应当包含至少一个非零项，也就是说，至少有一个传感器能够探测这个故障；当且仅当 F_1 和 F_2 是不同的，才有可能分辨 $F_1, F_2 \in \boldsymbol{F}$。就特征向量而言，采用一种代数组合的公式来表示这些问题。

令 $\boldsymbol{F}$ 为系统的一组故障，令 $\boldsymbol{S}$ 为系统的一组传感器，假设 $\boldsymbol{M}$ 为与 $\boldsymbol{F}$ 和 $\boldsymbol{S}$ 联系的故障特征向量，然后得到等值公式来探测和分辨这些故障：①当且仅当在矩阵 $\boldsymbol{M}$ 中不存在都为零的列时，传感器矩阵 $\boldsymbol{S}$ 能够探测故障矩阵 $\boldsymbol{F}$ 中的所有故障；②当且仅当在矩阵 $\boldsymbol{M}$ 中所有的列是不同的时，传感器矩阵 $\boldsymbol{S}$ 能够分辨故障矩阵 $\boldsymbol{F}$ 中故障之间的不同。当把这项理论应用于假设的因果关系矩阵时，将得到一组新的传感器。

考虑系统的因果关系矩阵 $\boldsymbol{D}$，令 $\boldsymbol{M}=\boldsymbol{D}^{\mathrm{T}}$，也就是 $n \times m$ 维矩阵 $\boldsymbol{M}$ 为矩阵 $\boldsymbol{D}$ 的转置。对于矩阵 $\boldsymbol{D}$ 的每一行 $\boldsymbol{R}$，或者相当于矩阵 $\boldsymbol{M}$ 的每一列 $\boldsymbol{C}$，定义了相对的一组传感器 $\boldsymbol{S}^{(\boldsymbol{R})}$ 和 $\boldsymbol{S}^{(\boldsymbol{C})}$。问题等价的公式的表述：选取矩阵 $\boldsymbol{M}$ 列的一个子集得到一个子矩阵，这个子矩阵由拥有非零行的列确定，所有的行是有区别的，而且相应的传感器的总数是最少的。考虑一个列向量 $\boldsymbol{x}=(x_1, x_2 \cdots, x_m)$，且维数与矩阵 $\boldsymbol{M}$ 的列的数目相同，可以解释为向量 $\boldsymbol{x}$ 是矩阵 $\boldsymbol{M}$ 的列的子集：当且仅当矩阵 $\boldsymbol{M}$ 的第 j 列被选定时，$x_j=1$。约束条件 $\boldsymbol{Mx} \geqslant \boldsymbol{1}$[这里 $\boldsymbol{1}=(1,1,\cdots,1)^{\mathrm{T}}$ 为全1向量]表示 $\boldsymbol{x}$ 由定义的解拥有这样的特性：对应的子矩阵包含非零行。为了满足其他情形，定义矩阵 $\boldsymbol{M}_2[n(n-1)/2$ 行，m 列]：矩阵 $\boldsymbol{M}_2$ 的每一行 R_{ij} 是与矩阵 $\boldsymbol{M}$ 的第 R_i 和第 R_j 行相关联的，且 $R_{ij}=|R_i-R_j|$，也就是当 R_i 和 R_j 的输入是本质区别时，R_{ij} 的第 k 个输入为1，否则 R_{ij} 的第 k 个输入为0。约束条件 $\boldsymbol{M}_2\boldsymbol{x} \geqslant 1$ 由 x 定义的解且拥有这样的特性：对应的子矩阵的所有行是不同的。因此，如果考虑矩阵

$$\boldsymbol{M}=\begin{bmatrix}\boldsymbol{M} \\ \boldsymbol{M}_2\end{bmatrix}$$

这样传感器优化问题可以表示为

$$\left.\begin{array}{l}\min \left| \bigcup\limits_{i=1}^{m} \boldsymbol{S}(x_i) \right| \\ \text{subject to } \boldsymbol{Mx} \geqslant 1, \quad x_j = 0 \text{ 或 } 1\end{array}\right\} \tag{7-51}$$

式中：$\boldsymbol{S}(x_i)$ 表示为当 $x_i=1$ 时，与矩阵 $\boldsymbol{M}$ 的第 i 列相关的一组传感器；当 $x_i=0$ 时，为空集。

4)基于改进的二进制粒子群算法的传感器优化问题求解

粒子群算法的粒子在 $t+1$ 时刻速度和位置更新公式为

$$v_{id}(t+1)=w \times v_{id}(t)+c_1 \times r_1 \times [p_{id}-x_{id}(t)]+c_2 \times r_2 \times [p_{gd}-x_{id}(t)] \tag{7-52}$$

式中：$i=1,2,\cdots,m$ 为组成群体的粒子数；$d=1,2,\cdots,D$ 为目标搜索空间的维数；w 为惯性权重；c_1 和 c_2 为加速常数，且为非负数；r_1 和 r_2 为服从$[0,1]$上的均匀分布的随机数。

粒子通过不断进化得到局部最优解，试验表明，较大的惯性权重有利于展开全局寻优，较小惯性权重有利于局部寻优，而 c_1 和 c_2 通常取 2。

将 $S(v_{id})$公式的表达式修改为

$$S(v_{id})=\begin{cases}1-\dfrac{2}{1+\exp(-v_{id})}, v_{id}\leqslant 0\\ \dfrac{2}{1+\exp(-v_{id})}-1, v_{id}>0\end{cases} \tag{7-53}$$

当$v_{id}<0$ 时，相应的位置改变公式为

$$x_{id}=\begin{cases}0, & \text{rand}()\leqslant s(v_{id})\\ x_{id}, & \text{其他}\end{cases} \tag{7-54}$$

当$v_{id}>0$ 时，有

$$x_{id}=\begin{cases}1, & \text{rand}()\leqslant s(v_{id})\\ x_{id}, & \text{其他}\end{cases} \tag{7-55}$$

为了解决二进制惯性权重 w 递减的问题，采用“亲和度”与非线性 w 递减相结合的方法，表达式为

$$\left.\begin{aligned}w_i&=w_{\max}-A(w_{\max}-w_{\min})\\ w_i&=w_{\max}-(w_{\max}-w_{\min})^2\times\frac{t}{t_{\max}}\end{aligned}\right\} \tag{7-56}$$

式中：w 表示为当前权重；$w_{\max}$为初始最大权重；$w_{\min}$为迭代到最后的权重；t 为当前迭代次数；$t_{\max}$为最大迭代次数；A 为“亲和度”，

$$A=\frac{1}{1+\sum_{j=1}^{n}|x_{kj}-x_{ij}|} \tag{7-57}$$

5)案例分析

本案例以齿轮箱为研究对象，通过试验设计和模型计算，对故障信号反映最灵敏的位置即为最佳安装位置。

传感器的数量为 8，故障类型有 8 种，故障类型 $\boldsymbol{F}=(f_1,f_2,f_3,f_4,f_5,f_6,f_7,f_8)$，传感器 $\boldsymbol{S}=(s(x_1),s(x_2),s(x_3),s(x_4),s(x_5),s(x_6),s(x_7),s(x_8))$，故障类型与传感器的因果关系矩阵为

$$\boldsymbol{D}=\begin{bmatrix}1&0&0&0&0&0&0&1\\0&1&0&0&1&0&0&0\\0&0&1&0&0&1&0&0\\0&0&0&1&0&0&1&0\\1&0&1&0&1&0&0&0\\0&1&0&0&0&1&0&0\\0&0&1&0&0&0&1&0\\1&0&0&0&1&0&0&1\end{bmatrix}$$

建立目标函数及约束条件见式(7-51)。

在本试验中,粒子的速度取值范围设定为[-5,5],种群的大小设置为40,迭代次数假定为50,参数 $c_1=c_2=2$,$w\in[0,4,1.4]$,求解下式:

$$\min\left|\bigcup_{i=1}^{m}S(x_i)\right|=\min\left|s(x_1)+s(x_2)+s(x_3)+s(x_4)+s(x_5)+s(x_6)+s(x_7)+s(x_8)\right|$$

$$\begin{bmatrix}
1&0&0&0&0&0&0&1&1&1&1&1&1&1&0&0&0&0&0&0&1&0&0&0&0&1&0&0&0&1&0&0&1&0&1&1\\
0&1&0&0&1&0&0&0&1&0&0&1&0&0&0&1&1&0&1&1&0&0&1&0&0&0&1&0&0&0&1&1&0&0&0&0\\
0&0&1&0&0&1&0&0&0&1&0&0&1&0&0&1&0&0&1&0&0&1&1&0&0&1&0&1&0&0&1&0&0&1&1&0\\
0&0&0&1&0&0&1&0&0&0&1&0&0&1&1&0&1&0&0&1&0&1&0&0&1&0&1&1&0&1&0&1&0&1&0&1\\
1&0&1&0&1&0&0&0&1&0&1&0&1&1&0&1&0&1&0&0&0&1&0&1&1&1&1&0&0&1&1&1&1&0&0&0\\
0&1&0&0&0&1&0&0&1&0&0&0&1&0&0&1&1&1&0&1&1&0&0&1&1&0&0&1&0&0&1&0&0&1&1&0\\
0&0&1&0&0&0&1&0&0&1&0&0&0&1&0&1&0&1&0&1&0&1&1&1&0&1&0&0&1&0&0&1&0&1&0&1\\
1&0&0&0&1&0&0&1&1&1&1&0&1&1&0&0&0&1&0&0&1&0&1&0&0&1&1&0&0&1&1&0&0&0&1&1
\end{bmatrix}^{T}\times\begin{bmatrix}x_1\\x_2\\x_3\\x_4\\x_5\\x_6\\x_7\\x_8\end{bmatrix}\geqslant 1$$

$x_i=0$ 或 $1, i=1,2,\cdots,8$。

得解为1,1,0,1,1,1,1,0,即选用传感器为 $s(x_1)$,$s(x_2)$,$s(x_3)$,$s(x_4)$,$s(x_5)$,$s(x_6)$,$s(x_7)$,$s(x_8)$,迭代次数如图7-22所示。

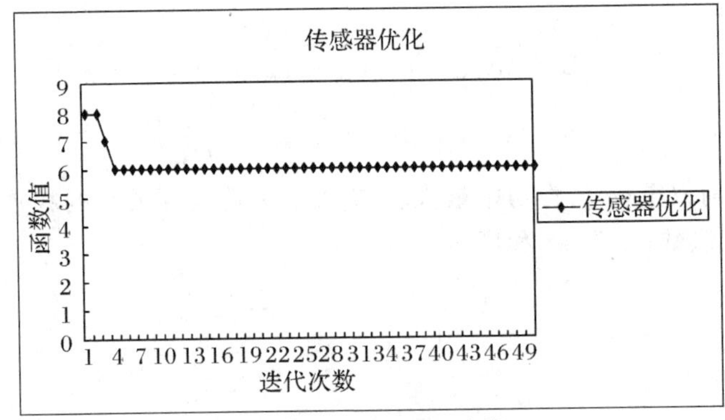

图7-22 求解迭代次数

由图7-22可以看出,优化配置模型的解在第4代收敛,改进的二进制粒子群算法大大提高了收敛速度。

四、蚁群算法

蚁群算法(Ant Colony Algorithm,ACA)是最近几年才提出来的一种新型的模拟进化算法。它是20世纪90年代由意大利学者多里戈(Dorigo)等人受到人们对自然界中真实蚁群集体行为的研究成果的启发而首先提出来的,是一种基于种群的模拟进化算法,属于随机搜索算法。本节主要介绍蚁群优化算法的基本原理、基本模型及其实例应用。

1.概述

数以百万计的蚂蚁如何组成一个群落?单只蚂蚁的能力和智力很简单,不论工蚁还是蚁后都不可能有足够的能力来完成觅食、迁徙等复杂行为。那么,它们是如何相互协调、分工、合作来完成这些任务的呢?像蚁巢这样复杂结构的信息又是如何存储在这群蚂蚁当中的呢?

研究发现,蚁群觅食时有一种通信机制:蚁群派出一些蚂蚁在巢穴周围侦察可以获取的食物源。一旦有一只蚂蚁发现食物,它会再返回蚁巢通知蚁群,并在返回途中释放一些信息,以便带领蚁群找到已发现的食物。如果有多只蚂蚁同时发现同一食物而回到蚁巢报信,蚁群会沿报信蚂蚁所走的最近的路径前进,这是因为根据报信蚂蚁所走的最近的路径留下的信息量最多,蚁群能轻易识别。

Dorigo 等人就是利用了蚁群搜索食物的过程与著名的旅行商问题(Traveling Salesman Problem,TSP)之间的相似性,吸取了昆虫王国中蚂蚁的行为特性,通过人工模拟蚂蚁搜索食物的过程(即通过个体之间的信息交流与相互协作最终找到从蚁穴到食物源的最短路径)来求解 TSP 问题。为了区别于真实蚂蚁群体系统,称这种算法为蚁群算法。用该方法求解 TSP 问题、分配问题、调度问题,取得了较好的试验结果。虽然研究时间不长,但是现在的研究显示出,蚁群算法在求解复杂优化问题方面有一定优势,表明它是一种有发展前景的算法.

对蚁群算法的应用研究一直非常活跃。由于蚁群算法不依赖于问题的具体领域,所以在很多方面有广泛的应用,如组合优化(多目标分配问题)、通信问题、电力系统优化问题、函数优化、机器人路径规划问题、数据挖掘、系统辨识、化工领域等。

2. 寻优原理

在自然界真实的蚁群觅食过程中,蚁群在没有视觉的情况下通过个体之间交换"信息素"(Pheromone),能够在较短的时间内找到食物和蚁巢之间的最短路径。生物学家的研究已经表明,一只蚂蚁的记忆和智能是非常有限的,但是,由于蚂蚁之间可以通过一些信息素进行协同作用,实现蚂蚁之间的信息交流和传递,可以共同做出令人惊讶的行为。

为了阐述蚁群算法的机理,下面以蚂蚁搜索食物的过程为例,分析蚂蚁是如何通过上述的信息交流和传递的协同作用,最终找到从蚁穴到食物源的最短路径的。图 7-23 中,A 为蚁穴,E 为食物源,从 A 到 E 有两条路径可走,ABE 是长路径,ACE 是短路径。蚂蚁走过一条线路以后,在其路径上会留下信息素气味,后来的蚂蚁就是根据留在各路径上的这种气味的强度选择应该移动的方向。图 7-23(a)表示起始时的情况,假定蚁穴中有 4 只蚂蚁,分别用 1、2、3、4 表示。开始时,蚁穴中蚂蚁 1、2 向食物源 E 移动,由于线路 ABE 和 ACE 均没有蚂蚁通过,在这两条路径上都没有原始的信息素气味,因此蚂蚁 1 和蚂蚁 2 选择这两条线路的机会均等。假设蚂蚁 1 选择 ABE 线路,蚂蚁 2 选择 ACE 线路,并且假定各个蚂蚁行走的速度相同,当蚂蚁 2 到达食物源 E 时,蚂蚁 1 还在途中,如图 7-23(b)所示。蚂蚁 2 到达食物源以后就返回,这时从 B 点返回也有两条线路的选择,而哪一条线路上的信息素气味重,就选择哪一条。因为蚂蚁 1 还在途中,没有到达终点,即此时在 EBA 线路上靠近 B 端处,蚂蚁 1 还没有留下信息素气味,所以蚂蚁 2 返回蚁穴的路径只有一个选择,就是由原路返回。当蚂蚁 2 返回到 A 端时,蚂蚁 3 开始出发,蚂蚁 3 的线路选择将必定是 ACE,因这时 ACE 线路上信息素的气味比 ABE 线路上重(ACE 路径上已有蚂蚁两次通过),如图 7-23(c)所示。当蚂蚁 1 到达食物源 B 点时,由于同样的理由,蚂蚁 1 所选择的返回线路必将是 ECA,如图 7-23(d)所示。如此继续下去,由大量蚂蚁组成蚁群的集体行为便表现出一种信息正反馈现象:沿路径 ACE 移动的蚂蚁越多,则后来者选择该路径的概率就越大,这正是蚁穴到食物源的最短路径。蚂蚁个体之间就是通过这种信息的交流达到最佳食物搜索目的的。

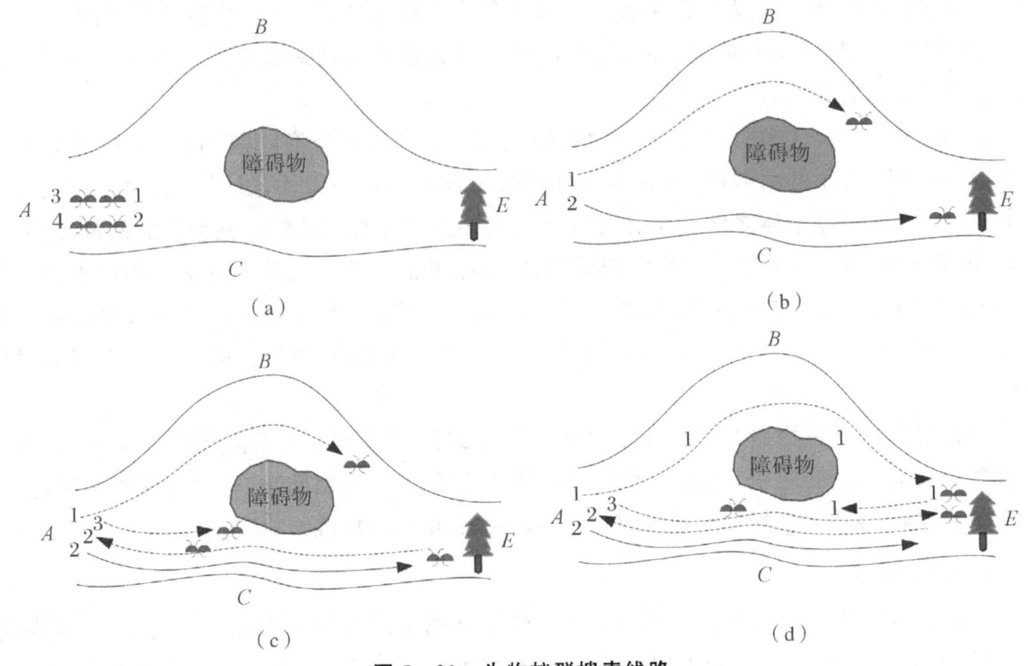

图 7-23　生物蚁群搜索线路

(a)蚂蚁从同一起始点开始搜索;(b)蚂蚁 2 先到达目的地 E;

(c)蚂蚁 2 选择 ECA 路线返回;(d)更多蚂蚁选择路线 ECA

不难看出,在蚂蚁寻找食物的过程中,总能找到一条从蚁穴到距离很远的食物之间的最短路径。蚁群的这种寻找路径的过程表现为正反馈的过程,与人工蚁群的寻优算法极为一致。如果将在优化求解中那些只具备简单功能的单元看作"蚂蚁",那么上述寻找路径的过程可以用于解释人工蚂蚁的寻优过程。

由以上分析可知,人工蚁群和自然界蚁群的相似之处在于:两者优先选择的都是含"信息素"浓度较大的路径。人工蚁群和自然界蚁群的区别如下。

(1)人工蚂蚁具有记忆或智能功能,它能够记忆已经访问过的节点。

(2)人工蚂蚁具有一定的视觉,人工蚁群在选择下一条路径时,并不是完全盲目的,而是按一定的算法规律有意识地寻找最短路径的。

(3)人工蚂蚁的生活环境是时域离散的。

从蚁群算法的原理不难看出,蚁群优化的本质在于:①选择机制,信息素越多的路径,被选择的概率越大;②更新机制,路径上面的信息素会随蚂蚁的经过而增长,而且同时也随时间的推移逐渐挥发消失;③协调机制,蚂蚁之间实际上是通过信息素来相互通信、协同工作的。

3. 蚁群模型

下面以求解 n 个城市的旅行商问题(TSP)说明蚁群算法模型。

旅行商问题是指一个商人欲到 n 个城市去推销商品，希望选择一条路径，当商人依次经过每个城市一遍后又回到起点时所走的路径最短。TSP 是一个典型的易于描述却难以大规模处理的 NP -难(NP - hard)问题。有效地解决 TSP 问题具有重要的理论意义和应用价值，它已成为验证组合优化算法有效性的一个间接标准。

对称性的 TSP 问题的数学描述如下：

设有 n 个城市的集合 $C=\{c_1,c_2,\cdots,c_n\}$，城市 $c_i,c_j\in C$；从 c_i 到 c_j 的距离记为 d_{ij}，$d_{ij}\in\mathbf{R}^+$，$d_{ij}=d_{ji}$，此类 TSP 问题的解，就是在集合 C 中找到一个不重复的全排列 $c_{i1},c_{i2},\cdots,c_{in}$ 或行程 $c_{i1}\to c_{i2}\to\cdots\to c_{in}$，使其路径 $L=\sum_{i=1}^{n}d_{i,i+1}$ 最短。

现给定一个有 n 个城市的 TSP 问题，蚁群中蚂蚁的数量为 m，以此来建立蚁群算法的模型。

首先，引入如下记号：

$\tau_{ij}(t)$ 为 t 时刻在 c_ic_j 连线上残留的信息量；$\eta_{ij}(t)$ 为 t 时刻路径 (i,j) 的能见度（或理解为 t 时刻蚂蚁由城市 c_i 转移到城市 c_j 的启发信息，由需解决的问题给出），一般取 $\eta_{ij}=\dfrac{1}{d_{ij}}$；$\alpha$ 为残留信息的相对重要程度（$\alpha\geqslant 0$）；β 为能见度的相对重要程度（$\beta\geqslant 0$）；$P_{ij}^k(t)$ 表示在 t 时刻蚂蚁 k 由城市 c_i 转移到城市 c_j 的概率。

其次，假定每个蚂蚁的行为符合下列规律。

①根据路径上的信息素浓度，以相应的概率选取下一路径；②不再重复选取已走过的循环路径为下一路径，这可用数据结构(Tabu List)来控制；③在完成了一次循环后，根据整个路径长度释放相应浓度的信息素，并更新走过路径上的信息素浓度。

若①在蚂蚁开始搜索的初始时刻，各条路径上分布的信息量相等，即 $\tau_{ij}(0)=A$（A 为常数）；②蚂蚁在运动过程中，根据各条路径上的信息量决定转移方向；③t 时刻位于某一城市 c_i 的蚂蚁 k（$k=1,2,\cdots,m$）一次只能选择所有城市中的一个目标城市 c_j，n 次后回到起点，完成一次循环。那么，t 时刻位于城市 c_i 的蚂蚁 k 选择城市 c_j 为目标城市的概率为

$$P_{ij}^k(t)=\begin{cases}\dfrac{[\tau_{ij}(t)]^{\alpha}\,[\eta_{ij}(t)]^{\beta}}{\sum\limits_{s\in \mathrm{allowed}_k}[\tau_{is}(t)]^{\alpha}\,[\eta_{is}(t)]^{\beta}}, & j\in \mathrm{allowed}_k\\ 0, & \text{其他}\end{cases} \tag{7-58}$$

式中：集合 $\mathrm{allowed}_k=\{0,1,\cdots,n-1\}-\mathrm{tabu}_k$ 为蚂蚁 k 下一步允许选择的城市。与真实蚁群系统不同，人工蚁群系统具有一定的记忆功能，这里用集合 tabu_k（$k=1,2,\cdots,m$）记录蚂蚁 k 目前已经走过的城市。随着时间的推移，以前留下的信息渐渐消失，经过 n 个时刻，蚂蚁完成一次循环，各路径上的信息量根据下式作如下调整：

$$\tau_{ij}(t+n)=\rho\times\tau_{ij}(t)+\Delta\tau_{ij},\quad 0\leqslant\rho<1 \tag{7-59}$$

$$\Delta\tau_{ij}=\sum_{k=1}^{m}\Delta\tau_{ij}^{\ k} \tag{7-60}$$

式中：$\Delta\tau_{ij}^{\ k}$ 为第 k 只蚂蚁在本次循环中留在路径 (i,j) 上的信息量；$\Delta\tau_{ij}$ 为在本次循环中路径 (i,j) 上的信息量增量；ρ 为残留信息的持久程度；$1-\rho$ 为信息的挥发程度。

$$\Delta \tau_{ij}^{k}=\begin{cases}\dfrac{Q}{L_k}, & 第 k 只蚂蚁在本次循环中经过路径(i,j)时 \\ 0, & 其他\end{cases} \tag{7-61}$$

式中：Q 为常数，L_k 为第 k 只蚂蚁在本次循环中所走路径的长度；初始时刻，$\tau_{ij}(0)=A$，$\Delta \tau_{ij}=0, i,j=0,1,\cdots,n-1$。

式(7-59)～式(7-61)是 M. Dorigo 提出的三种模式中的一种，称为蚁群圈算法(Ant Cycle System)，另两种模式分别为蚁群数量算法(Ant Quantity System)和蚁群密度算法(Ant Density System)。三种模式的差别在于表达式(7-61)的不同。

在蚁群数量算法模型中，有

$$\Delta \tau_{ij}^{k}=\begin{cases}\dfrac{Q}{d_{ij}}, & 第 k 只蚂蚁在时刻 t 和 t+1 之间经过路径(i,j)时 \\ 0, & 其他\end{cases} \tag{7-62}$$

在蚁群密度算法模型中，有

$$\Delta \tau_{ij}^{k}=\begin{cases}Q, & 第 k 只蚂蚁在时刻 t 和 t+1 经过路径(i,j)时 \\ 0, & 其他\end{cases} \tag{7-63}$$

这三个模型的区别在于蚁群数量算法模型和蚁群密度算法模型利用的是局部信息，而蚁群圈算法利用的是整体信息，在求解 TSP 问题时性能较好，通常采用它作为基本模型。

4. *方法评价*

自仿生学创立以来，科学家们就根据生物进化的机理先后提出了多种适合于现实世界中复杂问题优化的模拟进化算法，如模拟退火算法(SA)、进化算法(EA)、进化规划(EP)、禁忌搜索算法(TS)、蚁群算法(ACA)等。在这些方法中，由于蚁群算法在求解复杂组合优化问题方面具有并行化、正反馈、鲁棒性强等先天优越性，所以在解决一些组合优化问题时所取得的结果，无论是在解的质量上，还是在收敛速度上都要优于或至少等效于模拟退火算法以及其他一些启发式算法。

蚁群算法的优点如下。①蚁群算法的基本思想是一种随机的通用试探法的信息正反馈机制，能迅速找到好的解决方法；分布式计算可以避免过早地收敛；强启发能在早期的寻优中迅速找到合适的解决方案，该算法已经被成功地运用于许多能被表达为在图表上寻找最佳路径的问题。②较强的鲁棒性：对蚁群算法模型稍加修改，就可以应用于其他问题。③分布式计算：蚁群算法是一种基于种群的进化算法，具有并行性，易于并行实现。④易于与多种启发式算法结合，以改善算法的性能。

但是，这种算法也存在一些缺陷，如需要较长的搜索时间。虽然计算机计算速度的提高和蚁群算法的本质并行性在一定程度上可以缓解这一问题，但是对于大规模优化问题，这还是一个很大的障碍。这一过程一般需要很长时间，而且容易出现停滞现象，即搜索进行到一定程度后，所有个体所发现的解完全一致，不能对解空间进一步搜索，不利于发现更好的解，因此很多学者对基本的蚁群算法进行改进，以期望提高算法的收敛速度。

5. *典型案例——基于蚁群算法的防御火力对抗问题建模*

防御战斗中的火力对抗问题属于武器-目标分配问题，即组合最优化问题，这是蚁群算法最经典的应用领域之一。下面通过建立基于蚁群算法的火力对抗模型，来说明蚁群算法在该领域的应用。

1)基本假设

用蚁群算法解决火力对抗问题的关键是如何把实际问题转化为蚁群模型。根据目标分配问题的特点，先做如下假设。

(1)我方各坦克武器(坦克炮)对目标的射击效益指标值看作蚂蚁的行进距离。

(2)解集被分解成与我方武器数相等的子集。

(3)蚂蚁路径选择规则分为目标到各武器的路径选择规则和目标到目标的路径选择规则。目标到各武器的路径选择不仅与节点间的距离有关，而且与集合U_i中的节点个数有关；目标到目标的路径选择将执行随机选择策略。

(4)信息素强度采用全局最优值更新和局部更新相结合的更新规则。

这里，把武器-目标分配问题的过程看作是n个阶段，每个阶段分配一种武器，见表7-8。(表中W_i表示第i种武器，T_j表示第j个目标)

表7-8　武器-目标分配问题示意图

第1阶段		第2阶段		…		第n阶段	
W_1	T_1	W_2	T_1	…	…	W_n	T_1
	T_2		T_2		…		T_2
	…		…		…		…
	T_n		T_n		…		T_n

在$W_i(i=1,2,\cdots,n)$处分别设置r_i个蚂蚁，蚂蚁的路径选择规则(把每个W_i-T_j都视为蚂蚁的一条路径)是尽可能选择射击效益高且信息素强的方向。假设每个蚂蚁选择走路径W_i-T_j的概率为

$$P_{ij}^k(t)=\begin{cases}\dfrac{[\tau_{ij}(t)]^\alpha[\eta_{ij}(t)]^\beta}{\sum\limits_{s\in j_k}[\tau_{is}(t)]^\alpha[\eta_{is}(t)]^\beta}, & j\in j_k\\ 0, & \text{其他}\end{cases}\tag{7-64}$$

$$\tau_{ij}(t+1)=\rho\tau_{ij}(t)+\Delta\tau_{ij}(t),\Delta\tau_{ij}(t)=\sum_{k=1}^{m}\Delta\tau_{ij}{}^k(t)$$

式中：j_k为可选择的武器单元节点的集合；$\tau_{ij}(t)$为t时刻在路径W_i-T_j上残留的信息素；$\eta_{ij}(t)$为t时刻蚂蚁搜索路径时的启发式信息值；α、β为蚂蚁在运动过程中所积累的信息及启发式信息值的重要程度；ρ为信息素的持久性系数，一般取0.5～0.9；$\Delta\tau_{ij}(t)$为t时刻在路径W_i-T_j上的信息素增量。

对于

$$P_{ij}=\begin{cases}\dfrac{\tau_{ij}}{\sum\limits_{j=1}^{n}\tau_{ij}}, & s\in j_k\\ 0, & \text{其他}\end{cases}\tag{7-65}$$

其更新方程为

$$\tau_i^{\max}=\rho\tau_{ij}^{\text{old}}+\frac{P_{ij}Q}{E}$$

式中：E 为此次分配全部目标失败的概率；Q 为正常数。

处在目标点 r 的第 k 只蚂蚁将依据如下方程选择在转移的火力单元节点：

$$s=\begin{cases}\arg\max(\tau_{ru}\eta_{ru}^{\beta}), & q\leqslant q_0\\ S, & \text{其他}\end{cases}\tag{7-66}$$

式中：$q\in[0,1]$为均匀分布的随机数；$q_0\in[0,1]$为一个参数，它是实现变异的参数。变异运算的目的是避免运算陷入局部最优；τ_{ru} 为节点 r 和 u 之间的信息素强度，目标分配时，令 $\eta_{ru}=c_{ru}$；S 为转移可能性选择的变量。

2)武器迎击目标模型的建立

设我方坦克数量为 M，有 N 个目标。设 P_{ij} 为我方第 i 辆坦克对敌方第 j 个目标的命中概率。敌方第 j 个目标所能分配的武器数量的最大值为R_j，对于第 j 个目标，如果分配第 i 辆坦克进行迎击，则$\gamma_{ij}=1$，否则$\gamma_{ij}=0$。

武器-目标分配的原则Ⅰ：武器分配决策的最优解使得分配迎击武器迎击全部目标的失败概率最小，即

$$P_{\min\text{ sum}}=\sum_{i=1}^{M}\sum_{j=1}^{N}(1-P_{ij}\gamma_{ij})\tag{7-67}$$

武器-目标分配的原则Ⅱ：武器分配决策的最优解使得分配迎击武器迎击全部目标的失败威胁值最小，即

$$P_{\min\text{ sum}}=\sum_{j=1}^{N}V_j\sum_{i=1}^{M}(1-P_{ij}\gamma_{ij})\tag{7-68}$$

式中：V_j 为第 j 个目标对我方的威胁评估值。

对于以上两条原则，其约束条件有以下两条：

①第 j 个目标所能分配的武器数量的最大值为R_j，即$\sum\limits_{i=1}^{M}\gamma_{ij}\leqslant R_j$；

②一个武器不能同时迎击两个或两个以上的目标，即$\sum\limits_{j=1}^{N}\gamma_{ij}\leqslant 1$。

3)算法设计

利用蚁群算法对以上建立的模型进行算法设计。设蚂蚁选择搜索路径时，其信息素$\tau_{ij}(t)$不是留在有向弧(i,j)上，而是留在武器节点 i 上；P_{ij} 为我方第 i 辆坦克对敌方第 j 个目标的命中概率，$E=1-P_{ij}$ 表示单发失败概率；η_{ij} 表示我方第 i 辆坦克选择敌方目标 j 的期望程度；τ_{ij} 表示我方第 i 辆坦克选择敌方目标 j 的信息素强度；η_{ij}，$\Delta\tau_{ij}^{k}$ 的更新方程如下：

$$\Delta\tau_{ij}^{k}=\begin{cases}\dfrac{Q}{1-P_{ij}}, & \text{第 }k\text{ 只蚂蚁在本次循环中经过路径}(i,j)\text{时}\\ 0, & \text{其他}\end{cases}\tag{7-69}$$

$$\eta_{ij}=\begin{cases}R\times P_{ij}, & P\neq 0\\ 0, & P=0\end{cases}$$

式中：R 为正整数，反映我方第 i 辆坦克选择敌方目标 j 的权重大小。可以看到，命中概率 P_{ij} 越大，期望度 η_{ij} 越大，蚂蚁 k 由位置 i 转移到目标 j 的概率 $P_{ij}^{k}(t)$ 越大。

为了防止蚁群算法因为正反馈过程而出现停滞现象，在算法启动时，限定所有路径的信息素浓度极值 τ_{max}、τ_{min}。当搜索超过 τ_{max} 时，在搜索过程中加入少许负反馈信息量，如采取 $Q(t)=-0.001$，可以减少局部最优解对应路径上的信息素差别，从而扩大算法的搜索范围。

因此，该算法不仅保持了对信息素浓度的处理，又体现了蚁群算法的良好鲁棒性。此问题的算法流程如图 7-24 所示。

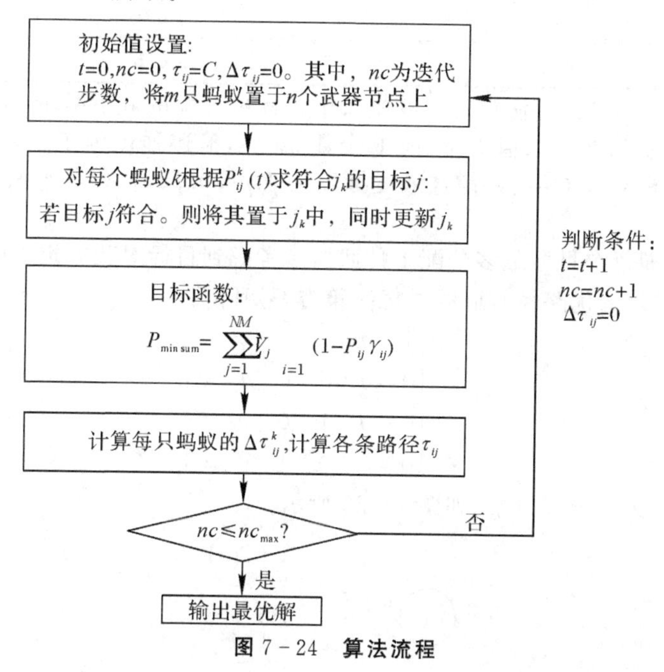

图 7-24　算法流程

4）结果输出

假设某次防御战斗中，我方坦克排防御阵地在掩体内隐蔽有 4 辆坦克，没有配属和加强其他兵器或部队，迎击敌方 6 个目标。假设我方坦克对敌方目标最多可使用 2 种武器。我方武器对敌方目标的命中率 P_{ij} 见表 7-9。同时，敌方目标对我方武器的威胁评估见表 7-10。

表 7-9　我方武器对敌方目标的命中率

目标 j	武器 i			
	1	2	3	4
1	0.75	0.40	0.45	0.55
2	0.65	0.35	0.25	0.70
3	0.30	0.60	0.75	0.45
4	0.50	0.65	0.35	0.75
5	0.45	0.70	0.60	0.30
6	0.10	0.20	0.55	0.45

表 7-10　敌方目标对我方武器的威胁评估

目标 j	武器 i			
	1	2	3	4
1	0.55	0.20	0.75	0.40
2	0.60	0.48	0.65	0.15
3	0.45	0.65	0.20	0.35
4	0.30	0.20	0.35	0.20
5	0.25	0.65	0.16	0.35
6	0.45	0.35	0.60	0.75

针对以上战例，用蚁群算法求解。其中每个目标可分配的武器数 R_j 有两种情况，分别为 $R_j=1$ 或 2。相关参数的取值如下：蚂蚁个数 $m=4$，痕迹强度因子 $\alpha=1$，启发函数因子 $\beta=1.5$，比例系数 $R=10$，$Q=10$，信息浓度挥发系数 $\rho=0.95$，初始信息素 $\tau_j=2$，最大迭代次数 $nc_{\max}=1\ 000$。

当 $R_j=1$ 时，即每个目标最多分配 1 种武器。考虑到目标对我方坦克的威胁因子，利用蚁群算法得到的最短寻优路径对应的最优决策方案矩阵为

$$\boldsymbol{U}_{ij}=\begin{bmatrix}1&0&0&0&0&0\\0&0&0&0&1&0\\0&0&1&0&0&0\\0&0&0&1&0&0\end{bmatrix}$$

一次射击时的火力分配方案，如图 7-25 所示。

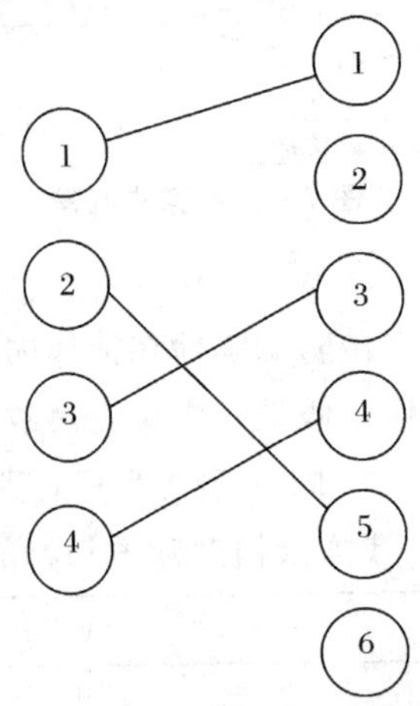

图 7-25　一次射击时的火力分配方案

类似地，当$R_j=2$ 时，即每个目标最多分配 2 种武器，利用蚁群算法得到一种最优决策方案矩阵为

$$\boldsymbol{U}_{ij}=\begin{bmatrix}1&1&0&0&0&0\\0&1&0&0&1&0\\0&0&1&0&0&1\\0&0&0&1&0&0\end{bmatrix}$$

二次射击时的火力分配方案，如图 7-26 所示。

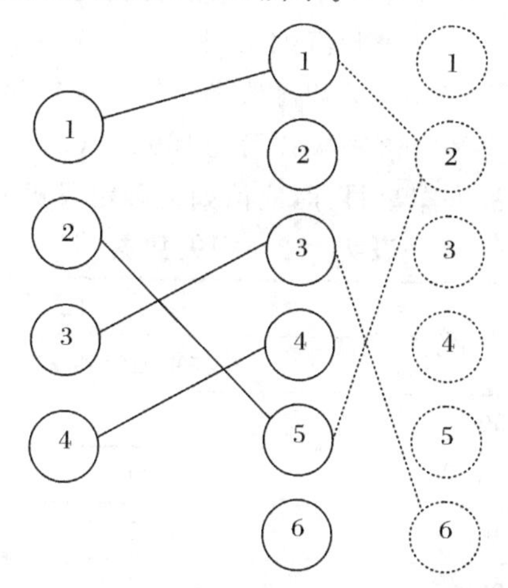

图 7-26　二次射击时的火力分配方案

可见，采用蚁群优化算法对防御战斗火力对抗问题进行求解，算法简捷，便于计算机编程，对综合分析目标威胁度和火力分配具有一定的参考价值。

思考题七

1. 请结合实例说明线性规划模型的构建。

2. 如何选择系统优化方法？需要考虑哪些因素？

3. 简述人工神经网络的基本原理。

4. 简述遗传算法的基本原理。

5. 描述粒子群算法的数学模型，并画出基本粒子群算法的流程图。

6. 描述蚁群算法的数学模型，并画出基本蚁群算法的流程图。

7. 某部队安排甲、乙、丙、丁四个维修分队去完成 A、B、C、D、E 五项维修任务。每个分队完成各项任务的时间见表 7-11。要求每一个分队只能承担 1 项维修任务，5 项任务中可任选 4 项完成。试确定最优分配方案，使完成任务的总维修时间最少。

表 7-11　每个分队承担各项维修任务的时间　(单位：h)

分　队	任　务				
	A	B	C	D	E
甲	25	29	31	42	37
乙	39	38	26	20	33
丙	34	27	28	40	32
丁	24	42	36	23	45

如果要求任务 E 必须完成，其他 4 项中可任选 3 项完成。试确定最优分配方案，使完成任务的总时间最少。

8. 某战略轰炸机群奉命摧毁敌人军事目标，已知该目标有四个要害部位，只要摧毁其中之一即可达到目的。为完成此项轰炸任务的汽油消耗量为48 000 L,重型炸弹48枚,轻型炸弹32枚。飞机携带重型炸弹时每升汽油可飞行2 km,带轻型炸弹时每升汽油可飞行3 km,空载时每升汽油可飞行4 km。又知每架飞机每次只能装载1枚炸弹,每起飞轰炸一次除来回路途汽油消耗外起飞和降落每次各消耗100 L汽油。其他相关数据见表7-12,为了保证以最大的可能性摧毁敌方军事目标,应该如何确定飞机的轰炸方案。

表7-12　相关数据

敌要害部位	距机场的距离/km	摧毁目标的可能性	
		每枚重型炸弹	每枚轻型炸弹
1	450	0.10	0.08
2	480	0.20	0.16
3	540	0.15	0.12
4	600	0.25	0.20

9.请对比几种智能优化算法,指出各自的特点和适用范围。

第八章　系统决策方法与模型

每一个系统决策问题需要具备三个条件才能给出正确的决策：一是决策者要获取及时准确的信息；二是决策者要掌握决策对象的发展变化规律；三是决策者要遵循科学有效的决策程序和决策方法。沿着系统决策理论的发展轨迹，本章介绍三类基本决策问题的决策方法与模型，包括单目标决策、多目标决策和群决策问题，使系统决策更加规范、合理，以有效提高系统决策的水平，克服以往经验决策的局限性。

第一节　单目标决策

决策所要实现的目标只有一个，即为单目标决策；如果同时要实现几个目标，则为多目标决策。不同类型的决策问题，可以构建不同类型的决策模型。构建决策模型的方法主要有两种：一种是针对决策结果的方法；另一种是针对决策过程的方法。如果决策者能够正确地预见到决策的结果，其核心是决策结果的准确性和正确性的预测，则这种方法属于针对决策结果的方法。通常的单目标决策和多目标决策问题都属于这种类型。如果决策者已了解了决策过程，掌握了决策的全过程，并且通过控制这一过程，能够正确地预见决策的结果，则这种方法属于针对决策过程的方法。单目标决策是指只涉及单个目标的决策问题，如收益期望值最大，费用期望值最小等。单目标决策是多目标决策的基础，本节重点介绍单目标决策中的不确定型决策和风险型决策，并对基于效用的决策问题进行分析。

一、确定型决策

确定型决策是指决策环境是完全可知的，所做出的决策结果也是确定的决策问题。此时，从完全了解的多个行动方案中，选择一个最优方案即可。

事实上，确定型决策问题的数学模型是一个数学规划模型。也就是说，只要目标函数确定了，在决策空间中选择一个能使目标函数（效益）取最优值的策略，即可得到决策问题的最优解。例如，决策者希望得到最大的效益（收益），即目标函数为最大值，此时确定型决策问题的数学模型可表示为

$$\left.\begin{aligned} &\max R(x,S) \\ &\text{s.t.} \quad x \in X \end{aligned}\right\} \tag{8-1}$$

式中：x 为决策空间；S 为状态集合；R 为目标值，由 x 和 S 共同确定。

二、不确定型决策

不确定型决策是指决策者对自然状态发生的概率一无所知，仅仅根据自身的经验、性格和主观态度进行决策，因此带有相当强的主观性。通常采用以下几种决策准则，不同心理、不同态度的人，可以选用不同的准则。

益损值是指采取不同行动方案在各种自然状态下的收益值或损失值。通常，行动方案 A_i 在自然状态S_j 下的益损值用 L_{ij} $(i=1,2,\cdots,m;j=1,2,\cdots,n)$表示。以表格形式表示出每个方案在每一种自然状态下的益损值，就形成了一张益损表（见表 8-1）。益损表中的行动方案、自然状态和益损值构成了决策的三要素。其中，P_j 表示自然状态S_j 可能出现的概率。

表 8-1 益损表

行动方案	益损值					
	S_1	S_2	…	S_j	…	S_n
	P_1	P_2	…	P_j	…	P_n
A_1	L_{11}	L_{12}	…	L_{1j}	…	L_{1n}
A_2	L_{21}	L_{22}	…	L_{2j}	…	L_{2n}
⋮	⋮	⋮	⋮	⋮	⋮	⋮
A_i	L_{i1}	L_{i2}	…	L_{ij}	…	L_{in}
⋮	⋮	⋮	⋮	⋮	⋮	⋮
A_m	L_{m1}	L_{m2}	…	L_{mj}	…	L_{mn}

1. 悲观准则

决策者从最坏的情况出发，向最好的情况争取，带有一定的保守性质，反映了决策者的保险悲观态度。

该决策准则是先找出每个方案在不同自然状态下的最小收益值，再从最小值中选取收益最大的方案为最佳方案，又称最大最小准则（益损表中为收益值），即

$$\max_i \{\min_j L_{ij}\} \tag{8-2}$$

2. 乐观准则

决策者从最好的情况出发，不放弃任何一个能获得最好结果的机会，争取好中求好，带有一定的冒险性质，反映了决策者的冒进乐观态度。

该决策准则是先找出每个方案在不同自然状态下的最大收益值，再从最大值中选取收益最大的方案为最佳方案，又称最大准则（益损表中为收益值），即

$$\max_i \{\max_j L_{ij}\} \tag{8-3}$$

3. 折中准则

决策者对客观情况的估计既不保守，也不冒险，而是介于悲观准则与乐观准则之间的一种折中准则，需要引入乐观系数 $\alpha(0 \leqslant \alpha \leqslant 1)$ 来表示乐观程度，用 $(1-\alpha)$ 表示悲观程度。

该决策准则是首先确定乐观系数 α，其次找出同一方案最大收益值 $L_{\max}$ 和最小收益值 $L_{\min}$，然后按公式

$$\max_i \{\alpha L_{\max} + (1-\alpha) L_{\min}\} \tag{8-4}$$

计算出不同方案的折中收益值，最后选取折中值中的最大值所对应的方案为最佳方案。

一般而言，决策者根据以往经验来确定乐观系数 α。显然，若 $\alpha=1$，就是乐观准则；$\alpha=0$ 就是悲观准则。

4. 最小后悔值准则

在决策问题中，当某一种自然状态可能出现时，决策者必然应当选择收益最大的方案。如果决策失误，决策者未采取这一方案，而是选取了其他方案，就会感到后悔(遗憾)。在同一自然状态下，由于未采用相对最优的方案而造成的收益损失值，称为后悔值。最小后悔值准则是希望在决策时尽量避免可能出现的遗憾。

该准则是由经济学家萨维奇(Savage)提出来的，所以又称萨维奇准则。具体步骤如下。

(1)将收益表转化为后悔值表。将每种自然状态 S_j 下的最大收益值减去其他方案的收益值，就得到了第 j 列的后悔值 O_{ij}，即

$$O_{ij} = L_{\max} - L_{ij} \tag{8-5}$$

(2)按照悲观准则进行决策。在后悔值表中，先找出每个方案的最大后悔值，再从这些最大值中选取后悔值最小的方案为最佳方案，即

$$\min_i \{\max_j O_{ij}\} \tag{8-6}$$

【例 8-1】 某部队计划安排下一周的训练任务，根据训练要求初步确定四种训练科目，每一种科目训练效果的好坏都与天气情况密切相关，天气状况可分为好、较好、一般、较差四种状态，对这四种天气状况发生的概率一无所知。依据往年的实际训练结果，每一种训练科目在每一种天气下的训练效果不尽相同，具体数值(专家打分，10 分制)见表 8-2。试问：部队应该如何安排下一周的训练计划，使得总的训练效果最佳？

表 8-2　各训练科目在各种天气下的训练效果

训练科目	天气状况			
	S_1(好)	S_2(较好)	S_3(一般)	S_4(较差)
	$P_1=0.2$	$P_2=0.3$	$P_3=0.3$	$P_4=0.2$
A_1(训练科目 1)	8	6	6	4
A_2(训练科目 2)	8	8	5	3
A_3(训练科目 3)	5	5	6	7
A_4(训练科目 4)	9	6	4	3

使用悲观准则、乐观准则和折中准则对该问题进行决策，见表 8－3。使用最小后悔值准则对该问题进行决策，见表 8－4。

表 8－3 悲观、乐观和折中准则的示例（收益表）

训练科目	天气状况				悲观 $\min_j L_{ij}$	乐观 $\max_j L_{ij}$	折中 $\alpha L_{max}+(1-\alpha)L_{min}$ $\alpha=0.4$
	S_1（好）	S_2（较好）	S_3（一般）	S_4（较差）			
A_1	8	6	6	4	4	8	6.4
A_2	8	8	5	3	3	8	6.0
A_3	5	5	6	7	5	7	6.2
A_4	9	6	4	3	3	9	6.6
悲观	$\max_i\{\min_j L_{ij}\}=5$，最佳方案为 A_3						
乐观	$\max_i\{\max_j L_{ij}\}=9$，最佳方案为 A_4						
折中	$\max_i\{\alpha L_{max}+(1-\alpha)L_{min}\}=6.6$，最佳方案为 A_4						

表 8－4 最小后悔值准则的示例（后悔值表）

训练科目	天气状况				悲观 $\max_j O_{ij}$
	S_1（好）	S_2（较好）	S_3（一般）	S_4（较差）	
A_1	1	2	0	3	3
A_2	1	0	1	4	4
A_3	4	3	0	0	4
A_4	0	2	2	4	4
悲观	$\min_i\{\max_j O_{ij}\}=3$，最佳方案为 A_1				

通过观察可知，由于决策者的个性、经验或主观态度不同，所以导致不同决策准则的决策结果不尽相同。

对于不确定型决策，有时给出的是收益表，但有时给出的是损失表，下面对两种情况进行对比总结，见表 8－5。

表 8－5 不确定型决策准则总结

决策准则	损益表	
	收益表	损失表
悲观准则	$\max_i\{\min_j L_{ij}\}$	$\min_i\{\max_j L_{ij}\}$
乐观准则	$\max_i\{\max_j L_{ij}\}$	$\min_j\{\min_j L_{ij}\}$
折中准则	$\max_i\{\alpha L_{max}+(1-\alpha)L_{min}\}$	$\min_i\{\alpha L_{min}+(1-\alpha)L_{max}\}$
最小后悔值准则	$O_{ij}=L_{max}-L_{ij}$（j 列）	$O_{ij}=L_{ij}-L_{min}$（j 列）
	对后悔值悲观决策$\min_i\{\max_j O_{ij}\}$	

三、风险型决策

风险型决策是指决策者并不确切知道未来哪一种自然状态必然出现，但是根据过去的经验、统计资料和估计等方法，决策者能够得到各种自然状态出现的概率，并据此进行决策。因此时决策是带有风险的，故称为风险型决策。通常采用最大期望收益准则和最小期望损失准则。

1. 最大期望收益准则

最大期望收益准则以收益表为基础，先依据各自然状态S_j出现的概率P_j，计算每个方案A_i的期望收益值$\sum_j P_j L_{ij}(i=1,2,\cdots,m)$，再从这些期望收益值中选取最大值：

$$\max_i\left\{\sum_j P_j L_{ij}\right\} \tag{8-7}$$

其所对应的方案A_k^*即为最佳方案。

2. 最小期望损失准则

最小期望损失准则以损失表为基础，先依据各自然状态出现的概率，计算每个方案A_i的期望损失值$\sum_j P_j L_{ij}(i=1,2,\cdots,m)$，再从这些期望损失值中选取最小值：

$$\min_i\left\{\sum_j P_j L_{ij}\right\}$$

其所对应的方案A_k^*即为最佳方案。

对于例8.1，如果知道各种天气状况出现的概率，就是风险型决策。使用最大期望收益准则对该问题进行决策，见表8－6。使用最小期望损失准则对该问题进行决策，见表8－7。

表8－6　最大期望收益准则的示例（收益表）

训练科目	天气状况				期望收益 $\sum_j P_j L_{ij}$
	S_1（好）	S_2（较好）	S_3（一般）	S_4（较差）	
	$P_1=0.2$	$P_2=0.3$	$P_3=0.3$	$P_4=0.2$	
A_1	8	6	6	4	6
A_2	8	8	5	3	6.1
A_3	5	5	6	7	4.7
A_4	9	6	4	3	5.4
悲观	$\max_i\left\{\sum_j P_j L_{ij}\right\}=6.1$，最佳方案为$A_2$				

表8－7　最小期望损失准则的示例（损失表）

训练科目	天气状况				期望损失 $\sum_j P_j L_{ij}$
	S_1（好）	S_2（较好）	S_3（一般）	S_4（较差）	
	$P_1=0.2$	$P_2=0.3$	$P_3=0.3$	$P_4=0.2$	
A_1	2	4	4	6	4
A_2	2	2	5	7	3.9

续 表

训练科目	天气状况				期望损失
	S_1(好)	S_2(较好)	S_3(一般)	S_4(较差)	$\sum_j P_j L_{ij}$
	$P_1=0.2$	$P_2=0.3$	$P_3=0.3$	$P_4=0.2$	
A_3	5	5	4	3	4.7
A_4	1	4	6	7	4.6
悲观	$\min_i\left\{\sum_j P_j L_{ij}\right\}=3.9$,最佳方案为$A_2$				

将例 8.1 中专家给出的训练效果分值(10 分制)转化为损失值,用 10 分减去各个分值即可,就得到了损失表。

通过观察可知,两种期望准则下的最佳方案都是A_2。可以证明,在一般情况下,最大期望收益准则与最小期望损失准则是完全等价的。

用期望值进行决策分析,主要针对同样的决策多次重复的情况,在多次重复中,决策者有得有失,这时期望值能很好地反映决策者获得的平均收益。得失相抵后使自己的平均收益最大,选择期望值最大的策略是合理的,这实际上是“以不变应万变”的策略。

3.决策树法

有些决策问题,在进行决策后又产生一些新情况,并需要进行新的决策,接着又有一些新情况,又需要进行新的决策。这些决策、情况、决策、情况……构成一个序列,这就是序列决策。例如,在军事指挥中,主攻方向的确定不但要考虑前沿突破阶段当面之敌的部署,还要考虑突破前沿后,抗击反冲击或纵深推进可能遇到的敌情。这就需要解决多阶段的序列决策问题。如果使用益损表对序列决策进行分析,则表格关系就会十分复杂,很难进行有效分析。决策树(Decision Tree)是一种描述序列决策的有效工具,它是用树形结构描述方案、自然状态和收益之间的随机因果关系,形式直观、层次清楚。

决策树由方块、圆圈和三角表示的节点和连接这些节点的直线组成,形状像一棵树,如图 8-1 所示。

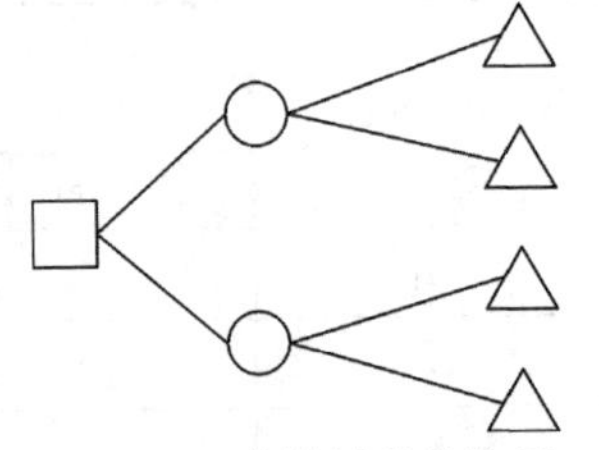

图 8-1 决策树的结构图

□——决策点,由它引出的分支称为方案分支,每个分支代表一个行动方案;

○——方案点,由它引出的分支称为状态分支,每个分支代表一个可能出现的自然状态,分支上需要标注该状态出现的概率;

△——结果点,它旁边标注的数字为某方案在某种自然状态下的益损值。

决策树的决策原理:每一次决策均按风险型决策求期望益损值的原理进行,通过计算各方案的期望益损值,比较选出最佳方案。

决策树的决策步骤如下。

(1)根据题意画出决策树。需要分清决策点和方案点,同时标出所有状态的概率和结果点的益损值,从左向右逐步绘制。

(2)逆序求解并剪支。进行决策时,需要由右向左逆序求解。当遇到方案点时计算期望益损值,遇到决策点时比较各方案的期望益损值,进行选择,标记出最佳方案,将其余方案分支剪去。

【例 8－2】　某汽车队从弹药仓库出发向前沿阵地运送弹药，共有三条道路可走，如图 8－2所示。一号公路需 4 h；二号公路需 2 h，正中间有一座桥；三号公路需 2.5 h，行至0.5 h 处有座桥。由于刚遭敌机空袭，桥梁损坏程度不明。只知道二号公路上桥梁损坏的概率为 0.3，三号公路上的桥梁损坏概率为 0.4。如果遇到桥梁损坏，应当立即返回，选择其他道路。试为汽车队选择最优运输路线。

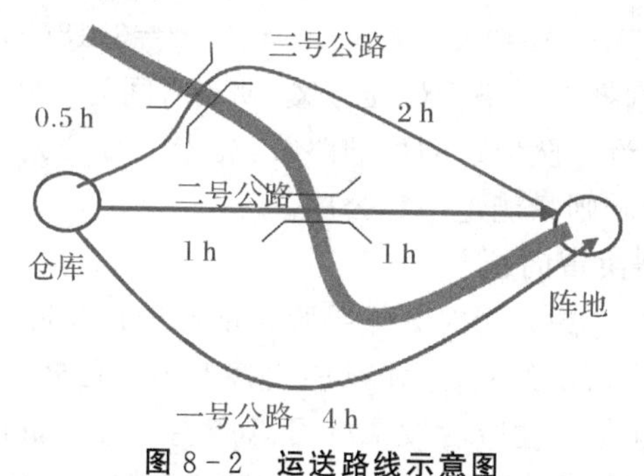

图 8－2　运送路线示意图

解：设桥梁损坏返回后，仍有两条路线选择，不论选择二号还是三号公路，同样还会遇到桥好与桥坏两种状态。首先根据题意画出决策树，如图 8－3 所示，然后逆序求解并剪支。

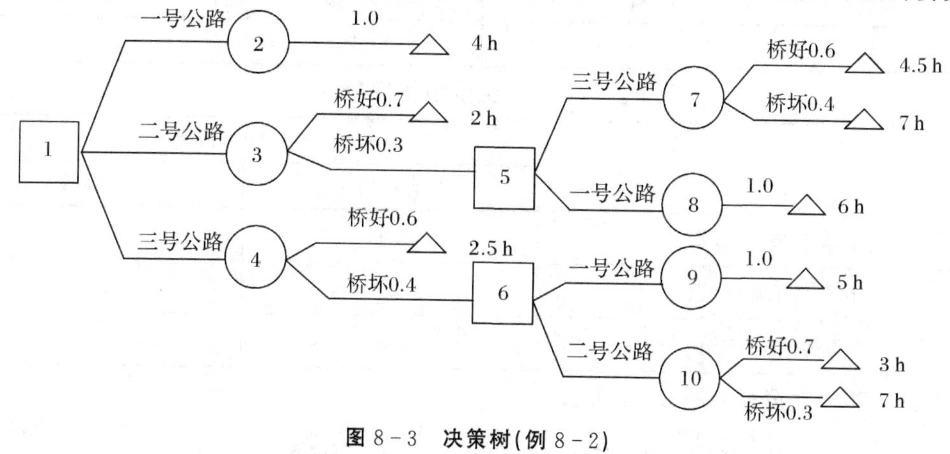

图 8－3　决策树(例 8－2)

首先，计算方案点⑦和⑧的期望时间，一号公路只有一种自然状态，三号公路有桥好、桥坏两种自然状态，则

$$\begin{cases} E(8)=6(\mathrm{h}) \\ E(7)=(0.6\times4.5+0.4\times7)\mathrm{h}=5.5(\mathrm{h}) \end{cases}$$

在决策点 5 时，走一号公路需要 6 h，走三号公路的期望时间为 5.5 h，因此，应当选择三号公路。

其次，计算方案点⑨和⑩的期望时间，一号公路只有一种自然状态，二号公路有桥好、桥坏两种自然状态，则

$$\begin{cases} E(9)=5(\mathrm{h}) \\ E(10)=(0.7\times3+0.3\times7)\mathrm{h}=4.2(\mathrm{h}) \end{cases}$$

在决策点 6 时，走一号公路需要 5 h，走二号公路的期望时间为 4.2 h，因此，应当选择二号公路。

然后，计算方案点②、③和④的期望时间，则

$$\begin{cases} E(2)=4(\mathrm{h}) \\ E(3)=0.7\times 2.0+0.3\times 5.5=3.05(\mathrm{h}) \\ E(4)=0.6\times 2.5+0.4\times 4.2=3.18(\mathrm{h}) \end{cases}$$

因此，在决策点 1 应选择二号路为最佳方案，期望时间为 3.05 h。

最后，将两阶段合并，汽车队应选的最佳路线：先走二号公路，若二号公路桥坏，则走三号公路；若三号公路桥也坏，则只能走一号公路。

【例 8-3】 装备改造决策问题。

某装备试验部门，正在考虑是否对某型导弹某部件进行改造。如果改造，那么可以先做试验再改造，也可以根据专家的经验，不做试验直接改造。已知试验费用为 0.3 万元，改造一枚导弹部件的费用 1 万元。改造后效果好可以产生 4 万元价值，改造效果差，则没有价值。根据经验已知概率(见表 8-8 和表 8-9)，该装备试验部门应当如何决策？

表 8-8 试验效果概率

试验效果	概　率	试验效果	概　率
好	0.6	坏	0.4

表 8-9 产生价值情况概率

改　造	产生价值情况	
	有价值	无价值
试验效果好，改造	0.85	0.15
试验效果坏，改造	0.1	0.9
不做试验，改造	0.55	0.45

解：(1)建立决策树如图 8-4 所示。

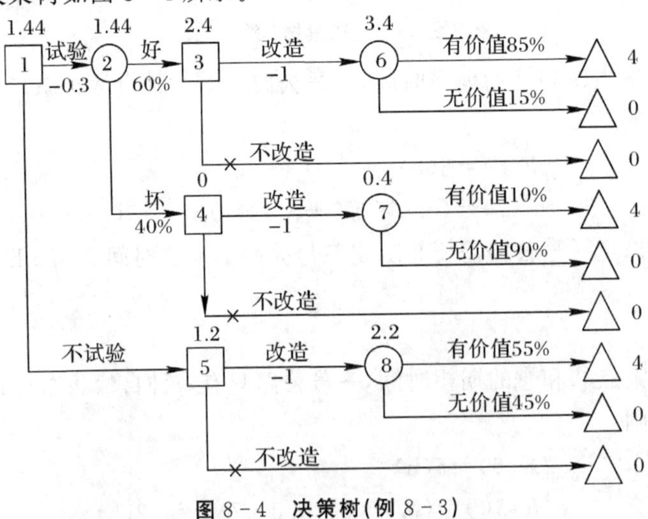

图 8-4 决策树(例 8-3)

(2)计算方案点⑥⑦⑧的期望效益值：

$$\begin{cases}⑥:E(6)=(4\times 0.85+0\times 0.15)\text{万元}=3.4(\text{万元})\\ ⑦:E(7)=(4\times 0.10+0\times 0.90)\text{万元}=0.4(\text{万元})\\ ⑧:E(8)=(4\times 0.55+0\times 0.45)\text{万元}=2.2(\text{万元})\end{cases}$$

(3)计算决策点[3]、[4]、[5]的期望效益值：

$$\begin{cases}E(3):\max\{(3.4-1),0\}=2.4(\text{万元})(\text{改造})\\ E(4):\max\{(0.4-1),0\}=0(\text{万元})(\text{不改造})\\ E(5):\max\{(2.2-1),0\}=1.2(\text{万元})(\text{改造})\end{cases}$$

(4)再求方案②的期望效益值：

$$E(2)=(2.4\times 0.6+0\times 0.4)\text{万元}=1.44(\text{万元})$$

(5)再求决策点[1]的最大期望效益值：

$$E(1):\max\{(1.44-0.3),1.2\}=1.2(\text{万元})$$

因此“不做试验改造”这个方案最优，直接依赖专家的经验进行决策，其最大期望效益值为 1.2 万元。由该例可看出：决策树方法解决序列决策问题十分有效，而且比较直观，便于决策者有顺序、有步骤地进行决策。

4.灵敏度分析

通常，决策模型中自然状态出现的概率和益损值往往是预测与估计得到的，一般不会十分准确，此外，实际情况也在不断地发生变化。因此，根据实际情况的变化，有必要对这些数据在多大范围内变动，原最优决策方案继续有效进行分析，这就是灵敏度分析。它主要解决两类问题：

(1)某些数据变化时，最优方案是否会变化？

(2)某些数据在什么范围内变化时，原最优方案继续有效？也就是要确定允许数据变化的“界”或“度”，即“转折点”。

对于例 8-2，若战场形势发生变化，可能出现下列情况：

情况三：三号路桥好的概率由 0.6 上升到 0.8，那么原来的最佳方案会改变吗？

情况四：设三号路桥好的概率为 $P(0\leqslant P\leqslant 1)$，那么 P 在什么范围内变化可使原来的最佳方案保持不变？这些问题都需要使用灵敏度分析来解决。

解：(1)某些数据变化时，对于情况三，三号路桥好的概率由 0.6 上升到 0.8。

首先，计算方案点⑦和⑧的期望时间，则

$$\begin{cases}E(8)=6(\text{h})\\ E(7)=(0.8\times 4.5+0.2\times 7)\text{h}=5(\text{h})\end{cases}$$

在决策点 5 时，走一号路需要 6 h，走三号路的期望时间为 5 h，因此，应当选择三号路。

其次，计算方案点⑨和⑩的期望时间，没有变化，则

$$\begin{cases}E(9)=5(\text{h})\\ E(10)=(0.7\times 3+0.3\times 7)\text{h}=4.2(\text{h})\end{cases}$$

在决策点 6 时，走一号路需要 5 h，走二号路的期望时间为 4.2 h，因此，应当选择二号路。

然后，计算方案点②、③和④的期望时间，则

$$\begin{cases}E(2)=4(\mathrm{h})\\E(3)=(0.7\times2.0+0.3\times5)\mathrm{h}=2.9(\mathrm{h})\\E(4)=(0.8\times2.5+0.2\times4.2)\mathrm{h}=2.84(\mathrm{h})\end{cases}$$

因此，在决策点 1 应选择三号路为最佳方案，期望时间为 2.84 h。

最后，将两阶段合并，汽车队应选的最佳路线：先走三号路，若三号路桥坏，再走二号路；若二号路桥也坏，则只能走一号路。

由此看到，状态概率值的变化，可能引起最优方案的改变。那么，状态概率在什么范围内变动，最优方案保持不变？最优方案变化的转折点又如何确定呢？

(2)转折点的确定。对于情况四，设三号路桥好的概率为 $P(0\leqslant P\leqslant1)$。

首先，计算方案点⑦和⑧的期望时间，则

$$\begin{cases}E(8)=6(\mathrm{h})\\E(7)=P\times4.5+(1-P)\times7=7-2.5P(\mathrm{h})\end{cases}$$

为了使决策点 5 仍选择三号路，则应有 $7-2.5P\leqslant6$，得 $P\geqslant0.4$。

其次，计算方案点⑨和⑩的期望时间，没有变化，则

$$\begin{cases}E(9)=5(\mathrm{h})\\E(10)=(0.7\times3+0.3\times7)\mathrm{h}=4.2(\mathrm{h})\end{cases}$$

在决策点 6 时，还是选择二号路。

然后，计算方案点②、③和④的期望时间，则

$$\begin{cases}E(2)=4(\mathrm{h})\\E(3)=0.7\times2.0+0.3\times(7-2.5P)=3.8-0.75P(\mathrm{h})\\E(4)=P\times2.5+(1-P)\times4.2=4.2-1.7P(\mathrm{h})\end{cases}$$

为了使决策点 1 仍选择二号路，则应有 $3.8-0.75P\leqslant4$，且 $3.8-0.75P\leqslant4.2-1.7P$，得 $P\geqslant-0.67$ 且 $P\leqslant0.74$，即 $P\leqslant0.74$。

以上分析说明，当三号路桥好的概率满足 $0.4\leqslant P\leqslant0.74$ 时，最优方案保持不变，首先走二号路，若二号路桥坏，则走三号路；当 $P\leqslant0.4$ 或 $P\geqslant0.74$ 时，需要另行分析。$P=0.4$ 和 $P=0.74$ 就是两个转折点。

通过灵敏度分析，可以判断已获得的最优方案关于某些数据的稳定程度，以及在最优方案下，这些数据允许变化的范围。

四、基于效用的决策问题

在某些决策问题中，有时按照最大期望收益决策准则得到的决策策略实际上未必是最好的。有些时候，虽然问题的效益最大，但实际效果不是最好，这时需要采用最大期望效用决策准则来进行决策。

1. 效用与边际效用

效用的概念最早是由伯努利在研究人们对其钱财的真实价值时提出的。效用是衡量人们对某些事物的主观价值、态度、偏好和倾向的指标。例如，在存在风险的情况下进行决策时，决策者对待风险的态度是不同的，用效用来量化决策者对待风险的态度，可以给每个决

策者测定其对待风险态度的变化规律，即效用函数。

这里所说的效用，不仅依存于事物本身具有的满足人们某种欲望的、客观的物质属性，而且事物有无效用和效用大小，还依存于消费者的主观感受。也就是说，效用不具有客观标准。例如，100 元钱对于百万富翁的效用要比对一个乞丐的效用低得多。效用是一个无量纲的指标，一般情况下，规定最大效用其值为 1，没有效用其值为 0。

总效用是指决策者对某些事物(多项事物)的总体效用。而边际效用是指某个事物的效益每增加(或减少)一个单位所引起的总效用的增加(或减少)量，即边际效用为(见图 8-5)

$$MU=\frac{\Delta TU}{\Delta Q} \tag{8-9}$$

式中：ΔTU 为总效用的增加(或减少)量；ΔQ 为某个事物的增加(或减少)量。或者说，边际效用是指某种事物经济指标量每增加(或减少)一个单位所增加(或减少)的总效用。

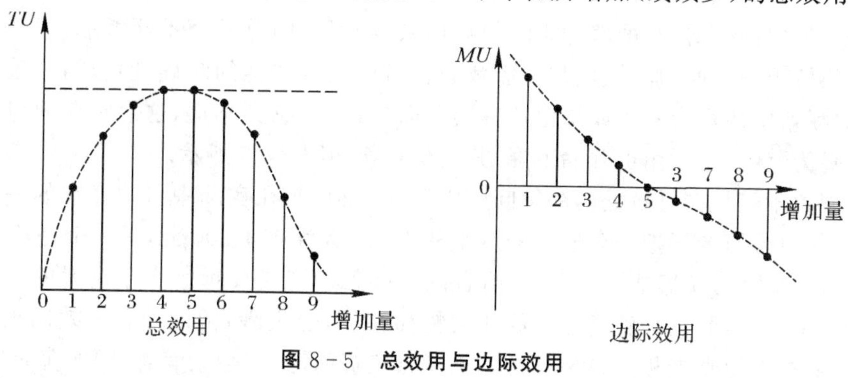

图 8-5　总效用与边际效用

2. 最大期望效用决策准则及应用

事实上，决策人对于实际中的决策问题做出决策的目的不完全在于追求最大的“效益(或报酬)”，而主要是在追求最大的“满足感(即效用)”。当状态集为随机事件时，即追求期望效用为最大。为此，依照期望效用的大小作为决策准则指导决策者的行动，从而获得最优的决策策略，则称该准则为最大期望效用决策准则。在这种决策准则下，决策人可以获得最大的期望效用。

3. 马拉松的决策问题

马拉松是古希腊的一个地名，在公元前 490 年，波斯远征军入侵希腊，在马拉松战场上，雅典人孤军奋战，结果反而以少胜多，打败了波斯人。有位名叫裴里匹底斯的信使，带着胜利的喜讯，从马拉松跑到雅典城中央广场(连续跑了 42.195 km)，向雅典公民高呼：“我们胜利了！来庆贺吧！”随即倒地身亡，“马拉松长跑”就是为纪念这件事而设立的。

裴里匹底斯的死亡是体力透支、饥饿造成的。设想裴里匹底斯在行进途中有一个食品店，能够在途中补充一些食物，他可能就不会死亡了。为此，假设行进途中有一个面包店，而面包店的店主是一个赌徒，在裴里匹底斯需要买面包的时候，店主对裴里匹底斯说：“我可以低价卖给你一个面包，或者你和我赌一把，你就有 1/4 的可能性赢到 5 个面包，你选择哪一种策略？”如果裴里匹底斯只需要一个面包就可以让他跑完全程，并能保住性命，5 个面包能够让他吃饱，请你为裴里匹底斯做出一种选择策略。

事实上，如果选择买一个面包的策略，那么他所得到的期望就是一个面包。如果选择赌一把，那么他所得到的期望值是5/4个面包。此时，如果按照最大期望收益决策准则，那么裴里匹底斯似乎应该选择赌一把更有利。从另一个角度来看，如果他选择低价买一个面包，那么他可以确定能够保住自己的性命；但是，如果选择赌一把，那么他就有3/4的可能性会死亡。因此，似乎此时裴里匹底斯更应该选择低价买一个面包。其原因在于5个面包带给他生存的期望并不是一个面包的5倍，后面4个面包给裴里匹底斯增加的满足感对于他的生命而言是微乎其微的。如果5个面包给裴里匹底斯的效用是"1"，那么第一个面包的效用应该是在0.9以上。此时按最大期望效益决策准则，则选择一个面包的期望效用是大于0.9×1=0.9，而选择5个面包的期望效用是1×0.25=0.25，因此，在最大期望效益决策准则下，裴里匹底斯选择低价购买一个面包的策略是最佳的。

另一方面，裴里匹底斯在饥饿的时候，吃第一个面包给他带来的效用是很大的，随着他吃的面包数量的持续增加，虽然开始时他会越来越满足，即总效用不断增加，但每一个面包给他带来的效用增量即边际效用却是递减的。当他完全吃饱的时候，面包的总效用达到最大值，而边际效用却降为零。如果他还继续吃面包，就会感到不适，这意味着面包的边际效用进一步降为负值，总效用也开始下降，其变化规律如图8-5所示。

这种现象不仅是在马拉松的决策问题中存在，而且是在实际中普遍存在的一个经济规律。例如，假设公司老板把一名职员的薪水从1 000元涨到1 500元，另一个是从10 000元涨到10 500元，增加额都是500元，但前者的500元的意义要远远大于后者的500元的意义。对于前者，这名职员会感觉老板给他大幅加薪了，会很满足，即加薪的效用很大。而对于后者，该职员会感觉老板只是象征性地加了点工资而已，不会太满意，即加薪的效用不大。

第二节　多目标决策

单目标决策问题总是假定目标唯一，约束条件不变，这种情况下，可以求得的最优解往往是唯一的。而实际工作中，总是面临多目标问题，例如某新型装备的研制，既要满足其先进的战术技术指标，又要在规定的时间内完成，这里"先进"和"时间"就是两个目标。在多目标之间如何决策，需要对多个目标、约束条件以及解进行深入的分析。

一、多目标决策概述

1. 多目标决策的基本要素

任何一个多目标决策问题都包含五个基本要素：决策单元、目标集、属性集、决策情况和决策规则。

决策单元是指制定决策的人，可以是一个人，也可以是一群人。

目标集是关于决策人所研究问题的"要求"或"愿望"，决策人可以有若干个不同的目标，即构成一个目标集。通常情况下，目标集可以表示为一个递阶结构。

属性集是指实现决策目标程度的一个度量，即每一个目标都可以设定一个或若干个属性，构成一个属性集。目标的属性是可度量的，它反映了特定目标所达到目的的程度。

决策情况是指决策问题的结构和决策环境，即说明决策问题的决策变量、属性，以及度量决策变量与属性的标度、决策变量与属性之间的因果关系等。

决策规则是指用于排列方案优劣次序的规则，而方案的优劣是依据所有目标的属性值来衡量的。

2. 多目标决策的求解过程

多目标决策问题的求解过程主要可分为以下四个步骤。

(1)问题的构成，即对所需要解决的实际问题进行分析，明确问题中的主要因素、界限和所处的环境等，从而确定问题的目标集。

(2)建立数学模型，即根据第一步的结果，建立与问题相适宜的数学模型。

(3)对该数学模型进行分析和评价，即对各种可行方案进行比较，从而可以对每一个目标标定一个(或几个)属性(称为目标函数)，这些属性的值可以作为采用某方案时各个目标的一种度量。

(4)确定实施方案，即依据每一个目标的属性值和预先规定的决策规则比较各种可行的方案，按优劣次序将所有的方案排序，从而确定出最好的可实施方案。

3. 多目标决策的分类

根据决策问题中备选方案的数量或者决策变量的类型来分，多目标决策问题可以分为两类：一类决策变量离散，其备选方案数量有限，也称有限方案多目标决策问题。这一类问题解决的关键是对各备选方案进行评价后排定各方案的优劣次序，再从中择优。另一类决策变量连续，其备选方案无限，也称为无限方案多目标决策问题。这一类问题解决的关键是向量优化，即数学规划问题，求最优解。多属性决策的约束条件隐藏于准则之中，不起直接的限制作用；多目标决策的约束条件独立存在于准则之外，是决策模型中必不可少的组成部分。另外，还可以分为确定性多目标决策问题和不确定性多目标决策问题，静态多目标决策问题和动态多目标决策问题。确定的、静态的多目标决策问题是目前发展较为成熟的。

无限方案多目标决策问题通常与事先预定方案无关，其模型的目的是在设计一定的约束条件下，通过达到一些量化目标可以接受的水平，来寻找决策者最为满意的方案，产生方案就是多目标决策的目标。而多属性决策，方案预先给定了，决策者需要在各方案的不同属性之间进行价值判断，并最终选出最优方案或者对所有方案进行排序。多属性决策主要有四种基本思路：一是从方法发展的理论主线上，分成多属性效用理论、级别优先序理论；二是从决策信息的运用形式上，分成确定性多属性决策理论和不确定性多属性决策理论；三是按照经典的多属性决策过程分为属性规范化方法、属性权重确定方法及多属性信息集结方法；四是按照决策者提供信息的环节和充分程度不同，分成无偏好信息的决策方法、有偏好信息的决策方法、给定方案偏好信息的决策方法。

4. 多目标决策的数学模型

为了建立多目标决策问题的数学模型，设 X 为方案集，它是决策变量 $x=\{x_1,x_2,\cdots,x_N\}$ 的集合，$f_1(x),f_2(x),\cdots,f_n(x)$为目标函数。对于每一个给定的方案 $x\in X$，由目标函数可以确定各个属性的一组值 $f_1,f_2,\cdots,f_n$。实际上，方案集 X 可以是有限的，也可以是无限的。在这里不妨假设决策变量 x 的所有约束都能用不等式表示出来，即

$$g_i(x)\leqslant 0,\quad i=1,2\cdots,m \tag{8-10}$$

其中：$g_i(x)(i=1,2,\cdots,m)$均为决策变量x的实值函数，则方案集X(又称决策空间中的可行域)可以表示为

$$X=\{x\in E^N \mid g_i(x)\leqslant 0,\ i=1,2,\cdots,m\} \tag{8-11}$$

于是，一般的多目标决策问题的数学模型可以表示为

$$\begin{cases}\underset{x\in X}{\mathrm{DR}}[f_1(x),f_2(x),\cdots,f_n(x)] \\ \mathrm{s.t.}\ X=\{x\in E^N \mid g_i(x)\leqslant 0,\ i=1,2,\cdots,m\}\end{cases} \tag{8-12}$$

式中：DR(Decision Rule)表示决策规则，即式(8-12)的意义是运用决策准则 DR，依据属性$f_1,f_2,\cdots,f_n$的值，在X中选择一个最优的决策方案。

二、传统多目标决策方法

对于多目标决策问题，最主要的特点是各目标间的矛盾性和不可公度性。矛盾性是指，若试图通过某一种方案去改进一个目标的指标值，则可能会使另一个目标的值变劣。不可公度性是指，各目标间一般没有统一的度量标准，因而一般不能直接进行比较。

实际上，对于目标间的不可公度性，可以通过各目标的效用来解决。将问题的各个目标都采用相应的效用(各属性对于决策者欲望的满足程度)来刻画，这样就解决了各目标之间的不可公度性问题。各目标的效用函数为

$$v_i(x)=V(f_i(x)),\quad i=1,2,\cdots,n \tag{8-13}$$

对于目标间的矛盾性，类似地，可以采用多属性效用函数来解决。多属性效用函数理论是单属性效用理论的推广，其定义为多属性综合作用的结果对人们欲望的满足程度，它是各属性效用函数的函数，即定义为

$$V(x)=F[v_1(x),v_2(x),\cdots,v_n(x)] \tag{8-14}$$

由此，对于一般的多目标决策问题的数学模型为

$$\left.\begin{aligned}&\max f_1(x)\\&\max f_2(x)\\&\quad\vdots\\&\max f_n(x)\\&\mathrm{s.t.}\begin{cases}x\in X\\ g_i(x)\leqslant 0,\quad i=1,2,\cdots,m\end{cases}\end{aligned}\right\} \tag{8-15}$$

利用单属性效用函数就可以转化为

$$\left.\begin{aligned}&\max V(x)=F[v_1(x),v_2(x),\cdots,v_n(x)]\\&\mathrm{s.t.}\begin{cases}x\in X\\ g_i(x)\leqslant 0\quad i=1,2,\cdots,m\end{cases}\end{aligned}\right\} \tag{8-16}$$

这样就可以将多目标决策的多目标规划模型转化为单目标的规划模型来解决。

值得注意的是，对于不同的多属性效用函数可能会得到不同的决策结果，在实际应用时，应根据具体的情况来定义符合实际情况的多属性效用函数。按照多属性效用函数的不

同，衍生出了多种多目标决策的方法，下面介绍常用的几种方法。

1. 线性加权法

在实际的许多情况下，多属性效用函数 $v(x)$ 可以用各个属性的效用函数线性加权累加表示，即

$$v(x)=k_1 v_1(x_1)+k_2 v_2(x_2)+\cdots+k_n v_n(x_n) \tag{8-17}$$

式中：$k_i(i=1,2,\cdots,n)$ 为权重常数，且 $\sum_{i=1}^{n} k_i=1$。

实际上，可以证明，若每一个 x_i 独立于其他的属性，则多属性效用函数可以用线性加权法表示。

2. 变权加权法

在线性加权方法中，一旦多属性效用函数确定了，则其权值就确定了，而不依赖于各属性的效用。有些时候，权值是随着其相应属性效用的变化而变化的，此时可以用变权的加权形式，即

$$v(x)=K_1[v_1(x_1)]v_1(x_1)+K_2[v_2(x_2)]v_2(x_2)+\cdots+K_n[v_n(x_n)]v_n(x_n) \tag{8-18}$$

特别地，当 $K_i[v_i(x_i)]=k_i v_i^{m_i-1}(x_i)$ 时，则式(8-18)可表示为

$$v(x)=k_1 v_1^{m_1}(x_1)+k_2 v_2^{m_2}(x_2)+\cdots+k_n v_n^{m_n}(x_n) \tag{8-19}$$

当 $m_i=1$ 时，称为拟加性变权，对于拟加性变权形式等价于线性加权形式；当 $m_i<1$ 时，是突出低效用因素的影响，而忽略高效用因素的影响；当 $m_i>1$ 时，是突出高效用因素影响，而忽略低效用因素作用。

3. 指数加权法

在有些问题中，各个属性的效用是环环相扣的，缺一不可，只要有一个效用为 0，则总体效用为 0，此时可采用指数加权法，即取

$$v(x)=v_1^{k_1}(x_1)v_2^{k_2}(x_2)\cdots v_n^{k_n}(x_n) \tag{8-20}$$

指数加权法可以解决属性串行结构的问题，通过指数 $k_i(i=1,2,\cdots,n)$ 的大小来区分不同属性的差异。

三、逼近理想解方法

1. 方法概述

在多目标决策问题的决策过程中，决策者总是希望找到所有属性指标都为最优的解，即希望尽可能地远离各属性指标都最劣的解。基于这种思想，C. L. Hwang 和 K. S. Yoon 在 1981 年提出了逼近理想解的方法(Technique for Order Preference by Similarity to Ideal Solution，TOPSIS)，其实质是利用已有的决策信息通过一定方式对一组有限个备选方案进行排序并择优。在多属性决策中，从几何空间看，每一个方案都有一个正理想解和一个负理想解，正理想解是效益类指标(是指那些数值越大越好的指标，如利润等)最大化或成本类指标(是指那些数值越小越好的指标，如成本等)最小化的解，与之相反，负理想解则是效益类指标最小化或成本类指标最大化的解，其最佳的备选方案应该距离正理想解最近、离负理想

解最远。TOPSIS方法采用了欧几里得距离计算各方案到正理想解与负理想解的距离，其优点是应用起来方便、合理、易于理解且计算简单，备选方案可以用简单的数学形式描述，在比较过程中还可以引入客观权重。

2. 加权 TOPSIS 法

将权重引入 TOPSIS 法，即为加权 TOPSIS 法，其基本步骤如下。

(1)将原始数据中的效益指标(数值越大越好)和中介指标(理想点居中)转化为成本指标(数值越小越好)，记为X_{ih}，都转化为效益指标也可以。

(2)将转化后的原始数据规范化，令

$$Z_{ih} = X_{ih} / \left(\sum_{i=1}^{m} X_{ih}^2\right)^{1/2} \tag{8-21}$$

式中：X_{ih} 为第 i 个方案的第 h 个指标值；Z_{ih} 为第 i 个方案的第 h 个指标规范化值($i=1,2,\cdots,m;h=1,2,\cdots,H$)。

(3)根据具体问题计算权重 $w=(w_1,w_2,\cdots,w_H)$，利用权重得到加权规范化值Y_{ih}为

$$Y_{ih}=w_h Z_{ih} \tag{8-22}$$

(4)根据加权规范化值，确定正理想解Y^+与负理想解Y^-，即各指标的最优解和最劣解：

$$Y^+=(Y_h^+)_H=(\min\{Y_{ih} \mid i=1,2,\cdots,m\})_H \tag{8-23}$$

$$Y^-=(Y_h^-)_H=(\max\{Y_{ih} \mid i=1,2,\cdots,m\})_H \tag{8-24}$$

(5)计算加权欧氏距离 D_i^+、D_i^-，即用靠近正理想解和远离负理想解的程度，作为各方案的评价依据：

$$D_i^+ = \left[\sum_{h=1}^{H} (Y_{ih} - Y_h^+)^2\right]^{1/2} \tag{8-25}$$

$$D_i^- = \left[\sum_{h=1}^{H} (Y_{ih} - Y_h^-)^2\right]^{1/2} \tag{8-26}$$

(6)计算各方案与理想解的贴近度 D_i，由 D_i 的大小确定方案的排序结果：

$$D_i=D_i^- / (D_i^+ + D_i^-) \tag{8-27}$$

显然，D_i 的取值范围为 0 ～1，D_i 值越大，方案越好。

四、数据包络分析法

1. 方法概述

数据包络分析方法(Data Envelopment Analysis，DEA)，是对多指标投入和多指标产出的相同类型部门，进行相对有效性综合评估的一种方法，也是研究多投入多产出生产函数的有力工具。

在社会、经济和管理领域中，常常需要对具有相同类型的部门、企业或者同一企业不同时期的相对效率进行评价，这些部门、企业或时期称为决策单元(Decision Making Unit，DMU)，亦称为评价单元。评价的依据是评价单元的一组投入指标数据和一组产出指标数据。投入指标是指评价单元在社会、经济和管理活动中需要消耗的经济量，如固定资产原值、流动资金平均余额、技术研发资金、投入的人力资源量、占用土地等。产出指标是指评价

单元在某种投入要素组合下，表明经济活动产生成效的经济量，如总产值、销售收入、利税总额、产品数量、劳动生产率、产值利润等。DEA 方法就是根据投入指标数据和产出指标数据评价决策单元的相对效率，即评价部门、企业或时期之间的相对有效性，它是评价多指标投入和多指标产出评价单元相对有效性的多目标决策方法。

DEA 方法是美国著名运筹学家查恩斯（A. Charnes）和库珀（W. W. Cooper）教授在“相对效率评价”概念基础上发展起来的一种新的系统分析方法。1978 年，查恩斯、库珀和罗兹（E. Rhodes）提出了第一个 DEA 模型，评价部门间的相对有效性，这个模型被命名为 C^2R 模型。用这个模型评价多投入多产出生产部门的规模有效性和技术有效性，都是卓有成效的。1985 年，查恩斯、库珀、格拉尼（B. Golany）、赛福德（L. Seiford）和斯图茨（J. Stutz）提出了 C^2GS^2 模型，这种模型评价生产部门间技术有效性是十分有效的。1986 年，查恩斯、库珀和中国人民大学魏权龄教授为了进一步估计有效生产前沿面，提出了评价无穷多个决策单元的一种新的 C^2W 模型。此后，又有多种 DEA 模型相继提出，DEA 方法正在不断地完善和进一步发展，有关的理论研究不断深入，应用领域日益广泛，可以说，DEA 现已成为管理科学与工程领域一种重要而有效的分析工具。

2. DEA 模型

设有 n 个部门或企业，称为 n 个评价单元 DMU_j $(j=1,2,\cdots,n)$，每个 DMU 都有 m 种不同的投入以及 p 种不同的产出（即投入 m 种“资源”，产出 p 种“产品”），如图 8－6 所示。

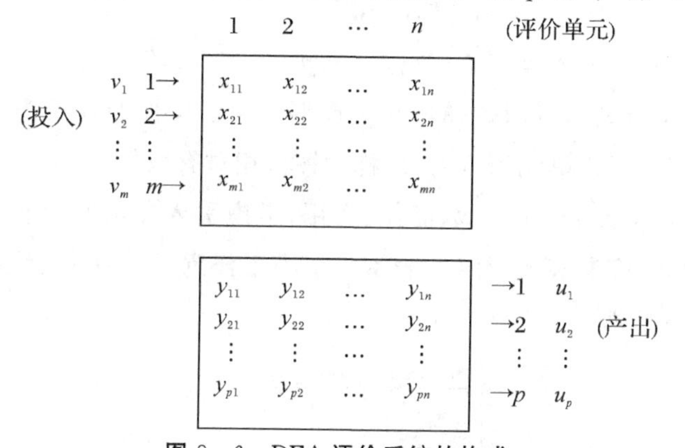

图 8－6　DEA **评价系统的构成**

图中：x_{ij} 为第 j 个决策单元第 i 种类型投入的总量，$x_{ij}>0$；y_{rj} 为第 j 个决策单元第 r 种类型产出的总量，$y_{rj}>0$；v_i 为第 i 种投入的权系数，$v_i \geqslant 0$；u_r 为第 r 种产出的权系数，$u_r \geqslant 0$。

x_{ij} 和 y_{rj} 是向量 $\boldsymbol{x}_j=(x_{1j},x_{2j},\cdots,x_{mj})^{\mathrm{T}}$ 和 $\boldsymbol{y}_j=(y_{1j},y_{2j},\cdots,y_{pj})^{\mathrm{T}}$ 中的分量，可以根据历史的资料或预测的数据计算得到，$i=1,2,\cdots,m$；$j=1,2,\cdots,n$；$r=1,2,\cdots,p$。

对应于权系数 $\boldsymbol{v}=(v_1,v_2,\cdots,v_m)^{\mathrm{T}}$ 与 $\boldsymbol{u}=(u_1,u_2,\cdots,u_p)^{\mathrm{T}}$，每个决策单元都有相应的效率评价指标

$$h_j=\frac{\sum_{r=1}^{p} u_r y_{rj}}{\sum_{i=1}^{m} v_i x_{ij}},\quad j=1,2,\cdots,n \tag{8-28}$$

理论上说，总是可以选取适当的权系数 $\boldsymbol{v}$ 和 $\boldsymbol{u}$，使其满足

$$h_j \leqslant 1, \quad j=1,2,\cdots,n \tag{8-29}$$

粗略地讲，对于评价单元DMU_{j0}，h_{j0}越大，表明DMU_{j0}能够用较小的输入得到相对较多的输出。

现在要评价第 j_0 个决策单元相对有效性，即如果想了解DMU_{j0}在这 n 个 DMU 中相对来说是不是“最优”的，那么需建立评价系统的 $\mathrm{C^2R}$ 模型。

设第 j_0 个决策单元的投入向量和产出向量分别为

$$\boldsymbol{x}_0=(x_{1j_0},x_{2j_0},\cdots,x_{mj_0})^{\mathrm{T}} \tag{8-30}$$

$$\boldsymbol{y}_0=(y_{1j_0},y_{2j_0},\cdots,y_{mj_0})^{\mathrm{T}} \tag{8-31}$$

效率指标$h_0=h_{j0}$则以权系数 $\boldsymbol{v}$ 和 $\boldsymbol{u}$ 为变量，以第 j_0（$1\leqslant j_0\leqslant n$）个决策单元$\mathrm{DMU}_{j0}$的效率指数为目标，以所有决策单元的效率指标$h_j\leqslant 1$ 为约束，构成如下最优化模型（为方便起见，使用矩阵符号）：

$$(\overline{P})\begin{cases}\max V_{\overline{P}}=h_0=\dfrac{\boldsymbol{u}^{\mathrm{T}}\boldsymbol{y}_0}{\boldsymbol{v}^{\mathrm{T}}\boldsymbol{x}_0}\\ \text{s. t. }\dfrac{\boldsymbol{u}^{\mathrm{T}}\boldsymbol{y}_j}{\boldsymbol{v}^{\mathrm{T}}\boldsymbol{x}_j}\leqslant 1, \quad j=1,2,\cdots,n\\ \boldsymbol{v}\geqslant\boldsymbol{0},\boldsymbol{u}\geqslant\boldsymbol{0}\end{cases} \tag{8-32}$$

其中：$\boldsymbol{x}_j=(x_{1j},x_{2j},\cdots,x_{mj})^{\mathrm{T}}$，$\boldsymbol{y}_j=(y_{1j},y_{2j},\cdots,y_{mj})^{\mathrm{T}}$，$j=1,2,\cdots,n$。

此模型就是$\mathrm{C^2R}$ 模型，是最基本的 DEA 模型。用$\mathrm{C^2R}$ 模型评价第 j_0 个决策单元相对有效性，是相对于其他评价单元而言的，故称为评价相对有效性的 DEA 模型。

为了使判定评价单元 DEA 有效、简便、实用，考虑引入非阿基米德无穷小量 ε，它是一个抽象的数学概念，在广义实数域内，ε 表示一个小于任意正数且大于零的数。带有非阿基米德无穷小 ε 的$\mathrm{C^2R}$ 模型是

$$(\overline{P}_\varepsilon)\begin{cases}\dfrac{\max(\boldsymbol{u}^{\mathrm{T}}\ \boldsymbol{y}_0)}{\boldsymbol{v}^{\mathrm{T}}\boldsymbol{x}_0}=V_{\overline{P}_\varepsilon}\\ \text{s. t. }\dfrac{\boldsymbol{u}^{\mathrm{T}}\boldsymbol{y}_j}{\boldsymbol{v}^{\mathrm{T}}\boldsymbol{x}_j}\leqslant 1, \quad j=1,2,\cdots,n\\ \dfrac{\boldsymbol{v}^{\mathrm{T}}}{\boldsymbol{v}^{\mathrm{T}}\boldsymbol{x}_0}\geqslant\varepsilon\,\hat{\boldsymbol{e}}^{\mathrm{T}}\\ \dfrac{\boldsymbol{u}^{\mathrm{T}}}{\boldsymbol{v}^{\mathrm{T}}\boldsymbol{x}_0}\geqslant\varepsilon\boldsymbol{e}^{\mathrm{T}}\\ \boldsymbol{v}\geqslant\boldsymbol{0},\boldsymbol{u}\geqslant\boldsymbol{0}\end{cases} \tag{8-33}$$

式中：$\hat{\boldsymbol{e}}^{\mathrm{T}}=(1,1,\cdots,1)\in\mathbf{R}^m$ 是元素均为 1 的 m 维向量；$\boldsymbol{e}^{\mathrm{T}}=(1,1,\cdots,1)\in\mathbf{R}^p$ 是元素均为 1 的 p 维向量。

模型（$\overline{P}_\varepsilon$）是一个分式规划，不宜操作，利用查恩思-库珀（Charnes-Cooper）变换，可以转化为一个等价的线性规划问题。

若令

$$\left.\begin{aligned} &t=\frac{1}{\boldsymbol{v}^{\mathrm{T}}\boldsymbol{x}_0} \\ &\boldsymbol{\omega}=t\boldsymbol{v} \\ &\boldsymbol{\mu}=t\boldsymbol{u} \end{aligned}\right\} \tag{8-34}$$

则$(\overline{P}_\varepsilon)$可转化为下面的线性规划问题：

$$(P_\varepsilon)\begin{cases} \max \boldsymbol{\mu}^{\mathrm{T}}\boldsymbol{y}_0=V_{P_\varepsilon} \\ \boldsymbol{\omega}^{\mathrm{T}}\boldsymbol{x}_j-\boldsymbol{\mu}^{\mathrm{T}}\boldsymbol{y}_j\geqslant 0, \quad j=1,2,\cdots,n \\ \text{s. t. } \boldsymbol{\omega}^{\mathrm{T}}\boldsymbol{x}_0=1 \\ \boldsymbol{\omega}^{\mathrm{T}}\geqslant\varepsilon\hat{\boldsymbol{e}}^{\mathrm{T}} \\ \boldsymbol{\mu}^{\mathrm{T}}\geqslant\varepsilon\boldsymbol{e}^{\mathrm{T}} \end{cases} \tag{8-35}$$

根据对偶理论，其对偶问题为

$$\left.\begin{aligned} &\min(\lambda'_1,\lambda'_2,\cdots,\lambda'_n,\theta,\boldsymbol{s}_1^{\mathrm{T}},\boldsymbol{s}_2^{\mathrm{T}})(0,\cdots,1,\varepsilon\hat{\boldsymbol{e}}^{\mathrm{T}},\varepsilon\boldsymbol{e}^{\mathrm{T}})^{\mathrm{T}}=V_{D_\varepsilon} \\ &\text{s. t. } \sum_{j=1}^{n}\lambda'_j\boldsymbol{x}_j+\theta\boldsymbol{x}_0+\boldsymbol{s}_1=0 \\ &-\sum_{j=1}^{n}\lambda'_j\boldsymbol{x}_j+\boldsymbol{s}_2=\boldsymbol{y}_0 \\ &\lambda'_j\leqslant 0, \quad j=1,2,\cdots,n \\ &\boldsymbol{s}_1\leqslant 0,\ \boldsymbol{s}_2\leqslant 0 \\ &\theta\text{ 无符号限制} \end{aligned}\right\} \tag{8-36}$$

式中：$\boldsymbol{s}_1\in\mathbf{R}^m$，$\boldsymbol{s}_2\in\mathbf{R}^p$ 均为列向量。若记$-\lambda'_j=\lambda_j$，$j=1,2,\cdots,n$；$-\boldsymbol{s}_1=\boldsymbol{s}^-$，$\boldsymbol{s}_2=-\boldsymbol{s}^+$，则$(P_\varepsilon)$的对偶规划为

$$(D_\varepsilon)\begin{cases} \min[\theta-\varepsilon(\hat{\boldsymbol{e}}^{\mathrm{T}}\boldsymbol{s}^-+\boldsymbol{e}^{\mathrm{T}}\boldsymbol{s}^+)]=V_{D_\varepsilon} \\ \text{s. t. } \sum_{j=1}^{n}\boldsymbol{x}_j\lambda_j+\boldsymbol{s}^-=\theta\boldsymbol{x}_0 \\ \sum_{j=1}^{n}\boldsymbol{y}_j\lambda_j-\boldsymbol{s}^+=\boldsymbol{y}_0 \\ \lambda_j\geqslant 0, \quad j=1,2,\cdots,n \\ \boldsymbol{s}^+\geqslant 0,\ \boldsymbol{s}^-\geqslant 0 \end{cases} \tag{8-37}$$

利用带有 ε 的模型(D_ε)，容易判断评价单元 DEA 的有效性。为此，有以下定理。定理设 ε 为非阿基米德无穷小量，线性规划(D_ε)的最优解为λ^0，s^{0-}，s^{0+}，θ^0，有：

(1)若$\theta^0=1$，则评价单元DMU_{j0}为弱 DEA 有效。

(2)若$\theta^0=1$，并且 $s^{0-}=0$，$s^{0+}=0$，则评价单元 DMUDM_{j0}为 DEA 有效。

由定理可知，利用模型(D_ε)一次计算就能判断评价单元是否 DEA 有效。在实际操作中，只要取 ε 足够小，用单纯形法求解(D_ε)就可以了。

C^2R 模型计算出的是总体效率θ^0，即用这个模型评价多投入多产出部门的规模有效性和技术有效性，都是卓有成效的。

1985 年，查恩斯(A. Charnes)、库珀(W. Cooper)、格拉尼(B. Golany)、赛福德(L. Seiford)和斯图茨(J. Stutz)提出了 C^2GS^2 模型，这种模型评价部门间技术有效性是十分有效的。

为了易于判定评价单元 DEA 的有效性，下面直接给出具有非阿基米德无穷小量的 C^2GS^2 模型(具体推导过程略)。

$$
\text{s. t.}\begin{cases}\min[\sigma-\varepsilon(\hat{\boldsymbol{e}}^{\mathrm{T}}\boldsymbol{s}^{-}+\boldsymbol{e}^{\mathrm{T}}\boldsymbol{s}^{+})] \\ \sum\limits_{j=1}^{n}\boldsymbol{x}_j\lambda_j+\boldsymbol{s}^{-}=\sigma\boldsymbol{x}_0 \\ \sum\limits_{j=1}^{n}\boldsymbol{y}_j\lambda_j-\boldsymbol{s}^{+}=\boldsymbol{y}_0 \\ \sum\limits_{j=1}^{n}\lambda_j=1 \\ \boldsymbol{s}^{+}\geqslant 0,\ \boldsymbol{s}^{-}\geqslant 0 \\ \lambda_j\geqslant 0, j=1,2,\cdots,n \\ \varepsilon\ \text{为非阿基米德无穷小量} \\ \hat{\boldsymbol{e}}^{\mathrm{T}}=(1,1,\cdots 1)\in\mathbf{R}^{m},\ \boldsymbol{e}^{\mathrm{T}}=(1,1,\cdots,1)\in\mathbf{R}^{p}\end{cases} \tag{8-38}
$$

该模型计算出的效率是纯技术效率，反映评价单元 DMU_0 的纯技术效率情况。设 C^2GS^2 模型的最优解为λ^0，s^{0-}，s^{0+}，θ^0，有如下结论：若$\sigma^0=1$，则 DMU_{j0} 为弱 DEA 有效(纯技术)；若$\sigma^0=1$，且 $s^{0-}=0$，$s^{0+}=0$，则 DMU_{j0} 为 DEA 有效(纯技术)。

3. *方法特点和应用步骤*

1)DEA 方法的优越性及特点

根据各评价单元 DMU 观测数据判断其是否对 DEA 有效，本质上是判断评价单元 DMU 是否位于生产可能集的前沿面上。生产前沿面是经济学中生产函数向多产出情况的一种推广，使用 DEA 方法可以确定生产前沿面的结构，因此又可将 DEA 方法看作是一种非参数的统计估计方法。使用 DEA 对评价单元 DMU 进行效率评价时，由于 DEA 方法对输入和输出指标有较大的包容性，可以接受那些在一般意义下很难定量的指标。因此，它在处理评价问题时比一般常规统计方法更有优越性，主要表现在如下几个方面。

(1)可以同时计算多种输入和输出指标，输入和输出的数据可以为不同计量单位的指标，不需预先确定指标间的关系和赋予指标主观权重。

(2)计量经济学中采用的长期趋势外推的统计方法，是对整个生产前沿面所进行的平均意义上的操作，得到的分析结果只能是“平均意义”上的统计结果，不能对经济发展的各个阶段做出有效的评价。DEA 方法改变了过去评价方法中将有效与非有效混为一谈的局面，估计出确实有效的生产前沿面。

(3)DEA 方法致力于每个评价单元 DMU 优化，而不是对整个集合的统计回归优化。与传统的计量经济学方法相比较，DEA 方法不需要一个预先已知带有参数的生产函数形式。

2)DEA 评价过程步骤

（1）确定评价目的。DEA方法的基本功能是“评价”，特别是进行多个同类样本间的“相对优劣性”的评价。这样，就有一系列问题需要明确，例如，哪些评价单元DMU能够或适宜在一起进行评价，通过什么样的输入和输出指标体系进行评价，选择什么样的DEA模型进行评价等。

（2）选择评价单元DMU。选择评价单元DMU就是确定参考集。由于DEA方法是在同类型的评价单元DMU之间进行相对有效性的比较，因此选择评价单元DMU的一个基本要求就是DMU同类型。同类型一般指具有相同的环境、相同的输入和相同的任务等物理背景；并不是评价单元DMU的个数越多越好，过多难以做到同类型，通常认为参考集元素的个数不少于输入/输出指标总数的2倍为好。

（3）建立输入/输出指标体系。输出向量与输入向量的选择要服务、服从于评价目的，并能全面反映评价目的。一般一个评价目的需要多个输入和多个输出才能较为全面地描述。缺少某个或某些指标常会使评价目的不能完整地得以实现；充分考虑到输入向量、输出向量之间的联系；要考虑输入/输出指标体系的多样性。

（4）DEA模型的选择。根据输入（出）指标的可控性和可处理性，选用基于输入的DEA模型或选用基于输出的DEA模型，具有非阿基米德无穷小量的DEA模型在判定评价单元DMU是否为（弱）DEA有效以及将原来无效的评价单元DMU“投影”到相对有效面上均有方便之处，所以在实际中，这一模型常被应用。有特殊要求的系统要有针对性地选择模型。

（5）模型运算与评价后分析。一般模型运算可借助一定的计算机运算程序，在运算中要注意对运算模型及程序的验证。具体问题的研究，很重要的一步是针对特定问题对计算结果进行分析解释，从计算结果中提炼出问题的实质。

4. 应用案例——部队编制方案论证

1）问题说明

编制方案是部队的组织系统、机构设置和主要装备编配方案，其核心是武器装备资源的优化配置。由于武器装备资源的多样性、组合的随机性，以及作战目标的不确定性，要对制定出的部队备选编制方案做出合理、正确的评价，并最终采取最优的编制方案实属困难，该问题一直成为制约论证人员以及部队发展的一个难题。然而，部队编制方案的优劣决定着部队作战能力的高低。部队的作战能力主要体现在火力突击、指挥控制、快速反应、防护、综合保障等多个方面，而这些能力主要是由不同编制方案下所含的装备类型、数量和结构所决定。如果以不同编制方案下所含的武器装备类型、数量等因素作为评估模型的输入，以各种作战能力指标实现值作为输出，对编制方案进行评估优选，这属于一个多输入、多输出的决策问题。将DEA理论和模型应用于部队编制方案评价，为该问题的解决提供一条有效的途径。

2）评价优选的整体思路

部队定编之前通常要进行编制方案论证，制定出多种备选编制方案，这些方案对应着不同的武器装备组合（数量和质量）。而不同的编制方案在实际作战中通常显现出不同的作战能力。此时，若把不同的武器装备组合作为各项输入，将其对应的作战能力实现值作为各项输出，便可对不同的编制方案做DEA分析，进而对各编制方案进行合理的评价，得出各方案的优劣排序。这就是使用DEA理论进行编制方案评价的基本思路，其逻辑结构图如图8－7所示。

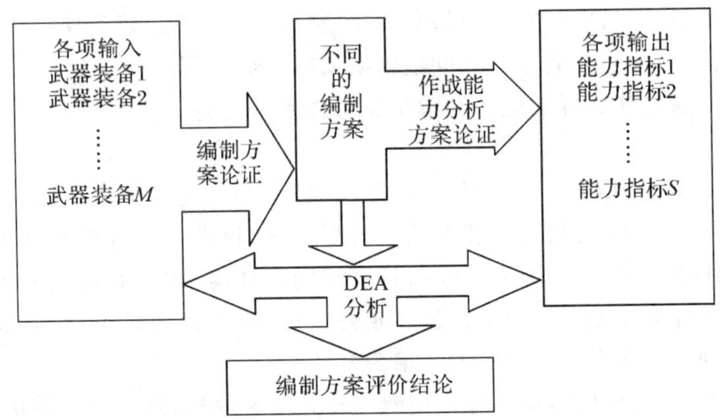

图 8-7 部队编制方案 DEA 分析逻辑框图

3)编制方案评价的 DEA 模型

(1)可以建立评价该编制方案总体效率的具有非阿基米德无穷小量的C^2R模型(前面已有介绍,在此不赘述)。

(2)可以建立评价编制方案纯技术效率的具有非阿基米德无穷小量的C^2GS^2模型(前面已有介绍,在此不赘述)。

(3)编制方案纯规模效率 s^0 的计算公式为

$$s^0=\theta^0/\sigma^0 \tag{8-39}$$

根据 DEA 的理论,总体效率σ^0、纯技术效率θ^0、纯规模效率 s^0 三个参数之间存在上面所述的关系,可以直接计算编制方案的纯规模效率。

(4)有效方案的排序。采取 DEA 方法的上述经典模型能够有效地从所有备选方案中剔除非有效方案,并能够说明非有效方案的原因和程度。但是,如何对多个 DEA 有效的备选方案进行排序,经典的模型并未能给出优选的方法和途径。因为编制方案 DEA 有效的充要条件是总体效率值为 1 且无输入、输出松弛,若从输入、输出着手,无法区别有效编制方案谁优谁劣。但是,从另一个角度出发,不是选择最有利于该编制方案的权重,而是选择最有利于其余编制方案的权重,其效率值就未必为 1,有效单元的差别性就显现出来了。若称C^2R模型计算出的该编制方案的效率 $E(\boldsymbol{u}^{\mathrm{T}}\ \boldsymbol{y}_q)$为简单效率,而将选择最有利于其余编制方案的权重条件下该编制方案的有效性称之为横切效率 $E'_{qj}(\boldsymbol{u}_j^{\mathrm{T}}\ \boldsymbol{y}_q)$,这样,对于每一个编制方案,都具有一个简单效率和 $n-1$ 个横切效率。得到 $n-1$ 个横切效率之后求出其平均值,就可得到该方案的平均横切效率(在实际计算时,通常只需对所有有效的单元进行计算,求出平均横切效率即可)。对每个有效方案的平均横切效率进行比较,即可得到有效编制方案的排序。

4)部队编制方案评价优选

(1)确定评价指标体系。结合 DEA 的特点与要求,选择较能反映部队建设的评价指标。其中,输入指标体系:步兵战车;装甲输送车;坦克;榴弹炮;高炮;火箭炮;防空导弹;反坦克导弹。输出指标体系:指挥控制能力;快速反应能力;火力突击能力;防护能力;综合保障能力。

(2)获得各指标值。由于不同的编制方案所对应的武器装备组合中所含的武器装备型号、性能数量、质量均不尽相同,通过作战效能指数方法消除它们之间的差别,具体计算过程略。对于作战能力的实现值,可以通过作战模拟系统、能力分析系统或者专家评判等方法获得。表 8-10 给出了 4 种备选编制方案的各输入、输出指标值。

(3)DEA 模型评估的实施。根据表 8-10 的数据,分别采用C^2R模型和C^2GS^2模型计算各方案的总体效率σ^0、纯技术效率θ^0,然后按照公式计算纯规模效率s^0,具体结果见表 8-11。

表 8-10　四种备选方案的原始数据

作战能力指数		方案			
		一	二	三	四
输入值	步兵战车	25 154.3	36 182.5	28 830.0	18 380.3
	装甲输送车	4 341.0	5 135.9	4 943.2	3 420.1
	坦克	197 415.4	118 341.4	197 415.4	89 004.7
	榴弹炮	26 311.5	28 039.8	25 304.5	25 382.5
	高炮	6 009.5	6 454.5	6 009.4	6 758.4
	火箭炮	9 280.8	1 0274.8	9 798.8	9 714.8
	防空导弹	3 803.9	3 303.9	3 303.9	2 697.9
	反坦克导弹	5 094.0	6 112.8	5 094.0	4 780.0
输出值	指挥控制能力	55 379.5	58 583.9	56 235.1	62 622.9
	快速反应能力	59 224.3	73 229.8	70 293.9	78 278.6
	火力突击能力	83 069.2	84 875.8	84 352.6	93 934.3
	防护能力	41 534.6	43 937.9	42 176.3	46 967.2
	综合保障能力	17 689.7	29 291.9	28 117.5	31 311.4

表 8-11　DEA 效率与规模效益计算结果

分析指标	方案一	方案二	方案三	方案四	分析指标	方案一	方案二	方案三	方案四
σ^0	0.989 106	0.977 006	1	1	ω_1	0	0	0	0
θ^0	1	1	1	1	ω_2	0	0	0	0
s^0	0.989 106	0.977 006	1	1	ω_3	0	$7.181\ 65\times10^{-8}$	0	0.000 011 235 4
s_1^-	1 877.6	14 761.5	0	0	ω_4	0	0	$3.591\ 47\times10^{-6}$	0
s_2^-	244.225	1 302.76	0	0	ω_5	0.000 153 276	0.000 153 614	0.000 151 283	0
s_3^-	52 224.6	0	0	0	ω_6	0.000 000 85	0	0	0
s_4^-	2 203.35	2 958.1	0	0	ω_7	0	0	0	0
s_5^-	0	0	0	0	ω_8	0	0	0	0
s_6^-	0	654.281	0	0	μ_1	0.000 017 860 5	0	0	0
s_7^-	894.128	461.359	0	0	μ_2	0	0.000 013 343 3	0	0
s_8^-	372.498	1 279.79	0	0	μ_3	0	0	0.000 011 855	0.000 010 645 7

续 表

分析指标	方案一	方案二	方案三	方案四	分析指标	方案一	方案二	方案三	方案四
s_1^+	0	0	0	0	μ_4	0	0	0	0
s_2^+	10 000.1	0	0	0	μ_5	0	0	0	0
s_3^+	0	3 000	0	0	$\sum\lambda_j$	0.940 185	0.963 594	1	1
s_4^+	0	0	0	0	规模效益	递增	递增	不变	不变
s_5^+	10 000	0	0	0	初排序	3	4	1	1

注：表中的ω_1、ω_2、…、ω_8、μ_1、μ_2、μ_3、μ_4 分别为各输入、输出的权值向量(影子价格)，由 C^2R 模型求得；s_1^-、s_2^-、s_3^-、s_4^-、s_5^-、s_6^-、s_7^-、s_8^-、s_1^+、s_2^+、s_3^+、s_4^+、s_5^+ 分别为 C^2R 模型的对偶模型的约束条件中各松弛变量的数值；$\sum\lambda_j$ 为 C^2R 模型的对偶模型的变量λ_j ($j=1,2,3,4$)的和，根据其值可以判断 DMU 的规模效益状况；σ^0 根据 C^2GS^2 模型求得；s^0 按照公式计算求得，初排序为仅考虑σ^0 时各方案的排序。

(4)结果分析。

① 效率分析。由表 8-11 可以看出，四个方案均为纯技术效率有效($\sigma^0=1$)，说明四个方案均凝结了论证人员大量的智慧和辛勤劳动，均达到了纯技术有效。但是，总体效率有效($\theta^0=1$)的方案仅有两个，分别是方案三和方案四，说明在现有的作战运用条件下，处在编制方案总体效率有效前沿面上的编制方案为方案三和方案四。这些结果可以作为论证部门评价编制方案效率的重要参考依据。

②编制方案在前沿面上的投影和影子价格分析。根据 DEA 理论，非 DEA 有效的编制方案在前沿面上的投影是 DEA 有效的。

设λ^0，s^{0-}，s^{0+}，θ^0 是线性规划(D_ε)的最优解，令

$$\hat{x}^0=\theta^0 x^0-s^{0-},\hat{y}^0=y^0+s^{0+}$$

称($\hat{x}_0$，$\hat{y}_0$)为评价单元DMU_{j0}对应的(x_0，y_0)在 DEA 的相对有效面上的“投影”。

评价单元DMU_{j0}对应的(x_0，y_0)的“投影”($\hat{x}_0$，$\hat{y}_0$)构成了一个新的评价单元。有定理证明新评价单元($\hat{x}_0$，$\hat{y}_0$)相对于原来的 n 个评价单元来说，是 DEA 有效的。由此可见，对非 DEA 有效的评价单元DMU_{j0}，通过其在 DEA 相对有效面上的“投影”可以构建一个对应的 DEA 相对有效评价单元，给如何改造非 DEA 有效的评价单元指出了一个可行方向。

下面适当调整非 DEA 有效的编制方案输入、输出数值使其达到 DEA 有效。

以方案二为例进行分析。要使其达到 DEA 有效，应当缩减其相应的输入值，即步兵战车减少(1－0.977 006)×36 182.5＋1 877.6＝2 708，装甲输送车减少(1－0.977 006)×5 135.9＋1 302.76＝1420.85，坦克减少(1－0.977 006)×118 341.4＋0＝2 721.14，榴弹炮减少(1－0.977 006)×28 039.8＋2 958.1＝3 602.85，高炮减少(1－0.977 006)×6 454.5＋0＝148.415，火箭炮减少(1－0.977 006)×102 74.8＋654.281＝890.54，防空导

弹减少(1−0.977 006)×3 303.9+461.359=537.329,反坦克导弹减少(1−0.977 006)×6 112.8+1 279.79=1 420.35;同时增加输出值,即火力突击能力增加 3000,其他能力输出值不变。方案二的各输入、输出影子价格分别为$\omega_3=7.816\ 5\times10^{-8}$,$\omega_5=0.000\ 153\ 614$,$\mu_2=0.000\ 013\ 343\ 3$,其余影子价格全部为 0。表明单独降低这些输入中的任何一项或者增加输出指标的一个数值不影响其 DEA 效率。输入项中高炮影子价格$\omega_5=0.000\ 153\ 614$,在所有编制方案的高炮影子价格中居于首位,说明高炮对该编制方案效率影响较大。快速反应能力的影子价格为$\mu_2=0.000\ 013\ 343\ 3$,说明增加快速反应能力值可以带动方案二效率的增长。因此,方案二的改进策略为尽可能降低高炮指数,争取提高部队的快速反应能力。对于方案一也可做类似的分析。

①规模效益分析。从表 8-11 中给出了各编制方案的规模效益状况,方案三和方案四处于规模效益不变阶段,方案一和方案二处于规模效益递增阶段。这说明对于方案一和方案二对应的编制方案可以适当地进行扩大。

②最终方案的排序。对于方案三和方案四,由于均为有效单元,对于它们的排序,可以采取前面所述的方法进行。此时:

方案三相对于方案四的横切效率为

$$\boldsymbol{\mu}_3^{\mathrm{T}}\boldsymbol{y}_4=(0,0,0.000\ 010\ 645\ 7,0,0)^{\mathrm{T}}\cdot(56\ 235.1,70\ 293.9,843\ 52.6,42\ 176.3,28\ 117.5)=0.897\ 992$$

方案四相对于方案三的横切效率为

$$\boldsymbol{\mu}_3^{\mathrm{T}}\boldsymbol{y}_4=(0,0,0.000\ 011\ 855,0,0)^{\mathrm{T}}\cdot(62\ 622.9,78\ 278.6,93\ 934.3,46\ 967.2,31\ 311.4)=1.113\ 59$$

因为$\boldsymbol{\mu}_4^{\mathrm{T}}\boldsymbol{y}_3<\boldsymbol{\mu}_3^{\mathrm{T}}\boldsymbol{y}_4$,所以方案四为最优方案。

因此,四个备选方案的总排序(从优到差):方案四>方案三>方案一>方案二。

第三节　群　决　策

在现实生活和工作中,决策往往是群体行为,是由多人参加的进行行动方案选择的活动。例如,在装备管理中,经常遇到装备的立项、采办、评审等,通常要采用专家组通过会议集体决定,这就是群决策(Group Decision Making)问题。群决策就是一个群体作为决策的主体,在对决策问题进行全面、综合分析的基础上,根据各种规则、标准,运用各种技术手段,对决策问题做出最优或满意抉择。相对于个人决策而言的群决策,其决策原则、方法等许多方面都有新的内容,因而需要针对群决策的特点进行专门的研究。

1948 年由布莱克(Black)首次提出了群决策的明确概念。群决策的形成与发展可以分为三个历史阶段。

阶段一:18 世纪 80 年代至 19 世纪,其代表人物为康多西特(Condorcet)和波德(Borda)。1775 年法国人康多西特发表了陪审团定理,之后他又提出投票悖论和康多西特规则。法国人波德在 1781 年提出群体对方案排序的波德(Borda)规则,并于 1784 年发表了关于选举的论文。

阶段二:19 世纪 60 年代到 90 年代的英国,其代表人物为道格森(Dodgson)和南森(Nanson),提出了一些有效的投票规则。

阶段三:20 世纪 50 年代至 80 年代的美国,其代表人物为阿罗(Arrow)等。1951 年美国学者阿罗提出了著名的不可能定理,从数学上证明了在给定一些合理条件的情况下,没有任何一种决策过程是公正的。他研究了投票悖论问题,指出在民主社会中不可能存在一种投票机制,使它在尊重每一个人的偏好的同时,能将所有的个人偏好次序转换成社会偏好,即投票悖论是不可避免的。20 世纪 80 年代以后,群决策得到广泛地研究。

现代群决策理论的研究范畴已经从早期的社会选举理论发展到近代的多属性群决策理论,又进一步推广到现代的专家系统理论和对策理论。自阿罗提出其著名的不可能性定理以来,群决策引起了学术界的高度重视,在 20 世纪 80 年代,群决策理论与模糊理论相结合,产生了模糊群决策理论,形成了十分活跃而广泛的研究领域。

一、群决策概述

1. 群决策的概念

个体决策是指由个人进行的决策。个体决策的质量与决策者对客观世界的认识、理解、个人文化背景、知识结构、社会地位、能力等因素密切相关,因而具有较大的局限性,重大问题的决策由单个人进行是十分危险的。

群决策问题具有经济学、统计学、数学、心理学、管理学等多种学科相互交叉的特征,因此在不同的学科领域中,对于群决策的描述也不尽相同。又由于每位研究者所在的领域不同,所研究的角度也不相同,因此,对于群决策性质的理解也不完全相同。所以,在不同的学科领域中,不同的学者对其所做的定义术语也是不同的。但是,得到较多研究者普遍认可的是下列几位研究者针对群决策所做的表述。

美国学者 Hwang 对于群决策是这样描述的:“群决策是按照某一种设定的集结的规则将每个群体人员对于方案集中的备选方案的偏好集合成为一个妥协的或者一致的群体偏好序。”

而学者卢斯(Luce)和拉菲(Raiffa)则是从另一个角度去考虑群决策的:“群决策从本质上说是寻找一种公平的方法将个体的决策集合成为一个群体的决策,而群决策的重点是在集合的过程中对于这种公平性的体现。”

国内决策分析领域的泰斗陈珽先生也针对群决策给出了自己的描述:“所谓的群就是一种委员会,而这种委员会是由所有成员所选出的代表组成的,将参与的所有成员的意见集合成为群的意见,这个过程就是群决策。”

因此,群决策是指多人共同参与的决策活动。其本质是群决策应保证决策参与者所提的建议、议案在决策活动中真正发挥作用,使所有参与者均能为达成组织目标做出贡献,并分担决策责任。决策群体的组成应坚持互补性原则(知识结构、能力、气质、决策风格、年龄、性别、阶层等方面),人数一般以 5 人为合适。

2.群决策的分类

由于群决策的研究者所从事的研究领域不同，所以按照研究的不同需要就把群决策做了不同的分类。

1)美国学者 Hwang 按照群决策方法和表现形式的分类

(1)社会选择理论。这是一种群决策的方法，该方法是通过投票这一民主的形式来表现出群体中大多数人员的夙愿或者诉求的。虽然在投票这一简单过程中，并没有直接表现出来通过多属性或者多准则这个层面去对候选者进行考察，但是每个投票者在选择之前一般还是会从多个角度对候选者进行衡量，所以投票这一过程实际上也是一种多人情况下的多准则或者多属性决策。

(2)专家判断。与社会选择理论不同，在专家判断这个方面，一般是没有备选方案可供选择的，而需要各领域的专家一同讨论与研究出用于解决该问题的多个新的方案，然后再针对这些新的方案进行群决策，专家判断一般主要是应用在高新技术领域的技术方案的选择上。

(3)对策论。与前两个方面不同，对策论是一种数学方面的理论，这种理论研究的是在每个决策者针对同一个问题所做决策时，相互之间是有利益关系和冲突关系的情况下，每位决策者通过自己的决策使得自己在这个问题中达到个体效用最大化。对策论从大的层面可以分为两类：一类是合作对策论；另一类是非合作对策论。合作对策论追求的是整体的利益，一般来说，注重整体的理性，注重整体内部的公正与公平。而非合作对策论则追求的是每个决策者的个人利益最大化，注重个人的最优选择，对其结果而言，有可能导致最终是没有效率的，也可能导致最终结果是有效率的。

2)学者马里奥(Mario)按照群决策结构的分类

(1)层次型群决策结构。此结构是由多层决策者所组成的，按照一定的顺序依次向上进行决策，首先由最下层的决策者对方案集中提供的可供选择的方案进行选择，并将选择结果传送到相邻的上层决策者。在这种结构中，越高层的决策者所拥有的决策权力越大，决策权力由下层向上层依次增加，最上层的决策者拥有否定其他决策者所做出的决策结果的权力。

(2)多头政治型群决策结构。此结构则是由多个决策者同时进行决策的，参加决策的决策者具有相同权重，在针对方案集中的备选方案进行决策时，如果其中一个决策成员选择了一个备选方案，也就意味了这个备选方案得到了全部决策成员的认可，所有参与决策的决策者之间是相互平等的。

(3)委员会型群决策结构。此结构是由多个决策者针对方案集中的备选方案做出决策，在决策的过程中，采用投票这一民主的形式进行，得票数最多的方案即为群体成员得出的最终选择方案。

按照决策者的利益分类，还可以分为合作型群决策和非合作型群决策。决策者有着共同的总体目标，根本利益是一致的，就是合作型群决策；反之，决策成员代表各自团体的利益，为某种共同的需要而结合的群体，对一些共同涉及的问题进行决策，但每一个团体的根本出发点是维护自己的利益，最终目的是要取得自己满意的决策。

3.群决策的基本假设

在进行科学研究,特别是管理科学领域的科学研究时,根据需要进行一些理论上的假设是非常必要的。因为群决策的结果是根据所有群决策成员所做的个人决策为基础而集结得到的,所以,所有关于个人决策的理论假设条件同时就是群决策最基本的假设条件。不过除此之外,群决策的假设一般还必须包含以下基本的假设条件。

条件1:对群决策而言,所有参与群决策的成员至少要有两名,并且得到的最终的群决策的结果必须体现出所有决策成员所做出的决策信息和偏好,不能排除任何一个成员针对问题所做出的决策。方案集中提供的可选择的方案不能低于三个,而且这些可选择的方案之间是相互独立的,不能随意被替换。

条件2:对群决策的所有决策成员而言,每位决策成员都具有其独立性。也就是每个决策成员针对问题独立地做出自己的决策,没有受群里其他决策成员的影响。不过这并不意味着,所有决策成员在做决策的过程中没有讨论和协商,因为每个决策成员都具有其领域的局限性和不足的特点,在做群决策的过程中,为了得到一个群体满意的决策结果,时常需要所有的决策成员之间针对问题进行交流和补充,以此加强对决策问题的理解和深入。

条件3:如果决策群体得出的决策结果为a优于b,而群决策成员又根据新的需要对方案a进行修改,得到新的方案c,并且c优于a,在其他条件不变的情况下,那么群体成员则得出c优于b的决策结果。

条件4:所有参与决策的成员在相同的条件下也就是在公平的情况下做出自己的决策,不能出现某个决策成员或者一小部分决策成员按照自己的偏好对方案集中备选方案进行选择,认定其选择的方案就为群决策所做出的结果,而忽视其他参与决策的决策者针对该问题所做出的决策。

条件5:在进行群决策的过程中,由于每个决策者具有不同的偏好,所以每个决策者所得出的结果也不尽相同,但是按照某种群决策的集结过程正确地得出的群体结果就必须得到所有参与决策的决策者们的认可。这也就是帕累托(Pareto)原则。

4.群决策的规则和常用方法

在群决策中,参与决策的每一个成员对决策结果均有不同的期望和偏好,但最终只能确定一种方案,因此,必须确定做出决定的群体规则,例如考核干部的优劣可以由多个准则或评价标准来判断,包括干部的工作能力、业绩、道德、态度等。决策者要根据上述标准对干部的各个方面综合评判,然后,按照一定的决策规则来考核干部的整体情况。常用的群决策规则主要包括简单多数规则、过半数规则、康多西特规则和波德规则等。

(1)简单多数规则。这是群决策中最早使用的决策规则。当有多个方案可供选择时,决策者中的每个成员每人只有一票,以无记名投票方式投给自己中意的候选方案,按得票多少,票数最多者获胜。在候选方案数量多于两个时,这种方法并不适用。

(2)过半数规则。规定只有获得超过半数选票的候选方案方可当选。如果第一次投票后有某个候选方案获得半数以上选票,则该候选方案将当选,决策结束;否则,就要采用二次投票或反复投票表决等方法来产生获得过半数选票的方案。

简单多数规则和过半数规则都没有充分考虑投票人的偏好顺序。因此,在群决策中,不仅要让群体中成员表达他最希望看到多个候选方案中的哪一个被选上,还应当让投票人说明他是以何种方式对这些候选方案排序的,即在投票时表达他对各候选方案的偏好次序,这就是排序式选举,又称偏好选举。

(3)康多西特规则。当存在两个以上候选方案时,能严格并真实地反映群体中多数成员意愿的办法只有一种,即两两比较候选方案,若存在某个候选方案,能按照过半数规则击败所有其他方案,则应当选择此方案。康多西特还发现,在两两比较多个候选人时,有时会出现多数票的循环,也就是投票悖论。

(4)波德规则。由每个投票人对各候选方案排序,设共有 m 个候选方案,则将 $m-1$,$m-2$,…,1,0 这 m 个数分别赋予排在第一位、第二位……最末位的候选方案,再计算各候选方案的得分总数,即波德分。最后选择得到最高波德分的候选方案。

群决策的常用方法主要包括德尔菲(Delphi)法、委托求解法和多指标群决策方法。

(1)德尔菲法。德尔菲法是指采用函询的方式或电话、网络的方式,反复咨询专家们的建议,然后由组织者做出统计。如果结果不趋向一致,那么就再征询专家的建议,每一轮都要把收集到的意见经过统计处理反馈给专家们,直至得出比较统一的方案。

(2)委托求解法。委托求解法的委托过程必须满足委托公设、决策公设和代替公设这三个公设。在已知群中每个决策者效用函数的情况下,由委托公设,成员 i 按照自己的偏好,确定委托组中成员 j 的权系数 P_{ij},规定了在群体效用函数的线性组合中,成员效用函数在决策中所起的作用。代替公设给出的委托求解过程中的每一步均是用委托组的群体效用函数代替成员的效用函数,从而解出群体效用函数的权向量的。

(3)多指标群决策方法。多指标群决策方法是指在独立的情况下,专家组中的各专家单独作出评价之后,根据各个不同的评价结果,综合成群决策的结论。多指标全体决策方法有着较为广泛的应用,例如,科研项目鉴定中的主审委员会、专家小组等,都应用了群决策方法。多指标群决策方法主要包括综合加权法、总体偏差法、优序数法。

二、多属性群决策

群决策问题和多属性或者多准则决策问题相结合就形成了更为复杂的多属性群决策问题。在现实世界里,特别是许多复杂的实际问题,如某个企业所面对的决策投资问题、某个生产型企业的厂址选择问题、某项科技成果的综合评价问题、某个地区的城市交通规划问题、某个单位的员工考评问题、某个项目的综合评估问题,以及某些重要方案的综合排序问题等各类决策中,本质上都属于多属性群决策问题的范畴。

1. 多属性群决策的概念

由此可以得出,多属性群决策所要解决的问题一般情况下都是较为复杂的,在多属性群决策的过程中所选择的决策原则是什么、用于衡量的属性如何选取、每个决策成员之间的权重和选取的属性之间的权重分配如何，以及将选取的属性和权重进行集结的方法是什么、进行决策的步骤是什么等，在这个群决策的过程中，每一个方面、每一个步骤，都直接影响着最终的群决策结果。

虽然多属性群决策是以个体决策为基础的，但是其还是有别于个体决策，因此，很多针对个体决策的理论不能简单地直接照搬到多属性群决策中，必须针对多属性群决策的特点对其进行改进。多属性群决策是多属性决策与群决策相互交叉形成的研究方向，多属性群决策属于群决策的一个重要分支，多属性群决策是以多属性决策为基础，但是又与多属性决策存在很大的差别。其中最大的差别就是如何针对各个决策者所做出的决策结果进行集成，得到群决策结果。如果能够找到一种合理的决策信息集成规则，那么就可以使用多属性决策领域的决策方法来解决多属性群决策问题。

2. 多属性群决策的过程

多属性群决策是一个包含大量的认知、反应和判断的过程，其间的每一步都会影响决策结果的质量。因此，多属性群决策过程需要遵循一定的程序，可以将其分为四个阶段。

阶段一：首先要明确需要解决的多属性群决策问题是什么，而这个多属性问题的内部构造是什么，所要面对的外部决策环境是什么。其次要明确在解决这个多属性群决策问题时采用的决策规则是什么，群决策者都包含哪些成员，以及方案集中的备选方案有哪些。

阶段二：根据各个决策者对各方案的偏好，建立各属性上的偏好关系。在这一阶段，需要各决策者按照自身对各属性间的偏好关系形成每个决策者的个人意见。

阶段三：在上述分析的基础上，通过一定的集结方法将每个决策者的个人意见集结成群体意见。

阶段四：通过在上一过程中得到的群体意见对各备选方案进行整体评价，得出最终的群决策方案。

三、模糊群决策

由于客观事物的复杂性以及人们对客观世界判断的不确定性，将模糊集理论引入群决策方法中是合理的。模糊群决策是在考虑多种因素的影响下，多个个体运用模糊数学工具对某事物做出统一的决策行为。

模糊群决策的理论建立在个体决策理论的基础上，因此，个体决策理论假设也是群决策假设，如对决策者理性的假设、偏好的传递性要求等。除此之外，模糊群决策由于是多个决策者共同对问题做出决策，它也有自己的一些特点。不同的研究者由于研究的目的不同，对群决策研究的假设也稍有不同。

1. 群特征根法

由 $e_1,e_2,\cdots,e_m$ 组成的 m 个专家群组成决策系统 G，评价 n 个对象 $p_1,p_2,\cdots,p_n$，第 i 个专家 e_i 对第 j 个被评价目标 p_j 的评分记为 $x_{ij}\in[I,J]$。x_{ij} 的值越大，目标 p_j 越优。e_i 及其群组 G 的评分组成 n 维列向量 $\boldsymbol{x}_i=(x_{i1},x_{i2},\cdots,x_{in})^{\mathrm{T}}\in E^n$ 和 $m\times n$ 阶矩阵 $\boldsymbol{X}$。

$$X=\begin{bmatrix} x_{11} & x_{12} & \cdots & x_{1n} \\ x_{21} & x_{22} & \cdots & x_{2n} \\ \vdots & \vdots & & \vdots \\ x_{m1} & x_{m2} & \cdots & x_{mn} \end{bmatrix}$$

它们是专家和群组在一次决策过程中所做的结论，代表各自对被评价事物的评估值。

专家的决策水平不仅取决于他的专业水平、经验、知识面和综合能力，而且与决策时的精神状态、情绪和偏好密切相关。因此，现实中决策可靠性达最大值1（或者说决策的不确定性、不可靠性达最小值0）的专家是不存在的。假设一个评分最准（可靠性达100）、最公正即决策水平最高的专家称为理想（最优）专家e，其评分向量为$\boldsymbol{x}_*=(x_{*_1},x_{*_2},\cdots,x_{*_n})^{\mathrm{T}}\in E^n$。由于人们总是聘请水平较高的专家参与，因此将理想专家定义为，对被评价事物的知识与专家群体G有最高一致性的专家，即e的决策结论与G的完全一致，与专家个体间的差异最小。

由此，$\boldsymbol{x}_*$是使函数

$$f=\sum_{i=1}^{m}(\boldsymbol{b}^{\mathrm{T}}\boldsymbol{x}_i)^2 \tag{8-40}$$

取最大值时的向量。式中：$\boldsymbol{b}=(b_1,b_2,\cdots,b_n)^{\mathrm{T}}\in E^n$，且不失一般性，可设$\|\boldsymbol{b}\|_2=1$，即

$$\max_{\substack{\boldsymbol{b}\in E^n \\ \|\boldsymbol{b}\|_2=1}}\sum_{i=1}^{m}(\boldsymbol{b}^{\mathrm{T}}\boldsymbol{x}_i)^2=\sum_{i=1}^{m}(\boldsymbol{x}_*^{\mathrm{T}}\boldsymbol{x}_i)^2 \tag{8-41}$$

为了求出$\boldsymbol{x}_*$、G对被评事物的总评分，先引入弗罗贝纽斯（Frobenius）定理的结论，即若n阶实矩阵$\boldsymbol{Q}\geqslant 0$为不可约矩阵，则：

①$\boldsymbol{Q}$有最大的正特征根$\rho_{\max}$，且为单根；

②$\rho_{\max}$对应$\boldsymbol{Q}$的特征向量可以全部由正分量组成，因此特征向量只相差一个比例因子。

显然，评分矩阵$\boldsymbol{X}$构成的方阵$\boldsymbol{F}=\boldsymbol{X}^{\mathrm{T}}\boldsymbol{X}$是符合Frobenius定理条件的，因此，欲求的理想专家评分向量$\boldsymbol{x}_*$，就是$\rho_{\max}$对应的正特征向量，证明略。

2. 离差最大化法

一个决策问题的各指标权重完全未知，决策矩阵为$\boldsymbol{X}=(x_{ij})_{n\times m}$，经过规范化处理后的决策矩阵为$\boldsymbol{R}=(r_{ij})_{n\times m}$。假设各指标的权重向量为$\boldsymbol{w}=(w_1,w_2,\cdots,w_n)$，$w_j\geqslant 0$，$j\in P$，权重满足约束条件

$$\sum_{j=1}^{m}w_j^2=1 \tag{8-42}$$

则各样本的综合指标值可以定义为

$$z_i(\boldsymbol{w})=\sum_{j=1}^{m}r_{ij}w_j \tag{8-43}$$

在一个多指标决策体系中，一般是对这些样本综合指标值的排序比较。若所有样本在指标p_j下的指标值差异越小，则说明该指标对样本决策与排序所起的作用越小；反之，如果

指标 p_j 能使所有方案的指标值有较大差异，则说明其对决策与样本排序将起重要作用。因此，从对各样本进行排序的角度考虑，样本指标值偏差越大的指标应该赋予越大的权重。如果所有样本在指标 p_j 下的指标值无差异，则指标 p_j 对决策将不起作用，可令其权重为 0。对于指标 p_j，用$V_{ij}(\boldsymbol{w})$表示 e_i 与其他所有方案之间的离差，则可以定义

$$V_{ij}(\boldsymbol{w})=\sum_{k=1}^{n}|r_{ij}w_j-r_{kj}w_j|,\quad i\in N,j\in M \tag{8-44}$$

令

$$V_j(\boldsymbol{w})=\sum_{i=1}^{n}V_{ij}(\boldsymbol{w})=\sum_{i=1}^{n}\sum_{k=1}^{n}|r_{ij}-r_{kj}|w_j,\quad j\in M \tag{8-45}$$

则$V_j(\omega)$指标表示对 p_j 而言，所有样本与其他样本的总离差。根据以上分析知，权重向量 $\boldsymbol{w}$ 的选择应使所有指标对所有样本的总离差最大。为此，构造目标函数为

$$\max V(\boldsymbol{w})=\sum_{j=1}^{m}V_j(\boldsymbol{w})=\sum_{j=1}^{m}\sum_{i=1}^{n}\sum_{k=1}^{n}|r_{ij}-r_{kj}|w_j \tag{8-46}$$

于是，求解权重向量 $\boldsymbol{w}$ 等价于求解如下最优化模型：

$$\begin{cases}\max V(\boldsymbol{w})=\sum_{j=1}^{m}\sum_{i=1}^{n}\sum_{k=1}^{n}|r_{ij}-r_{kj}|w_j\\ \text{s.t. } w_j\geqslant 0,\quad j\in M,\quad \sum_{j=1}^{m}\boldsymbol{w}_j^2=1\end{cases} \tag{8-47}$$

解此最优化模型，作拉格朗日函数

$$L(\boldsymbol{w},\zeta)=\sum_{j=1}^{m}\sum_{i=1}^{n}\sum_{k=1}^{n}|r_{ij}-r_{kj}|w_j+\frac{1}{2}\zeta\left(\sum_{j=1}^{m}w_j^2-1\right) \tag{8-48}$$

求其偏导数，并令

$$\left.\begin{aligned}&\frac{\partial L}{\partial w_j}=\sum_{i=1}^{n}\sum_{k=1}^{n}|r_{ij}-r_{kj}|w_j+\frac{1}{2}\zeta w_j=0,\quad j\in M\\ &\frac{\partial L}{\partial \zeta}=\sum_{j=1}^{m}w_j^2-1=0\end{aligned}\right\} \tag{8-49}$$

求得最优解

$$\boldsymbol{w}_j^*=\frac{\sum_{i=1}^{n}\sum_{k=1}^{n}|r_{ij}-r_{kj}|}{\sqrt{\sum_{j=1}^{m}\left[\sum_{i=1}^{n}\sum_{k=1}^{n}|r_{ij}-r_{kj}|\right]^2}},\quad j\in M \tag{8-50}$$

由于传统的权向量一般都满足归一化约束条件而不是单位化约束条件，所以在得到单位化的权向量$\boldsymbol{w}_j^*$ 之后，为了与习惯一致，对$\boldsymbol{w}_j^*$ 进行归一化处理，即令

$$\boldsymbol{w}_j=\frac{\boldsymbol{w}_j^*}{\sum_{j=1}^{m}\boldsymbol{w}_j^*},\quad j\in M \tag{8-51}$$

由此得

$$w_j=\frac{\sum_{i=1}^{n}\sum_{k=1}^{n}|r_{ij}-r_{kj}|}{\sum_{j=1}^{m}\sum_{i=1}^{n}\sum_{k=1}^{n}|r_{ij}-r_{kj}|},\quad j\in M \tag{8-52}$$

综上所述,离差最大化算法的具体步骤可以归纳如下。

(1)构造决策矩阵 $\boldsymbol{X}=(x_{ij})_{n\times m}$,并利用适当方法归一化为 $\boldsymbol{R}=(r_{ij})_{n\times m}$。

(2)利用式(8-52)计算最优权重 $\boldsymbol{w}$。

(3)利用式(8-43)计算各样本 e_i 的综合指标值$z_i(\boldsymbol{w})$。

(4)利用$z_i(\boldsymbol{w})$对方案进行排序和择优。

3. 模糊群决策方法步骤

结合模糊评价方法、群决策方法和离差最大化法,模糊群决策的具体步骤如下。

(1)确定评价指标集 $P^{(t)}$,$t=1,2,\cdots,q$,t 为指标的层数。将指标集 $P^{(t)}$ 分成若干组 $P^{(t)}=\bigcup\limits_{i=1} P_i^{(t-1)}$,其中

$$P_i^{(t-1)}\cap P_j^{(t-1)}=\varphi,\quad i\neq j$$

设 $P_i^{(t)}=\{p_{i1}^{(t)},p_{i2}^{(t)},\cdots,p_{im_i}^{(t)}\}$,$p_{im_i}^{(t)}$ 为第 t 层指标的第 i 个子集中第 m_i 个指标,则具有 3 层的指标体系为

$$P^{(1)}=\{P_1^{(2)},P_2^{(2)},\cdots,P_k^{(2)}\}=\{p_{11}^{(3)},\cdots,p_{1m_1}^{(3)},p_{21}^{(3)},\cdots,p_{2m_2}^{(3)},\cdots,p_{k1}^{(3)},\cdots,p_{km_k}^{(3)}\}$$

其中,$P_i^{(2)}$ 为第 2 层指标的第 i 个子集,$i=1,2,\cdots,k$。

(2)确定专家集 $G=\{e_1,e_2,\cdots,e_m\}$,e_s 为第 s 个专家,$s=1,2,\cdots,n$。

(3)确定评语集 $V=\{v_1,v_2,\cdots,v_k\}$,v_i 为第 i 个专家,$i=1,2,\cdots,k$。

(4)确定各指标对应评语集的隶属度函数。

(5)确定专家评价矩阵。

$$\boldsymbol{X}_i^{(t)}=\begin{bmatrix} x_{i11}^{(t)} & x_{i12}^{(t)} & \cdots & x_{i1m_i}^{(t)} \\ x_{i21}^{(t)} & x_{i22}^{(t)} & \cdots & x_{i2m_i}^{(t)} \\ \vdots & \vdots & & \vdots \\ x_{in1}^{(t)} & x_{in2}^{(t)} & \cdots & x_{inm_i}^{(t)} \end{bmatrix}$$

式中:$x_{isj}^{(t)}$为对于第 t 层指标的第 i 个子集,第 s 个专家对第 j 个指标的评价,$t=1,2,\cdots,q$,$i=1,2,\cdots,k$,$s=1,2,\cdots,n$,$j=1,2,\cdots,m_j$。

(6)用群特征根法计算最优专家的评价向量 $\boldsymbol{x}_{i*j}^{(t)}$,其中 $x_{i*j}^{(t)}$为对于第 t 层指标的第 i 个子集,最优专家对第 j 个指标的评价。

(7)根据最优评价向量 $\boldsymbol{x}_{i*j}^{(t)}$的各分量和隶属度函数求第 t 层指标模糊评判矩阵$\boldsymbol{U}_i^{(t)}$,其中$\boldsymbol{U}_i^{(t)}$ 为第 t 层指标的第 i 个子集的模糊评价矩阵。

(8)利用离差最大化法计算第 t 层评价指标的第 i 个子集的权重向量$\boldsymbol{W}_i^{(t)}$。

(9)利用模糊合成算子将$\boldsymbol{U}_i^{(t)}$ 和$\boldsymbol{W}_i^{(t)}$ 合成为$\boldsymbol{B}_i^{(t)}=(\boldsymbol{W}_i^{(t)})^{\mathrm{T}}\circ\boldsymbol{U}_i^{(t)}$,得到每个评语集的隶属度。模糊合成算子采用加权平均型 $M(\cdot,+)$,即$b_i=\sum\limits_{k=1}^{m}(w_k\cdot u_{kj})$。

综合以上步骤,模糊群决策方法的流程如图 8-8 所示。

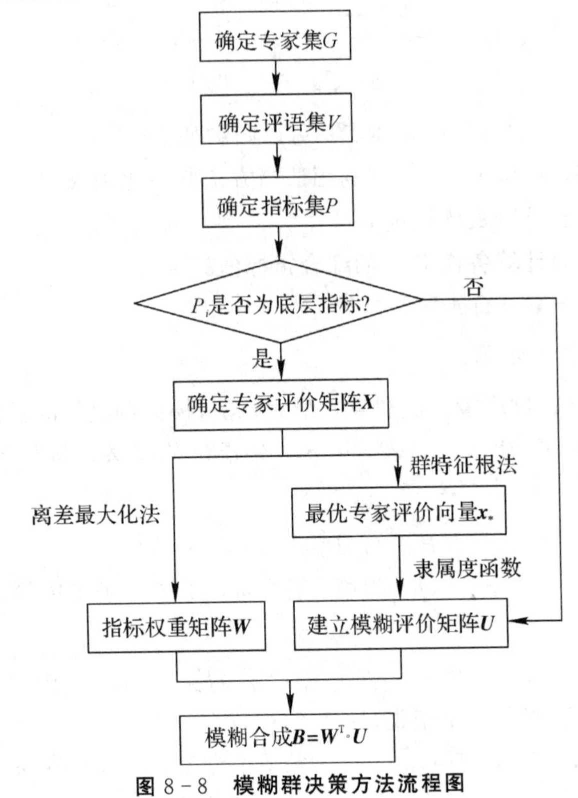

图 8-8　模糊群决策方法流程图

思考题八

1. 如何理解不确定型决策的各个准则?

2. 如何理解风险型决策中的"风险"?

3. 试述多目标决策的过程。

4. 什么是群决策,群决策的优点有哪些?

5. 如何理解多属性群决策?

6. 试述模糊群决策的流程。

7. 设有四个决策单元,两个投入指标和一个产出指标的评价系统,数据如图 8-9 所示,写出决策单元 2 相对有效性的 DEA 模型(P_ε)、(D_ε)。

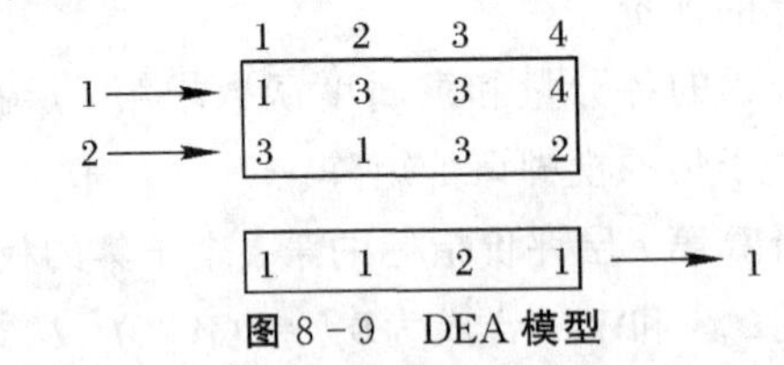

图 8-9　DEA 模型

8. 求出第 7 题中评价系统 DEA 有效的决策单元,并对于非 DEA 有效的决策单元,求出它在 DEA 相对有效面上的投影,分析其非 DEA 有效的经济原因。

第九章　系统计划方法与模型

计划与调度网络分析技术包括关键路线法(Critical Path Method,CPM)、计划评审技术(Program Evaluation and Review Technique,PERT)和图示评审技术(Graphical Evaluation and Review Technique,GERT)等,是系统工程中常用的一种科学管理方法。其基本原理是将组成系统的各项任务和作业按阶段的先后顺序,用网络图的形式表现出来,并对系统的总体要求进行各项作业的组织、协调和控制,以期达到最有效地利用人力、物力和财力资源,或用最少的时间来完成整个系统的预期目标。

第一节　Petri 网概述

Petri 网理论是 1962 年德国学者 Carl Adam Petri 博士在他的博士论文《用自动机通信》中首先提出来的,当时,他利用因果关系对一并行系统进行了描述。随后 Petri 的工作引起了欧美学术界和工业界的注意。自 Petri 博士首次提出 Petri 网概念,40 多年来 Petri 网理论与技术不断地充实和完善,抽象、描述能力日益增强,从而使 Petri 网建模得到了迅速发展和广泛应用。截至目前,Petri 网研究及应用已远远超出计算机科学领域,而成为描述和分析复杂离散事件动态系统的一种强有力的图形工具和信息流模型。它以具有强大模拟能力和描述与分析并发现象的独特优势,尤其适用于有分布、并发、同步、异步,资源共享特征的复杂大系统(如工业生产流水线系统、通信系统、分层递阶复杂控制系统、军队指挥自动化系统、飞行器和水下航行器制导系统、复杂系统故障诊断与维修、海量存储器动态系统等)的建模与仿真,并取得了举世瞩目的成果。Petri 网理论自提出以来,一直不断地充实和完善。下面对 Petri 网的基本概念和数学模型进行阐述。

一、基本术语

经典的 Petri 网是一个双重有向图,有两类节点类型,称作库所 P(Place)和变迁 T(Transition),在任何时刻,库所当中包含零个或者多个标记(Token)。通常情况下,用圆圈表示库所,用矩形表示变迁,用黑点表示标记。库所与变迁之间用有向弧 F 连接,相同类型的两个节点之间不允许相连，如图 9－1 所示。

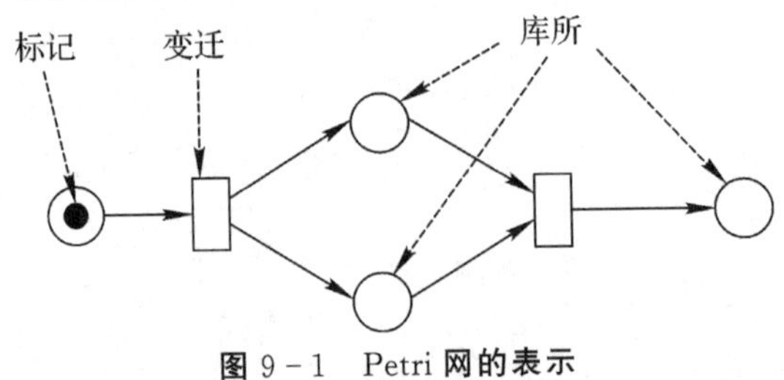

图 9－1 Petri 网的表示

库所 P 用于描述可能的系统局部状态（条件或状况），例如，计算机和通信系统的队列、缓冲、资源等。变迁 T 用于描述修改系统状态的事件。例如，计算机和通信系统的信息处理、发送、资源的存取等。有向弧 F 使用两种方法规定局部状态和事件之间的关系，描述事件能够发生的局部状态，并由事件触发局部状态转换。标记在库所中的动态的变化表示系统的不同状态。如果一个库所描述一个条件，它能包含一个标记或不包含标记。那么当一个标记表现在这个库所中时，条件为真；否则，为假。如果一个库所定义一个状况，那么在这个库所中的标记个数用于规定这个状况。例如，在计算机和通信系统中，标记可以用于表示处理的信息单元、资源单元和顾客、用户等对象实体。

二、数学模型

从数学角度讲，Petri 网可以抽象为六元组，即

$$\mathrm{PN}=(P,T,F,W,M,M_0) \tag{9-1}$$

式中：

P——$P=\{p_1,p_2,\cdots,p_m\}$，是一个有限库所（Place）集，用于表示系统中资源或条件的状态；

T——$T=\{t_1,t_2,\cdots,t_n\}$，是一个有限变迁（Transition）集，用于表示系统中的事件；

F——$F\subseteq(p\times T)\cup(T\times p)$，是一个有限的连接库所到变迁或变迁到库所的有向弧或关系的集合，表示事件发生的前提或结果；

W——$F\rightarrow\{1,2,\cdots,\}$，有向弧的权函数；

M——$p\rightarrow\{0,1,2,\cdots,\}$，状态标识含有托肯的数量；

$\mathbf{M_0}$——$p\rightarrow\{0,1,2,\cdots,\}$，为初始标识，用于表示系统的初始状态（资源的初始分布），即初始标识含有托肯的数量。

上述 Petri 网的定义中，当 $M\equiv1$、$W\equiv1$ 时可简写为 4 元组 $\mathrm{PN}=(P,T,F,M_0)$。

标记（token）位于库所中，所有库所中标记的分布称为标识，标识用于表示系统的状态，它会随着变迁的实施而重新分布，从而表征系统的动态行为。

用其中四元素[位置、变迁、弧和托肯（或称标记）]为系统建模。建模中，利用位置、变迁、弧的连接表示系统的静态功能和结构，通过变迁点火和标记移动描述系统的动态行为。图形化的 Petri 网被称为 Petri 网图。图中，位置节点以圆圈“○”表示，变迁节点以粗线“—”或小方块“□”表示；有向弧的权值 W 被标注在该有向弧旁；托肯数以黑点数被标注在相应位置节点圆圈内。

Petri 网的描述过程如下：

①每一个任务由一个变迁 t_i 表示；

②若变迁有一后继变迁 t_j，则加入一库所 P_k，并连接由 t_i 到 P_k 和 P_k 到 t_j 的弧；

③若变迁无前序变迁，则加入一库所 P_j，连接 P_j 到 t_i 的弧，并在 P_j 中放入一个托肯；

④若变迁无后继变迁，则加入一库所 P_k，连接 t_i 到 P_k 的弧；

⑤加入一变迁 t_{switch}，它不代表任何子任务，连接所有从 t_{switch} 到第③步的库所 P_j 的弧，连接所有第④步中库所 P_k 到 t_{switch} 的弧。

基于 Petri 网的建模方法的本质是数学建模的 Petri 网表示。

(1)库所一般用以描述模型输入和输出量，或者模型状态。在产生式规则下，库所标志为 1 表示库所表示项为真，否则为零。于是 Petri 网可运行，并产生正向推理过程。

(2)变迁一般用来描述模型的算子，而算子仅是一个约定的符号。在有条件输出时，变迁还用来描述约束条件。在 Petri 网中，只要确定起始变迁和终止变迁，就可以运行和分析。

(3)弧线表示模型库中的各个算子与变量之间相互关系，以双弧线"⇆"来描述，而单弧线"→"表示算子与算子输出之间的关系，还可表示状态与算子之间的关系。

(4)标识是用来证明变量的值是否存在符号，如库所上标识为 1，则表示变量存在。当变迁的所有库所的标识均存在时，该变迁表示的算子即可运算；否则不能运算。

图 9－2 给出了某简单工业生产流水线模型的 Petri 网表示。

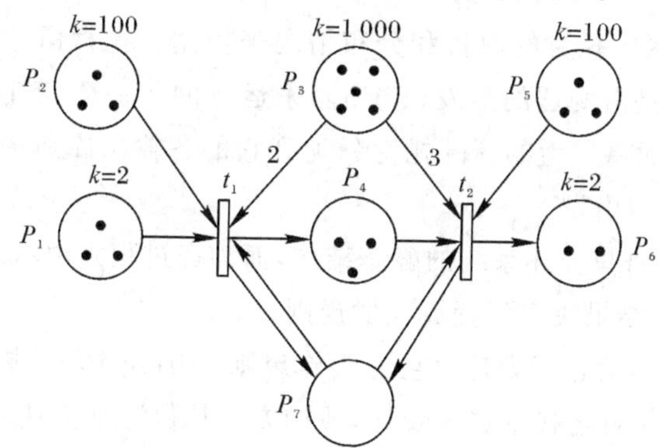

图 9－2　某工业流水线的 Petri 网图

图 9－2 表明，这段工业生产流水线有两个加工操作，用变迁 t_1 和 t_2 表示，它们都使用工具 P_7；第一个变迁 t_1，将前面传来的半成品 P_1 和部件 P_2 用两个螺丝钉 P_3 固定在一起，变成半成品 P_4；第二个变迁 t_2 再将此半成品 P_4 和部件 P_5 用三个螺丝钉固定在一起，得到半成品 P_6。

Petri 网研究的系统模型行为特性包括状态的可达(Reachability)、位置的有界性(Boundedness)、变迁的活性(Liveness)、初始状态的可逆达(Reversibility)、标识之间的可达(Reachability)、变迁之间的坚挺(Persistence)、事件之间的同步距离(Synchronic Distance)和公平性(Fairness)等。Petri 网模型的主要分析方法依赖于：可达树、关联矩阵和状态方程、不变量(Invariants)和分析化简规则。Petri 网的抽象、描述能力也不断地向纵向和横向发展。它的纵向扩展表现为：从基本的条件/事件(C/E)网，经过位置变迁(P/T)网，发展到高级网(HLN)(包括谓词/变迁网和着色网)。它的横向扩展表现为：从没有参数的网，发展到时间 Petri 网和随机 Petri 网；从一般有向弧发展到禁止弧和可变弧；从自然数标记个数到概率标记个数；从原变迁发展到谓词变迁和子网变迁。Petri 网描述能力的增强就会在某种程度上增加 Petri 网分析的难度，增加对系统模型性质的判断和计算的困难。显然，任何 Petri 网的扩展应当考虑特定的应用环境。既要增加模型描述和理解能力，又要便于系统模型的分析和计算。

在基本的 Petri 网中，标记都是不加区分的。而在高级 Petri 网(HLPN)中，可以为标记赋予属性或者为标记使用颜色来加以区分。典型的 HLPN 有谓词/变迁网、着色网和关系网。HLPN 最初提出的目的在于增加模拟和描述能力，从而也增强了复杂系统模型的易读性。

第二节 基本 Petri 网

基本 Petri 网模型是 Petri 网的基础，下面对基本 Petri 网模型特点加以分析。

一、Petri 网系统的执行规则

Petri 网的运行由网中托肯的数目和分布情况来控制。托肯留驻在库所里控制着变迁的运行。一个 Petri 网是由变迁的引发(Firing)来运行的。一个变迁的引发即是从它的各个输入库所移走托肯，而将产生的新的托肯分配到它的各输出库所中。一个变迁只有当它使能 (Enabled)时才可以引发。

应指出，Petri 网本身只描述系统的静态结构，而动态过程则由状态标识变迁来表征，状态标识能否变迁和变迁结果决定于变迁发射规则。

一个 Petri 网模型的动态行为是由它的实施规则(Firing Rule)规定的。如果一个变迁的所有输入位置(这些位置连接到这个变迁，弧的方向从位置到变迁)至少包含一个标记，那么这个变迁可能实施(相联系的事件可能发生)。对这种情况，这个变迁称为可实施。一个可实施变迁的实施导致从它所有输入位置中都清除一个标记，在它的每一个输出位置(这些位置连接到这个变迁，弧的方向从变迁到位置)中产生一个标记。

应当注意，PN 模型的状态转换是局部的，它仅涉及一个变迁通过输入和输出弧连接位置的状态变化。这是 PN 模型的一个关键特性，利用这个特性可以容易描述并行、分布系统。

变迁发射有两个规则：

(1)$M(p_i)\geqslant W(p_i,t)$及$K(p_j)\geqslant M(p_j)+W(t,p_j)$

式中：$M(p_i)$——对于变迁 t 的每一个输入位置 p_i 中包含的托肯数；

$W(p_i,t)$，$W(t,p_j)$——有向弧的权重；

$M(p_j)$——对于变迁 t 的每一个输出位置 p_j 中包含的托肯数；

$K(p_j)$——对于变迁 t 的每一个输出位置 p_j 的容量。

(2)从变迁节点 t 的各个输入位置中减去托肯数，等于各输入位置之变迁节点 t 的输入有向弧的权；在变迁节点 t 的各个输出位置中加上托肯数，等于变迁节点 t 的各个输出位置的输出有向弧的权。

变迁使能和发生的规则可以解释如下。

(1)一个变迁是使能的，当且仅当该变迁的每一个输入库所中的托肯数大于或等于输入弧的权值，并且该变迁的输出库所中已有的托肯数与输出弧权值之和小于输出库所的容量。

(2)变迁发生的充要条件是该变迁是使能的。

(3)变迁发生时，从该变迁的输入库所中移出与输入弧权值相等的托肯数，在该变迁的输出库所中产生与输出弧权值相等的托肯数。

二、Petri 网的基本行为

在 Petri 网系统中，可以定义变迁之间的顺序、并发、冲突和冲撞关系。另外，库所集还存在死锁和陷阱的可能性。

1. 顺序关系(先后关系)

图 9－3 中的变迁t_1和 t_2 为先后关系，t_1 先发生。

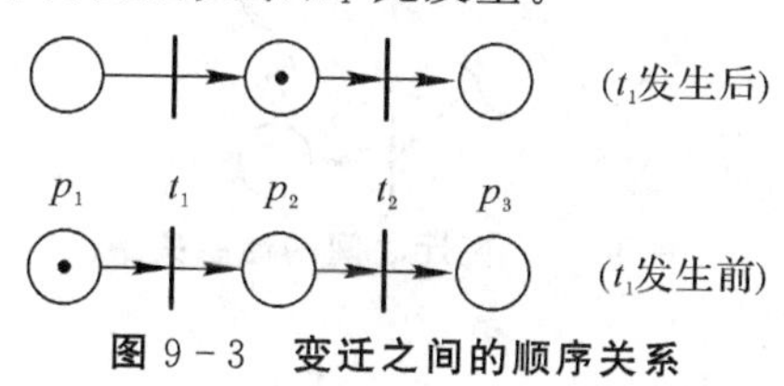

图 9－3　变迁之间的顺序关系

2. 并发关系

两个以上的变迁都可以发生，且互不影响。如图 9－4 中的变迁 t_2 和 t_3 并发。

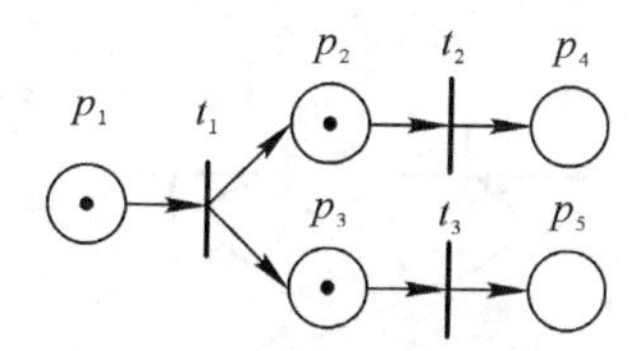

图 9－4　变迁之间的并发关系

3. 冲突关系

若两个变迁中的一个发生，另一个必不能发生，则这两个变迁冲突。图 9－5 中，库所 p_1 中仅有一个托肯，故变迁 t_1 和 t_2 冲突，即冲突是因共享资源不够所引起的。

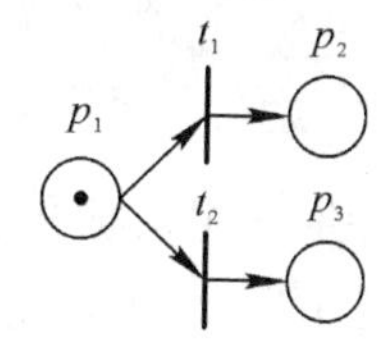

图 9－5　变迁之间的冲突关系

4. 冲撞关系

图 9－6 中，变迁 t_1 和 t_2 中只有一个发生，否则库所 p_3 中的令牌大于 1。故冲撞是由库所容量不够所引起的。

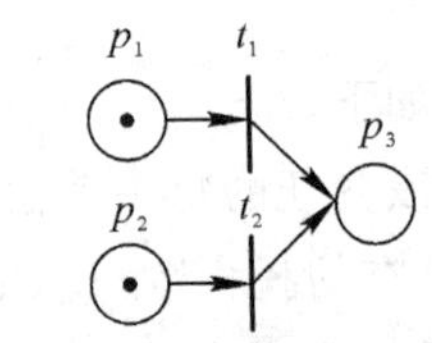

图 9－6　变迁之间的冲撞关系

5. 迷惑关系

图 9－7 中，若变迁 t_2 先发生，则 t_1，t_3 不能发生，反之，若 t_1，t_3 发生，则 t_2 不能发生，即变迁的发生取决于发生的次序。该图中，t_1 和 t_3 并发，t_1 和 t_2 冲突，t_1 和 t_3 冲突，即迷惑的表现形式为并发和冲突并存。

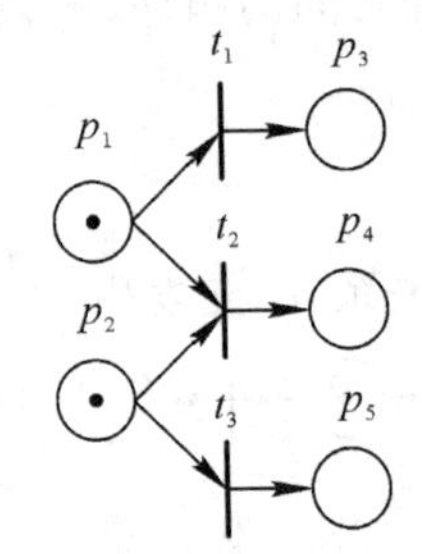

图 9－7　变迁之间的迷惑关系

6. 死锁关系

图 9－8 中，变迁 t_1 发生的条件是库所 p_4 中有一个令牌，而要 p_4 中有一个令牌必须变迁 t_2 发生，但 t_2 发生必须要库所 p_3 中有一个令牌，然而要 p_3 中有一个令牌必须变迁 t_1 发生，故 t_1 和 t_2 不可能发生。

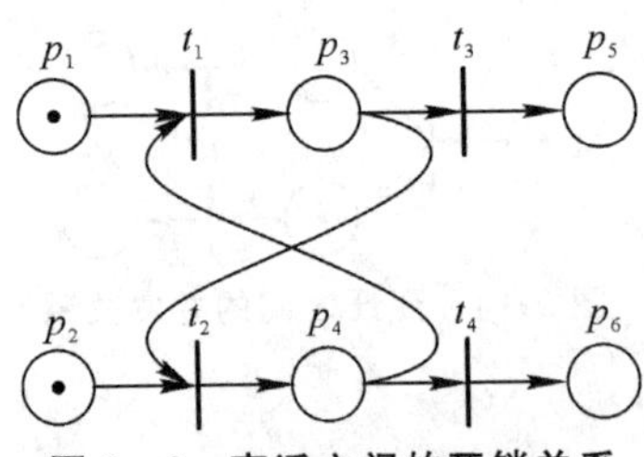

图 9－8　变迁之间的死锁关系

三、Petri 网的性质

1. 可达性

若存在一组变迁 $t_0, t_1, t_2, \cdots, t_n$，产生一组对应的标识 $M_0, M_1, M_2, \cdots, M_n$，称 M_n 是从 M_0 可达的。若用 σ 表示这一组顺序变迁 $t_0, t_1, t_2, \cdots, t_n$，记为 $M_0[\sigma > M_n$，从 M_0 可达的一切标识的集合记为 $R(M_0)$。

这个性质非常有用，因为若某种状态M，没有任何变迁可达，则在实际中就有一个状态永远不会发生，即称之为死锁。

2．有界性

如果存在一个正整数K，使得$\forall M \in R(M_0)$都有$M(p_i) \leqslant K$，则称库所$p_i \in P$对初始标识M_0是有界的；若PN中所有库所对M_0都是有界的，则称该Petri网为有界Petri网。

该性质表明库所的令牌数不会超出某一有限的正整数K，表示系统不会出现无限溢出的现象。资源库所的上限表示资源的容量，过程库所的上限表示该过程状态处理的最大事件数。

3．活性

在Petri网中，如果对$\forall M \in R(M_0)$，都存在$M' \in R(M)$，使得$M'[t>$，则称变迁t为活的，也就是说，若Petri网中任一变迁在任何可达标识都有潜在发生权，则称该Petri网为活的Petri网。

4．安全性

如果库所p_i在任一时刻的托肯数量最多为1个，那么称其为安全的。如果某Petri网中的所有库所都是安全的，那么称该Petri网是安全的。

四、Petri网分析方法

Petri网的分析方法可以分为行为特性分析方法和结构分析方法两大类，常用的分析方法有以下几种。

(1)分层或化简：在保证系统基本性质不变的情况下进行分层或化简，以简化问题的复杂性。

(2)可达树方法：这是一种简单有效的分析方法，将Petri网运行的所有可达状态以树的形式枚举出来，这样，有界性、活性等性质容易得到验证。

(3)矩阵方程求解：也称为不变量方法，通过对P——不变量、T——不变量、矩阵的秩等运算，用来研究周期性等性能。

(4)结构分析方法：基于Petri网的许多性质是由网的结构决定的，它们独立于网的初始标识M_0，即这些特性适合于网的任何初始标识，通常用网的关联矩阵及其相关的齐次方程表示进行分析。

第三节　高级Petri网

近年来，人们以各种形式把时间引入Petri网，其中常见的有下面两种引入方式。

一是每个位置相关联一个时间参数；二是每个变迁相关联一个时间参数。目前大多数文献采用后者，这是因为Petri网作为系统的一种模型，在系统中一个事件的发生(通常用一个变迁的实施来表示)需要一定的时间，因此时间与变迁相关联是比较自然的。

有一种在 Petri 网中引入时间参数的方法是：在每个变迁的可实施与实施之间联系一个随机的延迟时间，这种类型的 Petri 网叫作随机 Petri 网(Stochastic Petri Net，SPN)，也有 Petri 网模型将离散时间引入随机网，从而增强了模拟能力。大多数随机 Petri 网的性能分析是建立在其状态空间与马尔可夫链同构的基础上的。随机 Petri 网为系统的性能模型提供良好的描述手段，随机马尔可夫过程为模型的评价提供坚实的数学基础。

另外，在不同的 Petri 网性能模型中，变迁的实施步骤有两个，在一个可实施的变迁经过延迟时间后，它仅有一个步骤将输入位置的标记清除，同时将标记移入输出位置。但在有的性能模型中，一个可实施的变迁在实施概念上有三个步骤：第一步将输入位置的标记清除；第二步变迁在实施延迟时间内"保持"这些清除的标记；第三步将标记移入变迁的位置。如果每一个变迁都同一个指数分布的随机变量相关联，那么系统状态的延时保持时间也是一个指数分布的随机变量。不同的实施规则，对系统的状态空间构成有不同的影响。

在随机 Petri 网中，变迁实施延时随机变量又分为离散和连续两种情形。对这两种随机变量可定义多种分布。为保证随机过程是马尔可夫过程或可嵌入马尔可夫过程，通常要求相关离散时间的随机变量为几何分布，而相关连续时间随机变量为指数分布。

1. 随机 Petri 网的概念

把变迁与随机的指数分布实施延时相联系起来的思想是由 Molloy，Florin 和 Natkin 等人独立提出来的。给 P/T 网的每个变迁相关联一个实施速率(Firing Rate)，得到的模型就是 SPN。

在连续时间随机 Petri 网中，一个变迁从可实施到实施需要延时，即从一个变迁 t 变成可实施的时刻到它实施时刻之间被看成一个连续随机变量 x_t(取正整数值)，且服从于一个分布函数：

$$F_t(x)=P\{x_t\leqslant x\} \tag{9-2}$$

在 Molloy 提出的连续时间 SPN 中，相关于每个变迁的分布函数定义成一个指数分布函数：$\forall t\in T$：$F_t=1-\mathrm{e}^{-\lambda_t x}$。其中实参数$\lambda_t>0$ 是变迁 t 的平均实施速率，变量 $x\geqslant 0$。可知：

①两个变迁在同一时刻实施的概率为零；

②SPN 的可达图同构于一个齐次马尔可夫链(Markov Chain，MC)，因而可用马尔可夫随机过程求解。

指数分布是满足马尔可夫特性的连续随机变量的唯一分布函数。因此，要想把马尔可夫随机过程应用于 SPN 的可达图，每个变迁的延时服从指数分布是充要条件。

可以定义连续时间随机 Petri 网如下，连续时间 $\mathrm{SPN}=(S,T;F,W,M_0,\lambda)$，其中 $(S,T;F,W,M_0,\lambda)$是一个 P/T 系统，$\lambda=\{\lambda_1,\lambda_2,\cdots,\lambda_m\}$是变迁平均实施速率集合。

λ_i 是变迁 $t_i\in T$ 的平均实施速率，表示在可实施的情况下单位时间内平均实施的函数。例如在一个变迁表示多个任务或进程并发执行时，变迁 t_i 的平均实施速率就与任务个数(或进程个数)$\tau_i=1/\lambda_i$ 成正比。平均实施速率的倒数称为变迁 t_i 的平均实施延时或平均服务时间。

一个 SPN 模型同构于一个连续时间 MC 的状态空间。其中 SPN 模型中的每一个变迁元素与负指数分布的实施随机变量相关联所导致的无记忆性和标识的可数性是构造 SPN 可达图和连续时间 MC 之间同构的关键因素。当 SPN 模型在一个标识 M 下有多个可实施的变迁，它们的集合为 H。那么在基本 Petri 网中，H 中的任意一个变迁的实施都是可能的，而且它们的实施概率相同。而在 SPN 中，N 中的任意一个变迁的实施都是可能的，但它们的实施概率可能不同，假定 $t_i \in H$，则 t_i 实施的可能性为

$$P\{M \mid t_i>\} = \lambda_i / \sum_{t_k \in H} \lambda_k \tag{9-3}$$

2. 随机 Petri 网模型的分析方法

SPN 用于系统模型的性能分析时通常分为以下三步。

(1)建立系统的一个 SPN 模型。

(2)构造与该 SPN 同构的 MC。

具体实现方法：求出 SPN 的可达图，将其每条弧上标注的实施变迁 t_i 换成其平均实施速率λ_i(或与标识相关的函数)，即可得 MC。

【例 9-1】　如图 9-9 所示的 SPN 模型中，平均实施速率集 $\lambda=\{2,1,1,3,2,5\}$，图 9-10即为与该 SPN 同构的 MC。

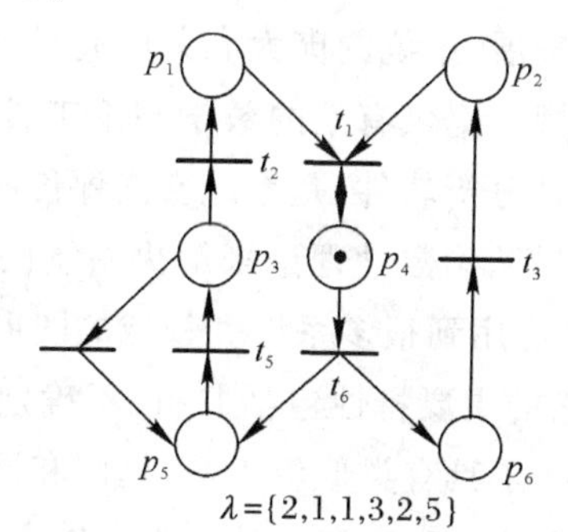

图 9-9　一个 SPN 模型

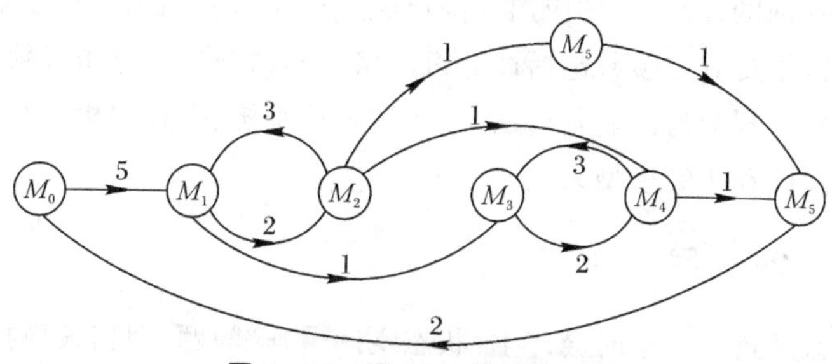

图 9-10　图 9-9 模型的 MC

(3)基于 MC 的稳定状态概率对所要求的系统进行性能分析。具体实现方法如下。

假定已有一个与 SPN 同构的 MC，其中$[M_0>$有 n 个元素，MC 有 n 个状态。定义一个 $n\times n$阶的无穷小发生器(或称转移矩阵)$\boldsymbol{Q}=[q_{i,j}]$，$i\geqslant 1, j\leqslant n$。

$$
\left.\begin{aligned}
&\text{if } \exists t_k \in T: M_i\left[t_k > M_j \text{ then } q_{i,j} = \frac{\partial(1-\mathrm{e}^{-\lambda_k \tau})}{\partial \tau}\right|_{t=0} = \lambda_k \\
&\text{else } q_{i,j} = 0, \text{当 } i \neq j \text{ 时} \\
&q_{i,j} = \left.\frac{\partial \prod\limits_k [1-(1-\mathrm{e}^{-\lambda_k t})]}{\partial \tau}\right|_{t=0} = \left.\frac{\partial(\mathrm{e}^{-\tau}\sum\limits_k \lambda_k)}{\partial \tau}\right|_{t=0} = -\sum_k \lambda_k, \text{当 } i=j \text{ 时}
\end{aligned}\right\} \tag{9-4}
$$

其中：$k \neq i$，且有 $\exists M' \in [M_0>$，$\exists t_k \in T: M_i[t_k > M'$，$\lambda_k$ 是 t_k 的速率。

设 MC 中 n 个状态的稳定状态概率是一个行向量 $\boldsymbol{X}=(x_1, x_2, \cdots, x_n)$，则根据马尔科夫过程有如下的线性方程组：

$$
\left.\begin{aligned}
&\boldsymbol{XQ} = \boldsymbol{0} \\
&\sum_i x_i = 1, \quad 1 \leqslant i \leqslant n
\end{aligned}\right\} \tag{9-5}
$$

解此线性方程组，即可得到每个可达标识的稳定概率 $P\{M_i\} = x_i (1 \leqslant i \leqslant n)$。

此外，由于基本 Petri 网可以看作为 SPN 的一个特例（所有变迁的实施时间为零），所以 SPN 模型既可以用于系统的性能分析，也可用于对系统的模型进行并行性和正确性等方面的分析。

3. 随机 Petri 网的应用

随着计算机技术的应用和发展，系统的庞大和复杂化使得系统性能评价问题变得越来越复杂并越来越引起人们的重视。提供有效的数学理论工具、直观的模型描述方法和有效的模型分析方法以及实用的辅助分析软件，是系统性能评价所面临的迫切需要解决的问题。

性能分析方法传统上采用排队论数学理论来解决系统的描述问题，数学求解的基础是马尔可夫随机过程。Petri 网可应用到很多系统和领域的图形和数学模型工具，也是信息处理系统描述的有力工具之一，它的主要特性包括并行、不确定、异步和分布描述能力和分析能力。作为图形工具，Petri 网除了具有类似流程图、框图和网图的可视描述功能，它还可以通过标记（Token）的流动模拟系统的动态和活动行为。作为数学工具，随机 Petri 网可以建立状态方程、代数方程和其他数学模型来描述系统的行为。

随着随机 Petri 网的发展，它的应用范围已经超过了计算机科学，成为研究离散事件动态系统的有力工具，主要应用领域包括计算机网络、分布式软件、分布式数据库系统、并发和并行计算机系统、柔性制造与工业制造系统、离散事件系统、多处理机系统、容错与故障诊断系统、办公自动化系统和决策模型系统。

二、广义随机 Petri 网

采用 SPN 对系统进行建模时会产生“状态空间爆炸”问题，即当被模拟系统的维数较高或对系统进行详尽描述时，SPN 的规模（指基网所含的元素）将很大，于是 SPN 模型可达图的状态空间呈指数增长，从而对 SPN 进行分析的难度也呈指数增长。为了克服 SPN 所存在的“状态空间爆炸”问题，M. Ajmone Marsan 等人提出了 SPN 的扩展模型——广义随机 Petri 网（Generalized Stochastic Petri Nets，GSPN）。GSPN 中包含两类变迁：一类为瞬时变迁，与随机开关相关联且实施延时为零；另一类为时间变迁，与指数随机分布的实施延时相关联。

在 GSPN 中，时间变迁的实施速率同 SPN 一样，也可能依赖于标识。在图形表示上，时间变迁用粗棒或长方形来表示，瞬时变迁用细棒或线段来表示。GSPN 的求解可以采用比较成熟的性能分析工具，如美国 Duke 大学的随机 Petri 网软件包（Stochastic Petri Net Package，SPNP）等。

三、随机高级 Petri 网

SPN 的状态随着 Petri 网规模的增大而呈指数增长，造成求解稳定状态概率的复杂性。GSPN 在一定程度上简化了系统的状态空间，但随机开关的确定、消失状态的压缩也给问题的求解带来了一定的困难，而且有时还损害到模型的可读性。既要简化系统的状态空间，又要保持良好的模型特征和模型的可读性，随机高级 Petri 网（Stochastic High Level Petri Nets，SHLPN）正是为了满足这种需求而提出来的。

SHLPN 是由林闯和 Marinescu 于 1986 年提出，而后逐步完善形成的一种新型随机 Petri 网络。SHLPN 的基本思想是把指数分布的变迁实施时间变量引入高级 Petri 网（High Level Petri Nets，HLPN）的变迁集，使之既继承保留了 HLPN 在描述和分析系统方面原有的特点和性质，又具有 SPN 的状态空间与 MC 同构的特性，为系统性能模型的求解提供了数学基础。此外，在 SHLPN 中，不仅保持了 HLPN 将多个相同结构子系统压缩成一个子系统的特点，而且进一步将多个同行为标记形成的多个标识压缩成一个标识（复合标识），显著地减小了系统的状态空间。因此，利用 SHLPN 可以更有效地对系统进行描述和分析。SHLPN 特别适合存在着大量同构（Homogeneous）子系统的并行和分布式系统的模拟与分析。在这类系统中，存在着大量相同的处理单元在不同的数据（资源）上执行着相同或类似的计算（或任务）。因此，描述不同处理单元行为的多个子网可以压缩成一个子网，从而网模型用更紧凑的图形来表示。SHLPN 主要针对系统的状态空间定义与结构压缩相应的等价状态类进行状态合并，显著地简化了状态空间。

由上述学习，可知 Petri 网具有以下特点。

（1）Petri 网基本构造十分简单，但能够对复杂大系统进行精确的描述。

（2）Petri 网是复杂系统建模和分析的主要现代图形工具和信息流模型，尤其适于具有分布、并发、同步、异步、资源共享的复杂大系统建模与仿真。

（3）利用传统 Petri 网建模虽然简便，但模型规模大，对建模人员的数学和专业知识要求高，从而促使出现了一些新的 Petri 网建模方法，如 Petri 网的分层递归建模方法、随机 Petri 网模型方法、基于消息序列表（Message Sequence Chort，MSC）的 Petri 网建模方法、基于着色 Petri 网建模方法等。

（4）Petri 网作为复杂系统的分析与建设工具，已有不少工程软件或辅助软件包供人们使用。

第四节　工程项目作业计划

工程项目作业计划可用网络图表示，它是由作业和事项组成的有向图。作业一般是指需要消耗一定的人力、物资和时间的活动，在图 9－11 中用有向支路表示。事项用节点表示，它表示后一作业的开始或前一作业的结束，节点不消耗时间和人力、物力，但事项可在某一时刻发生。图 9－11 中，i 表示作业 A 开始，j 表示作业 A 结束，$t(i,j)$表示作业 A 所占用时间。

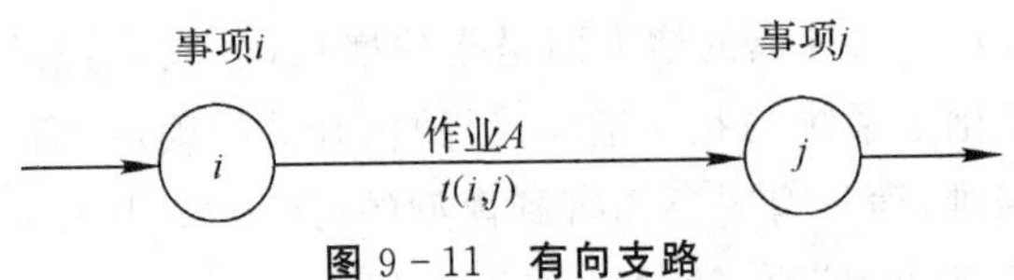

图 9－11　有向支路

一项工程任务可由若干作业所组成，根据各作业之间的相互关系，可分为紧前作业、紧后作业、平行作业和交叉作业。此外，还有一种虚拟作业，仅用以表示作业之间的先后逻辑关系，但不消耗人力、物力和时间，用带箭头的虚线(-------►)表示。

同样，在各事项之间，根据相互关系，也可分为前置事项、后继事项、起点事项和终点事项。

线路是指从网络的起点出发，按有向图中各支路，通过一系列作业和事项，最后达到终点的通路。一个网络可有若干通路，或者说，网络是由若干线路组成的。

工程项目作业计划经分解后，编制出全部作业明细表，表中列出每一项作业的名称、代号、先后顺序、相互关系和所需时间，利用该表可形成作业计划网络图。表 9－1 为某企业生产管理的作业计划明细表。

表 9－1　作业计划明细表

序　号	作业代号	作业名称	紧前作业	时间/天
1	A	调查研究	—	6
2	B	拟订方案	A	2
3	C	拟定实施计划	A	3
4	D	研究技术开发	B	5
5	E	提出预案	B	4
6	F	初步设计	D,C	9
7	G	市场调查	D,C	6
8	H	标准设计	F	6
9	I	收集整理数据资料	F	2
10	J	标准试验	H	4
11	K	拟定供应计划	H	2
12	L	标准设计	I,J	3
13	M	样品制造	I,J	12

续 表

序　号	作业代号	作业名称	紧前作业	时间/天
14	N	设备计划	I,J	5
15	O	物资供应	K,L	9
16	P	收集整理数据资料	M	2
17	Q	生产准备	M	16
18	R	提出预算修正方案	N,P	3
19	S	生产设计	N,P	4
20	T	数据处理	N,P	2
21	U	拟定预算修正方案	E,G,R	2
22	V	综合	S,Q,O	7
23	W	提出新预算	U	1
24	X	建立销售体系	U	5
25	Y	综合评价	V,W,T	2
26	Z	投入生产	Y,X	9

根据表 9-1 可绘制相应的网络图，如图 9-12 所示。

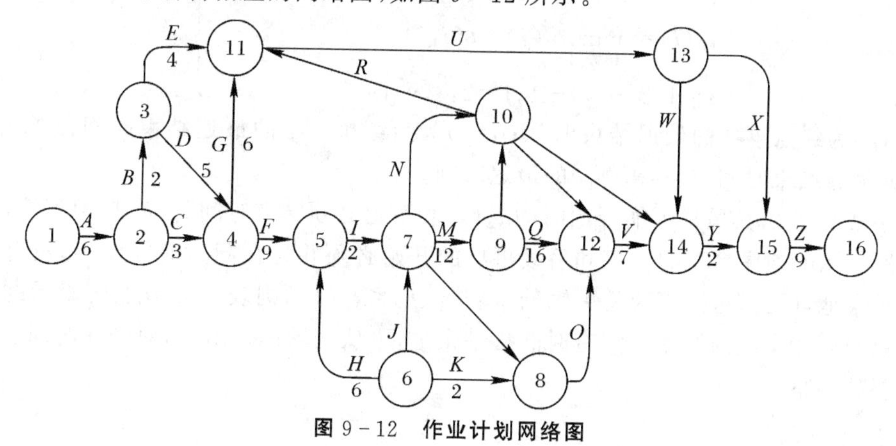

图 9-12　作业计划网络图

在图 9-12 中，每一个箭头旁用一个英文字母表示作业，每个圈内数字表示一个事项，而且，箭头事项 j 的数字比箭尾事项的数字大。例如对作业(i,j)来说，$i<j$。箭头旁的数字表示时间。

整个网络的起点为事件 1，它是所有网络所表达的一项任务(或计划)的开始，网络终点事项 $n(n=16)$表示该任务(或计划)的结束。每个中间事项均有双重意义，它既表示前一项(或几项)作业的结束，又表示后一项(或几项)作业的开始。因此，作业网络图的时间参数有作业时间、事项时间，考虑到作业的相互关系，后者又与前者有关。下面分别加以说明。

一、主要时间参数

1. 作业时间

作业时间是指完成一道工序或一项任务所需的时间，以 $t(i,j)$ 表示，记在作业箭头线的一侧。

2. 事项的时间参数

事项本身不占时间，但事项的时间参数有两种，一是事项的最早开始时间，一是事项的最迟结束时间。

事项的最早开始时间是其紧前作业全部完工的时间，也就是该事项的后继作业最早可能的开工时间，它等于从始点到本事项的最长路径时间之和，用 $t_E(i)$ 表示。如事项 j 前面有几个紧前作业，则事项 j 的最早开工时间应由下式决定：

$$\left.\begin{aligned}&t_E(1)=0\\&t_E(j)=\max_{i<j}\{t_E(i)+t(i,j)\}\\&i=1,2,\cdots,n-1;j=2,3,\cdots,n\end{aligned}\right\}\tag{9-6}$$

式中：$t(i,j)$ 为作业时间；$t_E(i)$ 为前置事项 i 的最早开工时间，又称 i 的最早时间；$t_E(j)$ 为待求事项 j 的最早开工时间；n 为事项数。

事项最迟结束时间是指不影响整个工程或任务完成时间的该事项最迟结束时间，它是从后继作业都能按规定时间开工出发的，用 $t_L(i)$ 表示。显然有

$$\left.\begin{aligned}&t_L(n)=t_E(n)=\text{工程最早完成工期(总工期)}\\&t_L(i)=\max_{i<j}\{t_L(j)-t(i,j)\}\\&i=1,2,\cdots,n-1;j=2,3,\cdots,n\end{aligned}\right\}\tag{9-7}$$

式中，$t_L(n)$ 为终点事项的最迟结束时间；$t_L(j)$ 为后续事项 j 的最迟结束时间；$t_L(i)$ 为待求事项 i 的最迟结束时间，又称事项 i 的最迟时间。

如果某节点 k，其最早可能开始时间 $t_E(k)$ 和最迟必须结束时间 $t_L(k)$ 是相等的，就表明该节点所表示的前序事项的结束和后续事项的开始必须并且在同一时间发生，没有什么间隙或松动余地，因此，这一事项是关键的。若 $t_E(k)<t_L(k)$，则表示 k 节点所表示的前序事项的结束与后续事项的开始之间有时间松动余地，可从全局优化出发，对作业时间、人力、物力作必要的调整。

3. 作业时间参数

作业最早可能开工时间 $t_{ES}(i,j)$ 表示该作业的所有紧前作业均已完工，本作业最早可能在该时间开工，它应等于作业 i 开工事项的最早时间，即

$$t_{ES}(i,j)=t_E(i)$$

$t_{ES}(i,j)$ 也可以是其几个紧前作业的最早可能开工时间与紧前作业时间之和中的最大值，即

$$\left.\begin{aligned}&t_{ES}(i,j)=\max_{i<j}\{t_{ES}(h,i)+t(h,i)\}\\&t_{ES}(0,j)=0\end{aligned}\right\}\tag{9-8}$$

同理，有作业最早可能完工时间：

$$t_{EF}(i,j)=t_L(i,j)+t(i,j) \tag{9-9}$$

作业最迟必须开工时间应等于本作业完成事项的最迟时间减去该作业时间，即

$$t_{LS}(i,j)=t_L(j)-t(i,j) \tag{9-10}$$

也可以等于其紧后工序的最迟开工时间和该工序差值的最小值，即

$$t_{LS}(i,j)=\min_{j<k}\{t_{LS}(j,h)-t(i,j)\}$$

作业最迟必须结束时间是该作业最迟必须开工时间加上作业时间，即

$$t_{LF}(i,j)=t_{LS}(i,j)+t(i,j)$$

4. 作业的时差

所谓时差，是指在不影响整个工程按期完成任务的前提下，各工序中可以灵活掌握的松动时间。适当利用时差，可以进一步挖掘潜力，使计划安排和资源调配得更合理。从作业看，有两类时差，一个是从不影响整个工期出发的总时差，一个是在不影响紧后作业的最早开工时间情况下，本作业允许拖延时间的作业单时差。

某工序(i,j)的总时差为

$$R(i,j)=t_{LF}(i,j)-t_{EF}(i,j) \tag{9-13}$$

或

$$R(i,j)=t_{LS}(i,j)-t_{ES}(i,j) \tag{9-14}$$

也就是说，作业的总时差等于该作业的最迟必须完工时间和最早可能完工时间之差，或等于该作业的最迟必须开工时间和最早可能开工时间之差。

某工序作业(i,j)的单时差为

$$\left.\begin{array}{l} r(i,j)=t_{ES}(i,k)-t_{EF}(i,j) \\ i<j<k \end{array}\right\} \tag{9-15}$$

式(9－15)说明，工序的单时差为紧后作业的最早开工时间与本作业最早完工时间之差，这一时差只能在本作业之中使用，不能转移到紧后作业。

5. 事项的时差

事项的时差$R(i)$表示该事项的最迟时间和最早时间之差，即

$$R(i)=t_L(i)-t_E(i) \tag{9-16}$$

6. 关键路线的确定

在网络图中，从始端到终端有若干个通路或线路，各线路上的作业时间之和可不相同，其中，所需时间最长的线路为关键路线，它影响了整个工程的工期。在网络图中，关键路线上的作业常用双箭头表示。在关键路线上，各节点上的事项时差均为零，各作业的总时差也为零。在复杂的网络图中，找出总时差为零的通路，就是关键路线。

在关键路线上，增加有关作业的人力物力，可缩短工期，反之将延长工期，非关键路线也可转变为关键路线。关键路线可能不只一条，好的作业网络图可以有多条关键路线，这有利于缩短总工期。

二、网络图参数的计算方法

根据上述网络参数的计算公式，可在图上算出各种参数，比较直观，即为图上计算法。

有一网络图如图 9-13 所示，从图中可清楚地看出各作业的先后顺序和各作业所需时间。图中有两个虚作业 I、K，用以表示前后作业的顺序关系。例如，F 作业必须在 C 作业和 E 作业完成后才能开始，故图中要引入虚作业 I；又因整个工程完工要求 F,G,H 作业全部完成，故在节点⑦，⑧之间要加入虚作业 K，而且方向是由⑦指向⑧。

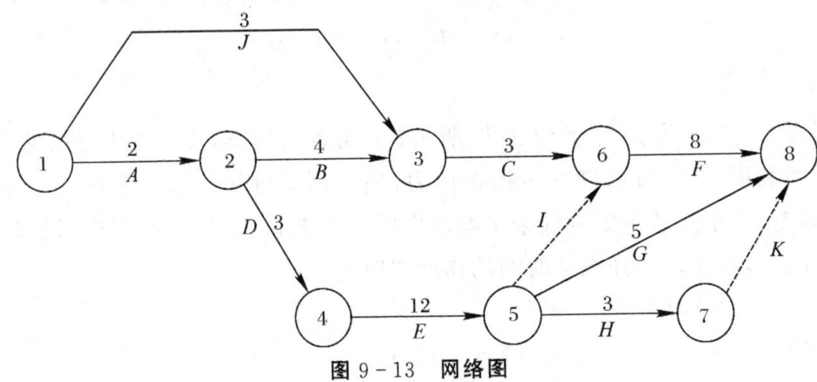

图 9-13　网络图

根据上述时间参数的计算方法，本例的工作时间参数见表 9-2。

表 9-2　作业时间参数

事项 i	事项 j	作业	时间 $t(i,j)$	t_{ES}	t_{EF}	t_{LS}	t_{LF}	$R(i,j)$	$r(i,j)$
1	2	A	2	0	2	0	2	*	0
1	3	J	3	0	3	11	14	11	3
2	3	B	4	2	6	10	14	8	0
2	4	D	3	2	5	2	5	*	8
3	6	C	3	6	9	14	17	8	8
4	5	E	12	5	17	5	17	*	0
5	6	虚 I	0	17	17	17	17	*	0
5	7	H	3	17	20	22	25	5	0
5	8	G	5	17	22	20	25	3	3
6	8	F	8	17	25	17	25	*	0
7	8	虚 K	0	20	20	25	25	5	5

图 9-14 中标出了所有线路上的时间参数，并用双箭头表明其关键路线。该网络的总工期为 25 天。只有缩短关键路线上的作业时间，才能缩短总工期，而且有一定限度。调整关键路线只有时间超过一定限度，原关键路线也将新关键路线所代替。如图 9-14 中作业 F 的时间 $t_F=8$，如果 t_F 减到 5 以下，作业 G 将进入关键路线，那么作业 F 退出关键路线。

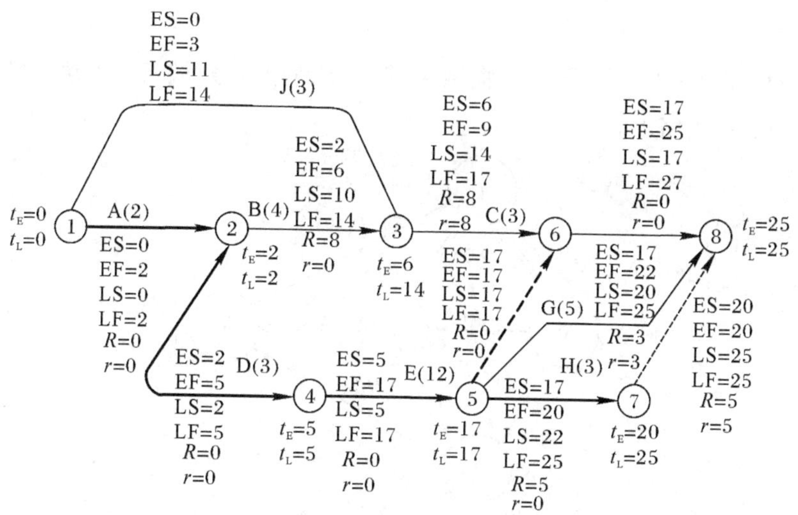

图 9-14　表 9-2 的网络图表示(图中作业时间均略去 t,只用下标)

第五节　关键路线法与计划评审技术

计划管理和作业调度网络分析技术是 20 世纪 50 年代开始研究的。1957 年,美国杜邦公司和兰德公司为了协调公司内不同部门的工作,共同开发了关键路线法。1958 年,美国海军特种计划局在研制北极星导弹的过程中,提出了一个新的计划管理方法,即计划评审技术。以上两种方法,后来都在世界各国得到了广泛应用。1965 年,我国著名数学家华罗庚教授在推广这项技术时,称该方法为统筹法,即统筹安排的意思,这一技术的应用,在国民经济许多部门取得了良好的效果,受到生产管理部门的普遍重视。

一、关键路线法

在前述关键路线的基础上,引入成本数据到网络图中,综合考虑经济和时间两个指标,形成关键路线法。这种方法可用来进行成本效益分析。

CPM 最初是由基本建设部门开发的用以制定施工项目的计划和费用。在工程项目的计划实施过程中,为加快进度,常常需要调整作业工期。如果综合利用网络的总时差,适当地增加费用,调配人力、物力,可以在一定范围内缩短工期,甚至可以不增加成本。

关键路线法要研究的问题可有以下两种提法:一种是最小费用问题;另一种是最短时间问题。最小费用问题是指在必需的最低总费用的情况下,要求完成该工程项目所需的时间,这一情况又称为正规的(Normal)时间费用问题。最短时间问题是指完成所有作业最短可能的时间和相应费用,这一情况又称加快进度的时间费用问题。

通常网络图中每个作业都可以有一个允许的时间调整和相应费用变动,整个工程项目的完工期和费用也会有一个调整范围,CPM 是从众多方案中选出一个优化方案。下面用实例说明之。

【例9-2】 图9-15所示为一有向网络，每一支路用符号→表示，正常情况下的作业时间$t(i,j)$标注在各支路上。

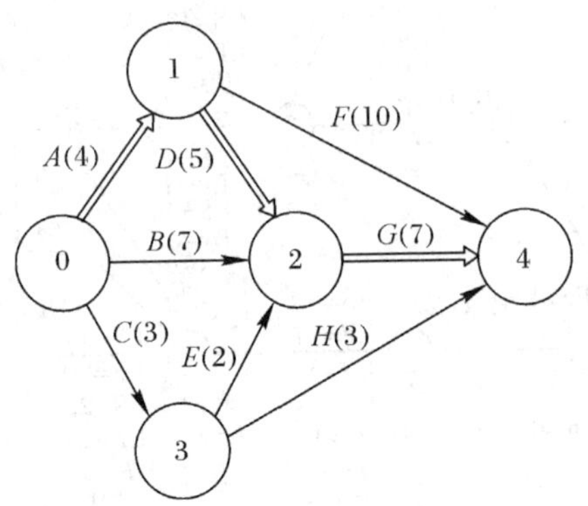

图9-15 有向网络

通过计算，得出$A-D-G$是关键路线，用双线表示。工程最长路线持续时间为16天。为加快进度，首先要缩短关键路线上的作业时间，但各项作业允许缩短的工期是不同的，其临界作业时间，小于这一时间就无法按时完成了。表9-3中列出了作业的时间、费用值以及减少单位时间需要的成本。

表9-3 作业时间、费用表

作　业	正常情况		临界情况		单位成本/(元·天$^{-1}$)
	时间/天	费用/元	时间/天	费用/元	
A	4	100	3	200	100
B	7	280	5	520	120
C	3	50	2	100	50
D	5	200	3	360	80
E	2	160	2	160	—
F	10	230	8	350	60
G	7	200	5	480	140
H	3	100	1	200	100
总计	1 320		2 370		

从表9-3可以看出，各项作业调整时间是有限的，如作业A减少一天用$A(-1)$表示，则各项作业的减少时间的极限分别为$A(-1)$，$B(-2)$，$C(-3)$，$D(-2)$，$E(0)$，$F(-2)$，$H(-1)$。在有一条关键路线时，要调整其中成本最低的一项作业，在有两条以上关键路线时，就要进行全面比较，在允许范围内，选择出总体费用增长最少的调整方案。

根据表9-3给出的信息，可以得出逐步减少工期的方案，见表9-4。

表 9－4　关键路线的调整方案

工　期	调整作业	关键路线	费用/元
16	—	$A-D-G$	1 320
15	$D(-1)$	$A-D-G$	1 400
14	$D(-2)$	$A-F,A-D-G,B-G$	1 480
13	$A(-1),G(-1),D(-1)$	$A-F,A-D-G,B-G$	1 640
12	$D(-2),F(-2),G(-2)$	$A-F,A-D-G,B-G$	1 840
11	$A(-10),G(-2),B(-1),D(-2),F(-2)$	$A-F,A-D-G,B-G$	2 100

工期缩至 14 天后，已有 3 条关键路线。工期缩至 11 天后，A 作业和 F 作业均已达其极限时间 $A(-1)=3,F(-2)=8$，总工期已不可再下降，此时 $A-D-G$ 也处于极限状态。

可以看出，出现 3 条关键路线后，如要再压缩工期，就需要在 3 条关键路线上同时缩短时间，应尽量找关键路线上费用低的作业进行调整。但工期至 11 天时，几乎所有关键路线上的作业都要调整，而且费用也大为提高。因此，在费用和工期上要做出权衡，这里就有根据决策人的判断来做决策优化的问题。

除此之外，各项工作的投入不仅有直接费用，还有间接费用，整个工程要考虑直接和间接综合费用。此外，还要考虑误工损失、延期罚款等其他间接费用，费用和时间的关系不是线性的。图 9－16 是综合费用的一种图形表示。

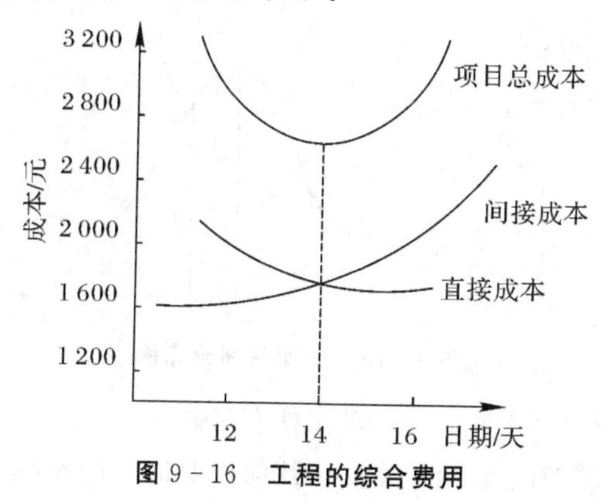

图 9－16　工程的综合费用

可以看出，项目费用是一 U 形曲线，其最小值在 14 天，总费用为 2 880 元。

以上讨论说明，一般情况下，作业工期和费用取线性关系，但实际项目中，它可能是非线性的。这时，可逐段计算工期和费用的关系，或逐段引入新的变量，使之转换成线性分段曲线。为找到最小费用时间关系，可用数学规划方法。

二、计划评审技术

计划评审技术（Program Evaluation and Review Technique，PERT）和关键路线法（Critical Path Method，CPM）是网络分析中的两个重要内容，在 CPM 中，每项作业时间都是确定的，一般由设计人员或系统分析者根据经验和过程的内容来确定。而在 PERT 中，各项作业时间是不确定的，如估算时资料不全或工作带有研究开发性，有不确定性因素。对此通常有三种估计时间或可能时间：

①作业完工的乐观估计时间，即在顺利条件下可能完工的时间，可用 a 表示；

②作业完工的悲观估计时间，即在不利条件下可能完工的时间，可用 b 表示；

③作业完工的最可能时间，即在正常情况下所需的工作时间，可用 m 表示。

因此，在 PERT 中，作业的箭杆上要用三个数字来表示，如图 9－17 所示。

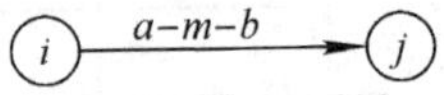

图 9－17　PERT 的作业表示

在 PERT 分析中，对每个作业首先做出作业时间分布密度图，从图中得出 a，b，m 值，再算出期望值 t_e 和方差 σ_e^2。假定 PERT 的时间分布图可用 β 分布描述，如图 9－18 所示，则可算出作业时间的期望均值 t_e 为

$$t_e=\frac{a+4m+b}{6} \tag{9-17}$$

方差为

$$\sigma_e^2=\left(\frac{b-a}{6}\right)^2 \tag{9-18}$$

在图 9－18 中，$f(t)$ 为概率密度，应该说，多数情况下 $f(t)$ 的时间分布并不确知，但可以肯定，它是单峰的，作业时间 t 为 a 和 b 的概率密度要比为 m 的概率密度低很多。

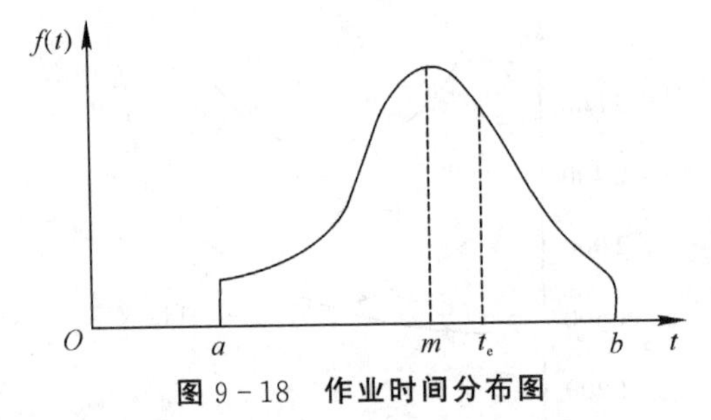

图 9－18　作业时间分布图

下面通过一个例子说明 PERT 网络的计算方法。

【例 9－3】　一网络图如图 9－19 所示。各项作业的时间参数 t_e 和 σ_e^2 是相互独立的，各线路上的节点的最早时间 T_E 为该事项前各作业时间的期望值之和，其方差也是各作业方差之和。

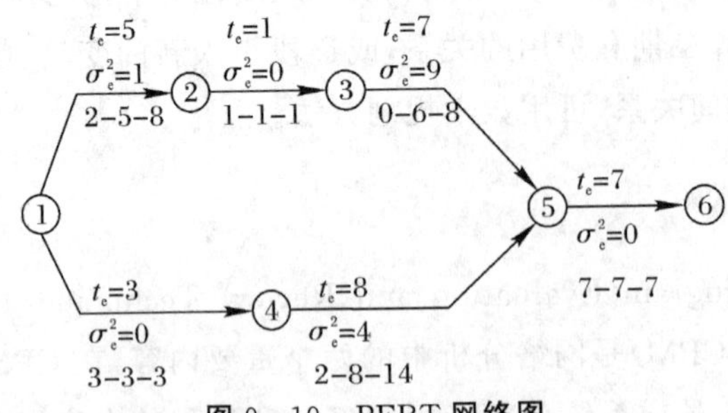

图 9－19　PERT 网络图

如某个节点不止有一条线路通过，如图 9－19 中所示的节点 5，有两条线路通过它，即 1－2－3－5 和 1－4－5，因而事项 5 的最早时间为各线路中的最大者。可以算出，从起点事项 1 到事项 5 的最早时间期望值为 $T_E=\max\{(5+1+7),(3+8)\}=13$。

事项 5 最早时间的方差$\sigma_E^2=1+0+9=10$。用同样的方法，可从终点出发算出各事项的最迟时间 T_L 及其方差。计算结果列于表 9－5 中。

表 9－5　事项的最早和最迟时间及时差

事　项	最早时间		最迟时间		时差
	期望值	方　差	期望值	方　差	
1	0	0	0	10	0
2	5	1	5	9	0
3	6	1	6	9	0
4	3	0	5	4	2
5	13	10	13	0	0
6	20	10	20	0	0

显然，关键路线是 1－2－3－5－6，工程所需时间的期望值为 20，方差为 10，改进$t(3,5)$的分布对提高完工准确性有很大好处。

假定整个工程的完工期服从一个以 T_E 为均值，以 σ 为标准差的正态分布曲线，如图 9－20所示，则按正态分布的性质，工程在 T_E 以前完工的概率为 50％，在 $T_E+\sigma$ 以前完工的概率为 84％，在 $T_E+2\sigma$ 以前完工的概率为 98％。令 $T_S=T_E+\lambda\sigma$，则有

$$\lambda=\frac{T_S-T_E}{\sigma} \tag{9-19}$$

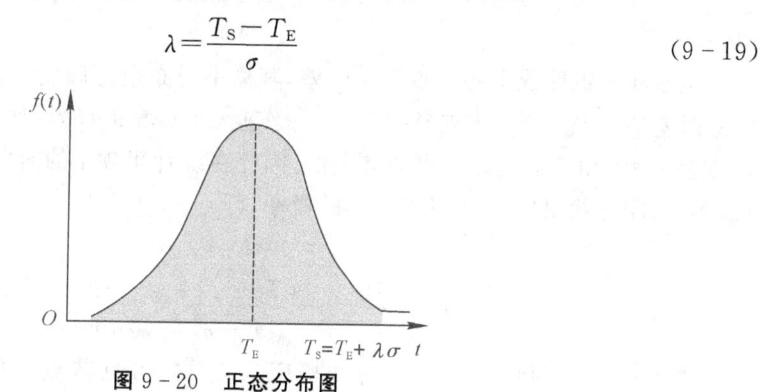

图 9－20　正态分布图

根据标准正态分布函数，可求出 λ 的近似值，见表 9－6。

表 9－6　正态分布函数表

λ	累计概率	λ	累计概率
－2.0	0.02	＋0.1	0.5
－1.5	0.07	＋0.2	0.5
－1.3	0.10	＋0.3	0.6

续 表

λ	累计概率	λ	累计概率
-1.0	0.16	+0.4	0.6
-0.9	0.18	+0.5	0.6
-0.8	0.21	+0.6	0.7
-0.7	0.24	+0.7	0.7
-0.6	0.27	+0.8	0.7
-0.5	0.31	+0.9	0.8
-0.4	0.34	+0.0	0.8
-0.3	0.38	+1.1	0.9
-0.2	0.42	+1.2	0.9
-0.1	0.46	+1.3	0.9
-0	0.50		

仍以图 9-19 为例，如工程要求 18 天内完工，可算出对应的 λ 为

$$\lambda=\frac{18-20}{\sqrt{10}}=-0.64$$

查表 9-6 正态分布函数表，可知完成的概率约为 0.26。如工期允许延至 22 天完工，算出 λ=+0.64 完成的概率可提高到 0.75，要想使完工的概率为 0.9 以上，工期应定在 28 天以内。

至于非关键路线上各节点的总时差，其概率分布也可假设为正态分布。也就是说，事项的总时差$R_i=T_L-T_E$，方差$\sigma_i^2=\sigma_L^2+\sigma_E^2$。作业表(见表 9-5)说明，节点 4 的总时差$R_4$ 为 2，而方差为 4。由于总时差不可能有负值，因此在统计事项 i 的时差概率时，总是从零以上统计，为此，需先找出R_i 小于或等于零的概率，即

$$0=R_i+\lambda\sigma_i$$

$$\lambda=\frac{-R_i}{\sigma_i}=-\frac{(T_L-T_E)}{\sqrt{\sigma_L^2+\sigma_E^2}}=\frac{-2}{\sqrt{0+4}}=-1$$

查表 9-6，可得出 λ=-1 时的概率为 0.16，可见节点 4 的总时差大于零的概率为 0.84，如图 9-21 所示。

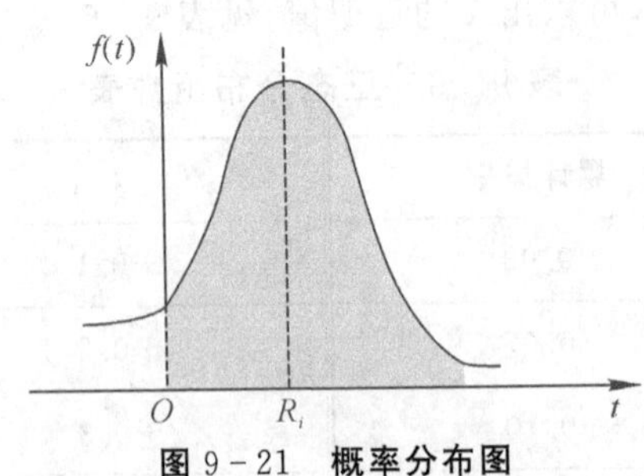

图 9-21　概率分布图

用同样方法可估算出线路中所有事项和作业的各类时间的概率值。一般来讲，将PERT网络时间的概率分布近似看成正态分布是允许的，这样便于计算和分析。

第六节　图示评审技术

在经济管理和施工项目中，不仅各个工序的作业时间有随机因素，而且在各个作业与各节点事项的关系上也有不确定因素，处理后面这一类作业计划的技术为图示评审技术GERT。

在CPM和PERT中，如果指向某一事项节点 i 有 $n(n\geqslant 2)$ 个作业，那么，只有全部 n 个作业都完成了，节点 i 的后续作业 A 才能开始。作业 A 的开始为节点 i 事项的实现，节点 i 前面的 n 个作业是“与”(AND)的关系，“与”是节点 i 实现的条件，是确定性的关系。

图9－22中，作业 A 完成后，节点 j 实现了，其后有 $m(m\geqslant 2)$ 个后续作业，在CPM和PERT中，这 m 个作业或是必须立即实施，或是某些作业在时间允许的松动范围内可以过一段时间开始实施。但是，不论是否延迟开始，m 个作业都必须去实施，也是确定的关系。

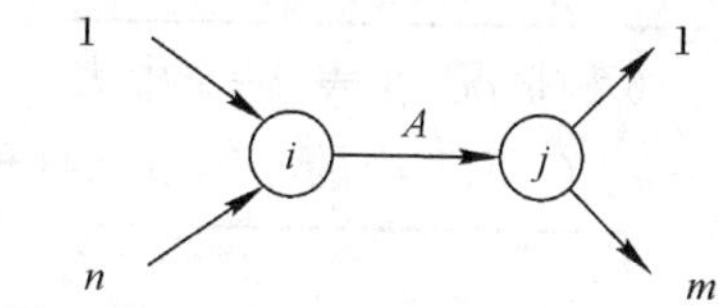

图9－22　前序作业和后续作业的关系

然而，在GERT中，由于有不确定因素，情况就不同了。仍以图9－22为例，在GERT中，节点 i 前面的 n 个作业是“或”(OR)的关系，有一个作业完工，就可使 i 实现，去启动其后续作业 A。同样，节点 j 实现了以后，其后续的 m 个作业可以按一定概率去实施，且 $\sum_{l=1}^{m} p_l = 1$。

因此，图示评审技术GERT研究的是随机网络。20世纪60年代普里兹克(Pritsker)和纳普(Napp)等人首先提出了图示评审技术的概念，并用GERT研究复杂的系统问题。

一、GERT的符号说明

GERT的逻辑符号是从表示事项的节点出发的，并为了与确定性有所区别，引入了非确定性输入、输出节点的符号，下面分别按输入和输出关系加以说明。

GERT的节点输入端有三个逻辑关系，输出端有两个逻辑关系，其名称、符号和特点分别列在表9－7和表9－8中。

表9－7　输入端逻辑关系

名　称	符　号	特　点
互斥-或 (Exclusive-or)	⊲	节点前如有一个，且只能有一个作业完成了，该节点就实现了

续表

名 称	符 号	特 点
兼容-或 (Inclusive-or)	◁	节点前任一个作业或一组作业完成了，该节点就实现了，节点实现的时间是节点前最早完成作业的时间
与 (And)	◖	节点前任一个作业都完成了，该节点方实现了，节点实现时间是节点前最迟完成作业的时间

表 9－8　输出端逻辑关系

名 称	符 号	特 点
确定型	◁◗	在节点实现后，其所有作业均以概率为 1 来实现，而且必须去执行
概率型	▷	在节点实现后，其后作业均以一定概率实现，这些作业概率之和为 1

以上 5 种符号组合起来，可有 6 种情况，在表 9－9 中表示为 6 种节点符号。

表 9－9　GERT 中的 6 种节点符号

输 入	输 出	
	确定形 ◗	概率形 ▷
互斥-或 ⊲	⊲◗	⊲▷
兼或-容 ◁	◁◗	◇
与 ◖	○	◖▷

二、GERT 应用实例

下面用一个实例说明 GERT 的应用。

【例 9－4】　在图 9－23 中共有 11 个节点，这是一类电子机械产品的网络图，该产品由若干部件组装成一成品。部件经过一系列加工后，一部分经检验认为符合要求，送装配车间；另一部分检验结果表明肯定是废品，送废品库；还有一部分检验虽然未通过，但尚可补救，送去返修和调试，再将其中合格部分送去装配，不合格部分送废品库。装配完了，合格部分送至包装和成品库，装配不合格的仍送废品库。

整个流程图可用图 9－23 表示，对应的数据见表 9－10。

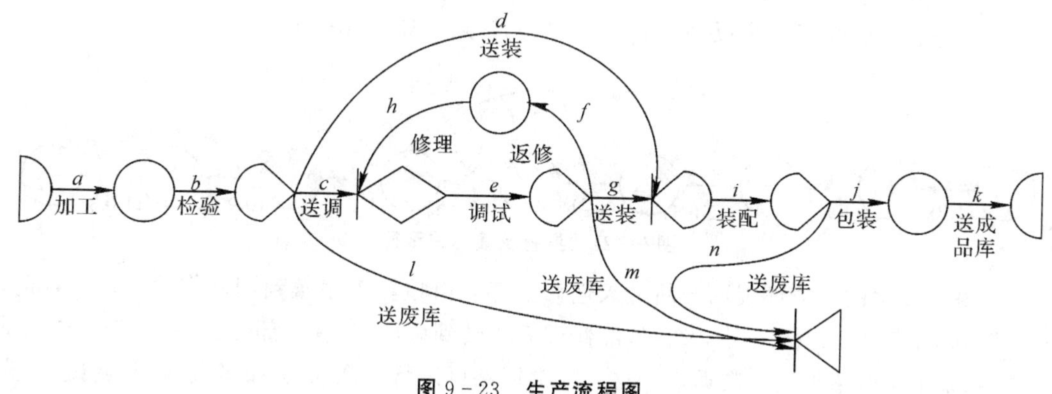

图 9-23　生产流程图

表 9-10　流程的作业时间和完成概率

作业代号	作业内容	完成概率	作业时间/天
a	加工制造	1.0	9.0
b	半成品检验	1.0	1.5
c	不合格送调整测试	0.2	0.5
d	合格送装配	0.7	0.5
l	送废品库	0.1	0.5
e	调整测试	1.0	2.0
f	测试不合格送修理	0.15	0.5
g	调试合格送装配	0.8	0.4
m	送废品库	0.05	0.5
h	修理	1.0	2.0
i	装配	1.0	3.0
n	送废品库	0.05	0.5
j	包装	0.95	1.0
k	送成品库	1.0	0.3

根据以上 GERT 图，可知部件从开始加工到送成品库有三条路线。

(1)第一条路线：$a-b-d-i-j-k$，概率为

$$P_1=1.0\times1.0\times0.7\times1.0\times0.95\times1.0=0.665$$

完成时间为

$$T_1=(9.0+1.5+0.5+3.0+1.0+0.3)\text{天}=15.3\text{ 天}$$

(2)第二条路线，$a-b-c-e-g-i-j-k$，概率为

$$P_2=1.0\times1.0\times0.2\times1.0\times0.8\times1.0\times0.95\times1.0=0.152$$

平均加工时间为

$$T_2=(9.0+1.5+0.5+2.0+0.4+3.0+1.0+0.3)\text{天}=17.7\text{ 天}$$

(3)第三条路线，$a-b-c-e-f-h-e-g-i-j-k$。

以上路径中包含了一个反馈环 $e-f-h-e$，该路径如图 9-24 所示。

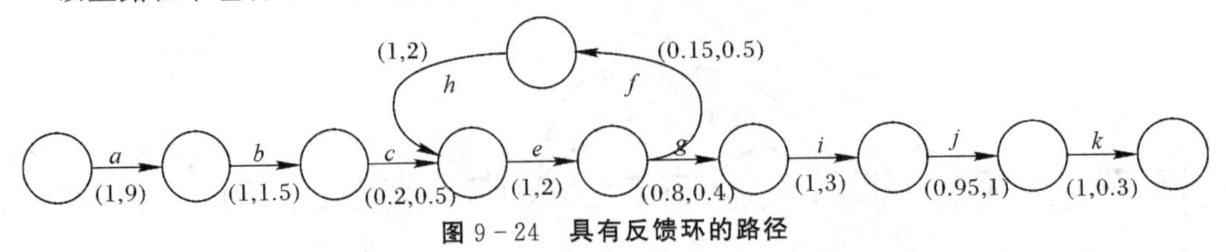

图 9-24 具有反馈环的路径

图 9-24 中的反馈环表示产品进入返修工序。由检验工序送到调试作业的产品，部分合格转到 g，部分不合格转到 f 送修，经修理 h 再转到调试，又有一部分合格，这是二次调试合格品，余下不合格再送二次返修。这一反馈回路可进行 3 次、4 次和多次修理、调试，一直往返下去，使合格品率有所提高。如合格品概率从原来的 0.8 提高到 P'，则

$$P'=0.8(1+0.15+0.15^2+\cdots)=\frac{0.8}{1-0.15}=0.941$$

其中，因返修率而使合格率提高的规律为 0.141。部件往返修理的平均次数为

$$\rho=1+0.15+0.15^2+\cdots=\frac{1}{1-0.15}=1.176$$

该路径的总概率为

$$P_3=1.0\times1.0\times0.2\times0.141\times1.0\times0.941\times1.0=0.027$$

平均加工时间

$$T_3=[9+1.5+0.5+(2+0.5+2)\times1.176+0.4+3+1+0.3]\text{天}=20.99\text{ 天}$$

根据以上三条路线，可计算成品的总概率和该加工系统的平均加工时间。平均为

$$P=\sum_{i=1}^{3}p_i=0.665+0.152+0.027=0.844$$

$$T=\sum_{i=1}^{3}P_iT_i/\sum_{i=1}^{3}P_i=\frac{1}{0.844}(0.665\times1.53+0.152\times17.7+0.027\times20.99)\text{天}=15.92\text{ 天}$$

废品率为

$$1-P=1-0.844=0.156$$

由以上计算可看出，各作业旁标注的是两个变量，实现的概率和作业时间，在图 9-24 中，串级关系计算时间变量用加法，计算概率用乘法运算。GERT 网络的基本关系有三类：串联、并联和反馈，下面以互斥-或为单元的 GERT 网络为例，来分析以上三类关系。

(1)串联关系，如图 9-25 所示。

从节点 1 到节点 3 的串联概率和时间为

$$\left.\begin{aligned}P_{13}&=P_aP_b\\t_{13}&=t_a+t_b\end{aligned}\right\}\qquad(9-20)$$

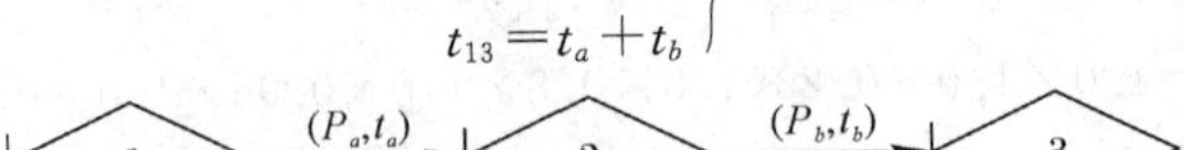

1 —(P_a,t_a)→ 2 —(P_b,t_b)→ 3

图 9-25 串联关系图

(2)并联关系，如图 9-26 所示。

图中由节点 1 到节点 2 有两条支路并行连接，则该两节点间的概率和时间分别为

$$\left.\begin{aligned} P_{12} &= P_a + P_b \\ t_{12} &= \frac{P_a t_a + P_b t_b}{P_a + P_b} \end{aligned}\right\} \quad (9-21)$$

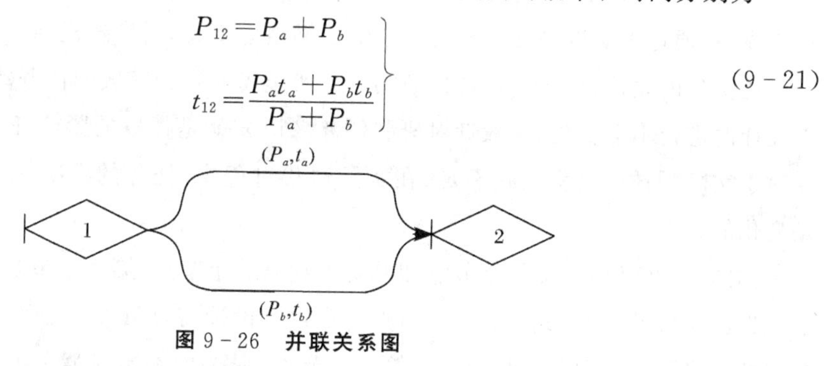

图 9-26　并联关系图

(3)有环路的网络关系，如图 9-27 所示。

图中节点 1 到节点 2 之间的实现概率和时间为

$$\left.\begin{aligned} P_{12} &= \frac{P_a}{1-P_b} \\ t_{12} &= t_a + \frac{P_b}{1-P_b} t_b \end{aligned}\right\} \quad (9-22)$$

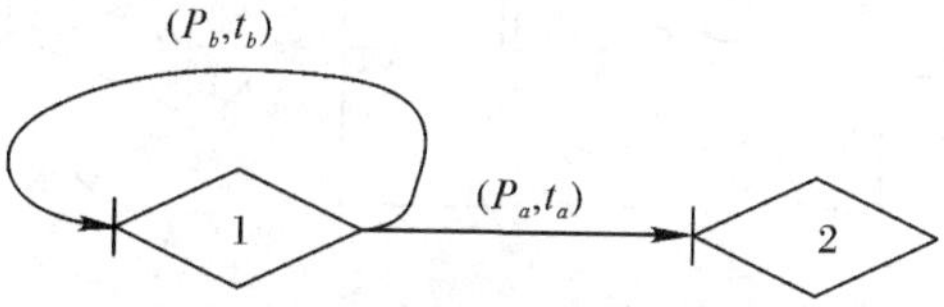

图 9-27　有反馈环的网络关系图

用以上几类基本关系式，就可对图 9-23 进行参数计算。可以看出，GERT 用了概率和时间两个变量，增加了计算的复杂性。

第七节　GERTS 在研制过程网络中的改进

模型在实际应用中的不足，启示着研究人员对模型不断发展。下面介绍 GERTS 模型在解决产品开发过程描述时存在的问题，以及通过改进 GERTS 模型增强其在研制过程描述能力的研究成果。

一、GERTS 模型在研制过程仿真中的不足

在 GERT 网络中可以包含具有不同逻辑特性的节点，节点的引出端允许有多个概率分支，每项活动的周期均可选取任何种类的概率分布，等等。研制系统评估过程中，可以将研制过程转化为 GERTS 模型进行仿真。但是，由于 GERTS 模型描述要求过程结构相对固定，不能反映返工过程的动态性和多样性，尤其对于研制中的返工过程描述能力不足。下面利用改进 GERTS 方法，增强了系统对迭代的描述能力，从而使研制系统过程仿真更加有效。

产品开发过程是一个复杂的迭代过程，设计过程之间存在相互依赖的关系。在研制实践研究中，通过把研制过程转换为一个随机网络模型，然后在随机网络模型的基础上进行仿真。在实际的设计过程中，设计任务第一次实施需要首先完成的任务数量是确定的，即 n 随着设计的进行不会变化，一般针对研制任务来说 n 就是任务的紧前任务数量。但是固定的 m 对于实际的迭代过程反映不足，在实际迭代过程中，任务的再次执行需要引入的信息数是变化的。

如图 9－28 所示，第 7 个节点如果返工到第 3 个节点，第 3 个节点修改影响第 5、6 个节点也做出相应的修改，此时第 7 个节点再次进行设计需要引入活动的数目就是 2(第 5、6 个节点的完成信息)，但是如果返工到第 5 个节点，那么再次实现第 7 个节点就只需要引入一个活动(第 5 个节点的完成信息)。通过以上分析，说明在设计过程中任务再次实现的引入数目 m 发生了变化，而 GERTS 模型并不能描述这种动态情况。

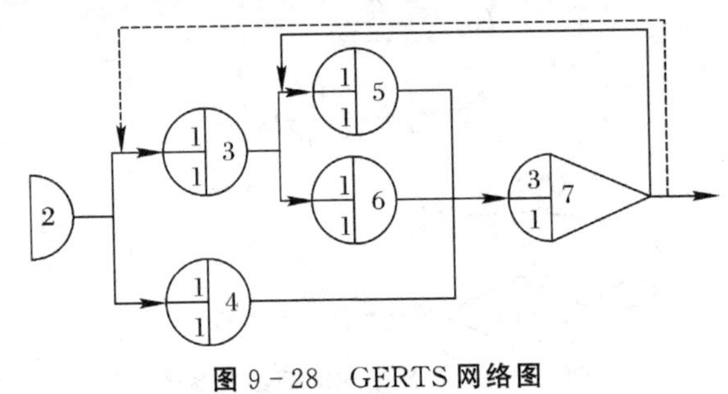

图 9－28　GERTS 网络图

二、改进的 GERTS 模型

1. 模型假设

针对 GERTS 模型在描述设计过程迭代问题存在的不足，本章主要提出动态改变节点再次(第二次或以后各次)实现需要引入活动的数量的方法。在改进 GERTS 模型之前，基于产品设计任务的迭代过程，做出以下假设。

(1)当从一个任务返工到另一个任务时，两个任务之间的所有任务都要做出反应。如图 9－28 所示，任务 7 返工到任务 3，则任务 5、6 也要做出修改。

(2)任务处于待返工状态时，后面到达的返工请求不增加返工次数。也就是说，针对实际返工实施前到达的多个返工请求，该任务返工只进行一次，任务不会由于多个返工原因而进行多次返工。例如，在图 9—28 中，任务 3 处于返工状态(由任务 5 返工到任务 3)，此时如果任务 6 也发现任务 3 的设计存在问题，需要任务 3 修改，在这种情况下，只计任务 5 到任务 3 的返工，不产生任务 6 到任务 3 的返工。这个假设是非常符合实际情况的。

2. 改进 GERTS 模型的基本要素

改进 GERTS 模型的基本要素如图 9－29 所示，主要包括节点和弧。

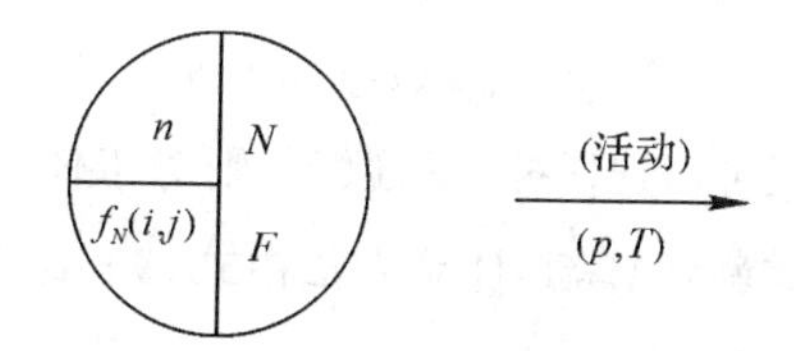

图 9-29　改进 GERTS 模型的基本要素

其中：

n——节点 N 第一次实现需要完成引入活动的数量，即任务 N 的第一次实现需要前面的 n 个任务完成以后才能进行；

f_N——节点 N 再次（第二次或以后各次）实现需要完成引入活动的数量，即任务 N 的再次实现需要前面 f_N 个任务完成以后才能进行；

N——节点编号（一般从 2 开始）；

F——表示统计型节点；

p——分支概率；

T——活动时间分布。

改进 GERTS 模型与一般 GERTS 模型相比，不同点体现在：节点 N 再次实现需要完成引入活动的数量由定值变成一个动态值，该动态值由函数 $f_N(i,j)$ 来表示。$f_N(i,j)$ 与节点 i 到节点 j 的返工相关。

3. $f_N(i,j)$ 的计算

任务 i 的执行需要引入的信息数分别为 n_i（首次设计），f_i（再次设计），任务 j 的执行需要引入的信息数分别为 n_j，f_j。发生从任务 i 到任务 j 的返工，由于此时任务 j 是返工到的节点，当它接收到任务 i 发生返工的信息时即可触发任务 j 的执行，所以 $f_j(i,j)=1$。

定义 9-1　S 表示所有任务的集合。

定义 9-2　$G(X,Y)$ 用于判断任务 Y 是否是任务 X 的后续任务。$G(X,Y)=1$ 表示任务 Y 是任务 X 的后续任务，$G(X,Y)=0$ 表示任务 Y 不是任务 X 的后续任务。

图 9-28 中，任务 7 是任务 2，3，4，5，6 的后续任务。任务 4 不是任务 3，5，6 的后续任务。

结论：若存在任务 k（包含任务 j），满足 $G(j,k)=1$ 和 $G(k,i)=1$，则任务 k 是任务 i 与任务 j 之间的任务。

例如，任务 6 是任务 3 与任务 7 之间的任务，任务 4 不是任务 3 与任务 7 之间的任务。

定义 9-3　$S(i,j)$ 表示任务 i 与任务 j 之间的所有任务的集合（包括任务 i 与任务 j），则

$$S(i,j)=\{k \mid G(j,k)=1, G(k,i)=1, k\in S\} \tag{9-23}$$

定义 9-4　S_N 表示任务节点 N 的紧前任务集合。$N(S_N\cap S(i,j))$ 表示集合 $S(i,j)$ 与集合 S_N 拥有的公共元素的个数。

定理 9-1

$$f_N(i,j)=N[S_N\cap S(i,j)],\ N\in[S(i,j)] \tag{9-24}$$

定理 9-1 说明，若发生任务 i 到任务 j 的返工，则对于任务 i 到任务 j 的每一个节点的再次返工需要引入次数需要重新计算，其计算方法由式(9-24)确定，下面给出定理 9-1 的证明。

证明：假设 $Q_N(i,j)$ 为任务 N 再次进行所需要的紧前任务集合，也即只有在$Q_N(i,j)$中的所有任务节点都执行完毕后，任务 N 才能够执行。由于 $Q_N(i,j)$ 执行完任务 N 才能执行，所以 $Q_N(i,j)$ 是任务 N 的紧前任务，$Q_N(i,j)\subseteq S_N$；$Q_N(i,j)$ 是由任务 i 到任务 j 的返工引起的，$Q_N(i,j)$ 中的每一个任务都是任务 i 到任务 j 之间的任务，$Q_N(i,j)\subseteq S(i,j)$，所以 $Q_N(i,j)\subseteq S(i,j)\cap S_N$。对于任意一个节点 $K\in S(i,j)\cap S_N$，因为 $K\in S(i,j)$，所以 K 为返工过程节点，K 将被执行。因为 $K\in S_N$，所以 K 为 N 前面的执行节点，只有当 K 执行后，N 才能执行。因为 $K\in Q_N(i,j)$，所以有 $S(i,j)\cap S_N\subseteq Q_N(i,j)$。由上面 $Q_N(i,j)\subseteq S(i,j)\cap S_N$ 可知 $Q_N(i,j)=S(i,j)\cap S_N$，故有 $f_N(i,j)=N[S_N\cap S(i,j)]$，证毕。

4. 计算流程图

算法流程如图 9-30 所示。任务返工开始后，首先计算 $S(i,j)$，然后从其中第一个元素开始，计算每一个元素的紧前任务S_N，然后计算 $f(N)=N[S_N\cap S(i,j)]$，再进行下一个元素的计算。计算完成后，返回主程序。

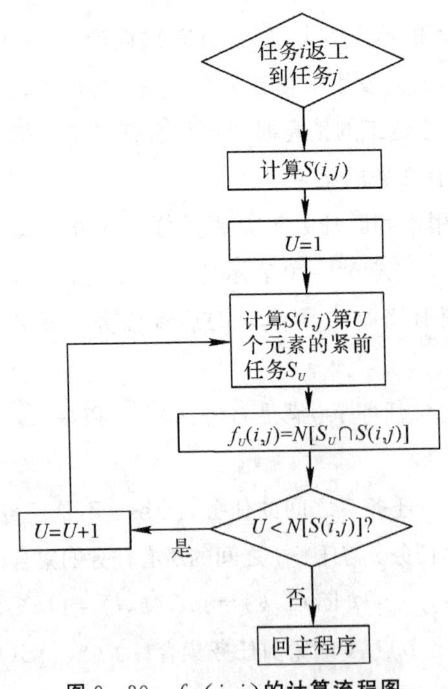

图 9-30 $f_U(i,j)$ 的计算流程图

5. 迭代引起信息流的变化

定义 9－5　B_k为任务 k 的紧后任务组成的集合。

定理 9－2　当发生返工迭代时，节点 k 的完成信息将到达的任务的集合为B'_k，其计算公式：

$$B'_k=\begin{cases}B_k\cap S(i,j), & k\in S(i,j)\\ B_k, & k\notin S(i,j)\end{cases} \tag{9-25}$$

证明：在没有发生返工迭代的情况下，一个节点（任务）的完成信息作为其紧后节点（紧后任务）的引入信息，如图 9－28 所示：节点 3 完成以后，其完成信息作为节点 5 与节点 6 的引入信息；节点 5 与节点 6 完成以后，其完成信息作为节点 7 的引入信息。此时，$B_k'=B_k$。

若发生了返工迭代事项，则任务的完成信息只作为待修改紧后任务的引入信息。如图 9－28 所示：节点 5 返工到节点 3，则节点 3 修改完成以后，其完成信息只作为节点 5 的引入信息（不再传到节点 6）。

因此，有

$$B_k'=B_k\cap S(i,j),\ k\in S(i,j) \tag{9-26}$$

三、改进 GERTS 模型的仿真

1. 网络节点 f_N 的设置

在网络仿真初始化过程中，由于设计过程返工可能返工到任意一个过程中，所以设置 $f_N\to\infty$。在任务被执行或被返工执行后，也设置 $f_N\to\infty$。

在仿真过程中，如果出现任务 i 到任务 j 的返工，首先查看任务节点 j 处的 f_N 值。如果 f_N 原值为∞，则按照图 9－30 的计算流程图进行逐个计算 f_N 值；如果 f_N 值非∞，则不执行当前任务，同时查看 $S(i,j)$中每一个节点 K 的原值。如果原值不为∞，则不改变 f_K 的值；如果原值为∞，则 $f_K=N[S_K\cap S(i,j)]$。以此方法，可以保证节点在返工过程有交叉的情况下只返工一次而不重复返工；而且可以保证返工结束后每个节点的 f_N 值仍为∞。

2. 活动的仿真

在仿真过程中，当节点 i 实现，且活动(i,j)开始执行时，程序立即调度该活动，产生其随机时间并将计算结果赋给下一个随机事项发生的时刻，而当时钟时间推进到该时刻时，引起该事项发生。于是，再进行下一节点的输入和输出仿真。依此类推，即可沿网络执行的路径进行一次网络仿真，直到网络终节点为止。

3. 网络仿真

在网络要素仿真的基础上，只要按照实际系统构造出随机网络，并按照网络逻辑节点和活动的数据输入计算机，在 GERTS 软件支持下，即可进行网络仿真。仿真主要包括以下几方面。

1)仿真初始化数据的输入

在对基于 DSM 的模型进行 GERTS 网络仿真时,系统的初始化工作主要是设计任务的优先级、任务间的依赖强度关系以及 GERTS 网络的基本要素的初始化等。表 9－11 中提供了任务执行顺序以及 GERTS 的网络元素的初始值,表中的紧前任务是指实现该任务需要首先完成的任务数,紧后任务是指完成任务的信息将直接到达的任务,N 是 GERTS 的节点元素的初始设定值。表 9－12 中提供了任务之间相互依赖关系(返工概率)。

表 9－11　任务计划表

任务号	紧前任务	紧后任务	时间/h	N
2	0	3,4	10	0
3	2	5,6	3	1
4	2	7	12	1
5	3	7	13	1
6	3	7	7	1
7	5,6,4	0	7	3

表 9－12　返工关系表

序　号	任务 1	任务 2	返工概率
1	5	3	0.2
2	7	4	0.3
3	7	2	0.05

2)仿真的执行

仿真系统可以采用事件调度法时钟推进的仿真策略,利用线性同余发生器来产生随机数,最后利用改进的 GERTS 网模型实现设计过程的仿真。

四、改进 GERTS 与 GERTS 仿真结果比较

针对图 9－28 所示的例子进行了基于两种仿真方法进行仿真实现。由于基于 GERTS 的仿真实现中 m 值为固定值,因此需要预先确定各个节点的 m。如果确定各点的 m 值为紧前任务数,会由于返工到某一个紧前任务的返工无法达到 m 而导致系统任务无限期等待,因此,例子中只能让 $m_i=1,i=2,3,\cdots,7$。设返工起始点工作时间中包含 1 h 检测时间,检测通过后则不进行上游工步的返工,否则进行返工。在这种情况下,进行系统任务仿真,通过采用C＋＋Builder进行编程,得到任务完成时间均值。仿真实例建模界面如图 9－31 所示。

采用原有的 GERTS 方法,仿真总时间结果为 $T'=37.3$ h;采用基于改进 GERTS 方法得到仿真总时间结果为 $T=45.2$ h,后者与实际比较相符。

可以通过以下分析说明原有 GERTS 的不合理性。假设任务到达任务节点 5，经过检查发现任务 3 需要进行返工，在任务 3 返工的过程中，托肯已经过任务 6 和任务 4 到达任务 7 两次。当任务 3 返工完毕时，又会发出两张托肯分别到达任务 5 和任务 6。而由于任务 6 需要时间较短，所以经过任务 6 的托肯首先到达任务 7，由任务 7 开始执行。而此时任务 5 并没有执行完毕，从而造成任务总时间仿真结果错误，总时间比实际时间小。同时可以看到在任务仿真完毕后，系统中仍然有一些“无家可归”的托肯。而采用本节描述的改进 GERTS 方法建立的仿真系统真实地反映了系统的动态特征，仿真完毕后系统中不存在正在进行的任务，因此本章描述的改进 GERTS 方法具有明显的科学性。

研制过程的仿真是研制系统评价的重要部分，是评价研制系统的效率和薄弱环节的重要方法。运用改进 GERTS 方法，将研制过程中的无意迭代和有意迭代都进行了表达，使研制过程的建模进行了改进。实践证明，运用此模型进行的仿真效果较改进前结果更有说服力。

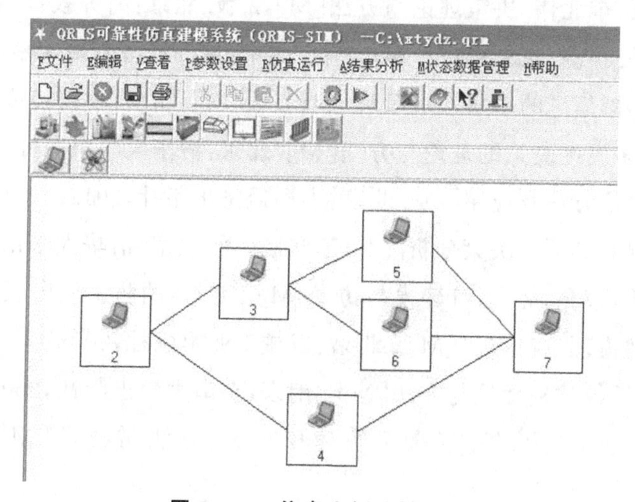

图 9－31　仿真实例建模界面

思考题九

1. 尝试利用 Petri 网表示野战弹药库系统运行，并注意作业线、运输力量的资源冲突。
2. PERT 的时间参数如何估计？
3. CPM 和 PERT 有何区别和联系？
4. GERT 与 PERT 在描述能力上有何区别和联系？
5. 尝试描述网络计划技术的发展脉络，思考该类模型还有哪些发展方向。

参考文献

[1] 张强.决策理论与方法[M].大连:东北财经大学出版社,2009.

[2] 郭立夫,郭文强,李北伟.决策理论与方法[M].2 版.北京:高等教育出版社,2015.

[3] 张桂喜,马立平.预测与决策概论[M].3 版.北京:首都经济贸易大学出版社,2013.

[4] 卫贵武.基于模糊信息的多属性决策理论与方法[M].北京:中国经济出版社,2010.

[5] 徐玖平,吴巍.多属性决策的理论与方法[M].北京:清华大学出版社,2006.

[6] 吴仁群.常用决策方法及应用[M].北京:中国经济出版社,2012.

[7] 弗兰奇,莫尔,帕米歇尔.决策分析[M].李华旸,译.北京:清华大学出版社,2012.

[8] 郭齐胜,董志明,李亮,等.系统建模与仿真[M].北京:国防工业出版社,2007

[9] 夏安邦.系统建模理论与方法[M].北京:机械工业出版社,2008.

[10] 陈森发.复杂系统建模理论与方法[M].南京:东南大学出版社,2005.

[11] 刘兴堂,梁炳成,刘力,等.复杂系统建模理论、方法与技术[M].北京:科学出版社,2008.

[12] 韩中庚.数学建模方法及其应用[M].3 版.北京:高等教育出版社,2016.

[13] 米尔斯切特.数学建模方法与分析[M].3 版.刘来福,黄海泽,杨淳,等译.北京:机械工业出版社,2005.

[14] 靳奉祥,赵相伟.现代数据分析与信息模式识别[M].北京:科学出版社,2013.

[15] 吴孟达.数学建模教程[M].北京:高等教育出版社,2011.

[16] 汪晓银,李治,周保平.数学建模与数学实验[M].2 版.北京:科学出版社,2019.

[17] 姜启源,谢金星,叶俊.数学模型[M].5 版.北京:高等教育出版社,2018.

[18] 张小红.模糊数学与 Rough 集理论[M].北京:清华大学出版社,2013.

[19] 汪培庄.模糊集合论及其应用[M].上海:上海科学技术出版社.1983.

[20] 邓聚龙.灰色系统基本方法[M].武汉:华中工学院出版社,1985.

[21] 邓聚龙.灰色系统论文集[M].武汉:华中理工大学出版社,1989.

[22] 王其藩.系统动力学[M].修订版.北京:清华大学出版社,1994.
[23] 陈华友.组合预测方法有效性理论及其应用[M].北京:科学出版社,2008.
[24] 丁世飞.人工智能[M].3 版.北京:清华大学出版社,2021.
[25] 邢文训,谢金星.现代优化计算方法[M].2 版.北京:清华大学出版社,2005.
[26] 叶义成,柯丽华.系统综合评价技术及其应用[M].北京:冶金工业出版社,2006.
[27] 王众托.系统工程[M].2 版.北京:北京大学出版社,2015.
[28] 彭勇行.管理决策分析[M].北京:科学出版社,2000.
[29] 李习彬.系统工程:理论、思想、程序与方法[M].石家庄:河北教育出版社,1991.
[30] 肖艳玲.系统工程理论与方法[M].北京:石油工业出版社,2002.
[31] 杨家本.系统工程概论[M].武汉:武汉理工大学出版社,2002.
[32] 汪应洛.系统工程 [M].5 版.北京:机械工业出版社,2016.
[33] 董肇君.系统工程与运筹学[M].3 版.北京:国防工业出版社,2011.
[34] 潘立登,潘仰东.系统辨识与建模[M].北京:化学工业出版社,2003.
[35] 高志亮,李忠良.系统工程方法论[M].西安:西北工业大学出版社,2004.
[36] 金春雨.军需运筹学与系统工程[M].北京:解放军出版社,2004.
[37] 李习彬.规范化管理[M].北京:中国经济出版社,2005.
[38] 佟春生.系统工程的理论与方法概论[M].北京:国防工业出版社,2005.
[39] 赛奇,阿姆斯特朗.系统工程导论[M].胡宝生,彭勤科,译.西安:西安交通大学出版社,2006.
[40] 刘忠,林华,周德超.军事系统工程[M].北京:国防工业出版社,2014.
[41] 薛惠锋.管理系统工程新论[M].北京:国防工业出版社,2009.
[42] 张晓冬.系统工程[M].北京:科学出版社,2010.
[43] 谭跃进, 陈英武, 罗鹏程,等.系统工程原理[M].2 版.北京:科学出版社,2017.
[44] 陈庆华.系统工程理论与实践[M].修订版.北京:国防工业出版社,2011.
[45] 唐幼纯.系统工程:方法与应用[M].北京:清华大学出版社,2010.
[46] 陈秉正.运筹学[M].5 版.北京:清华大学出版社,2021.
[47] 焦聪宝 陈兰平.运筹学的思想方法及应用[M].北京:北京大学出版社,2008.
[48] 张宏斌.运筹学方法及其应用[M].北京:清华大学出版社,2008.
[49] 韩中庚.实用运筹学:模型、方法与计算[M].北京:清华大学出版社,2007.
[50] TAHA H A.运筹学导论:初级篇:第 8 版[M].薛毅,刘德刚,朱建明,等译.北京:人民邮电出版社,2008.